U0290651

普通高等教育力学类“十四五”系列教材

理论力学简明教程

王安祥 编著

西安交通大学出版社
XI'AN JIAOTONG UNIVERSITY PRESS

内容简介

本书是作者在多年教学经验的基础上编写的一本实用性教材，内容简明扼要，侧重于对学生基本能力的培养。本书附有拓展知识方面的内容，将有助于开阔学生视野。全书主要内容包括：质点力学、质点组力学、刚体力学、转动参照系和分析力学部分。本书适合于普通高等院校物理专业本科生学习理论力学课程使用，尤其适用于少学时的课程要求，也可供有关专业的学生和教师参考。

图书在版编目(CIP)数据

理论力学简明教程 / 王安祥编著. —西安 ：西安交通大学出版社，2021.4(2023.2 重印)
ISBN 978-7-5693-1991-0

Ⅰ.①理… Ⅱ.①王… Ⅲ.①理论力学-高等学校-教材
Ⅳ.①O31

中国版本图书馆 CIP 数据核字(2021)第 007623 号

书　　名 理论力学简明教程
Lilun Lixue Jianming Jiaocheng
编　　著 王安祥
责任编辑 毛　帆
责任校对 李　佳

出版发行 西安交通大学出版社
(西安市兴庆南路 1 号　邮政编码 710048)
网　　址 http://www.xjtupress.com
电　　话 (029)82668357　82667874(市场营销中心)
(029)82668315(总编办)
传　　真 (029)82668280
印　　刷 西安日报社印务中心

开　　本 787 mm×1092 mm　1/16　**印张** 13.75　**字数** 337 千字
版次印次 2021 年 4 月第 1 版　2023 年 2 月第 2 次印刷
书　　号 ISBN 978-7-5693-1991-0
定　　价 39.00 元

如发现印装质量问题，请与本社市场营销中心联系。
订购热线：(029)82665248　(029)82667874
投稿热线：(029)82668818　QQ：354528639
读者信箱：354528639@qq.com
版权所有　侵权必究

前　　言

物体在空间中的位置变动称为机械运动，这是物质运动最简单和最基本的形式。力学是研究物体机械运动与物体间的相互作用的关系的学科。讲述力学的基本原理以及质点、质点系统和刚体的力学问题的学科一般叫作理论力学。理论力学是研究物体机械运动的基本规律的科学。理论力学既是各门力学学科的基础，又是与机械运动密切联系的各门工程技术学科的基础。

理论力学和普通力学课程在内容和性质上有什么区别呢？理论力学又称为“经典力学”或“古典力学”，它有两种不同的理论形式：牛顿力学和分析力学。而普通力学课的内容仅限于牛顿力学，而不涉及分析力学，并且在内容上理论力学比普通力学深一个层次。它们在认识论和方法论上也有显著的差别，普通力学基本上是从物理现象出发，通过分析归纳的方法，得出物质运动的经验规律，强调的是从感性到理性的认识过程；理论力学则是从力学的经验规律出发，创建一个理性的力学世界，然后通过逻辑演绎的方法，推理出这个理性世界所应该具有的各种各样的性质，再与现实的经验事实作比较，以检验其真伪，并探讨其实际应用的可能性，重点在于培养学生的理性思维能力。所以，理论力学是学生所遇到的第一门侧重于培养理性思维能力的物理课程。无论就课程的内容还是课程的性质来说，理论力学都是一门全新的课程。

经典力学中所描述的物体运动，是指物体的尺度与原子、分子相比大得多的宏观物体的运动，与原子尺度可以相比的微观物体的运动则遵循量子力学的规律，虽然在量子力学中有许多物理量依然沿用经典力学中的概念，然而经典力学和量子力学则分别适宜于描述不同尺度范围内的物体运动的规律。经典力学也仅适用于物体的运动速度远小于光速的情形。速度与光速可以相比拟的物体的运动则必须用爱因斯坦创立的相对论力学来处理。尽管如此，经典力学依然是不可取代的，对于尺度远大于原子、速度远小于光速的物体的运动，运用相对论力学得到的结果与经典力学的结果完全一致，这便证实了经典力学在其适用的物体尺度和运动速度范围内的正确性。在数学处理上经典力学远比新理论简单，从而才有可能对许多宏观低速运动物体的力学问题进行求解。

18 世纪以来，随着工业的迅速发展，人们提出了大量新的力学问题，主要是一些由互相约束的物体组成的系统的力学问题。这是牛顿力学所难以解决的。分析力学就是在解决这些问题的过程中产生并发展起来的。拉格朗日、哈密顿等人创立和发展了“分析力学”，分析力学使力学规律具有更严密的数学基础，而且力学问题可以完全用严格的解析数学方法来处理，在风格上分析力学则与具有较强矢量特征的牛顿力学很不相同。由于分析力学是以普遍的力学变分原理为基础建立系统的运动微分方程，所以它具有高度的统一性和普遍性。这就不仅便于解决受约束的非自由质点系问题，而且便于扩展到其他学科领域中去。例如振动理论、回转仪理论、非线性力学、自动控制、近代物理等都广泛地应用分析力学的基本理论和研究方法。显然，为了给后续课程和诸多专业打下良好的基础，本教材加强了分析力学基本理论和研究方法的内容。

理论力学作为理论物理学的第一门课程，也是学生第一次用高等数学方法处理物理问题的一门理论物理课程。它的任务不仅是介绍物体的机械运动规律，使学生对宏观机械运动的基本概念和基本规律有比较系统的理解，而且要引导学生掌握如何应用高等数学去处理力学问题的一般方法，进而培养解决一般物理问题所必需的抽象思维能力。因此，所编写的教材中安排了较多的例题，求解步骤一般都较详尽，以便学生自阅。

当今科学技术的发展已进入了计算机时代，单纯依靠人的脑力和解析数学的时代似乎已经过去，理论物理自身的发展也是如此。在教材中适当引入计算机数值方法，利用计算机的数值计算和作图功能，可以很容易给出一些复杂物理问题的数值解，可以很方便地模拟一些物理过程，有助于将一些高深的物理问题深入浅出、形象生动地讲清楚，尽量使学生绕过复杂的运算而将注意力放在物理问题本身的思考上。本教材尝试了利用计算机数值方法对地球表面发射物体的轨道问题、任意幂律作用下有心力的运动、考虑空气阻力和地球自转的远程抛射体的运动轨道等问题进行了研究。这部分内容可作为学生的参考材料，有兴趣的学生可独立编程学习，这里仅是抛砖引玉而已。

本书作者自 2001 年以来一直主讲西安工程大学理学院应用物理系本科生的理论力学课程。作者在多年主讲理论力学课程所用讲义基础上，根据教学改革的需要和物理类专业规范的要求，参考国内多部优秀教材，完成了适合我院应用物理专业学生的理论力学教材的编写工作。而且该教材也适合于普通高等院校物理专业本科生学习理论力学课程使用，尤其适用于少学时的课程要求。由于作者水平有限，不足之处在所难免，恳请各位读者批评指正。

王安祥

2021 年于西安工程大学

目　　录

第1章 质点力学

1.1 运动的描述方法

1.1.1 质点

物体运动时可以既有移动又有旋转和变形，运动情况就可能很复杂。例如，火车开动时，除了整体沿铁轨运动外，还有车厢的晃动、车轮的转动，以及火车的各种传动部件的复杂运动等。炮弹在空中飞行时，除了整体沿一定的曲线运动外，炮弹自身还要做复杂的转动。从上面事例中可看出，物体在运动时其上各点的运动情况是不同的，要想对物体的实际运动做出一个全面的描述，就要掌握物体上各点的运动情况，这将是非常困难的。所以我们要分清主次，逐个解决。假如我们研究的只是物体整体的运动规律，就可以忽略那些与整体运动关系不大的次要运动。假如说研究的是火车沿铁轨的整体运动，就可忽略车厢的晃动、车轮的转动、各种传动部件的复杂运动，即认为物体上各点的运动都完全相同，因此物体上任一点的运动都能代表整体的运动，物体形状大小可以不必考虑，物体的运动就可用一个点的运动来代表。这种不计物体的大小和形状而具有该物体全部质量的点称为质点。

质点是一种理性化的模型，是对实际物体的一种科学抽象和简化。通过这样的科学抽象，就可以使问题的研究大大简化。但是，并不是物体在任何情况下都可看成质点，要根据所研究问题的性质和具体情况来定。例如，当研究地球绕太阳的公转运动时，由于地球的半径(6.4×10^3 km)与地球公转的轨道半径(1.5×10^8 km)相比还不到万分之一，那么地球上各点绕太阳的运动就可看成完全一样。因此地球上任一点绕太阳的运动，都能代表地球整体绕太阳的运动，所以可不考虑地球的大小和形状而把地球当作质点。但是若研究的是地球的自转运动，如果仍然把地球看作一个质点，显然没有实际意义。在这种情况下，就必须考虑地球的大小和形状，而不能把它看成质点。

这里必须注意，质点概念只是对物体的大小和形状做了简化，质点仍然代表一个物体，它仍然具有质量、动量和能量等所有的物理属性。

质点运动是研究物体运动的基础，因为任何物体都可看成由无数个质点所组成。只有搞清楚了各个质点的运动之后，才可弄清整个物体的运动。

1.1.2 参照系和坐标系

宇宙间一切物体都在永不停息地运动着，江水的奔腾、车辆的来回行驶、机器的不停运转、人造卫星环绕地球转动，这些都是人眼所能看到的物体的运动，就连用人眼看起来是静止不动的高山、高楼也昼夜不停地跟随着地球一起自转和公转，而且整个太阳系也在绕着银河系中心快速地旋转，这些事实充分说明：运动是绝对的，而“静止”只有相对意义。

同一个物体的运动，从不同的立足点看来可以得出完全不同的结论。例如，当一列火车通过某个站台时，让站台上的人来看，火车在运动，而让坐在车厢里的乘客来看，火车没有动，站台在向后退。因此描述物体的运动时，首先要明确观察者的立足点在哪儿，即首先要指明物体的运动是相对于哪个参考物体而言的，这种作为参考的物体叫作参照系或参考系。现在再来看火车通过站台的情况，站台上的人是以他所在地面为参照系，而车厢内的乘客是以火车为参照系。所以说，提到一个物体在运动，必须指明是相对于哪一个参照系而言的，这样才具有意义。这种性质，称为运动描述的相对性。选定参照系后，还要在它上面建立适当的坐标系，才能定量地表示物体相对于参考系的位置。对于三维空间，常用的有直角坐标系、柱坐标系和球坐标系；二维情形时，还常用到平面极坐标系，有时可能更适宜用自然坐标系来描写质点的运动。自然坐标系也称为“内禀坐标系”。

可以在空间自由运动的质点称为自由质点。确定一个自由质点在空间的位置，要用 3 个独立变量。这和数学里确定一点在空间的位置相同，这些变量一般都是时间 t 的函数。如果用的是直角坐标系，则质点在各个时刻的位置可以用

$$\begin{cases} x = f_1(t) \\ y = f_2(t) \\ z = f_3(t) \end{cases} \tag{1-1-1}$$

3 个函数来表示。如果 3 个函数都是常数，那么质点在此坐标系中的位置将不发生变化，我们就说该质点是静止的；反之，质点在空间的位置就要变化。

1.1.3 位矢 位移 速度 加速度

1. 位置矢量

为了表示运动质点在空间的位置，首先选取一个参照系，然后在参照系上建立一个坐标系。这里建立一个直角坐标系，先在参照系上选定一点作为坐标系的原点 O，通过原点 O 做三条互相垂直的坐标轴(x, y, z)。某一质点 P 的位置，可用一个引自原点 O 到质点 P 的矢量 $\boldsymbol{r}$ 来表示，$\boldsymbol{r}$ 叫作 P 点相对于原点的位置矢量，简称位矢(见图 1-1)。如果 $\boldsymbol{i}$、$\boldsymbol{j}$、$\boldsymbol{k}$ 是分别沿 x、y、z 三直角坐标轴上的单位矢量，则

$$\boldsymbol{r} = x\boldsymbol{i} + y\boldsymbol{j} + z\boldsymbol{k} \tag{1-1-2}$$

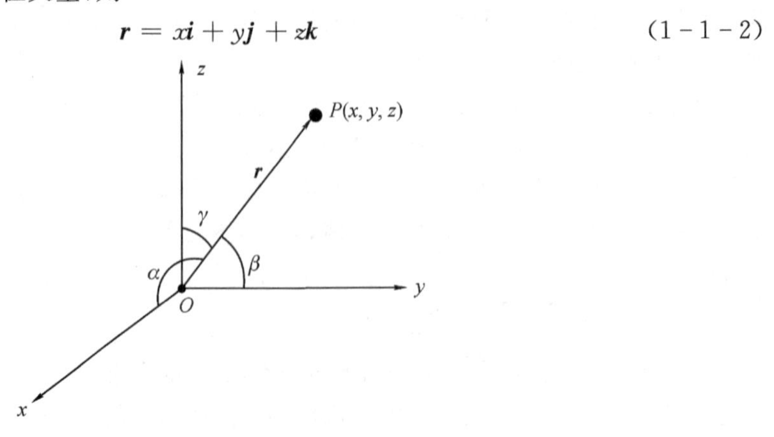

图 1-1

位矢 $\boldsymbol{r}$ 的大小为

$$r = |\boldsymbol{r}| = \sqrt{x^2 + y^2 + z^2} \tag{1-1-3}$$

位矢 $\boldsymbol{r}$ 的方向可用方向余弦表示

$$\begin{cases} \cos\alpha = \dfrac{x}{r} \\ \cos\beta = \dfrac{y}{r} \\ \cos\gamma = \dfrac{z}{r} \end{cases} \tag{1-1-4}$$

位矢 $\boldsymbol{r}$ 的大小代表质点到坐标原点的距离，其方向表示了质点的位置相对于原点的方位。

在质点运动过程中，它的位矢随时间变化。这种变化规律可以用某种函数式来表示，即

$$\boldsymbol{r} = \boldsymbol{r}(t) \tag{1-1-5}$$

质点的空间坐标随时刻变化，它们都是时刻 t 的函数，表示为

$$\begin{cases} x = x(t) \\ y = y(t) \\ z = z(t) \end{cases} \tag{1-1-6}$$

不论是式(1-1-5)还是式(1-1-6)，这两个函数都给出了任一时刻质点所在的位置，它们称为质点的运动方程。如果从式(1-1-6)中把参量 t 消去，则得诸变量之间的关系式为

$$z = f(x, y) \tag{1-1-7}$$

即轨道方程式。当然，这里所谓轨道的性质，依赖于参照系的选择。相对于某一参照系为直线运动，相对于另一参照系则可以是曲线运动，反之亦然。

2. 位移矢量

运动着的质点，其位置在轨道上连续变化。设 t 时刻质点位于 P 点，它的位置矢量是 $\boldsymbol{r}(t)$，经过 Δt 时间后，于 $t+\Delta t$ 时刻到达 Q 点，相应的位置矢量是 $\boldsymbol{r}(t+\Delta t)$。若想知道质点在 $t \sim t+\Delta t$ 时间内质点位置的变动情况，只要从初位置 P 向末位置 Q 引一矢量，这个矢量称为在给定时间间隔 $t \sim t+\Delta t$ 内的位移矢量，简称位移(见图 1-2)，用符号 $\Delta\boldsymbol{r}$ 表示，公式为

$$\Delta\boldsymbol{r} = \boldsymbol{r}(t+\Delta t) - \boldsymbol{r}(t) \tag{1-1-8}$$

因此质点在 $t \sim t+\Delta t$ 时间间隔内的位移 $\Delta\boldsymbol{r}$ 等于质点在这段时间内位置矢量的增量。

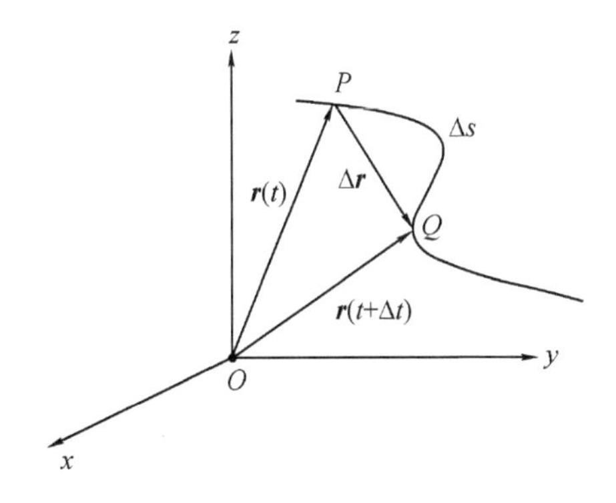

图 1-2

掌握位移概念时，必须注意以下两点：

(1)位移矢量用来描述质点在某段时间间隔内的位置变动，它的大小和方向与所取的这段时间间隔 Δt 的大小有关。

(2)位移矢量只反映质点在一段时间间隔内的位置变化，即在一段时间内质点位置变动的总效果，它并不代表质点实际所走过的路程。

3. 速度矢量

位移矢量只说明了质点在某段时间内的位置变化，还不足以充分描述质点的运动情况。为了描述质点运动的快慢和方向，下面引入速度矢量这一物理量。用位移矢量 $\Delta \boldsymbol{r}$ 除以发生这段位移的时间 Δt，即$\frac{\Delta \boldsymbol{r}}{\Delta t}$，则表示了单位时间内的位移，用它来近似地描述 t 时刻附近质点运动的快慢和方向，通常把$\frac{\Delta \boldsymbol{r}}{\Delta t}$称为 $t \sim t+\Delta t$ 时间内的平均速度，用符号 $\bar{\boldsymbol{v}}$ 表示

$$\bar{\boldsymbol{v}} = \frac{\Delta \boldsymbol{r}}{\Delta t} \tag{1-1-9}$$

显然，Δt 取的越短，质点在这段很小的时间间隔内位移矢量和运动轨道越接近重合，质点在这段时间内的运动，就越接近直线运动了，平均速度就越接近反映出 t 时刻的真实运动情况。当 $\Delta t \to 0$ 时，$\frac{\Delta \boldsymbol{r}}{\Delta t}$趋近于一个确定的极限矢量，这个极限矢量确切地描述了质点在 t 时刻运动的快慢和方向。因此，把这个极限矢量定义为质点在 t 时刻的瞬时速度，简称速度，即

$$\boldsymbol{v} = \lim_{\Delta t \to 0} \frac{\Delta \boldsymbol{r}}{\Delta t} = \frac{\mathrm{d}\boldsymbol{r}}{\mathrm{d}t} = \dot{\boldsymbol{r}} \tag{1-1-10}$$

在数学上，上述极限值$\frac{\mathrm{d}\boldsymbol{r}}{\mathrm{d}t}$即为位置矢量 $\boldsymbol{r}$ 对时刻的一阶导数。在物理意义上，$\frac{\mathrm{d}\boldsymbol{r}}{\mathrm{d}t}$为位置矢量 $\boldsymbol{r}$ 随时刻的变化率，因而质点在 t 时刻的瞬时速度 $\boldsymbol{v}$ 也就是在该时刻位置矢量 $\boldsymbol{r}$ 随时刻的变化率。

平均速度只给出了有限时间 Δt 内质点的平均运动情况，瞬时速度才描述了 t 时刻质点的真实情况。今后除非特别说明，后文中指的速度都是瞬时速度。

瞬时速度的定义式同时给出了速度的大小和方向。速度的大小 $|\boldsymbol{v}| = v$ 称为瞬时速率，简称速率。速率的定义式为

$$v = \left| \frac{\mathrm{d}\boldsymbol{r}}{\mathrm{d}t} \right| = \left| \lim_{\Delta t \to 0} \frac{\Delta \boldsymbol{r}}{\Delta t} \right| = \lim_{\Delta t \to 0} \frac{|\Delta \boldsymbol{r}|}{\Delta t} \tag{1-1-11}$$

当 $\Delta t \to 0$ 时，图 1-2 中 PQ 两点无限靠近，质点位移 $\Delta \boldsymbol{r}$ 的方向趋于轨道的切线方向，而且两点间轨道的弦长和弧长趋于相等，即 $|\Delta \boldsymbol{r}| \to \Delta s$，则有

$$v = \lim_{\Delta t \to 0} \frac{|\Delta \boldsymbol{r}|}{\Delta t} = \frac{\mathrm{d}s}{\mathrm{d}t} \tag{1-1-12}$$

式中的 s 是质点运动轨道的弧长函数，$s = s(t)$。因此速率等于弧长随时刻的变化率。速率直接反映了质点运动的快慢，速度的方向由位移矢量 $\Delta \boldsymbol{r}$ 的极限方向决定。当 $\Delta t \to 0$ 时，位移矢量 $\Delta \boldsymbol{r}$ 的方向趋于轨道的切线方向。因此，质点在任一时刻的速度方向总是和这个时刻质点所在处的轨道曲线相切，并指向前进的方向。

4. 加速度矢量

速度是个矢量，它既有大小又有方向。当质点做一般曲线运动时，曲线上各点的切线方向

不断改变,所以速度方向在不断改变,而运动的快慢也可以随时改变,即速度的大小也在不断改变。为了定量描述各个时刻速度矢量的变化情况,下面引入加速度的概念。

设在 t 时刻质点在 P 点,速度为 $\boldsymbol{v}(t)$,$t+\Delta t$ 时刻质点到达 Q 点,速度为 $\boldsymbol{v}(t+\Delta t)$,质点在 $t \sim t+\Delta t$ 时间内速度增量(见图 1-3)为 $\Delta\boldsymbol{v}=\boldsymbol{v}(t+\Delta t)-\boldsymbol{v}(t)$,将速度增量 $\Delta\boldsymbol{v}$ 与时间间隔 Δt 的比值 $\dfrac{\Delta\boldsymbol{v}}{\Delta t}$ 称为质点在 Δt 时间内的平均加速度,用符号 $\bar{\boldsymbol{a}}$ 表示,即

$$\bar{\boldsymbol{a}}=\frac{\Delta\boldsymbol{v}}{\Delta t} \tag{1-1-13}$$

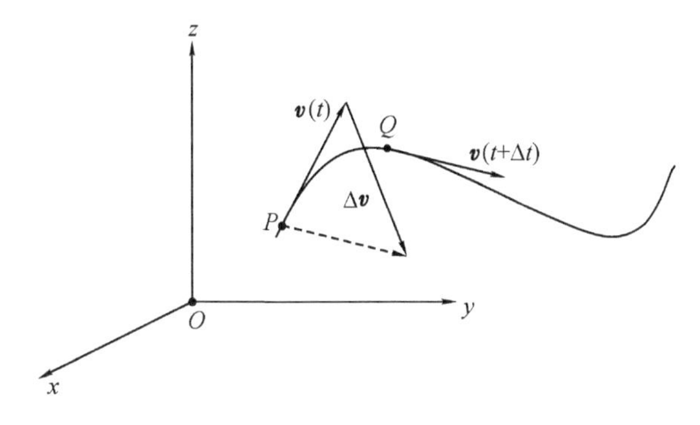

图 1-3

和平均速度一样,平均加速度也只是一种粗略的描述,它只代表 Δt 时间内速度的平均变化率。时间间隔 Δt 取的越小,则 $\dfrac{\Delta\boldsymbol{v}}{\Delta t}$ 越接近于 t 时刻速度变化的实际情况。

当 $\Delta t\to 0$ 时,平均加速度 $\dfrac{\Delta\boldsymbol{v}}{\Delta t}$ 的极限值称为质点在 t 时刻的瞬时加速度,简称加速度。其定义式为

$$\boldsymbol{a}=\lim_{\Delta t\to 0}\frac{\Delta\boldsymbol{v}}{\Delta t}=\frac{\mathrm{d}\boldsymbol{v}}{\mathrm{d}t}=\dot{\boldsymbol{v}} \tag{1-1-14}$$

瞬时加速度精确地描述了质点在某一时刻的速度变化情况。显然,加速度 $\boldsymbol{a}$ 是速度矢量对时刻的一阶导数,其意义为速度矢量随时刻的变化率。若将瞬时速度的定义式代入上式,可得

$$\boldsymbol{a}=\frac{\mathrm{d}\boldsymbol{v}}{\mathrm{d}t}=\frac{\mathrm{d}^2\boldsymbol{r}}{\mathrm{d}t^2}=\ddot{\boldsymbol{r}} \tag{1-1-15}$$

即加速度矢量是位置矢量对时刻的二阶导数。加速度的方向是当 $\Delta t\to 0$ 时速度增量 $\Delta\boldsymbol{v}$ 的极限方向。

1.2　速度、加速度的分量表示式

为了便于描述,常需采用各种不同的坐标系来描写质点的运动。在不同的坐标系中,位矢、速度和加速度有着不同的表示形式,下面就几种常用的坐标系分别写出它们的坐标表示式。

1.2.1 直角坐标系

在直角坐标系中，设质点沿一空间曲线运动，质点位置矢量的表达式为

$$\boldsymbol{r}(t)=x(t)\boldsymbol{i}+y(t)\boldsymbol{j}+z(t)\boldsymbol{k} \tag{1-2-1}$$

这里位矢在3个坐标轴方向的分量就是质点位置的坐标(x, y, z)，一般来说，质点运动时它们都是时间t的函数。对于固定的直角坐标系，坐标轴的方向是固定的，单位矢量$\boldsymbol{i}$、$\boldsymbol{j}$、$\boldsymbol{k}$不是时间t的函数。

质点速度为

$$\boldsymbol{v}=\frac{\mathrm{d}\boldsymbol{r}}{\mathrm{d}t}=\dot{x}\boldsymbol{i}+\dot{y}\boldsymbol{j}+\dot{z}\boldsymbol{k}=v_x\boldsymbol{i}+v_y\boldsymbol{j}+v_z\boldsymbol{k} \tag{1-2-2}$$

由于是固定的直角坐标系，式中$\boldsymbol{i}$、$\boldsymbol{j}$、$\boldsymbol{k}$分别是该坐标系坐标轴x、y、z上的单位矢量，它们都是恒定的(即恒矢量)，而$\dot{x}$、$\dot{y}$、$\dot{z}$则分别是速度$\boldsymbol{v}$沿x、y、z轴上的分量，即v_x、v_y、v_z，由此可得质点速率为

$$v=\sqrt{v_x{}^2+v_y{}^2+v_z{}^2}=\sqrt{\dot{x}^2+\dot{y}^2+\dot{z}^2}=\frac{\sqrt{(\mathrm{d}x)^2+(\mathrm{d}y)^2+(\mathrm{d}z)^2}}{\mathrm{d}t}=\frac{\mathrm{d}s}{\mathrm{d}t} \tag{1-2-3}$$

质点的加速度为

$$\boldsymbol{a}=\frac{\mathrm{d}\boldsymbol{v}}{\mathrm{d}t}=\frac{\mathrm{d}^2\boldsymbol{r}}{\mathrm{d}t^2}=\ddot{x}\boldsymbol{i}+\ddot{y}\boldsymbol{j}+\ddot{z}\boldsymbol{k} \tag{1-2-4}$$

各加速度分量为

$$a_x=\ddot{x},\quad a_y=\ddot{y},\quad a_z=\ddot{z}$$

加速度大小为

$$a=\sqrt{a_x{}^2+a_y{}^2+a_z{}^2}=\sqrt{\ddot{x}^2+\ddot{y}^2+\ddot{z}^2}$$

例1-1 已知一质点的运动方程为$\boldsymbol{r}=2t^3\boldsymbol{i}+(2-t^2)\boldsymbol{j}$，其中$r$、$t$分别以m和s为单位。求：

(1)从$t=1$ s到$t=2$ s质点的位移；

(2)$t=2$ s时质点的速度和加速度；

(3)质点的轨道方程。

解 (1)由质点的运动方程

$$\boldsymbol{r}=2t^3\boldsymbol{i}+(2-t^2)\boldsymbol{j}$$

得

$$\boldsymbol{r}(1)=2\boldsymbol{i}+\boldsymbol{j},\quad \boldsymbol{r}(2)=16\boldsymbol{i}-2\boldsymbol{j}$$

则

$$\Delta\boldsymbol{r}=\boldsymbol{r}(2)-\boldsymbol{r}(1)=14\boldsymbol{i}-3\boldsymbol{j}$$

(2)位置矢量分别对时刻求一阶、二阶导数，得

$$\boldsymbol{v}=\frac{\mathrm{d}\boldsymbol{r}}{\mathrm{d}t}=6t^2\boldsymbol{i}-2t\boldsymbol{j},\quad \boldsymbol{a}=\frac{\mathrm{d}\boldsymbol{v}}{\mathrm{d}t}=12t\boldsymbol{i}-2\boldsymbol{j}$$

则$t=2$ s时质点的速度和加速度分别为

$$\boldsymbol{v}(2)=24\boldsymbol{i}-4\boldsymbol{j},\quad \boldsymbol{a}(2)=24\boldsymbol{i}-2\boldsymbol{j}$$

(3)质点运动方程的另一种形式为

$$\begin{cases} x = 2t^3 \\ y = 2 - t^2 \end{cases}$$

消去参量 t,可得质点的轨道方程为

$$x = 2\,(2 - y)^{\frac{3}{2}}$$

例 1－2　已知一质点的运动方程为 $\boldsymbol{r}=R\cos\omega t\boldsymbol{i}+R\sin\omega t\boldsymbol{j}$,式中 R 和 ω 是常数,求质点的轨道方程、速度和加速度。

解　由题可得运动方程的另一种形式为

$$\begin{cases} x = R\cos\omega t \\ y = R\sin\omega t \end{cases}$$

消去时间参量 t,可得轨道方程

$$x^2 + y^2 = R^2$$

位置矢量分别对时刻求一阶、二阶导数,得

$$\boldsymbol{v} = \frac{\mathrm{d}\boldsymbol{r}}{\mathrm{d}t} = -R\omega\sin\omega t\boldsymbol{i} + R\omega\cos\omega t\boldsymbol{j}$$

$$\boldsymbol{a} = \frac{\mathrm{d}\boldsymbol{v}}{\mathrm{d}t} = -R\omega^2\cos\omega t\boldsymbol{i} - R\omega^2\sin\omega t\boldsymbol{j}$$

例 1－3　设椭圆规尺 AB 的端点 A 与 B 分别沿直线导槽 Ox 及 Oy 滑动(见图 1－4),而 B 以匀速度 c 运动。求椭圆规尺上 M 点的轨道方程、速度及加速度。设 $MA=a$,$MB=b$,$\angle OBA=\theta$。

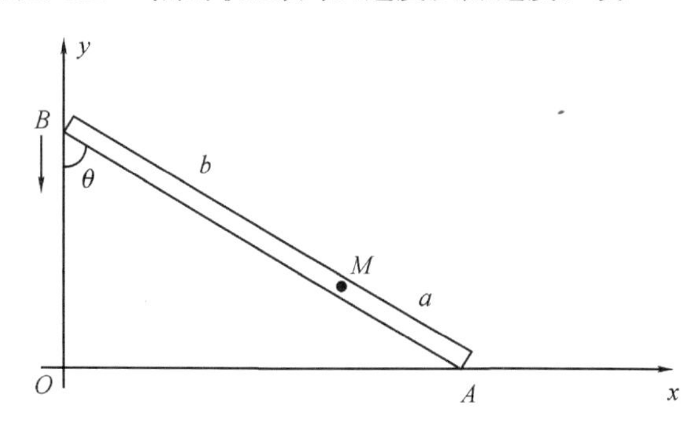

图 1－4

解　设 M 点的坐标为

$$x = b\sin\theta,\quad y = a\cos\theta \tag{1}$$

消去 θ,得轨道方程为

$$\frac{x^2}{b^2} + \frac{y^2}{a^2} = 1 \tag{2}$$

速度分量为

$$\dot{x} = b\dot{\theta}\cos\theta,\quad \dot{y} = -a\dot{\theta}\sin\theta \tag{3}$$

式中:$\dot{\theta}$ 是角量 θ 的时间变化率。

因为 B 点的坐标为

$$x_1 = 0,\quad y_1 = (a + b)\cos\theta$$

而依题意

$$v_B = \dot{y}_1 = -(a+b)\dot{\theta}\sin\theta = -c$$

所以

$$\dot{\theta} = \frac{c}{a+b}\frac{1}{\sin\theta} \tag{4}$$

故速度分量又可写为

$$\begin{cases} \dot{x} = \dfrac{bc}{a+b}\cot\theta \\ \dot{y} = -\dfrac{ac}{a+b} \end{cases} \tag{5}$$

M 点的速度为

$$\boldsymbol{v}_M = \dot{x}\boldsymbol{i} + \dot{y}\boldsymbol{j} = \frac{bc}{a+b}\cot\theta\,\boldsymbol{i} - \frac{ac}{a+b}\boldsymbol{j} \tag{6}$$

M 点的加速度分量为

$$\begin{cases} \ddot{x} = -\dfrac{bc}{a+b}\dot{\theta}\csc^2\theta = -\dfrac{bc^2}{(a+b)^2}\csc^3\theta \\ \ddot{y} = 0 \end{cases} \tag{7}$$

故 M 点的加速度为

$$\boldsymbol{a} = \ddot{x}\boldsymbol{i} + \ddot{y}\boldsymbol{j} = -\frac{bc^2}{(a+b)^2}\csc^3\theta\,\boldsymbol{i} \tag{8}$$

1.2.2 极坐标系

在平面极坐标系中，质点 P 的位置可用极坐标$(r,\ \theta)$来表示，如图 1－5 所示。当质点 P 沿着曲线运动时，它的速度 $\boldsymbol{v}$ 沿着轨道的切线。轨迹如为平面曲线，在直角坐标系中，是把速度 $\boldsymbol{v}$ 分解为沿 x 轴的 $v_x\boldsymbol{i}$ 及沿 y 轴的 $v_y\boldsymbol{j}$，但在平面极坐标系中，必须把它分解为沿位矢 $\boldsymbol{r}$ 及垂直位矢 $\boldsymbol{r}$(θ 增加的方向)的两个分量 $v_r\boldsymbol{i}$ 及 $v_\theta\boldsymbol{j}$，其中 $\boldsymbol{i}$ 为沿位矢 $\boldsymbol{r}$ 的单位矢量，$\boldsymbol{j}$ 为垂直位矢 $\boldsymbol{r}$ 的单位矢量，显然有

$$\boldsymbol{r} = r\boldsymbol{i} \tag{1-2-5}$$

这是在平面极坐标系中质点位置矢量的表达式。

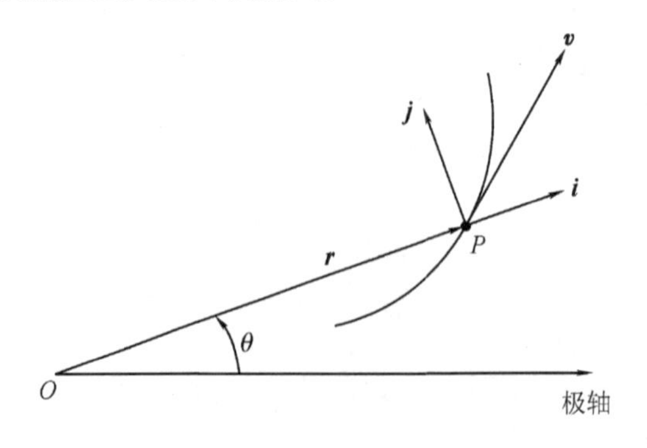

图 1－5

因

$$\boldsymbol{v}=\frac{\mathrm{d}\boldsymbol{r}}{\mathrm{d}t}$$

所以

$$\boldsymbol{v}=\frac{\mathrm{d}\boldsymbol{r}}{\mathrm{d}t}=\frac{\mathrm{d}}{\mathrm{d}t}(r\boldsymbol{i}) \tag{1-2-6}$$

这里不仅位矢的大小随时间变化，极坐标轴的方向也随质点的运动而变化，单位矢量 $\boldsymbol{i}$、$\boldsymbol{j}$ 的量值虽然都等于 1，但是当质点 P 沿着曲线运动时，位矢的方向随时间变化，因而沿位矢的 $\boldsymbol{i}$ 和垂直位矢的 $\boldsymbol{j}$ 的方向也随着时间变化，即 $\boldsymbol{i}$、$\boldsymbol{j}$ 也都是时间的函数。这一点和直角坐标系中的情形不同，在直角坐标系中，$\boldsymbol{i}$ 和 $\boldsymbol{j}$ 都是恒矢量。

因此

$$\boldsymbol{v}=\frac{\mathrm{d}}{\mathrm{d}t}(r\boldsymbol{i})=\dot{r}\boldsymbol{i}+r\dot{\boldsymbol{i}} \tag{1-2-7}$$

式中：$\dot{r}=\frac{\mathrm{d}r}{\mathrm{d}t}$，$\dot{\boldsymbol{i}}=\frac{\mathrm{d}\boldsymbol{i}}{\mathrm{d}t}$。

从式(1-2-7)可以看出，速度 $\boldsymbol{v}$ 是由两项叠加而成的，其中第一项 $\dot{r}\boldsymbol{i}$ 的方向和位矢 $\boldsymbol{r}$ 的方向一致，它表示位矢 $\boldsymbol{r}$ 量值的变化，只要知道矢径长度随时间的函数关系，$\dot{r}$ 就很容易求出。至于式(1-2-7)中的第二项，必须先求出 $\dot{\boldsymbol{i}}$ 才能知道其物理意义。因此，问题归结为如何求出 $\dot{\boldsymbol{i}}$，即如何求出单位矢量对时间 t 的微商。第二项中包含单位矢量 $\boldsymbol{i}$ 对时间 t 的导数项，虽然 $\boldsymbol{i}$ 的方向随时间改变，但总是保持单位长度不变，当质点在 $t\sim t+\Delta t$ 时间内沿质点轨道从 P 点运动到 P' 点时，位置矢量转过角度 $\Delta\theta$，单位矢量 $\boldsymbol{i}$、$\boldsymbol{j}$ 也分别转过同样角度，改变为 $\boldsymbol{i}'$、$\boldsymbol{j}'$(见图 1-6(a))。

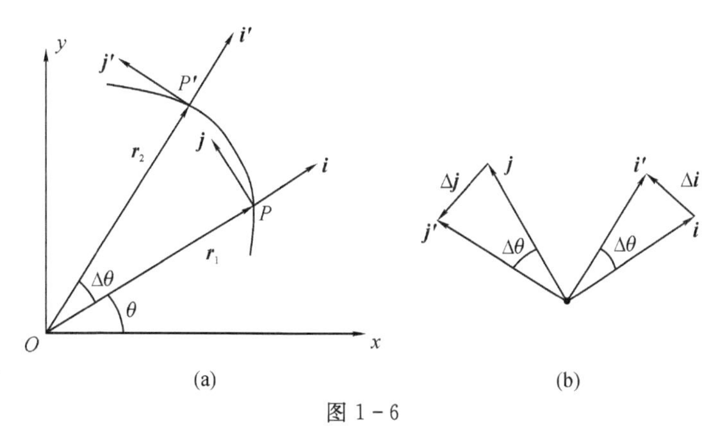

图 1-6

为了便于比较这两组单位矢量的差异，在图 1-6(b)中把 $\boldsymbol{i}'$、$\boldsymbol{j}'$ 自 P' 点移动到 P 点，并做了放大，由于 $\boldsymbol{i}$、$\boldsymbol{i}'$ 的长度相等，都是 1 个单位，它们和 $\Delta\boldsymbol{i}$ 构成一等腰三角形。当 $\Delta t\to 0$ 时，$\Delta\theta\to 0$，$\Delta\boldsymbol{i}$ 将趋于 $\boldsymbol{i}$ 垂直，趋于 $\boldsymbol{j}$ 方向一致，$\Delta\boldsymbol{i}$ 的长度则趋于 $\Delta\theta$ 所张开的单位圆弧长，因此

$$\Delta\boldsymbol{i}\underset{\Delta\theta\to 0}{\longrightarrow}1\cdot\Delta\theta\boldsymbol{j}=\Delta\theta\boldsymbol{j}$$

在极限情况下，有

$$\frac{\mathrm{d}\boldsymbol{i}}{\mathrm{d}t}=\lim_{\Delta t\to 0}\frac{\Delta\boldsymbol{i}}{\Delta t}=\lim_{\Delta t\to 0}\frac{\Delta\theta\boldsymbol{j}}{\Delta t}=\dot{\theta}\boldsymbol{j} \tag{1-2-8}$$

同样可以求出

$$\frac{\mathrm{d}\boldsymbol{j}}{\mathrm{d}t}=\lim_{\Delta t\to 0}\frac{\Delta\boldsymbol{j}}{\Delta t}=\lim_{\Delta t\to 0}\frac{-\Delta\theta\boldsymbol{i}}{\Delta t}=-\dot{\theta}\boldsymbol{i} \tag{1-2-9}$$

这里出现“－”号是因为当 $\Delta\theta\to 0$ 时，$\Delta\boldsymbol{j}$ 将趋于与 $\boldsymbol{i}$ 相反的方向。

将式(1－2－8)、(1－2－9)代入式(1－2－7)，可得

$$\boldsymbol{v}=\dot{r}\boldsymbol{i}+r\dot{\theta}\boldsymbol{j} \tag{1-2-10}$$

式(1－2－10)的第二项 $r\dot{\theta}\boldsymbol{j}$ 确实是垂直于位矢的分速度，这样就把 $\boldsymbol{v}$ 分解为沿位矢及垂直位矢的两个分速度了。通常称 $\dot{r}\boldsymbol{i}$ 为径向速度，以 $v_r\boldsymbol{i}$ 表示，是由位矢 $\boldsymbol{r}$ 的量值改变所引起的；$r\dot{\theta}\boldsymbol{j}$ 则叫横向速度，以 $v_\theta\boldsymbol{j}$ 表示，是由位矢方向的改变所引起的。所以，在平面极坐标系中，速度的两个分量为

$$\begin{cases}v_r=\dot{r}\\ v_\theta=r\dot{\theta}\end{cases} \tag{1-2-11}$$

既然在平面极坐标系中，可以把速度 $\boldsymbol{v}$ 分解为沿位矢及垂直于位矢的两个分矢量，那么也可把加速度 $\boldsymbol{a}$ 分解为沿位矢及垂直于位矢的两个分矢量。下面来求加速度在平面极坐标系中的分量表达式。根据加速度定义式，可得

$$\boldsymbol{a}=\frac{\mathrm{d}\boldsymbol{v}}{\mathrm{d}t}=\frac{\mathrm{d}}{\mathrm{d}t}(\dot{r}\boldsymbol{i})+\frac{\mathrm{d}}{\mathrm{d}t}(r\dot{\theta}\boldsymbol{j}) \tag{1-2-12}$$

其中第一项代表径向速度的时间变化率，而第二项则代表横向速度的时间变化率。利用式(1－2－8)、(1－2－9)，不难推出

$$\frac{\mathrm{d}}{\mathrm{d}t}(\dot{r}\boldsymbol{i})=\frac{\mathrm{d}\dot{r}}{\mathrm{d}t}\boldsymbol{i}+\dot{r}\frac{\mathrm{d}\boldsymbol{i}}{\mathrm{d}t}=\ddot{r}\boldsymbol{i}+\dot{r}\dot{\theta}\boldsymbol{j} \tag{1-2-13}$$

式中的第一项是由径向速度的量值改变引起的，而第二项则是由于径向速度的方向改变所引起的。

同理

$$\frac{\mathrm{d}}{\mathrm{d}t}(r\dot{\theta}\boldsymbol{j})=\frac{\mathrm{d}r}{\mathrm{d}t}\dot{\theta}\boldsymbol{j}+r\frac{\mathrm{d}\dot{\theta}}{\mathrm{d}t}\boldsymbol{j}+r\dot{\theta}\frac{\mathrm{d}\boldsymbol{j}}{\mathrm{d}t}=\dot{r}\dot{\theta}\boldsymbol{j}+r\ddot{\theta}\boldsymbol{j}-r\dot{\theta}^2\boldsymbol{i} \tag{1-2-14}$$

式中前两项是由横向速度的量值改变所引起的，而第三项则是由于横向速度的方向改变所引起。

将式(1－2－13)、(1－2－14)代入式(1－2－12)，可得

$$\boldsymbol{a}=(\ddot{r}-r\dot{\theta}^2)\boldsymbol{i}+(2\dot{r}\dot{\theta}+r\ddot{\theta})\boldsymbol{j}=(\ddot{r}-r\dot{\theta}^2)\boldsymbol{i}+\frac{1}{r}\frac{\mathrm{d}}{\mathrm{d}t}(r^2\dot{\theta})\boldsymbol{j} \tag{1-2-15}$$

式中的 $(\ddot{r}-r\dot{\theta}^2)\boldsymbol{i}$ 是加速度 $\boldsymbol{a}$ 沿位矢方向的分量，记作 $a_r\boldsymbol{i}$，叫作径向加速度；而 $(2\dot{r}\dot{\theta}+r\ddot{\theta})\boldsymbol{j}$ 是加速度 $\boldsymbol{a}$ 垂直于位矢的分量，记作 $a_\theta\boldsymbol{j}$，叫作横向加速度。所以，在极坐标系中，加速度的两个分量为

$$\begin{cases}a_r=\ddot{r}-r\dot{\theta}^2\\ a_\theta=2\dot{r}\dot{\theta}+r\ddot{\theta}=\dfrac{1}{r}\dfrac{\mathrm{d}}{\mathrm{d}t}(r^2\dot{\theta})\end{cases} \tag{1-2-16}$$

由于在极坐标系中，径向速度和横向速度的方向一般都随时间而变，所以虽然径向速度大小 v_r 等于矢径大小 r 的时间变化率 $\dot{r}$，但径向加速度大小则一般并不等于径向速度大小的时间变化率 $\ddot{r}$，还有由于横向速度的方向改变所引起的另一项 $(-r\dot{\theta}^2)$，它也是径向的。a_θ 的情况也类似。

例 1-4 某质点运动方程为 $r=bt^2$，$\theta=ct$，式中 b 和 c 都是常数。求质点的加速度。

解 速度表达式为

$$\boldsymbol{v}=\dot{r}\boldsymbol{i}+r\dot{\theta}\boldsymbol{j}$$

$$r=bt^2\Rightarrow\dot{r}=2bt,\quad\theta=ct\Rightarrow\dot{\theta}=c$$

则

$$\boldsymbol{v}=2bt\boldsymbol{i}+bct^2\boldsymbol{j}$$

加速度表达式为

$$\boldsymbol{a}=(\ddot{r}-r\dot{\theta}^2)\boldsymbol{i}+(r\ddot{\theta}+2\dot{r}\dot{\theta})\boldsymbol{j}$$

由于

$$\dot{r}=2bt,\quad\dot{\theta}=c,\quad\ddot{r}=2b,\quad\ddot{\theta}=0$$

则

$$\boldsymbol{a}=(2b-bc^2t^2)\boldsymbol{i}+4bct\boldsymbol{j}$$

例 1-5 某质点运动方程为 $r=\mathrm{e}^{at}$，$\theta=at$，式中 c 和 a 都是常数，求质点的速度与加速度。

解

$$\boldsymbol{v}=v_r\boldsymbol{i}+v_\theta\boldsymbol{j}=\dot{r}\boldsymbol{i}+r\dot{\theta}\boldsymbol{j}$$

由于

$$v_r=\dot{r}=c\mathrm{e}^{ct},\quad v_\theta=r\dot{\theta}=ra=a\mathrm{e}^{ct}$$

则

$$\boldsymbol{v}=c\mathrm{e}^{ct}\boldsymbol{i}+ra\boldsymbol{j}$$

$$\boldsymbol{a}=a_r\boldsymbol{i}+a_\theta\boldsymbol{j}=(\ddot{r}-r\dot{\theta}^2)\boldsymbol{i}+(r\ddot{\theta}+2\dot{r}\dot{\theta})\boldsymbol{j}$$

由于

$$a_r=(\ddot{r}-r\dot{\theta}^2)=(c^2\mathrm{e}^{ct}-a^2\mathrm{e}^{ct}),\quad a_\theta=(r\ddot{\theta}+2\dot{r}\dot{\theta})=2ac\mathrm{e}^{ct}$$

则

$$\boldsymbol{a}=(c^2\mathrm{e}^{ct}-a^2\mathrm{e}^{ct})\boldsymbol{i}+2ac\mathrm{e}^{ct}\boldsymbol{j}$$

1.2.3 自然坐标系

质点沿曲线运动时，速度矢量 $\boldsymbol{v}$ 沿轨道的切线方向，但加速度矢量 $\boldsymbol{a}$ 却并不沿轨道的切线方向。如果质点沿着平面曲线运动，那么可以把加速度矢量 $\boldsymbol{a}$ 分解为沿着轨道的切线方向及法线方向两个分量，这就是用自然坐标系来描写质点的运动情况。对于做平面运动的质点，它的自然坐标用 s 和 θ 两个参量来表示。这里 s 是质点自轨道上某一固定参考点 O 运动所经过的路程，θ 则是质点所在位置的轨道切线与某一固定方向（常用的是 x 轴方向）之间的夹角（见图 1-7）。为方便计算，设 $\boldsymbol{i}$ 为轨道切线并指向轨道弧长 s 增加方向上的单位矢量，$\boldsymbol{j}$ 为轨道法线并指向曲线凹侧的单位矢量。

已知质点的速度 $\boldsymbol{v}$ 总是沿切线方向的，因此在自然坐标系下质点速度的表达式为

$$\boldsymbol{v}=\frac{\mathrm{d}s}{\mathrm{d}t}\boldsymbol{i}=v\boldsymbol{i}\tag{1-2-17}$$

质点的加速度为

$$\boldsymbol{a}=\frac{\mathrm{d}\boldsymbol{v}}{\mathrm{d}t}=\frac{\mathrm{d}}{\mathrm{d}t}(v\boldsymbol{i})=\frac{\mathrm{d}v}{\mathrm{d}t}\boldsymbol{i}+v\frac{\mathrm{d}\boldsymbol{i}}{\mathrm{d}t}\tag{1-2-18}$$

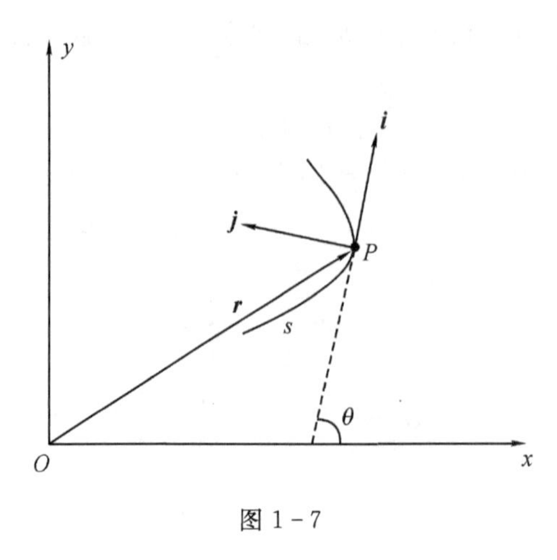

图 1-7

如同极坐标系中单位矢量随时间的变化率那样，也可以求出$\frac{\mathrm{d}\boldsymbol{i}}{\mathrm{d}t}$，即

$$\begin{cases}\dfrac{\mathrm{d}\boldsymbol{i}}{\mathrm{d}t}=\dot{\theta}\boldsymbol{j}\\[2ex]\dfrac{\mathrm{d}\boldsymbol{j}}{\mathrm{d}t}=-\dot{\theta}\boldsymbol{i}\end{cases}$$

则

$$\boldsymbol{a}=\frac{\mathrm{d}v}{\mathrm{d}t}\boldsymbol{i}+v\dot{\theta}\boldsymbol{j}=\frac{\mathrm{d}v}{\mathrm{d}t}\boldsymbol{i}+\frac{\mathrm{d}s}{\mathrm{d}t}\cdot\frac{\mathrm{d}\theta}{\mathrm{d}s}\cdot\frac{\mathrm{d}s}{\mathrm{d}t}\boldsymbol{j}=\frac{\mathrm{d}v}{\mathrm{d}t}\boldsymbol{i}+\left(\frac{\mathrm{d}s}{\mathrm{d}t}\right)^2\frac{\mathrm{d}\theta}{\mathrm{d}s}\boldsymbol{j}\tag{1-2-19}$$

而$\frac{\mathrm{d}s}{\mathrm{d}\theta}$则等于曲线的曲率半径$\rho$，因为$\rho$恒大于零，故

$$\boldsymbol{a}=\frac{\mathrm{d}v}{\mathrm{d}t}\boldsymbol{i}+\frac{v^2}{\rho}\boldsymbol{j}\tag{1-2-20}$$

质点加速度$\boldsymbol{a}$的切向分矢量$\frac{\mathrm{d}v}{\mathrm{d}t}\boldsymbol{i}$，通常用$a_\tau\boldsymbol{i}$表示，叫作切向加速度；法向分矢量为$\frac{v^2}{\rho}\boldsymbol{j}$，通常用$a_n\boldsymbol{j}$表示，叫作法向加速度，指向曲线凹侧为正。因此有

$$\begin{cases}a_\tau=\dfrac{\mathrm{d}v}{\mathrm{d}t}\\[2ex]a_n=\dfrac{v^2}{\rho}\end{cases}\tag{1-2-21}$$

这种分解方法的好处是完全取决于轨道本身的形状，而与所选用的坐标系无关，故该方程称为内禀方程(或“禀性方程”“本性方程”)。如果把轨道的切线和法线也作为坐标系来看，则叫作自然坐标系。

对于空间曲线来讲，式(1-2-20)仍然适用。从微分几何学来讲，$\boldsymbol{a}$恒位于轨道的密切平面内，所谓轨道的密切平面是轨道的切线和曲线上无限接近于切点的一个点所确定的极限平面，亦即轨道上无限接近的两点的两条切线所确定的极限平面(见图1-8)。实际上，切线方向以单位矢量$\boldsymbol{\tau}$表示，并以质点的运动方向为正方向；主法线位于轨道曲线的密切平面内并指向凹侧，以单位矢量$\boldsymbol{n}$表示。对于三维运动的质点，还需引入轨道的副法线方向，副法线方向以单位矢量$\boldsymbol{b}$表示，它垂直于由$\boldsymbol{\tau}$和$\boldsymbol{n}$构成的轨道的密切平面，并与两者成右手螺旋关系。

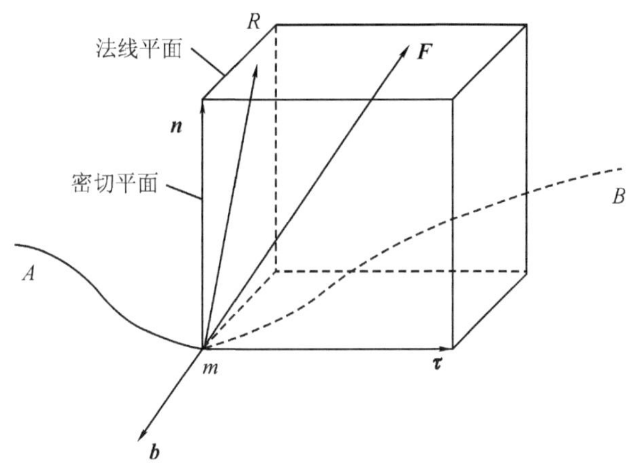

图 1－8

$$\boldsymbol{b} = \boldsymbol{\tau} \times \boldsymbol{n}$$

因此质点的加速度为

$$\boldsymbol{a} = a_\tau \boldsymbol{\tau} + a_n \boldsymbol{n} + a_b \boldsymbol{b} \tag{1-2-22}$$

式中：$a_\tau = \dfrac{\mathrm{d}v}{\mathrm{d}t}$，$a_n = \dfrac{v^2}{\rho}$，$a_b = 0$ 分别是质点加速度的切向分量、法向分量和副法线方向分量。且加速度的副法线方向分量总是等于零，因为质点的速度 $\boldsymbol{v}$ 总是沿轨道曲线的切线方向，加速度 $\boldsymbol{a}$ 必定在密切平面内，速度和加速度在副法线方向上都不可能有分量，无论质点做二维运动或三维运动都是如此。

例 1－6　一质点沿半径为 R 的圆形轨道做圆周运动，其所经路程与时间的关系为 $s=at+bt^2$，式中 a 和 b 均为常量，则该质点在任意时刻的速度、加速度如何？

解　质点速度的大小为 $v=\dfrac{\mathrm{d}s}{\mathrm{d}t}=a+2bt$；方向为圆周的切线方向

质点的速度为

$$\boldsymbol{v} = (a + 2bt)\boldsymbol{\tau}$$

质点的切向加速度大小为

$$a_\tau = \frac{\mathrm{d}v}{\mathrm{d}t} = 2b$$

质点的法向加速度大小为

$$a_n = \frac{v^2}{R} = \frac{(a + 2bt)^2}{R}$$

质点的加速度为

$$\boldsymbol{a} = 2b\boldsymbol{\tau} + \frac{(a + 2bt)^2}{R}\boldsymbol{n}$$

例 1－7　设质点 P 沿螺旋线 $x=2\sin 4t$，$y=2\cos 4t$，$z=4t$ 运动。求质点的速度、加速度及轨道的曲率半径。

解　质点 P 的位置矢量为

$$\boldsymbol{r} = 2\sin 4t\,\boldsymbol{i} + 2\cos 4t\,\boldsymbol{j} + 4t\boldsymbol{k}$$

则质点的速度为

$$\boldsymbol{v}=\frac{\mathrm{d}\boldsymbol{r}}{\mathrm{d}t}=8\cos 4t\,\boldsymbol{i}-8\sin 4t\boldsymbol{j}+4\boldsymbol{k}$$

速度的大小为

$$v=|\boldsymbol{v}|=4\sqrt{5}$$

则质点的加速度为

$$\boldsymbol{a}=\frac{\mathrm{d}\boldsymbol{v}}{\mathrm{d}t}=-32\sin 4t\,\boldsymbol{i}-32\cos 4t\boldsymbol{j}$$

加速度的大小为

$$a=|\boldsymbol{a}|=32$$

由于 v=常量，可得切向加速度的大小 $a_\tau=\frac{\mathrm{d}v}{\mathrm{d}t}=0$，则法向加速度的大小

$$a_n=a=32$$

轨道的曲率半径为

$$\rho=\frac{v^2}{a_n}=2.5$$

1.2.4 柱坐标系

质点在三维空间运动时常采用柱坐标系描述质点的运动规律。在柱坐标系中质点的空间位置用 R、θ、z 三个参数描述。这种坐标系的正交规范基由 $\boldsymbol{e}_r$、$\boldsymbol{e}_\theta$ 及 $\boldsymbol{e}_z$ 构成并形成右手系，如图 1－9 所示。

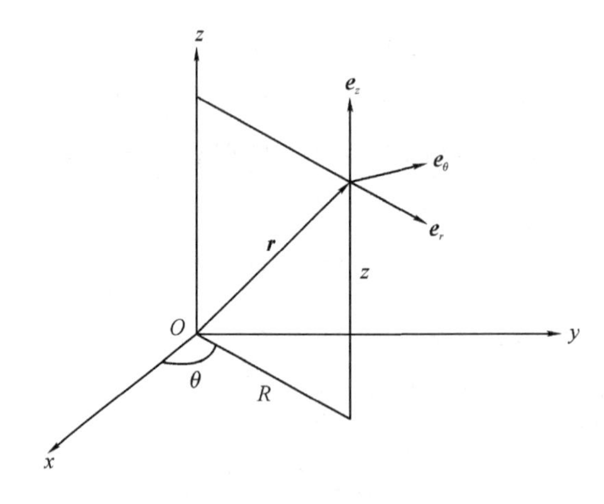

图 1－9

柱坐标系实际上可以看成是平面极坐标系加上 z 轴构成的三维坐标系，因此下列等式对柱坐标系同样成立

$$\frac{\mathrm{d}\boldsymbol{e}_r}{\mathrm{d}t}=\dot{\theta}\boldsymbol{e}_\theta,\quad \frac{\mathrm{d}\boldsymbol{e}_\theta}{\mathrm{d}t}=-\dot{\theta}\boldsymbol{e}_r$$

应该注意的是，当质点运动时，虽然单位矢量 $\boldsymbol{e}_r$ 和 $\boldsymbol{e}_\theta$ 是随时间变化的，但 $\boldsymbol{e}_z$ 却是不随时间变化的。柱坐标系中质点的位置矢量可以记为

$$\boldsymbol{r}=R\boldsymbol{e}_r+z\boldsymbol{e}_z$$

根据速度、加速度的定义，并利用上面的等式就可得到柱坐标系中速度、加速度的表示式

$$\boldsymbol{v}=\dot{\boldsymbol{r}}=\dot{R}\boldsymbol{e}_r+R\dot{\theta}\boldsymbol{e}_\theta+\dot{z}\boldsymbol{e}_z$$

$$\boldsymbol{a}=\ddot{\boldsymbol{r}}=(\ddot{R}-R\dot{\theta}^2)\boldsymbol{e}_r+(R\ddot{\theta}+2\dot{R}\dot{\theta})\boldsymbol{e}_\theta+\ddot{z}\boldsymbol{e}_z \tag{1-2-23}$$

也可以用另一种方法获得速度、加速度在柱坐标系中的表示式，即通过柱坐标系的正交规范基与直角坐标系的正交规范基的下列变换关系式，将直角坐标系中的矢量直接变换到柱坐标系中

$$\begin{cases}\boldsymbol{e}_r=\cos\theta\boldsymbol{i}+\sin\theta\boldsymbol{j}\\ \boldsymbol{e}_\theta=-\sin\theta\boldsymbol{i}+\cos\theta\boldsymbol{j}\\ \boldsymbol{e}_z=\boldsymbol{k}\end{cases} \tag{1-2-24}$$

1.2.5　球坐标系

球坐标系也是一种常见坐标系，它用 r、θ、φ 三个参数描述质点的空间位置，该坐标系以 $\boldsymbol{e}_r$、$\boldsymbol{e}_\theta$ 及 $\boldsymbol{e}_\varphi$ 为正交规范基，三者构成右手系，如图 1-10 所示，在球坐标系中质点的位置矢量为

$$\boldsymbol{r}=r\boldsymbol{e}_r$$

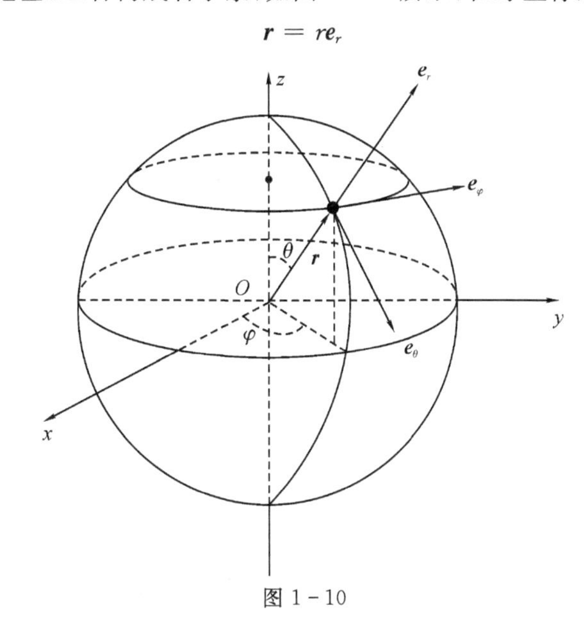

图 1-10

为了找出速度、加速度在球坐标系中的表示，可借助球坐标系的正交规范基与直角坐标系正交规范基的下列关系

$$\begin{cases}\boldsymbol{e}_r=\sin\theta\cos\varphi\boldsymbol{i}+\sin\theta\sin\varphi\boldsymbol{j}+\cos\theta\boldsymbol{k}\\ \boldsymbol{e}_\theta=\cos\theta\cos\varphi\boldsymbol{i}+\cos\theta\sin\varphi\boldsymbol{j}-\sin\theta\boldsymbol{k}\\ \boldsymbol{e}_\varphi=-\sin\varphi\boldsymbol{i}+\cos\varphi\boldsymbol{j}\end{cases} \tag{1-2-25}$$

导出球坐标系中单位正交基对时间的导数，例如

$$\begin{aligned}\frac{\mathrm{d}\boldsymbol{e}_r}{\mathrm{d}t}&=(\dot{\theta}\cos\theta\cos\varphi-\dot{\varphi}\sin\theta\sin\varphi)\boldsymbol{i}+(\dot{\theta}\cos\theta\sin\varphi+\dot{\varphi}\sin\theta\cos\varphi)\boldsymbol{j}-\dot{\theta}\sin\theta\boldsymbol{k}\\&=\dot{\theta}\cos\theta\cos\varphi\boldsymbol{i}+\dot{\theta}\cos\theta\sin\varphi\boldsymbol{j}-\dot{\theta}\sin\theta\boldsymbol{k}-\dot{\varphi}\sin\theta\sin\varphi\boldsymbol{i}+\dot{\varphi}\sin\theta\cos\varphi\boldsymbol{j}\end{aligned} \tag{1-2-26}$$

利用式(1-2-25)的第二及第三式将上式化为

$$\frac{\mathrm{d}\boldsymbol{e}_r}{\mathrm{d}t}=\dot{\theta}\boldsymbol{e}_\theta+\dot{\varphi}\sin\theta\boldsymbol{e}_\varphi \tag{1-2-27}$$

同理可得到另两个单位矢量对时间的导数

$$\frac{\mathrm{d}\boldsymbol{e}_\theta}{\mathrm{d}t}=-\dot{\theta}\boldsymbol{e}_r+\dot{\varphi}\cos\theta\boldsymbol{e}_\varphi \tag{1-2-28}$$

$$\frac{\mathrm{d}\boldsymbol{e}_\varphi}{\mathrm{d}t}=-\dot{\varphi}\sin\theta\boldsymbol{e}_r-\dot{\varphi}\cos\theta\boldsymbol{e}_\theta \tag{1-2-29}$$

现在可以由定义导出球坐标系中速度、加速度的表达式

$$\begin{aligned}\boldsymbol{v}&=\frac{\mathrm{d}\boldsymbol{r}}{\mathrm{d}t}=\frac{\mathrm{d}}{\mathrm{d}t}(r\boldsymbol{e}_r)=\dot{r}\boldsymbol{e}_r+r\frac{\mathrm{d}\boldsymbol{e}_r}{\mathrm{d}t}=\dot{r}\boldsymbol{e}_r+r(\dot{\theta}\boldsymbol{e}_\theta+\dot{\varphi}\sin\theta\boldsymbol{e}_\varphi)\\&=\dot{r}\boldsymbol{e}_r+r\dot{\theta}\boldsymbol{e}_\theta+r\dot{\varphi}\sin\theta\boldsymbol{e}_\varphi\end{aligned} \tag{1-2-30}$$

$$\boldsymbol{a}=\frac{\mathrm{d}\boldsymbol{v}}{\mathrm{d}t}=\ddot{r}\boldsymbol{e}_r+\dot{r}\frac{\mathrm{d}\boldsymbol{e}_r}{\mathrm{d}t}+\frac{\mathrm{d}}{\mathrm{d}t}(r\dot{\theta})\boldsymbol{e}_\theta+r\dot{\theta}\frac{\mathrm{d}\boldsymbol{e}_\theta}{\mathrm{d}t}+\frac{\mathrm{d}}{\mathrm{d}t}(r\dot{\varphi}\sin\theta)\boldsymbol{e}_\varphi+r\dot{\varphi}\sin\theta\frac{\mathrm{d}\boldsymbol{e}_\varphi}{\mathrm{d}t} \tag{1-2-31}$$

将(1-2-27)、(1-2-28)、(1-2-29)式代入(1-2-31)式整理后得到

$$\begin{aligned}\boldsymbol{a}=&(\ddot{r}-r\dot{\varphi}^2\sin^2\theta-r\dot{\theta}^2)\boldsymbol{e}_r+(r\ddot{\theta}+2\dot{r}\dot{\theta}-r\dot{\varphi}^2\sin\theta\cos\theta)\boldsymbol{e}_\theta+\\&(r\ddot{\varphi}\sin\theta+2\dot{r}\dot{\varphi}\sin\theta+2r\dot{\varphi}\dot{\theta}\cos\theta)\boldsymbol{e}_\varphi\end{aligned} \tag{1-2-32}$$

1.3 相对运动

在描述一个物体的运动时，若选择不同的参照系，会得出不同的结果。一般来说，同一运动物体相对于不同的参照系，会有不同的轨迹、速度和加速度。

这里只讨论两参照系做相对平动的简单情形，即一个参照系上的每一个点相对于另一个参照系有相同的速度。进一步说，整个参照系以某一速度相对于另一参照系做平动。设有两个参照系 S 及 S'，前者是静止不动的，后者相对于前者做速度为 $\boldsymbol{u}$ 的匀速直线运动。如果有两个观察者 A 和 B，分别处于 S 及 S' 系中观察同一物体(质点)的运动，那么他们所得到的结果，彼此间有何不同和联系呢？

设固定在 S 及 S' 系上的坐标系分别为 $O-xyz$ 和 $O'-x'y'z'$，如图 1-11 所示。为简化起

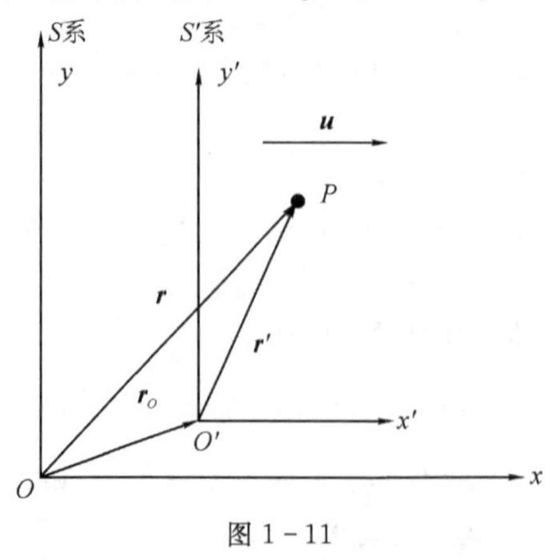

图 1-11

见，假定相应的坐标轴保持相互平行。设一质点在空间运动，在某一时刻位于 P 点时，相对于 O 点的位置矢量为 $\boldsymbol{r}$，相对于 O' 点的位置矢量为 $\boldsymbol{r}'$，O' 点相对于 O 点的位置矢量为 r_o，根据矢量三角形法则，三者关系为

$$\boldsymbol{r}=\boldsymbol{r}_o+\boldsymbol{r}'$$

将上式两边分别对时间 t 求一阶导数，得

$$\frac{\mathrm{d}\boldsymbol{r}}{\mathrm{d}t}=\frac{\mathrm{d}\boldsymbol{r}_o}{\mathrm{d}t}+\frac{\mathrm{d}\boldsymbol{r}'}{\mathrm{d}t}$$

按照瞬时速度的定义，得

$$\boldsymbol{v}=\boldsymbol{v}_o+\boldsymbol{v}' \tag{1-3-1}$$

通常把物体相对于“静止”参照系 S 的运动叫作“绝对”运动，所以物体相对于 S 系的运动速度 $\boldsymbol{v}$，称为“绝对”速度。把物体相对于运动参照系 S' 的运动叫作相对运动，所以物体相对于运动参照系 S' 的运动速度 $\boldsymbol{v}'$ 称为相对速度。至于物体随 S' 系一道运动而具有相对于 S 系的运动，则叫作牵连速度，所以物体被 S' 系“牵带”着一同运动的速度，亦即 S' 系相对于 S 系的速度 $\boldsymbol{v}_o$ 就叫作牵连速度，即“绝对”速度等于牵连速度与相对速度的矢量和。这个关系，当对于运动参照系做加速直线运动或一般平动时仍正确。

将式(1-3-1)对时间微商，则得

$$\frac{\mathrm{d}\boldsymbol{v}}{\mathrm{d}t}=\frac{\mathrm{d}\boldsymbol{v}_o}{\mathrm{d}t}+\frac{\mathrm{d}\boldsymbol{v}'}{\mathrm{d}t}$$

即

$$\boldsymbol{a}=\boldsymbol{a}_o+\boldsymbol{a}' \tag{1-3-2}$$

跟速度一样，$\boldsymbol{a}$ 叫绝对加速度，是质点相对于 S 系的加速度；$\boldsymbol{a}'$ 叫相对加速度，是质点相对于 S' 系的加速度；至于 $\boldsymbol{a}_o$ 则是 S' 系相对于 S 系的加速度，亦即质点被 S' 系“带着”一起运动时获得的加速度，称为牵连加速度。所以，在相对于 S 做加速直线运动的参照系 S' 中观察质点的运动时，质点的加速度 $\boldsymbol{a}'$ 和在 S 系中所观察到的 $\boldsymbol{a}$ 不同，它们之间的关系由式(1-3-2)给出，即绝对加速度等于牵连加速度与相对加速度的矢量和，跟绝对速度、相对速度、牵连速度之间的关系一样。

对相对于 S 做匀速直线运动的参照系 S' 而言，$\boldsymbol{v}_o$ 是恒矢量，则 $\frac{\mathrm{d}\boldsymbol{v}_o}{\mathrm{d}t}=0$，故式(1-3-2)为

$$\boldsymbol{a}=\boldsymbol{a}' \tag{1-3-3}$$

这是可以理解的，因为参照系 S' 是做匀速直线运动的，它没有加速度，所以在 S' 系中所观察到的物体的加速度 $\boldsymbol{a}'$ 和在 S 系中所观察到的物体的加速度 $\boldsymbol{a}$ 应该相同。也就是说，在两个相对做匀速直线运动的参照系中，质点具有相同的加速度。

例 1-8　在河水流速 $v_o=2$ m/s 的地方有小船渡河。如果希望小船以 $v=4$ m/s 的速率垂直于河岸横渡，问小船相对于河水的速度大小和方向应如何。

解　(1)研究对象：小船。

(2)建立参照系及坐标系，讨论船的速度的参照系有两个，一个是河岸，一个是流水。

选取河岸为“静止”参照系，选取流水为运动参照系，坐标系如图 1-12 所示。

河水流速 $v_o=2$ m/s，即流水相对于河岸的速度为 2 m/s，运动参照系相对于“静止”参照系的速度为 2 m/s，这正好是牵连速度 $\boldsymbol{v}_o=2\boldsymbol{i}$。小船以 $v=4$ m/s 的速率垂直于河岸横渡，即小船相对于“静止”参照系河岸的速度，这正好是绝对速度 $\boldsymbol{v}=4\boldsymbol{j}$。

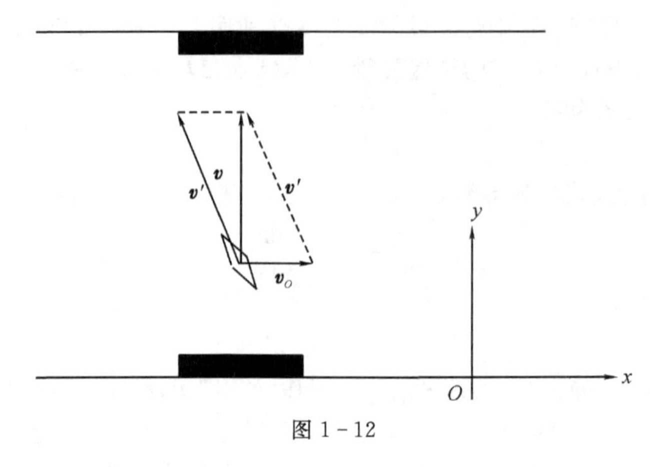

图 1-12

(3)由速度变换式 $\boldsymbol{v}=\boldsymbol{v}_O+\boldsymbol{v}'$,代入牵连速度和绝对速度,可得

$$4\boldsymbol{j}=2\boldsymbol{i}+\boldsymbol{v}' \Rightarrow \boldsymbol{v}'=-2\boldsymbol{i}+4\boldsymbol{j}$$

$\boldsymbol{v}'$为小船相对运动参照系河水的速度,即为相对速度。

由速度矢量三角形法则,可得

$$v'=\sqrt{v_O^2+v^2}=\sqrt{2^2+4^2}=4.47\ \text{m/s}$$

$\boldsymbol{v}'$与水流方向 $\boldsymbol{v}_O$间的夹角为

$$\theta=\frac{\pi}{2}+\arctan\frac{v_O}{v}=\frac{\pi}{2}+\arctan\frac{1}{2}=116.6^\circ$$

例 1-9 某人以 4 km/h 的速率向东方前进时,感觉风从正北方向吹来;如将速率增加一倍,则感觉风从东北方向吹来。试求风速及风向。

解 (1)研究对象:风。

(2)建立参照系及坐标系。

选取地面为“静止”参照系;选取人为运动参照系,所建坐标系如图 1-13 所示。

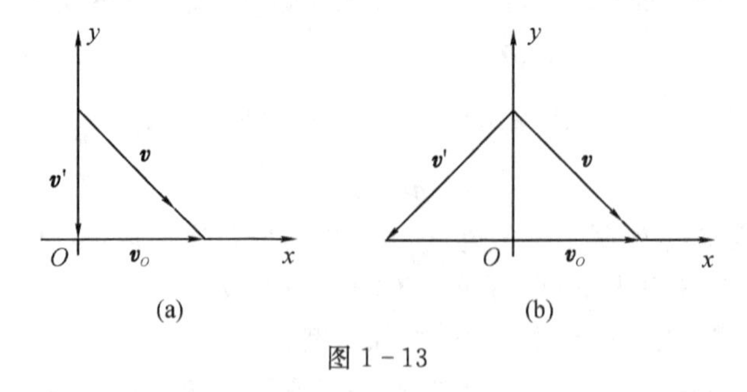

图 1-13

(3)运用速度合成。

第一种情况:人前进的速度为人相对于地面的速度,即牵连速度 $\boldsymbol{v}_O=4\boldsymbol{i}$。感觉风从正北方向吹来,实际上是风相对于人的速度,即相对速度 $\boldsymbol{v}'=-v_1'\boldsymbol{j}$,风相对于地面的速度则为绝对速度 $\boldsymbol{v}$。根据速度矢量合成法则,可得

$$\boldsymbol{v}=4\boldsymbol{i}-v_1'\boldsymbol{j} \tag{1}$$

第二种情况:人前进的速率增加了一倍,即牵连速度 $\boldsymbol{v}_O=8\boldsymbol{i}$。感觉风从东北方向吹来,则

相对速度 $\boldsymbol{v}'=-\frac{\sqrt{2}}{2}v'_2\boldsymbol{i}-\frac{\sqrt{2}}{2}v'_2\boldsymbol{j}$，$v'_2$ 是风相对于人的速度的量值，则风相对于地面的速度则为绝对速度 $\boldsymbol{v}$ 为

$$\boldsymbol{v}=\boldsymbol{v}_o+\boldsymbol{v}'=\left(8-\frac{\sqrt{2}}{2}v'_2\right)\boldsymbol{i}-\frac{\sqrt{2}}{2}v'_2\boldsymbol{j} \tag{2}$$

因为风相对于地面的速度不会随人骑自行车速度的快慢而变化。

联立式(1)、(2)，可得

$$\begin{cases}4=8-\dfrac{\sqrt{2}}{2}v'_2\\ v'_1=\dfrac{\sqrt{2}}{2}v'_2\end{cases}$$

则

$$v'_1=4$$

由式(1)可得

$$\boldsymbol{v}=4\boldsymbol{i}-4\boldsymbol{j}$$

因此可知所吹的是西北风。

1.4　质点运动定律

1.4.1　牛顿运动定律

17 世纪时，牛顿在伽利略等人的工作基础上研究总结出来了牛顿运动定律。它是经典力学的核心，是研究质点机械运动的基础，是质点动力学中的基本定律。它在数百年来有了广泛的扩展和应用。任何一个复杂的物体，原则上都可以看作是大量质点的组合，于是由牛顿运动定律就可以导出刚体、理想流体等的运动规律，从而建立起整个经典力学的体系。即使对那些大量分子的无规则热运动，虽然其整体服从统计规律，但其个体运动中也含有机械运动的规律。因此，深刻理解牛顿运动定律的有关概念，并能熟练地应用它，就显得十分重要和必要。

牛顿运动定律是经典动力学的基础。虽然牛顿运动定律一般是对质点而言的，但这并不限制定律的广泛适用性，因为复杂的物体在原则上可看作是质点的组合。从牛顿运动定律出发可以导出刚体、流体、弹性体等的运动规律，从而建立起整个经典力学的体系。

现在让我们扼要表述一下牛顿运动三定律的内容。

1. 牛顿第一定律

任何物体都将保持静止或匀速直线运动的状态，直到作用在它上面的力迫使它改变这种状态为止，其数学表达式为

$$\boldsymbol{v}=\text{常矢量}\qquad(\boldsymbol{F}=0\ \text{时}) \tag{1-4-1}$$

第一定律蕴含着两个重要的物理概念：一是物体的“惯性”，物体在不受外力作用时，将保持静止状态或匀速直线运动状态。可见，物体保持原来运动状态不变的特性，是每一个物体固有的属性，称为物体的惯性。因此牛顿第一定律又称为惯性定律。二是“力”的概念，物体的运

动并不需要力去维持，只有当物体的运动状态（速度）发生变化即产生加速度时，才需要力的作用，力是改变物体运动状态的原因。

2. 牛顿第二定律

当一物体（质点）受到外力作用时，该物体所获得的加速度和外力成正比，和物体本身的质量成反比，加速度的方向和外力的方向一致。牛顿第二定律的数学表达式可写为

$$\boldsymbol{F} = m\boldsymbol{a} \tag{1-4-2}$$

式中：$\boldsymbol{F}$ 代表作用在质点上的合外力，m 代表质点的质量，$\boldsymbol{a}$ 代表质点的加速度。

牛顿第二定律进一步给出了物体所受的作用力和由此产生的加速度以及物体惯性三者之间的定量关系。

在国际单位制（SI）中，m 的单位为 kg（千克），a 的单位写为 m/s^2，读作米每二次方秒，而 F 的单位则是 N（牛顿）。

式（1－4－2）给出力、质量和加速度三者之间的定量关系。当物体的质量不变时，物体所获得加速度 $\boldsymbol{a}$ 的大小与它所受合外力的大小成正比，加速度的方向与外力作用的方向一致。不同质量的物体在相同外力的作用下，获得的加速度不同，加速度的大小与物体的质量成反比。质量越大，加速度越小，反之亦然。因为加速度是反映物体运动状态变化程度的物理量，加速度小意味着在同样外力的作用下物体的运动状态不容易改变。或者说，物体维持其原来运动状态的性质显著，也就是物体的惯性大。由此可见，质量是物体惯性的量度。

牛顿第一定律指出物体只有在外力作用下才改变其运动状态，牛顿第二定律给出物体的加速度与作用于物体的力和物体质量之间的数量关系，牛顿第三定律则说明力具有物体间相互作用的性质。牛顿第三定律较第一、第二定律的应用广泛了些，第一、第二定律只牵涉到一个物体的受力，而第三定律谈到了两个物体间相互作用的关系。

3. 牛顿第三定律

若物体 A 以力 $\boldsymbol{F}_1$ 作用于物体 B，则同时物体 B 必以力 $\boldsymbol{F}_2$ 作用于物体 A，这两个力大小相等，方向相反，而且沿同一条直线。其数学表达式为

$$\boldsymbol{F}_2 = -\boldsymbol{F}_1 \tag{1-4-3}$$

如果 $\boldsymbol{F}_1$，$\boldsymbol{F}_2$ 中的一个力叫作作用力，则另一个力叫作反作用力。因此，牛顿第三定律又称为作用力与反作用力定律。

牛顿第三定律进一步阐明了力的相互作用的性质，力是物体间的一种相互作用。有作用力就必须同时存在反作用力。作用力和反作用力施加在两个不同物体上，它们互以对方的存在为自己存在的前提。它们同时产生，同时消灭，相互依存，形成对立的局面，这是力学中普遍存在的一种矛盾。

1.4.2 相对性原理

我们知道，对运动的描述是相对的，由参照系的选择而定。参照系不同，对物体的运动所做出的描述就不同。从运动学的角度来看，完全可以为研究问题的方便做任意选择参照系。但是在应用牛顿运动定律时，参照系却不能任意选择，因为牛顿运动定律并不是在任何参照系中都是成立的。

牛顿运动定律能成立的参照系叫作惯性参照系，简称惯性系。而牛顿运动定律不能成立

的参照系叫作非惯性参照系，简称非惯性系。哪些参照系是惯性系，哪些参照系是非惯性系，只能依靠观察和实验的结果来判断。根据天体运动的研究，人们发现：如果选定太阳为参照系，以太阳中心为原点，以指向任一恒星的直线为坐标轴，那么所观测到的许多天文现象，都与根据牛顿运动定律和万有引力定律推出的结论较好地符合，因此太阳参照系是精确程度很高的惯性参照系。实验又表明：地球上的物体相对于地球的运动并不完全遵守牛顿运动定律，所以地球不是惯性参照系。不过，这种偏差一般是比较微小的。因此，在一般精确度范围内，我们常常可以把地球当作惯性系来看待，但在要求精确程度很高的问题中，我们就不能把地球当作惯性参照系了。

由实验观察现象和理论进一步证明：凡是相对于已知惯性系做匀速直线运动的任何参照系都是惯性系。这一点可以这样来解释：如果一个物体所受合外力为零，并且相对于已知惯性系静止不动，现在另外还有一个参照系，它相对于已知惯性系做匀速直线运动，在它上面的观察者看来，该物体所受合外力仍为零，但相对于它做匀速直线运动。这两种描述虽然不同，但都和牛顿运动定律相符合。因此，相对于已知惯性系做匀速直线运动的参照系也是一个惯性系。

1632 年，意大利科学家伽利略对惯性参照系做了一定研究，他观察一个封闭船舱内所发生的现象时，曾做过一些实验。他说：只要船是做匀速直线运动，那么在船上关起门窗做力学实验，不可能根据所观察到的现象判断船是静止还是做匀速直线运动，运动得快还是慢。要观察现象，必须打开门窗，观察岸边的景色。用物理语言说，即不可能借助在惯性参照系中所做的力学实验来确定该参照系做匀速直线运动的速度。换句话说，在彼此做匀速直线运动的所有惯性系中进行力学实验，所总结出的力学规律都是相同的；对于描述力学规律来说，一切惯性系都是等价的。这叫作力学的相对性原理或伽利略相对性原理。

到 20 世纪，爱因斯坦建立狭义和广义相对论，把相对性原理推广于全部物理学。

1.5　质点运动微分方程

1.5.1　不同坐标系下运动微分方程的形式

牛顿运动定律的核心是第二定律，当物体的质量 m 不变时，牛顿第二定律的表示式为

$$m\frac{\mathrm{d}\boldsymbol{v}}{\mathrm{d}t}=\boldsymbol{F} \tag{1-5-1}$$

在有几个力同时作用在质点上时，实验告诉我们各个力之间并不相互干扰，每个力对物体的作用效果与其他的力存在无关，各个力对质点运动都有自己的贡献，而质点的合运动是这几个力独立贡献的和，这一经验结论就叫作力的独立性原理或者称为力的叠加原理。因此，在物体同时受到几个力作用时，可以把这些力按照矢量加法合成一个总的力矢量，而牛顿第二定律就可进一步写成

$$m\frac{\mathrm{d}\boldsymbol{v}}{\mathrm{d}t}=m\ddot{\boldsymbol{r}}=\sum\boldsymbol{F}_i=\boldsymbol{F} \tag{1-5-2}$$

这是一个矢量常微分方程，具体求解时我们需要选取一个适当的正交坐标系，并将式(1-5-2)投影为 3 个标量方程，再联立求解。常用的坐标系有直角坐标系、平面极坐标系、自

然坐标系、球坐标系和柱坐标系。下面就给出式(1－5－2)在这些坐标系中的具体表示式。

1. 直角坐标系

在直角坐标系中,空间任一点 P 的位置可用 x、y、z 三个参量表示,当选用直角坐标系时,则应当将外力与加速度作别沿 x、y、z 三个坐标轴正交分解,利用直角坐标系中速度与加速度表达式,便得到下面的动力学方程式:

$$\begin{cases} m\ddot{x} = F_x \\ m\ddot{y} = F_y \\ m\ddot{z} = F_z \end{cases} \tag{1-5-3}$$

2. 平面极坐标系

在平面极坐标系中,平面上任一点 P 的位置可用参量 r、θ 来表示。牛顿第二定律在该坐标系中可表示成如下分量式:

$$\begin{cases} m(\ddot{r} - r\dot{\theta}^2) = ma_r = F_r \\ m(r\ddot{\theta} + 2\dot{r}\dot{\theta}) = ma_\theta = F_\theta \end{cases} \tag{1-5-4}$$

式中:F_r 与 F_θ 是外力沿径向与横向的投影分量,a_r 与 a_θ 是径向加速度与横向加速度。

3. 自然坐标系

当采用自然坐标系时,可将外力沿质点运动轨道的切向与法向分解。利用加速度在自然坐标系中的表达式就可以得到质点动力学方程在自然坐标系下的表示,如下:

$$\begin{cases} m\dfrac{\mathrm{d}v}{\mathrm{d}t} = ma_\tau = F_\tau \\ m\dfrac{v^2}{\rho} = F_n \\ 0 = F_b \end{cases} \tag{1-5-5}$$

式中:F_τ 与 F_n 分别表示外力沿着轨道切向与法向的分量,a_τ 与 $\dfrac{v^2}{\rho}$ 分别是切向加速度与法向加速度。

4. 球坐标系

在球坐标系中,空间任一点 P 的位置可用 r、θ、φ 三个参量来表示(见图 1－10)。牛顿第二定律在该坐标系中可表示成如下分量式:

$$\begin{cases} m(\ddot{r} - r\dot{\varphi}^2\sin^2\theta - r\dot{\theta}^2) = F_r \\ m(r\ddot{\theta} + 2\dot{r}\dot{\theta} - r\dot{\varphi}^2\sin\theta\cos\theta) = F_\theta \\ m(r\ddot{\varphi}\sin\theta + 2\dot{r}\dot{\varphi}\sin\theta + 2r\dot{\varphi}\dot{\theta}\cos\theta) = F_\varphi \end{cases} \tag{1-5-6}$$

5. 柱坐标系

柱坐标可看成是由 Oxy 平面上的平面极坐标 R、φ 和直角坐标 z 组合而成(见图 1－9)。牛顿第二定律在该坐标系中可表示成如下分量式:

$$\begin{cases} m(\ddot{R} - R\dot{\theta}^2) = F_R \\ m(R\ddot{\theta} + 2\dot{R}\dot{\theta}) = F_\theta \\ m\ddot{z} = F_z \end{cases} \tag{1-5-7}$$

如果质点不受任何约束而运动，则叫自由质点。如果质点受到某种约束，例如被限制在某曲线或曲面上运动，不能脱离该线或该面而做任意的运动并占据空间任意位置，则叫作非自由质点。此时该线或该面叫作约束，而该线或该面的方程则叫作约束方程。

1.5.2　运动微分方程的解

原则上讲，运用质点的动力学方程加上适当的初始条件，就能解决质点动力学的所有问题，但对具体的问题来说，求解质点动力学方程并不是一件十分容易的事。在有些问题中，动力学方程的解不可能用初等函数表示，在所研究问题精度要求不是很高时，可以运用一些近似方法。对一些精度要求很高，而微分方程相对复杂的情况，如弹道学问题、卫星运动等问题，只能借助计算机用数值计算的方法来预言质点的运动情况。

在经典力学中处理质点动力学问题大致可分为两类。一类是已知质点的运动情况（包括速度、加速度及轨道方程），求引起物体作某种特定运动时所受到的外力，这一类问题称为第一类动力学问题。求解这一类动力学问题的数学工具一般来说相对简单，基本上不需要解微分方程，只用简单的微积分工具就行了。第二类动力学问题是已知作用在质点上的外力和质点的初始运动状态求解质点运动规律，即找出质点位置、速度随时间的变化规律。第二类动力学问题也是经典力学的核心问题，在处理这类应用问题中数学要求相对来说难度要高一些。

质点不受任何约束而做自由运动，这种情况并不普遍，大量质点动力学问题都是研究受有约束的非自由质点的运动问题。若干个质点受约束而连在一起的运动问题，本是质点组的动力学问题，但这时如能对每一质点作出单独草图，常能把它化为质点动力学问题。所以对这类问题在做出总的草图以后，还要就每一质点做出单独草图，即用所谓隔离物体法，分别对每一质点进行受力情况和运动情况的分析。

在理论力学中我们遇到的问题，一般是受变力而运动的问题，运动方程一般是二阶常微分方程组。因此，理论力学的主要任务，就将是根据具体问题进行具体分析后，建立运动微分方程组，然后求解这些方程组。也就是说，在具体分析以后，我们将把力学问题化为数学问题；再根据题给的初始条件来解出这些方程组；最后，还要对所得的结果加以分析，阐明它们的物理含义。在某些情况下，所得到的某些结果，可能不符合物理情况，则应将其弃去。总之，解决力学问题不应只满足于解出数学方程的结果，还要讨论它的物理实质，这样才是对于一个物理问题的完美解答。

作用在质点上的力，一般是位置、速度和时间的函数，这种常微分方程组的求解，可能相当困难。但在有些具体问题中，力常常只是其中某一个变量的函数。这样，求解问题就变得简单得多。下面举几个实际问题，作为示范。

例 1-10　自由电子在沿 x 轴的振荡电场中的运动——力只是时间 t 的函数。

解　设沿 x 轴的电场强度为

$$E_x = E_0\cos(\omega t + \theta)$$

设电子的运动速度远远小于光速，且其初始状态为：$t=0$ 时，$x=x_0$，$v=v_0$。

(1)研究对象：自由电子。

(2)建立参照系：地面。坐标轴：Ox，沿电场正方向。

(3)受力分析：$F=-eE_x=-eE_0\cos(\omega t+\theta)$

(4)建立运动微分方程

$$m\ddot{x} = -eE_0\cos(\omega t + \theta)$$

式中:m 是电子的质量。

(5)求解:

$$m\frac{d^2x}{dt^2} = m\frac{dv}{dt} = -eE_0\cos(\omega t + \theta)$$

$$\int dv = \int -\frac{eE_0}{m}\cos(\omega t + \theta)dt$$

$$v = -\frac{eE_0}{m\omega}\sin(\omega t + \theta) + c_1$$

利用初始条件:$t=0$ 时,$v=v_0$,可得

$$v_0 = -\frac{eE_0}{m\omega}\sin\theta + c_1 \Rightarrow c_1 = v_0 + \frac{eE_0}{m\omega}\sin\theta$$

所以

$$v = -\frac{eE_0}{m\omega}\sin(\omega t + \theta) + v_0 + \frac{eE_0}{m\omega}\sin\theta$$

$$\frac{dx}{dt} = -\frac{eE_0}{m\omega}\sin(\omega t + \theta) + v_0 + \frac{eE_0}{m\omega}\sin\theta \quad \Rightarrow \quad \int dx = \int\left[-\frac{eE_0}{m\omega}\sin(\omega t + \theta) + v_0 + \frac{eE_0}{m\omega}\sin\theta\right]dt$$

$$x = \left(v_0 + \frac{eE_0}{m\omega}\sin\theta\right)t + \frac{eE_0}{m\omega^2}\cos(\omega t + \theta) + c_2$$

利用初始条件:$t=0$ 时,$x=x_0$,可得

$$x_0 = \frac{eE_0}{m\omega^2}\cos\theta + c_2 \quad \Rightarrow \quad c_2 = x_0 - \frac{eE_0}{m\omega^2}\cos\theta$$

$$x = \left(v_0 + \frac{eE_0}{m\omega}\sin\theta\right)t + \frac{eE_0}{m\omega^2}\cos(\omega t + \theta) + x_0 - \frac{eE_0}{m\omega^2}\cos\theta$$

(6)讨论:若电子起始时,在 $x_0=0$ 处是静止的,可得

$$x = \left(\frac{eE_0}{m\omega}\sin\theta\right)t + \frac{eE_0}{m\omega^2}\cos(\omega t + \theta) - \frac{eE_0}{m\omega^2}\cos\theta$$

例 1-11 质点的质量为 m,在力 $F=F_0-kt$ 的作用下,沿 x 轴做直线运动,式中 F_0、k 为常数,当运动开始时即 $t=0$ 时,$x=x_0$,$v=v_0$,求质点的运动规律。

解 根据牛顿运动微分方程

$$m\frac{d^2x}{dt^2} = F_x$$

$$m\frac{dv}{dt} = F_0 - kt$$

积分

$$\int_{v_0}^{v} dv = \int_0^t \left(\frac{F_0}{m} - \frac{k}{m}t\right)dt$$

质点的速度为

$$v = v_0 + \frac{F_0}{m}t - \frac{k}{2m}t^2$$

$$\frac{dx}{dt} = v_0 + \frac{F_0}{m}t - \frac{k}{2m}t^2$$

积分

$$\int_{x_0}^{x} \mathrm{d}x = \int_0^t \left(v_0 + \frac{F_0}{m}t - \frac{k}{2m}t^2\right)\mathrm{d}t$$

质点的位置为

$$x = x_0 + v_0 t + \frac{F_0}{2m}t^2 - \frac{k}{6m}t^3$$

例 1－12　一质量为 m 的炮弹，以速率 v_0 自仰角为 α 的炮管内射出(见图 1－14)，设炮弹飞行中受到的空气阻力与炮弹的速度成正比，$\boldsymbol{F}_R = -mb\boldsymbol{v}$，这里 b 是常数，求炮弹飞行时的速度和轨道。

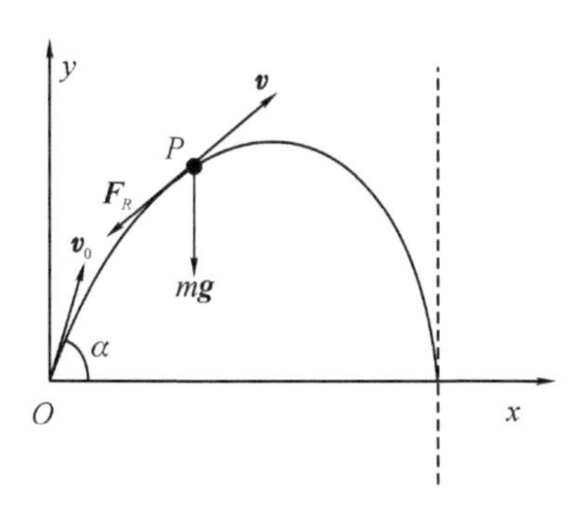

图 1－14

解　(1)研究对象：炮弹。

(2)建立参照系：地面，坐标系——Oxy。

(3)受力分析：

$$m\boldsymbol{g} = -mg\boldsymbol{j}$$

$$\boldsymbol{F}_R = -mb\boldsymbol{v} = -mb(\dot{x}\boldsymbol{i} + \dot{y}\boldsymbol{j})$$

(4)建立运动微分方程：

$$\begin{cases} m\ddot{x} = -mb\dot{x} \\ m\ddot{y} = -m(b\dot{y} + g) \end{cases} \tag{1}$$

初始条件为

$$\begin{cases} x\,|_{t=0} = 0 \\ y\,|_{t=0} = 0 \\ \dot{x}\,|_{t=0} = v_{0x} = v_0\cos\alpha \\ \dot{y}\,|_{t=0} = v_{0y} = v_0\sin\alpha \end{cases}$$

(5)求解：对式(1)化简，得

$$\begin{cases} \ddot{x} = -b\dot{x} \\ \ddot{y} = -(b\dot{y} + g) \end{cases}$$

$$\ddot{x} = -b\dot{x} \Rightarrow \frac{\mathrm{d}\dot{x}}{\mathrm{d}t} = -b\dot{x} \Rightarrow \frac{\mathrm{d}\dot{x}}{\dot{x}} = -b\mathrm{d}t \Rightarrow \ln\dot{x} = -bt + c_1 \Rightarrow \dot{x} = \mathrm{e}^{-bt+c_1} = c\mathrm{e}^{-bt}$$

利用初始条件

$$\dot{x}\,|_{t=0} = v_0\cos\alpha$$

可得

$$c = v_0 \cos\alpha$$

则

$$\dot{x} = v_0 \cos\alpha e^{-bt} \tag{2}$$

$$\ddot{y} = -(b\dot{y} + g) \Rightarrow \ddot{y} + b\dot{y} = -g \Rightarrow \frac{d\dot{y}}{dt} + b\dot{y} = -g$$

令 $\dot{y} = p$，则

$$\frac{dp}{dt} + bp = -g$$

先求对应齐次方程的通解

$$\frac{dp}{dt} + bp = 0 \Rightarrow \frac{dp}{dt} = -bp \Rightarrow \frac{dp}{p} = -bdt \Rightarrow \text{In}p = -bt + c_1 \Rightarrow p = ce^{-bt}$$

用常数变易法，将上式 c 换成 $c(t)$，即令

$$p = c(t)e^{-bt}$$

那么

$$\frac{dp}{dt} = c'(t)e^{-bt} - bc(t)e^{-bt}$$

代入所给非齐次方程，得

$$c'(t)e^{-bt} = -g \Rightarrow \frac{dc(t)}{dt} = -ge^{bt} \Rightarrow \int dc(t) = \int -ge^{bt}dt \Rightarrow c(t) = -\frac{g}{b}e^{bt} + c$$

这样

$$p = -\frac{g}{b} + ce^{-bt}$$

$$\dot{y} = \frac{dy}{dt} = -\frac{g}{b} + ce^{-bt}$$

利用初始条件

$$\dot{y}\,|_{t=0} = v_0 \sin\alpha$$

可得

$$c = v_0 \sin\alpha + \frac{g}{b}$$

这样

$$\dot{y} = -\frac{g}{b} + \left(v_0 \sin\alpha + \frac{g}{b}\right)e^{-bt} = v_0 \sin\alpha e^{-bt} + \frac{g}{b}(e^{-bt} - 1) \tag{3}$$

故炮弹的飞行速度为

$$\boldsymbol{v} = \dot{x}\boldsymbol{i} + \dot{y}\boldsymbol{j} = v_0 \cos\alpha e^{-bt}\boldsymbol{i} + \left[v_0 \sin\alpha e^{-bt} + \frac{g}{b}(e^{-bt} - 1)\right]\boldsymbol{j} \tag{4}$$

将式(2)再积分一次，得

$$x = -\frac{v_0}{b}\cos\alpha e^{-bt} + c$$

利用初始条件

$$x\,|_{t=0} = 0$$

可得

$$c=\frac{v_0}{b}\cos\alpha$$

则

$$x=-\frac{v_0}{b}\cos\alpha e^{-bt}+\frac{v_0}{b}\cos\alpha=\frac{v_0}{b}\cos\alpha(1-e^{-bt}) \tag{5}$$

将式(3)再积分一次,得

$$y=-\frac{v_0}{b}\sin\alpha e^{-bt}-\frac{g}{b^2}e^{-bt}-\frac{g}{b}t+c$$

利用初始条件

$$y\mid_{t=0}=0$$

可得

$$c=\frac{v_0}{b}\sin\alpha+\frac{g}{b^2}$$

$$y=-\frac{v_0}{b}\sin\alpha e^{-bt}-\frac{g}{b^2}e^{-bt}-\frac{g}{b}t+\frac{v_0}{b}\sin\alpha+\frac{g}{b^2}$$

$$y=\left(\frac{v_0}{b}\sin\alpha+\frac{g}{b^2}\right)(1-e^{-bt})-\frac{g}{b}t \tag{6}$$

由式(5)与式(6)两式消去 t,即得轨道方程。将式(5)变形,得

$$t=-\frac{1}{b}\ln\left(1-\frac{bx}{v_0\cos\alpha}\right)$$

$$1-e^{-bt}=1-e^{\ln\left(1-\frac{bx}{v_0\text{cnos}\alpha}\right)}=\frac{bx}{v_0\cos\alpha}$$

将上式代入式(6),可得

$$y=\left(\frac{g}{bv_0\cos\alpha}+\tan\alpha\right)x+\frac{g}{b^2}\ln\left(1-\frac{bx}{v_0\cos\alpha}\right) \tag{7}$$

(6)讨论。

假设空气阻力很小,则常数 b 则很小,且飞行时间(或距离)不长,则 x 越小。

设满足条件:

$$\frac{bx}{v_0\cos\alpha}\ll 1$$

根据级数展开

$$\text{In}(1-x)=-x-\frac{x^2}{2}-\frac{x^3}{3}-\frac{x^4}{4}-\cdots \quad (-1\leqslant x\leqslant 1)$$

则

$$\text{In}\left(1-\frac{bx}{v_0\cos\alpha}\right)=-\frac{bx}{v_0\cos\alpha}-\frac{1}{2}\left(\frac{bx}{v_0\cos\alpha}\right)^2-\frac{1}{3}\left(\frac{bx}{v_0\cos\alpha}\right)^3-\cdots$$

得

$$y=\left(\frac{g}{bv_0\cos\alpha}+\tan\alpha\right)x+\frac{g}{b^2}\left[-\frac{bx}{v_0\cos\alpha}-\frac{1}{2}\left(\frac{bx}{v_0\cos\alpha}\right)^2-\frac{1}{3}\left(\frac{bx}{v_0\cos\alpha}\right)^3-\cdots\right]$$

$$y=\tan\alpha x-\frac{1}{2}\frac{gx^2}{v_0{}^2\cos^2\alpha}-\frac{1}{3}\frac{bgx^3}{v_0^3\cos^3\alpha}-\cdots \tag{8}$$

显然,在无空气阻力时 $b=0$,这时轨迹方程便退化为抛物线方程

$$y = \tan\alpha x - \frac{1}{2}\frac{gx^2}{v_0{}^2\cos^2\alpha}$$

由式(5)、(6)容易看到，随着时间的推移，炮弹的水平位置将趋向一极限

$$x_{\mathrm{m}} = \frac{v_0\cos\alpha}{b}$$

而在铅直方向则趋向于匀速运动

$$y = \left(\frac{g}{b^2} + \frac{v_0}{b}\sin\alpha\right) - \frac{g}{b}t$$

这一结论从式(4)中可以看得更清楚。

在 $t\to\infty$ 时，炮弹速度将趋于铅直向下的恒定速度

$$\boldsymbol{v}_{\mathrm{m}} = -\frac{g}{b}\boldsymbol{j} \tag{9}$$

例 1-13 将一质点以出射角 α 抛射出去，其初速度为 v_0(见图 1-15)，若不计空气阻力，求：

(1)t 时刻质点的速度、位置和轨道方程；

(2)t 时刻质点的切向加速度和法向加速度；

(3)抛体运动轨迹的最大曲率半径与最小曲率半径。

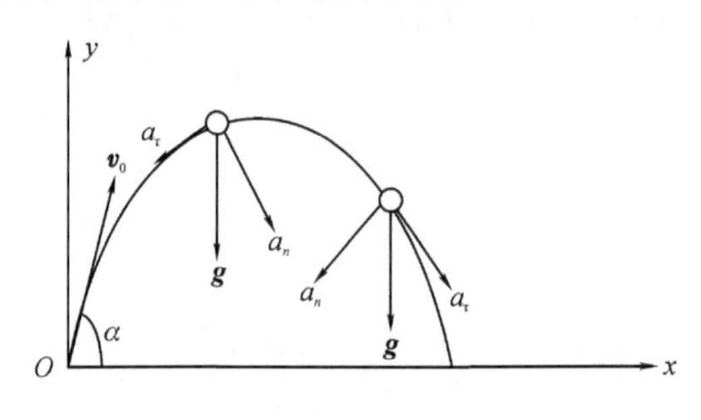

图 1-15

解 (1)由于是抛体运动，质点在运动中仅受重力作用，质点的加速度 $\boldsymbol{a}=-g\boldsymbol{j}$，其初始条件为

$$\boldsymbol{r}_0 = 0,\quad \boldsymbol{v}_0 = v_0\cos\alpha\boldsymbol{i} + v_0\sin\alpha\boldsymbol{j}$$

加速度 $\boldsymbol{a}$ 向所选定的坐标轴投影所得分量式为

$$\begin{cases} a_x = 0 \\ a_y = -g \end{cases}$$

则

$$a_x = \frac{\mathrm{d}v_x}{\mathrm{d}t} = 0 \Rightarrow \int_{v_0\cos\alpha}^{v_x}\mathrm{d}v_x = 0 \Rightarrow v_x = v_0\cos\alpha$$

$$a_y = \frac{\mathrm{d}v_y}{\mathrm{d}t} = -g \Rightarrow \int_{v_0\sin\alpha}^{v_y}\mathrm{d}v_y = -\int_0^t g\mathrm{d}t \Rightarrow v_y = v_0\sin\alpha - gt$$

则任意 t 时刻质点的速度为

$$\boldsymbol{v} = v_x\boldsymbol{i} + v_y\boldsymbol{j} = v_0\cos\alpha\boldsymbol{i} + (v_0\sin\alpha - gt)\boldsymbol{j} \tag{1}$$

$$\frac{dx}{dt} = v_x = v_0\cos\alpha \Rightarrow \int_0^x dx = \int_0^t v_0\cos\alpha dt \Rightarrow x = v_0 t\cos\alpha$$

$$\frac{dy}{dt} = v_y = v_0\sin\alpha - gt \Rightarrow \int_0^y dy = \int_0^t (v_0\sin\alpha - gt)dt \Rightarrow y = v_0 t\sin\alpha - \frac{1}{2}gt^2$$

则任意 t 时刻质点的位置为

$$\boldsymbol{r} = x\boldsymbol{i} + y\boldsymbol{j} = v_0 t\cos\alpha\boldsymbol{i} + \left(v_0 t\sin\alpha - \frac{1}{2}gt^2\right)\boldsymbol{j} \tag{2}$$

质点的运动方程为

$$\begin{cases} x = v_0 t\cos\alpha \\ y = v_0 t\sin\alpha - \frac{1}{2}gt^2 \end{cases} \tag{3}$$

将式(3)消参量 t，得

$$y = (\tan\alpha)x - \frac{g}{2{v_0}^2\cos^2\alpha}x^2 \tag{4}$$

这是质点运动的轨道方程，显然，它是抛物线方程形式，所以，质点的运动轨迹为一抛物线。

(2)任意 t 时刻质点的速率为

$$v = |\boldsymbol{v}| = |v_0\cos\alpha\boldsymbol{i} + (v_0\sin\alpha - gt)\boldsymbol{j}| = \sqrt{(v_0\cos\alpha)^2 + (v_0\sin\alpha - gt)^2}$$

$$a_\tau = \frac{dv}{dt} = \frac{d}{dt}\sqrt{(v_0\cos\alpha)^2 + (v_0\sin\alpha - gt)^2} = \frac{g(gt - v_0\sin\alpha)}{\sqrt{(v_0\cos\alpha)^2 + (v_0\sin\alpha - gt)^2}}$$

质点的加速度

$$\boldsymbol{a} = -g\boldsymbol{j} = \text{常矢量}$$

由于加速度

$$\boldsymbol{a} = -g\boldsymbol{j} = a_\tau\boldsymbol{\tau} + a_n\boldsymbol{n}$$

则

$$g = \sqrt{a_\tau^2 + a_n^2} \Rightarrow a_n = \sqrt{g^2 - {a_\tau}^2} = \frac{gv_0\cos\alpha}{\sqrt{(v_0\cos\alpha)^2 + (v_0\sin\alpha - gt)^2}}$$

法向加速度的方向指向曲线的曲率中心，即指向曲线的凹侧，法向加速度方向一旦确定，切向加速度的方向也可确定。从抛出点到最高点这一段，切向加速度 $\boldsymbol{a}_\tau$ 的方向与速度 $\boldsymbol{v}$ 方向相反；从最高点到落地点这一段，切向加速度 $\boldsymbol{a}_\tau$ 的方向与速度 $\boldsymbol{v}$ 方向相同。

(3)法向加速度为

$$\rho = \frac{v^2}{a_n} = \frac{(v_0\cos\alpha)^2 + (v_0\sin\alpha - gt)^2}{\dfrac{gv_0\cos\alpha}{\sqrt{(v_0\cos\alpha)^2 + (v_0\sin\alpha - gt)^2}}} = \frac{[(v_0\cos\alpha)^2 + (v_0\sin\alpha - gt)^2]^{\frac{3}{2}}}{gv_0\cos\alpha}$$

上式分母为常数，$t=0$ 时，分子最大，则曲率半径也达最大，$\rho_{\max} = \dfrac{{v_0}^2}{g\cos\alpha}$，同样在落地点 $t = \dfrac{2v_0\sin\alpha}{g}$时，曲率半径也达同样最大。

当 $v_0\sin\alpha - gt = 0$，即 $t = \dfrac{v_0\sin\alpha}{g}$时，则曲率半径达到最小，$\rho_{\min} = \dfrac{{v_0}^2\cos^2\alpha}{g}$。

例 1-14　带电粒子的质量和电荷分别为 m 和 q 的粒子束，自 O 点射入相互垂直的均匀稳定电磁场 $\boldsymbol{E}$ 和 $\boldsymbol{B}$ 中(见图 1-16)，各粒子的初速度与磁场垂直。证明：尽管各粒子初速度的大小和方向有差别，但它们都将聚焦在同一个点 f 处；距离 Of 与粒子的质量成正比，与电荷成反比。

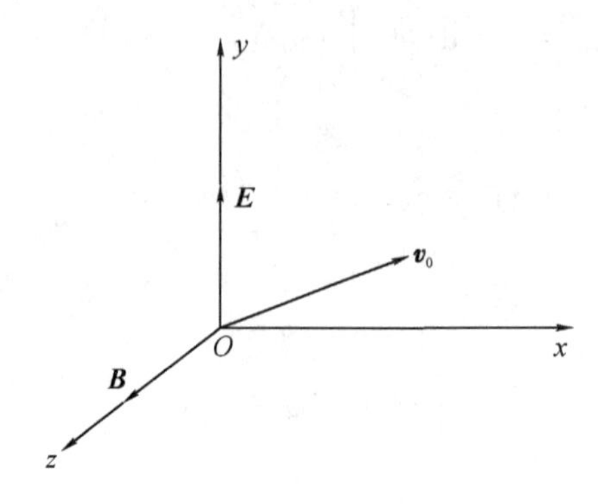

图 1－16

解 (1)研究对象：带电粒子。

(2)建立参照系：地面；坐标系：$O-xyz$。

(3)受力分析：

$$\boldsymbol{F}_e = q\boldsymbol{E}, \quad \boldsymbol{F}_m = q(\boldsymbol{v} \times \boldsymbol{B})$$

$$\boldsymbol{F}_e = qE\boldsymbol{j}, \quad \boldsymbol{F}_m = q(\dot{x}\boldsymbol{i} + \dot{y}\boldsymbol{j}) \times B\boldsymbol{k} = -q\dot{x}B\boldsymbol{j} + q\dot{y}B\boldsymbol{i}$$

(4)建立运动微分方程

$$\begin{cases} m\ddot{x} = qB\dot{y} \\ m\ddot{y} = q(E - B\dot{x}) \end{cases} \tag{1}$$

任一粒子的初始条件为

$$\begin{cases} x = y = 0 \\ \dot{x} = v_{Ox}, \ \dot{y} = v_{Oy} \end{cases} \quad (t = 0 \text{ 时}) \tag{2}$$

现在已将物理问题化为了数学问题。

(5)求解：对式(1)中的第一式做一次积分，得

$$m\ddot{x} = qB\dot{y} \Rightarrow \frac{\mathrm{d}\dot{x}}{\mathrm{d}t} = \frac{qB}{m}\dot{y} \Rightarrow \mathrm{d}\dot{x} = \frac{qB}{m}\dot{y}\,\mathrm{d}t \Rightarrow \mathrm{d}\dot{x} = \frac{qB}{m}\mathrm{d}y \Rightarrow \dot{x} = \frac{qB}{m}y + c$$

利用初始条件

$$t = 0 \text{ 时}, \quad \dot{x} = v_{Ox}$$

可得

$$c = v_{Ox}$$

则

$$\dot{x} = \frac{qB}{m}y + v_{Ox} \tag{3}$$

将式(3)代入式(2)中的第二式，即可得关于 y 的二阶常系数常微分方程为

$$\ddot{y} = -\left(\frac{Bq}{m}\right)^2 y + \frac{Bq}{m}\left(\frac{E}{B} - v_{Ox}\right)$$

令

$$\omega = \frac{Bq}{m}$$

则

$$\ddot{y} = -\omega^2 y + \frac{Bq}{m}\left(\frac{E}{B} - v_{Ox}\right) \tag{4}$$

式(4)对应的齐次微分方程为

$$\frac{d^2y}{dt^2}+\omega^2 y=0$$

它的特征方程为

$$r^2+\omega^2=0$$

特征方程的根为

$$r=\pm i\omega$$

故齐次方程的通解为

$$y=c_1\cos\omega t+c_2\sin\omega t$$

将该方程右端的函数 $f(t)=\omega\left(\frac{E}{B}-v_{Ox}\right)$ 与 $f(t)=e^{\lambda t}p_m(x)$ 型相对照，这里 $\lambda=0$ 不是特征方程的根，所以应设特解为

$$y^*=b_0 t+b_1$$

进一步求导可得

$$\dot{y}^*=b_0,\quad \ddot{y}^*=0$$

把它代入式(4)，得

$$0=-\omega^2(b_0 t+b_1)+\frac{Bq}{m}\left(\frac{E}{B}-v_{Ox}\right)$$

$$0=-\omega^2 b_0 t-\omega^2 b_1+\frac{Bq}{m}\left(\frac{E}{B}-v_{Ox}\right)$$

$$\begin{cases}\omega^2 b_0=0\\ -\omega^2 b_1+\dfrac{Bq}{m}\left(\dfrac{E}{B}-v_{Ox}\right)=0\end{cases}\Rightarrow\begin{cases}b_0=0\\ b_1=\dfrac{Bq}{m\omega^2}\left(\dfrac{E}{B}-v_{Ox}\right)\end{cases}$$

这样非齐次方程的通解为

$$y=c_1\cos\omega t+c_2\sin\omega t+\frac{Bq}{m\omega^2}\left(\frac{E}{B}-v_{Ox}\right)\tag{5}$$

利用初始条件：$t=0$ 时，$y=0$，代入式(5)，可得

$$c_1=-\frac{m}{Bq}\left(\frac{E}{B}-v_{Ox}\right)$$

将式(5)两侧对时间 t 求导，得

$$\dot{y}=-c_1\omega\sin\omega t+c_2\omega\cos\omega t$$

利用初始条件：$t=0$ 时，$\dot{y}=v_{Oy}$

可得
$$c_2=\frac{v_{Oy}}{\omega}$$

则
$$y=-\frac{m}{Bq}\left(\frac{E}{B}-v_{Ox}\right)\cos\omega t+\frac{v_{Oy}}{\omega}\sin\omega t+\frac{Bq}{m\omega^2}\left(\frac{E}{B}-v_{Ox}\right)$$

$$y=-\frac{m}{Bq}\left(\frac{E}{B}-v_{Ox}\right)\cos\omega t+\frac{v_{Oy}}{\omega}\sin\omega t+\frac{m}{Bq}\left(\frac{E}{B}-v_{Ox}\right)$$

$$y=\frac{1}{\omega}\left[v_{Oy}\sin\omega t+\left(v_{Ox}-\frac{E}{B}\right)\cos\omega t+\left(\frac{E}{B}-v_{Ox}\right)\right]\tag{6}$$

将式(6)代入式(3)，得

$$\dot{x}=v_{Oy}\sin\omega t+\left(v_{Ox}-\frac{E}{B}\right)\cos\omega t+\frac{E}{B}$$

$$\frac{\mathrm{d}x}{\mathrm{d}t}=v_{Oy}\sin\omega t+\left(v_{Ox}-\frac{E}{B}\right)\cos\omega t+\frac{E}{B}$$

$$x=-\frac{v_{Oy}}{\omega}\cos\omega t+\left(v_{Ox}-\frac{E}{B}\right)\frac{1}{\omega}\sin\omega t+\frac{E}{B}t+c$$

利用初始条件 $t=0$ 时 $x=0$,可得

$$c=\frac{v_{Oy}}{\omega}$$

则

$$x=-\frac{v_{Oy}}{\omega}\cos\omega t+\left(v_{Ox}-\frac{E}{B}\right)\frac{1}{\omega}\sin\omega t+\frac{E}{B}t+\frac{v_{Oy}}{\omega} \tag{7}$$

又因为粒子 y 坐标的周期性变化,在以后的时刻,每当 $\omega t=\frac{Bq}{m}t=2n\pi\,(n=1,\ 2,\ 3,\ \cdots)$ 时,$y=0$,也就是带电粒子将位于 x 轴上。此时粒子的 x 坐标为

$$x=\frac{E}{B}t$$

根据

$$\frac{Bq}{m}t=2n\pi\ \Rightarrow\ t=\frac{2n\pi m}{Bq}$$

则

$$x=\frac{E}{B}\cdot\frac{2n\pi m}{Bq}=\frac{2n\pi mE}{B^2q}\quad(n=1,\ 2,\ 3,\ \cdots)$$

它只与粒子的质量 m,电荷 q 以及电磁场 E、B 有关,而与粒子的初始速度的大小和方向无关。$n=1$ 为第一聚焦点,坐标为 $\left(\frac{2\pi mE}{B^2q},\ 0\right)$,即

$$x=Of=\frac{2\pi mE}{B^2q}$$

例 1-15 小环的质量为 m,套在一条光滑的钢索上,钢索的方程为 $x^2=4ay$(见图 1-17),试求小环自 $x=2a$ 处自由滑至抛物线顶点时的速度及小环在此时所受到的约束反作用力。

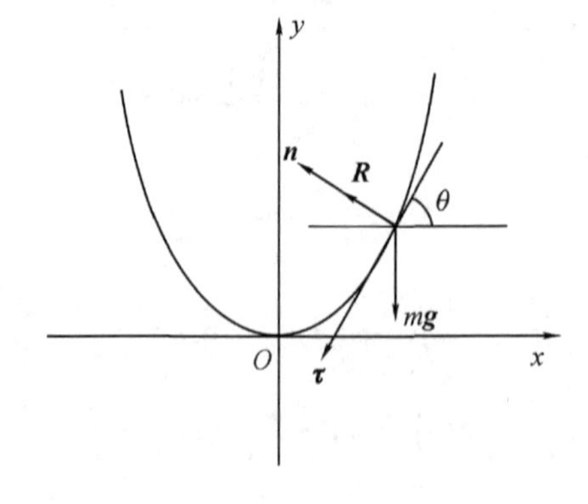

图 1-17

解　(1)研究对象:小环。

(2)建立参照系——地面;坐标系——自然坐标系。

(3)受力分析:

重力

$$m\boldsymbol{g} = mg\sin\theta\boldsymbol{\tau} - mg\cos\theta\boldsymbol{n}$$

约束反作用力

$$\boldsymbol{R} = R_{\tau}\boldsymbol{\tau} + R_n\boldsymbol{n} + R_b\boldsymbol{b}$$

垂直纸面无外力,即 $R_b=0$;因为钢索光滑切线方向无外力,即 $R_{\tau}=0$;$\boldsymbol{R}$ 的方向应沿着抛物线的法线。

(4)建立运动微分方程

$$\begin{cases} m\dfrac{\mathrm{d}v}{\mathrm{d}t} = mg\sin\theta \\ m\dfrac{v^2}{\rho} = -mg\cos\theta + R_n \end{cases} \tag{1}$$

约束方程

$$\sin\alpha = \sin(\pi+\theta) = -\sin\theta = \frac{\mathrm{d}y}{\mathrm{d}s} \tag{2}$$

注:$\mathrm{d}s$ 为正,$\mathrm{d}y$ 是负的,加一负号。

将式(2)代入式(1),得

$$m\frac{\mathrm{d}v}{\mathrm{d}t} = -mg\frac{\mathrm{d}y}{\mathrm{d}s}$$

经变量代换,可得

$$m\frac{\mathrm{d}v}{\mathrm{d}t} = m\frac{\mathrm{d}v}{\mathrm{d}s}\cdot\frac{\mathrm{d}s}{\mathrm{d}t} = mv\frac{\mathrm{d}v}{\mathrm{d}s} = -mg\frac{\mathrm{d}y}{\mathrm{d}s} \Rightarrow v\mathrm{d}v = -g\mathrm{d}y$$

$$\int_0^{v_0} v\mathrm{d}v = \int_a^0 -g\mathrm{d}y \Rightarrow v_0 = \sqrt{2ga}$$

这就是小环由 $x=2a$ 处自由滑至抛物线顶点时的速度。

又

$$x^2 = 4ay \Rightarrow y = \frac{1}{4a}x^2$$

故

$$y' = \frac{\mathrm{d}y}{\mathrm{d}x} = \frac{1}{4a}\cdot 2x = \frac{1}{2a}x$$

$$y'' = \frac{\mathrm{d}^2y}{\mathrm{d}x^2} = \frac{1}{2a}$$

在抛物线顶点处

$$x = 0,\quad y = 0,\quad y' = 0,\quad y'' = \frac{1}{2a}$$

而

$$\frac{1}{\rho} = \frac{|y''|}{(1+y'^2)^{\frac{3}{2}}} = \frac{1}{2a} \Rightarrow \rho = 2a$$

又由式(1)中的第二式,可得

$$R_n = m\frac{v^2}{\rho} + mg\cos\theta = m\cdot\frac{2ag}{2a} + mg = 2mg$$

即小环滑至抛物线顶点时，所受的约束反作用力为 $2mg$。

1.6 功与能

1.6.1 功和功率

1. 功

在力学中，凡是作用在质点上的力，使质点沿力的方向产生一段位移，就说力对质点做了功。一般来讲，功等于力乘以质点在力的方向所产生的位移。

1)恒力的功

质点受恒力作用而做直线运动时，如果 $\boldsymbol{F}$ 代表力，$\boldsymbol{r}$ 代表位移，如图 1-18 所示，$\boldsymbol{F}$ 和 $\boldsymbol{r}$ 之间所夹的角度为 θ，则该力沿位移 $\boldsymbol{r}$ 所做的功 W 为

$$W = \boldsymbol{F}\cdot\boldsymbol{r} = Fr\cos\theta \tag{1-6-1}$$

式中：$\boldsymbol{F}\cdot\boldsymbol{r}$ 叫作标积。虽然 $\boldsymbol{F}$ 和 $\boldsymbol{r}$ 都是矢量，但它们的标积 W 却不是矢量，它有正负之分，可由 $\cos\theta$ 的符号来决定。

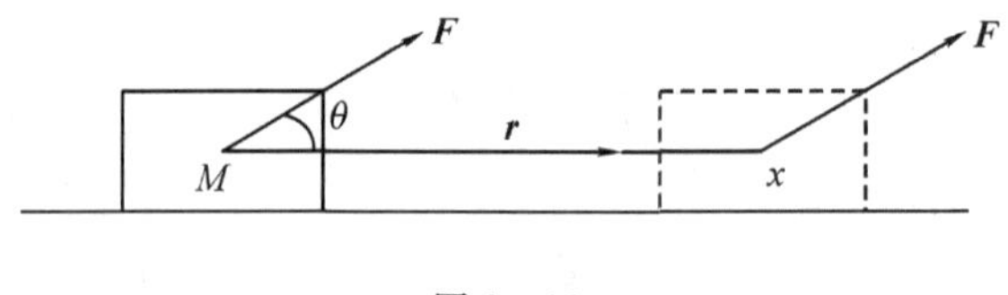

图 1-18

2)变力的功

如果质点沿曲线运动，或作用在它上面的力是一个变量，那么只能计算出力 $\boldsymbol{F}$ 在一元位移 $\mathrm{d}\boldsymbol{r}$ 中所做的元功(见图 1-19)。因此在这微小位移中，曲线段与直线段没有什么区别，力 $\boldsymbol{F}$ 也可认为是常量。

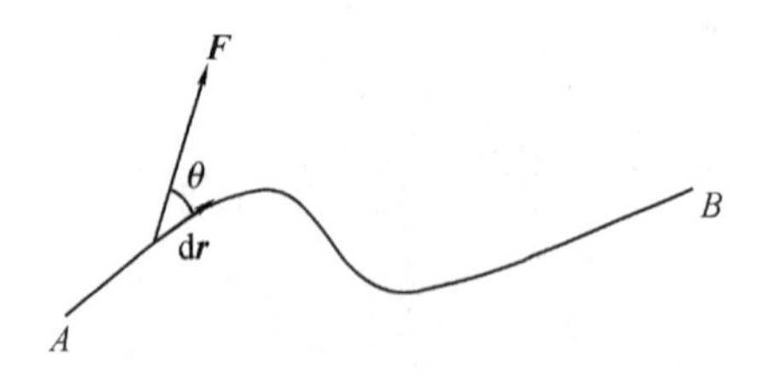

图 1-19

力 $\boldsymbol{F}$ 在元位移 $\mathrm{d}\boldsymbol{r}$ 中所做的元功为

$$\mathrm{d}W = \boldsymbol{F}\cdot\mathrm{d}\boldsymbol{r} = F\mathrm{d}r\cos\theta \tag{1-6-2}$$

因此，当质点在变力 $\boldsymbol{F}$ 作用下沿曲线 l 自 A 运动到点 B 时，变力 $\boldsymbol{F}$ 所做的功为

$$W = \int_A^B \boldsymbol{F} \cdot \mathrm{d}\boldsymbol{r} = \int_A^B F \mathrm{d}r\cos\theta \tag{1-6-3}$$

对功做以下几点说明：

①功是标量，但有正负之分。

②功是线积分，做功与路径有关。

③坐标系中功的分量表示式。

如果把力 $\boldsymbol{F}$ 和位移 $\mathrm{d}\boldsymbol{r}$ 都用直角坐标的分量表示，则

$$\begin{aligned} \mathrm{d}W &= \boldsymbol{F} \cdot \mathrm{d}\boldsymbol{r} = (F_x\boldsymbol{i} + F_y\boldsymbol{j} + F_z\boldsymbol{k}) \cdot (\mathrm{d}x\boldsymbol{i} + \mathrm{d}y\boldsymbol{j} + \mathrm{d}z\boldsymbol{k}) \\ &= F_x\mathrm{d}x + F_y\mathrm{d}y + F_z\mathrm{d}z \end{aligned} \tag{1-6-4}$$

④合力的功等于各个分力所作的功之和。

如果质点受到若干个力 $\boldsymbol{F}_1, \boldsymbol{F}_2, \cdots, \boldsymbol{F}_n$ 的作用，一般不首先求出合力，再求出合力所做的功，而是先求每一个分力所做的功，然后累加起来，得出合力所做的功，用数学形式表示为

$$W = \int \boldsymbol{F} \cdot \mathrm{d}\boldsymbol{r} = \int (\boldsymbol{F}_1 + \boldsymbol{F}_2 + \cdots + \boldsymbol{F}_n) \cdot \mathrm{d}\boldsymbol{r} = \int \boldsymbol{F}_1 \cdot \mathrm{d}\boldsymbol{r} + \int \boldsymbol{F}_2 \cdot \mathrm{d}\boldsymbol{r} + \cdots + \int \boldsymbol{F}_n \cdot \mathrm{d}\boldsymbol{r} \tag{1-6-5}$$

2. 功率

表征做功快慢程度的物理量叫作功率，它是单位时间内所做的功，如令 P 代表功率，则

$$P = \frac{\mathrm{d}W}{\mathrm{d}t} = \frac{\boldsymbol{F} \cdot \mathrm{d}\boldsymbol{r}}{\mathrm{d}t} = \boldsymbol{F} \cdot \boldsymbol{v} \tag{1-6-6}$$

由上式可以看出，对于具有一定功率的机械（例如汽车），v 大则 F 小，v 小则 F 大，故汽车爬坡时，常用换挡方法减小速度，以加大牵引力。

1.6.2　能

如果一个物体具有做功的能力或本领，就说它具有一定的能量或能。例如，从高处落下的流水，可以冲动水轮机而做功；飞行着的子弹，遇到障碍物时，也可以改变自己的运动状态（速度改变）而做出一定数量的功。

在理论力学中所研究的能量限于机械能，它分为两类：一类是由于物体有一定的速度而具有的能量，通常叫作动能，并用符号 T 表示；另一类是由于物体间相对位置发生变化所具有的能量，通常叫作势能，并用符号 V 表示。每当能量发生变化时，总有一定数量的功表现出来，因此，就说功是能量变化的量度。

1.6.3　保守力和非保守力

1. 保守力

在一般情况下，沿两条不同路径的线积分，虽然端点不同，将会得出不同的结果来，所以在不知道质点运动的实际路径以前，我们是不能计算这个积分的。但在某些特殊情况下，线积分的值将只和路径的两个端点有关，而与中间的实际路径无关。在这种特殊情况下，必定存在一个单值、有限和可微的函数 $V(x、y、z)$，且力 $\boldsymbol{F}$ 与函数 V 之间存在这样的一个关系

$$\boldsymbol{F} = -\nabla V = -\left(\frac{\partial V}{\partial x}\boldsymbol{i} + \frac{\partial V}{\partial y}\boldsymbol{j} + \frac{\partial V}{\partial z}\boldsymbol{k}\right) \tag{1-6-7}$$

式中∇是向量微分算子，$\nabla=\frac{\partial}{\partial x}\boldsymbol{i}+\frac{\partial}{\partial y}\boldsymbol{j}+\frac{\partial}{\partial z}\boldsymbol{k}$，则$\nabla V=\mathrm{grad}V$。

也就是说，在这种情况下，力函数的各分量恰好等于某一标量函数$V(x,\ y,\ z)$的相应偏导数，即

$$F_x=-\frac{\partial V}{\partial x},\quad F_y=-\frac{\partial V}{\partial y},\quad F_z=-\frac{\partial V}{\partial z} \tag{1-6-8}$$

而

$$\mathrm{d}W=\boldsymbol{F}\cdot\mathrm{d}\boldsymbol{r}=F_x\mathrm{d}x+F_y\mathrm{d}y+F_z\mathrm{d}z$$

所以

$$\mathrm{d}W=-\left(\frac{\partial V}{\partial x}\mathrm{d}x+\frac{\partial V}{\partial y}\mathrm{d}y+\frac{\partial V}{\partial z}\mathrm{d}z\right)=-\mathrm{d}V \tag{1-6-9}$$

上式表明，$\boldsymbol{F}\cdot\mathrm{d}\boldsymbol{r}$可以写成某一函数的全微分，此时式(1-6-3)的值将只为两端点的位置所决定。既然力所做的功只取决于两端点的位置，而与中间所经过的路径无关，那么当质点沿闭合路径运行一周时，力所做的功必定为零。如果力所做的功与中间路径无关，或者沿任何闭合路径运行一周时，力所做的功为零，这种力就叫作保守力。在物理学中，万有引力、弹性力和静电力都是保守力。

2. 非保守力

反之，如果力所做的功与中间路径有关，或沿任何闭合路径运行一周，力所做的功不为零，那么这种力就叫作非保守力，也叫涡旋力。电磁学中涡旋电场的涡旋电磁力就是非保守力。

至于摩擦力所做的功，虽然也与路径有关，但它总是做负功而消耗能量，所以又称为耗散力。例如流体的粘滞力则是耗散力，所以耗散力即为始终做负功的非保守力。

1.6.4 势能

从式(1-6-9)可以看到，对所有保守力来讲，保守力对质点所做的功，一定等于质点位置的某个标量函数的减少值。换句话说，在保守力场中，作用力和某标量函数$V(x,\ y,\ z)$之间，必须存在着式(1-6-7)、(1-6-8)那样的关系，即力所做的元功应该是一个恰当微分。

设$\boldsymbol{F}$是保守力，则此力自A到B所做的总功，将只为A、B两点的位置所决定(见图1-20)，亦即等于标量函数$V(x,\ y,\ z)$所减少的值，用数学符号表示，则总功为

$$W=-(V_B-V_A) \tag{1-6-10}$$

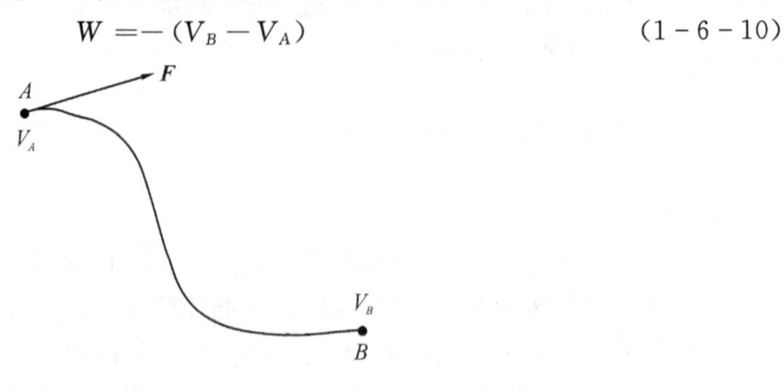

图1-20

这里的函数 $V(x,\ y,\ z)$叫作势能函数，质点所在位置处势能函数 $V(x,\ y,\ z)$的数值，称为质点在该位置处的势能。

对势能的理解要注意以下几点：

(1)势能是相对值。

若选取 B 点为零势能点，即 $V_B=0$，则

$$V_A = W = \int_A^{\text{"}0\text{"}} \boldsymbol{F} \cdot \mathrm{d}\boldsymbol{r} = -\int_{\text{"}0\text{"}}^{A} \boldsymbol{F} \cdot \mathrm{d}\boldsymbol{r} \tag{1-6-11}$$

对重力势能来讲，常令海平面上的势能为零；对引力势能来讲，取无穷远处的势能为零；对于弹性势能来讲，取它在没有任何形变时的势能为零。

(2)势能不是属于一个物体，而是属于一个系统。

(3)保守力必定与势能函数相互依存。

如前所述，一个保守力可以表示成一标量函数梯度的负值，如果一个力场可以用标量函数梯度的负值来表示，则这种力场叫作保守力场，反之则是非保守力场。一个保守力场必定与一标量函数联系着，这个标量函数就是势能函数。所以只有质点受到保守力作用时，质点才有势能，势能是与保守力相互依存，有保守力就有势能。

例 1-16　求万有引力势能的表达式(见图 1-21)。

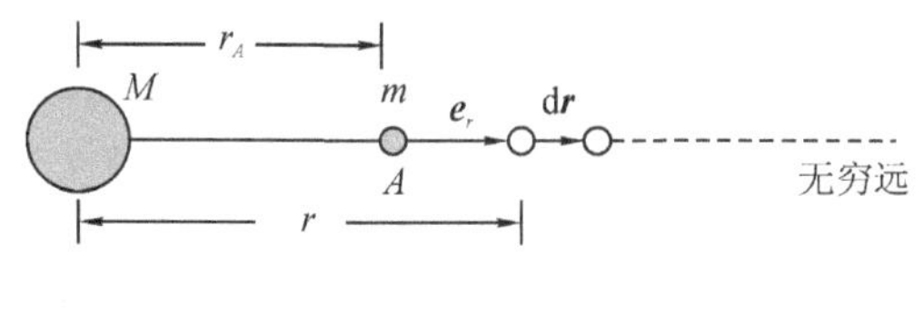

图 1-21

解　根据式(1-6-11)，可得

$$V_A = -\int_{\text{"}0\text{"}}^{A} \boldsymbol{F} \cdot \mathrm{d}\boldsymbol{r} = -\int_{\text{"}0\text{"}}^{A} -G\frac{Mm}{\boldsymbol{r}^2}\boldsymbol{e}_r \cdot \mathrm{d}\boldsymbol{r} = \int_{\infty}^{r_A} G\frac{Mm}{\boldsymbol{r}^2}\mathrm{d}r = -G\frac{Mm}{\boldsymbol{r}_A} \tag{1}$$

去掉下脚标，则

$$V = -G\frac{Mm}{r} \tag{2}$$

1.6.5　保守力的条件

如何判断力是保守的还是非保守的？如果是保守力，必然存在一势能函数 $V(x,y,z)$与其联系。换句话说，势能函数 $V(x,y,z)$存在的充要条件是什么？

在数学上已经证明，任何一个标量函数的梯度，它的旋度恒等于零，即

$$\nabla\times\nabla V(x,y,z)\equiv 0 \tag{1-6-12}$$

因

$$F=-\nabla V(x,y,z)$$

得

$$\nabla\times\boldsymbol{F}=0 \tag{1-6-13}$$

即保守力的旋度等于零。保守力具有无旋性，保守力场是一个无旋场，这一特性可以用来简便

地检验力场是否为保守力场。如果某力场中力函数的旋度等于零，该力场便是保守力场，否则是非保守力场，也就是说保守力的充要条件是$\nabla\times\boldsymbol{F}=0$。

$$\nabla\times\boldsymbol{F}=0=\mathrm{rot}\boldsymbol{F}=\begin{vmatrix}\boldsymbol{i} & \boldsymbol{j} & \boldsymbol{k}\\ \dfrac{\partial}{\partial x} & \dfrac{\partial}{\partial y} & \dfrac{\partial}{\partial z}\\ F_x & F_y & F_z\end{vmatrix}=\boldsymbol{i}\left(\frac{\partial F_z}{\partial y}-\frac{\partial F_y}{\partial z}\right)-\boldsymbol{j}\left(\frac{\partial F_z}{\partial x}-\frac{\partial F_x}{\partial z}\right)+\boldsymbol{k}\left(\frac{\partial F_y}{\partial x}-\frac{\partial F_x}{\partial y}\right)=0 \tag{1-6-14}$$

可得

$$\frac{\partial F_z}{\partial y}-\frac{\partial F_y}{\partial z}=0,\quad \frac{\partial F_z}{\partial x}-\frac{\partial F_x}{\partial z}=0,\quad \frac{\partial F_y}{\partial x}-\frac{\partial F_x}{\partial y}=0 \tag{1-6-15}$$

如果$\nabla\times\boldsymbol{F}=0$，那么这个力就一定是保守力，而它所做的功就一定和路径无关，因而，也就一定存在着某一标量函数$V(x, y, z)$，它就是质点的势能函数。

如果$\nabla\times\boldsymbol{F}\neq 0$，则该力就是前面所讲的非保守力（涡旋力），这时它所做的功就将与路径有关，因而谈不上什么势能。

例 1-17 设作用在质点上的力是$F_x=x+2y+z+5$，$F_y=2x+y+z$，$F_z=x+y+z-6$，如图1-22所示。求此质点沿螺旋线$x=\cos\theta$，$y=\sin\theta$，$z=7\theta$运动自$\theta=0$至$\theta=2\pi$时，力对质点所做的功。

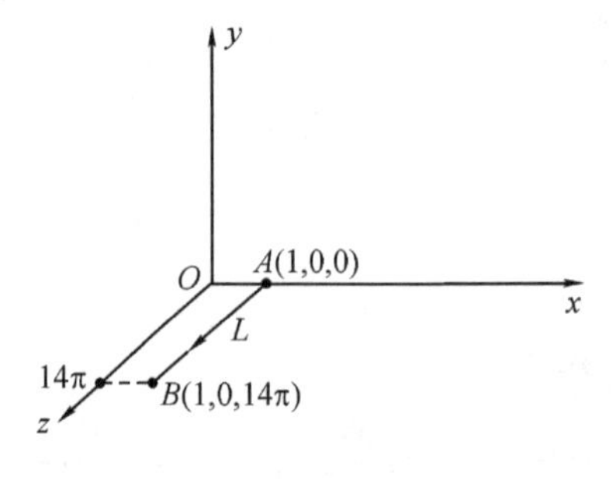

图 1-22

解 先来检验一下，作用力是否为保守力。力的旋度为

$$\nabla\times\boldsymbol{F}=\begin{vmatrix}\boldsymbol{i} & \boldsymbol{j} & \boldsymbol{k}\\ \dfrac{\partial}{\partial x} & \dfrac{\partial}{\partial y} & \dfrac{\partial}{\partial z}\\ F_x & F_y & F_z\end{vmatrix}=\boldsymbol{i}(1-1)-\boldsymbol{j}(1-1)+\boldsymbol{k}(2-2)=0$$

所以该力是保守力，因此力所做的功与路径无关，只和两端点的位置有关。

根据题设条件，求两端点的坐标。

当$\theta=0$时，$x=1$，$y=0$，$z=0$；当$\theta=2\pi$时，$x=1$，$y=0$，$z=14\pi$。由此得

$$W_{AB}=\int_A^B\boldsymbol{F}\cdot\mathrm{d}\boldsymbol{r}=\int F_x\mathrm{d}x+F_y\mathrm{d}y+F_z\mathrm{d}z$$

对于所选定路径L，x始终为1，那么$\mathrm{d}x=0$，y始终为0，那么$\mathrm{d}y=0$。所以

$$W_{AB}=\int_0^{14\pi}(x+y+z-6)\mathrm{d}z$$

由于$x=1$，$y=0$，则

$$W_{AB} = \int_0^{14\pi} (z-5)\mathrm{d}z = 98\pi^2 - 70\pi$$

例 1-18 检验下面的力是否是保守力，如是，则求出其势能。

$$F_x = 6abz^3y - 20bx^3y^2,\quad F_y = 6abxz^3 - 10bx^4y,\quad F_z = 18abxyz^2$$

解 $$\nabla\times\boldsymbol{F} = \begin{vmatrix} \boldsymbol{i} & \boldsymbol{j} & \boldsymbol{k} \\ \dfrac{\partial}{\partial x} & \dfrac{\partial}{\partial y} & \dfrac{\partial}{\partial z} \\ F_x & F_y & F_z \end{vmatrix} = \boldsymbol{i}\left(\frac{\partial F_z}{\partial y} - \frac{\partial F_y}{\partial z}\right) - \boldsymbol{j}\left(\frac{\partial F_z}{\partial x} - \frac{\partial F_x}{\partial z}\right) + \boldsymbol{k}\left(\frac{\partial F_y}{\partial x} - \frac{\partial F_x}{\partial y}\right)$$

$$\frac{\partial F_z}{\partial y} - \frac{\partial F_y}{\partial z} = 18abxz^2 - 18abxz^2 = 0$$

$$\frac{\partial F_z}{\partial x} - \frac{\partial F_x}{\partial z} = 18abyz^2 - 18abyz^2 = 0$$

$$\frac{\partial F_y}{\partial x} - \frac{\partial F_x}{\partial y} = 6abz^3 - 40bx^3y - (6abz^3 - 40bx^3y) = 0$$

即$\nabla\times\boldsymbol{F}=0$，所以此力为保守力，则其势能为

$$\begin{aligned} V_A &= -\int_{''0''}^{A} \boldsymbol{F}\cdot\mathrm{d}\boldsymbol{r} = -\int_{(0,0,0)}^{(x,y,z)} (F_x\mathrm{d}x + F_y\mathrm{d}y + F_z\mathrm{d}z) \\ &= -\int_{(0,0,0)}^{(x,0,0)} (6abz^3y - 20bx^3y^2)\mathrm{d}x - \int_{(x,0,0)}^{(x,y,0)} (6abxz^3 - 10bx^4y)\mathrm{d}y - \int_{(x,y,0)}^{(x,y,z)} 18abxyz^2\mathrm{d}z \\ &= -0 - \int_0^y (-10bx^4y)\mathrm{d}y - \int_0^z 18abxyz^2\mathrm{d}z \\ &= \int_0^y 10bx^4y\mathrm{d}y - \int_0^z 18abxyz^2\mathrm{d}z \\ &= 5bx^4y^2 - 6abxyz^3 \end{aligned}$$

上式选择坐标原点 O 处为势能零点(见图 1-23)，所求的任一点 A 的势能值。

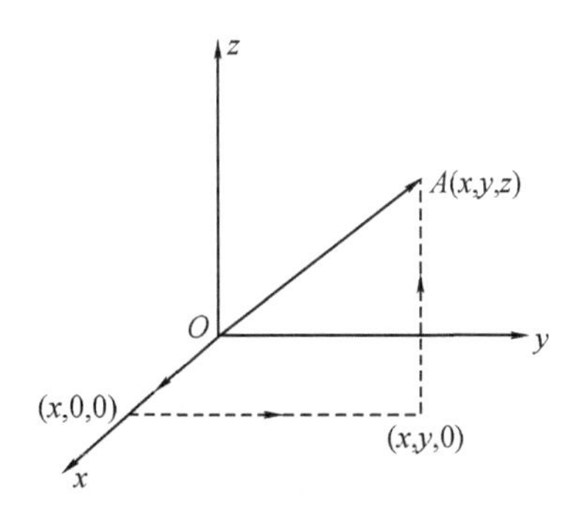

图 1-23

1.7 质点动力学的基本定理与基本守恒定律

由牛顿运动方程可以直接推导出三个重要定理，它们不仅对掌握质点运动的规律有着重要的意义，而且由此揭示了质点运动状态的一些重要物理量，如动量、角动量、动能等。

1.7.1 动量定理与动量守恒定律

1. 动量

设质点的质量为 m，它的运动速度为 $\boldsymbol{v}$，若质点的运动速度远远小于光速，那么 m 和 $\boldsymbol{v}$ 的乘积，叫作质点的动量 $\boldsymbol{p}=m\boldsymbol{v}$。动量是矢量，它的方向始终与 $\boldsymbol{v}$ 方向一致，而且动量是状态量（因为速度 $\boldsymbol{v}$ 是指瞬时速度，它是状态量）。

2. 动量定理

在经典力学中，质点的质量 m 可以看成是一个常数，这时牛顿第二定律可以写成

$$\boldsymbol{F} = m\boldsymbol{a} = m\frac{\mathrm{d}\boldsymbol{v}}{\mathrm{d}t}$$

$$\frac{\mathrm{d}(m\boldsymbol{v})}{\mathrm{d}t} = \frac{\mathrm{d}\boldsymbol{p}}{\mathrm{d}t} = \boldsymbol{F} \tag{1-7-1}$$

式(1-7-1)即为动量定理的微分形式，该式也可写成下面形式：

$$\mathrm{d}\boldsymbol{p} = \mathrm{d}(m\boldsymbol{v}) = \boldsymbol{F}\mathrm{d}t$$

上式两边对时间 t 积分，可得

$$\boldsymbol{p}_2 - \boldsymbol{p}_1 = \int_{\boldsymbol{p}_1}^{\boldsymbol{p}_2}\mathrm{d}\boldsymbol{p} = \int_{t_1}^{t_2}\boldsymbol{F}\mathrm{d}t = \boldsymbol{I} \tag{1-7-2}$$

其中 $\boldsymbol{p}_1$、$\boldsymbol{p}_2$ 是质点分别在 t_1 和 t_2 时刻的动量（见图 1-24），上式右边力对时间的积分称为力的冲量，常以 $\boldsymbol{I}$ 表示，它也是一个矢量。上式表明：在一段时间间隔内质点动量的改变量等于外力在这段时间内给予该质点的冲量，这就是动量定理的积分形式。

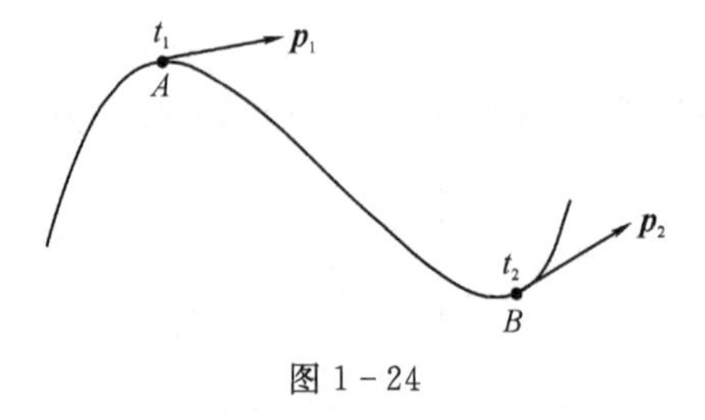

图 1-24

3. 动量守恒定律

若质点不受外力作用，即 $\boldsymbol{F}=0$，则 $\dfrac{\mathrm{d}\boldsymbol{p}}{\mathrm{d}t}=0$，进一步可得 $\boldsymbol{p}=$常矢量。即质点不受外力作用时，它的动量 $\boldsymbol{p}$ 保持不变，这个关系式称为质点的动量守恒方程，或质点的动量守恒定律。上式表明，质点不受外力作用时，质点的动量不随时间变化，在运动过程中保持恒定，是一个恒矢量，实际上这也是惯性定律的直接结果。

动量是矢量，如果它保持不变，那么它在任何坐标轴上的 3 个分量，就应当是常数，如为直角坐标系，则当 $\boldsymbol{F}=0$ 时

$$p_x = m\dot{x} = c_1,\quad p_y = m\dot{y} = c_2,\quad p_z = m\dot{z} = c_3$$

式中：c_1、c_2、c_3 是积分常数，由初始条件决定。

有时 $\boldsymbol{F}\neq0$，但 $\boldsymbol{F}$ 在某一坐标轴上的投影为零，那么质点的动量 $\boldsymbol{p}$ 虽不守恒，但它在坐标轴上的投影却为一常数，也就是说质点在该方向上的动量分量守恒。即若 $\boldsymbol{F}\neq0$，则 $\boldsymbol{p}\neq$常矢

量，但若 $F_x=0$，则 $p_x=$常量。对于抛体运动，$\boldsymbol{F}\neq 0$，则 $\boldsymbol{p}\neq$常矢量(动量不守恒)，但 $F_x=0$，因此沿 x 方向动量守恒，$p_x=mv_0\cos\alpha$。

1.7.2　力矩和动量矩

1. 力矩(力对 O 点的力矩)

设 $\boldsymbol{F}$ 为作用在质点 m 上的力，$\boldsymbol{r}$ 是质点对原点 O 的位矢(见图 1－25)，那么力 $\boldsymbol{F}$ 对 O 点的力矩定义为

$$\boldsymbol{M}=\boldsymbol{r}\times\boldsymbol{F} \tag{1-7-3}$$

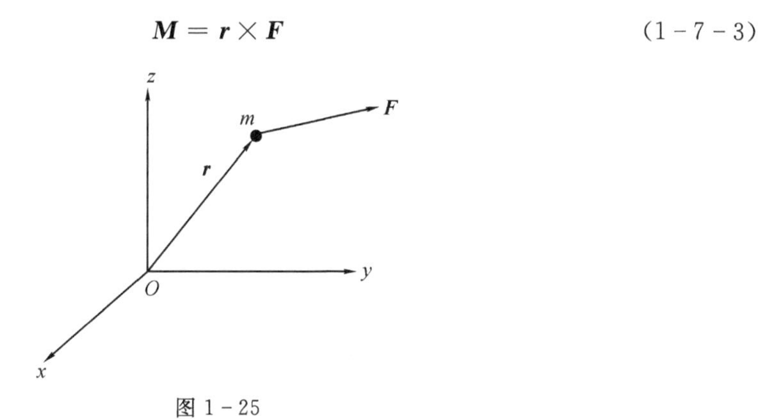

图 1－25

力矩 $\boldsymbol{M}$ 也是一个矢量，它垂直于 $\boldsymbol{r}$ 与 $\boldsymbol{F}$ 所确定的平面，其量值则为

$$M=rF\sin\theta \tag{1-7-4}$$

上式中 θ 为 $\boldsymbol{r}$ 与 $\boldsymbol{F}$ 之间的夹角。

2. 力对 O 点的力矩在直角坐标上的分量表示

$$\boldsymbol{M}=\boldsymbol{r}\times\boldsymbol{F}=\begin{vmatrix}\boldsymbol{i} & \boldsymbol{j} & \boldsymbol{k}\\ x & y & z\\ F_x & F_y & F_z\end{vmatrix}=\boldsymbol{i}(yF_z-zF_y)-\boldsymbol{j}(xF_z-zF_x)+\boldsymbol{k}(xF_y-yF_x) \tag{1-7-5}$$

令 $M_x=yF_z-zF_y$，$M_y=zF_x-xF_z$，$M_z=xF_y-yF_x$，则式(1－7－5)为

$$\boldsymbol{M}=M_x\boldsymbol{i}+M_y\boldsymbol{j}+M_z\boldsymbol{k} \tag{1-7-6}$$

式中：M_x、M_y、M_z 分别是力矩 $\boldsymbol{M}$ 在三坐标轴的分量，也就是力 $\boldsymbol{F}$ 分别对三坐标轴 x、y、z 的力矩。

若要求力 $\boldsymbol{F}$ 对某一轴线(例如 Oz 轴)的力矩 M_z，可先求 $\boldsymbol{F}$ 对该轴线上某一点(譬如 O 点)的力矩 $\boldsymbol{M}$，再投影至该直线上即可，即

$$M_z=\boldsymbol{k}\cdot\boldsymbol{M}=xF_y-yF_x \tag{1-7-7}$$

3. 动量矩(角动量)

力对空间某点或某轴线的矩，叫作力矩。那么动量对空间某点或某轴线的矩，叫作动量矩，也叫角动量。它的求法跟力矩完全相同，只要将 $\boldsymbol{F}$ 换成 $\boldsymbol{p}$ 即可。

质点的动量 $\boldsymbol{p}$ 对原点 O 的动量矩(见图 1－26)为

$$\boldsymbol{J}=\boldsymbol{r}\times\boldsymbol{p} \tag{1-7-8}$$

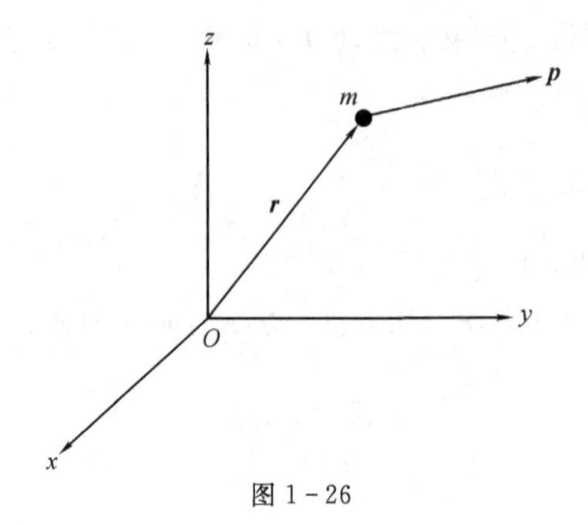

图 1-26

在直角坐标系下表示为

$$\boldsymbol{J}=\boldsymbol{r}\times\boldsymbol{p}=\begin{vmatrix}\boldsymbol{i} & \boldsymbol{j} & \boldsymbol{k}\\ x & y & z\\ m\dot{x} & m\dot{y} & m\dot{z}\end{vmatrix}=\boldsymbol{i}(ym\dot{z}-m\dot{y}z)-\boldsymbol{j}(xm\dot{z}-zm\dot{x})+\boldsymbol{k}(xm\dot{y}-ym\dot{x}) \tag{1-7-9}$$

$$\boldsymbol{J}=\boldsymbol{i}(ym\dot{z}-m\dot{y}z)+\boldsymbol{j}(zm\dot{x}-xm\dot{z})+\boldsymbol{k}(xm\dot{y}-ym\dot{x})$$

而动量 $\boldsymbol{p}$ 对 x、y、z 轴的动量矩为

$$\begin{cases}J_x=m(y\dot{z}-z\dot{y})\\ J_y=m(z\dot{x}-x\dot{z})\\ J_z=m(x\dot{y}-y\dot{x})\end{cases}$$

1.7.3 动量矩定理 动量矩守恒定律

当质点受力作用时，它的速度会发生变化，亦即它的动量要发生变化。那么，当质点受到力矩作用时，什么物理量将发生变化呢？下面就来研究这个问题。

1. 动量矩定理

力矩 $\boldsymbol{M}$ 等于 $\boldsymbol{r}$ 和 $\boldsymbol{F}$ 的矢积，为了求出力矩 $\boldsymbol{M}$ 所产生的效果，用位矢 $\boldsymbol{r}$ 矢乘牛顿运动方程的两边，即

$$m\frac{\mathrm{d}\boldsymbol{v}}{\mathrm{d}t}=\boldsymbol{F}$$

$$\boldsymbol{r}\times m\frac{\mathrm{d}\boldsymbol{v}}{\mathrm{d}t}=\boldsymbol{r}\times\boldsymbol{F} \tag{1-7-10}$$

由于

$$\frac{\mathrm{d}}{\mathrm{d}t}(\boldsymbol{r}\times m\boldsymbol{v})=\frac{\mathrm{d}\boldsymbol{r}}{\mathrm{d}t}\times m\boldsymbol{v}+\boldsymbol{r}\times\frac{\mathrm{d}(m\boldsymbol{v})}{\mathrm{d}t}=\boldsymbol{v}\times m\boldsymbol{v}+\boldsymbol{r}\times\frac{\mathrm{d}(m\boldsymbol{v})}{\mathrm{d}t}$$

其中

$$\boldsymbol{v}\times\boldsymbol{v}=0$$

可得

$$\frac{\mathrm{d}}{\mathrm{d}t}(\boldsymbol{r}\times m\boldsymbol{v})=\boldsymbol{r}\times\frac{\mathrm{d}(m\boldsymbol{v})}{\mathrm{d}t} \tag{1-7-11}$$

变形得

$$\frac{d}{dt}(\boldsymbol{r} \times m\boldsymbol{v}) = \boldsymbol{r} \times \boldsymbol{F} \tag{1-7-12}$$

因此

$$\frac{d\boldsymbol{J}}{dt} = \boldsymbol{M} \tag{1-7-13}$$

这就是动量矩定理的微分形式。从上式可以看到,力矩确实能使动量矩发生变化。

如果式(1-7-13)两边乘以 dt,然后对时间 t 积分,则得

$$\boldsymbol{J}_2 - \boldsymbol{J}_1 = \int_{t_1}^{t_2} \boldsymbol{M} dt \tag{1-7-14}$$

这就是动量矩定理的积分形式。其中 $\boldsymbol{J}_1$、$\boldsymbol{J}_2$ 分别是质点在 t_1、t_2 时刻的动量矩,$\int_{t_1}^{t_2} \boldsymbol{M} dt$ 是力矩 $\boldsymbol{M}$ 在 t_1 到 t_2 时间间隔内的积分,叫作在时间间隔 $t_1 \sim t_2$ 内作用于质点的外力对该质点的冲量矩。

2. 动量矩守恒定律

当没有外力矩作用于质点,或作用于质点的外力矩之和为零,即 $\boldsymbol{M}=0$ 时,则

$$\frac{d\boldsymbol{J}}{dt} = 0 \Rightarrow \boldsymbol{J} = \text{常矢量} \tag{1-7-15}$$

质点的动量矩将不随时间变化,动量矩将是一个恒矢量,这就是质点的动量矩守恒定律:作用在质点上的力矩为零时,质点的角动量在质点运动过程中保持不变。

1.7.4　动能定理 机械能守恒定律

1. 动能定理

根据牛顿运动定律,质点受到外力作用时,它的速度就要发生变化。因此,如果外力对质点做了功,那么和质点速度有关的能量,就应当发生变化。现在来求它们之间的关系,仍然从动力学方程出发

$$m\frac{d\boldsymbol{v}}{dt} = \boldsymbol{F}$$

上式两边标乘 $d\boldsymbol{r}$(只有这样,右式才会变成元功 dW)

$$m\frac{d\boldsymbol{v}}{dt} \cdot d\boldsymbol{r} = \boldsymbol{F} \cdot d\boldsymbol{r} \tag{1-7-16}$$

左式为

$$m\frac{d\boldsymbol{v}}{dt} \cdot d\boldsymbol{r} = m d\boldsymbol{v} \cdot \frac{d\boldsymbol{r}}{dt} = m d\boldsymbol{v} \cdot \boldsymbol{v}$$

由于

$$d(\boldsymbol{v} \cdot \boldsymbol{v}) = d\boldsymbol{v} \cdot \boldsymbol{v} + \boldsymbol{v} \cdot d\boldsymbol{v} = 2d\boldsymbol{v} \cdot \boldsymbol{v}$$

$$\frac{1}{2}d(\boldsymbol{v} \cdot \boldsymbol{v}) = d\boldsymbol{v} \cdot \boldsymbol{v}$$

$$\frac{1}{2}m d(\boldsymbol{v} \cdot \boldsymbol{v}) = dm\boldsymbol{v} \cdot \boldsymbol{v}$$

$$d\left(\frac{1}{2}mv^2\right)=m\mathrm{d}\boldsymbol{v}\cdot\boldsymbol{v}$$

则

$$d\left(\frac{1}{2}mv^2\right)=\boldsymbol{F}\cdot\mathrm{d}\boldsymbol{r}=\mathrm{d}W \tag{1-7-17}$$

或

$$\mathrm{d}T=\mathrm{d}W \tag{1-7-18}$$

由上式可知，质点动能的微分等于作用在该质点上的力 $\boldsymbol{F}$ 所做的元功，这个关系称为质点动能定理的微分形式。

将式(1-7-17)两边在 $t_1\sim t_2$ 时间内积分，则得

$$\frac{1}{2}mv_2^2-\frac{1}{2}mv_1^2=\int_l\boldsymbol{F}\cdot\mathrm{d}\boldsymbol{r} \tag{1-7-19}$$

这是动能定理的积分形式。

必须指出，前面叙述的三个基本定理，即动量定理、动量矩定理和动能定理都是从牛顿运动方程直接推理得出的。由于牛顿运动方程只有在惯性系中才适用，因而这三个定理也都只有在惯性系中才成立，都是在牛顿运动定律中演绎出来，也只能适用于惯性系。

2. 机械能守恒定律

若作用在质点上的外力为保守力，如 $\boldsymbol{F}$ 为保守力，必然存在一势能函数 $V(x、y、z)$，力 $\boldsymbol{F}$ 与 $V(x、y、z)$之间存在这样一个关系式即 $\boldsymbol{F}=-\nabla V$。而且，保守力所做的功等于势能函数增量的负值，即 $\mathrm{d}W=-\mathrm{d}V$。由动能定理的微分形式可知，质点动能的微分等于作用在该质点上的力 $\boldsymbol{F}$ 所做的元功，即 $\mathrm{d}T=\mathrm{d}W$，可得

$$\mathrm{d}T=-\mathrm{d}V$$

$$\mathrm{d}(T+V)=0 \tag{1-7-20}$$

上式表明，动能与势能之和的增量为零，说明动能与势能之和就等于常量，即

$$T+V=\text{常量} \tag{1-7-21}$$

这就是说，质点在保守力 $\boldsymbol{F}$ 作用下，不论在哪一瞬间或哪一位置，它的动能与势能之和是一个不变的常数，质点的动能和势能之和叫作质点的机械能，常以 E 表示。

$$T+V=E \tag{1-7-22}$$

或

$$\frac{1}{2}mv^2+V(x,\ y,\ z)=E \tag{1-7-23}$$

可见，当质点所受的力都是保守力时，质点的动能与势能虽可互相消长，但总机械能的数值恒保持不变，这就是机械能守恒定律。例如物体从固定的光滑斜面下滑，支持力 $\boldsymbol{N}$ 不是保守力，但 $\boldsymbol{N}$ 不做功，物体的机械能仍守恒。也就是说，即使有非保守力作用，但非保守力不做功，则机械能也守恒。

1.8 有心力

经典力学的发展是与对天体运行的观察和研究分不开的。早在 17 世纪初叶，开普勒

(Kepler)通过对太阳系各行星运动的观察，总结出行星运动的三个定律，于 1620 年发表在《论天体之协调》一书中。在此基础上，牛顿建立了著名的万有引力定律。行星绕恒星的运动属于所谓"有心运动"一类的运动。各大行星都是绕太阳做椭圆运动的，为什么会这样？因为它们之间存在着万有引力的作用。对任一行星(例如地球)而言，它所受到的力主要是太阳对它的引力，而这引力的作用线始终通过太阳中心。人造地球卫星也是这样，它所受到的力几乎仅仅是地球对它的引力，这引力的作用线也是始终通过地心的。

1.8.1　有心力及其特性

如果作用于一运动质点的力的作用线总是通过空间某一固定点，这样的力叫作有心力或向心力，力所指向或背向的固定点叫作力心。指向力心的有心力叫作引力(引力为负)，背向力心的是斥力(斥力为正)。有心力的量值，一般只是力心与质点间的距离 r 的函数，即 $F=F(r)$。在有心力作用下质点的运动叫作有心运动。有心运动是一类常见的运动，天体的运行、原子核外的电子运动都属于这类运动。火箭和人造卫星的发射和运行都离不开对有心运动的研究。

1. 有心力的特点

1)有心力对于力心的力矩为零

取力心为惯性系坐标的原点 O，则质点受到的有心力 $\boldsymbol{F}$(见图 1-27)可按定义写成如下形式：

$$\boldsymbol{F}=F(r)\frac{\boldsymbol{r}}{r}=F(r)\boldsymbol{e}_r \tag{1-8-1}$$

式中：$\boldsymbol{r}$ 是质点相对于力心的位置矢量，$\boldsymbol{r}=r\boldsymbol{e}_r$。由此可以得到有心力对力心的力矩为零。因为有心力的方向总是通过力心，有心力对力心(坐标原点)的力矩为

$$\boldsymbol{M}=\boldsymbol{r}\times\boldsymbol{F}\equiv 0 \tag{1-8-2}$$

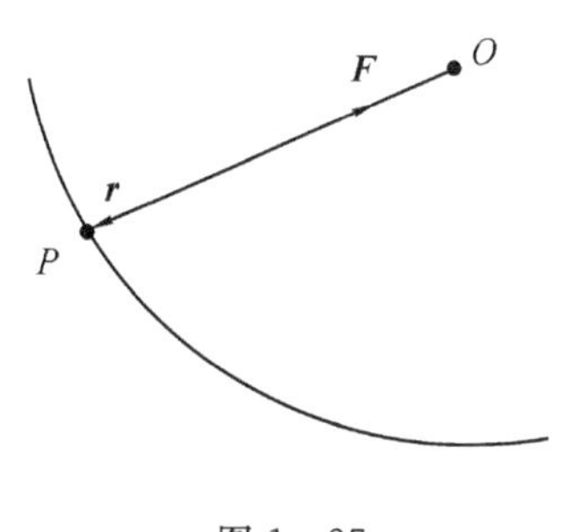

图 1-27

2)有心力是保守力

这是因为有心力只具有径矢方向的分量，因而质点由 P_1 点运动到 P_2 点时(见图 1-28)，有心力做的功是

$$W=\int_{P_1}^{P_2}F(r)\boldsymbol{e}_r\cdot\mathrm{d}\boldsymbol{r}=\int_{r_1}^{r_2}F(r)\mathrm{d}r \tag{1-8-3}$$

这个积分只与起点和终点离开力心的距离 r_1 和 r_2 有关，显然与质点运动的路径无关，这就证

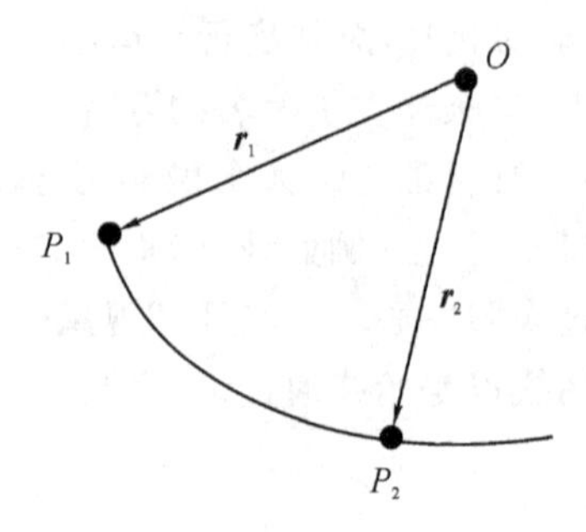

图 1-28

明了有心力是保守力。

2. 有心运动的基本特性

根据有心力的特点，可以推得质点有心运动的一些基本特性。

1)质点的动量矩守恒

质点受到的有心力对于力心的力矩为零。由动量矩定理可知，质点在运动过程中对力心的动量矩守恒，即

$$\boldsymbol{J} = \text{恒矢量} \tag{1-8-4}$$

2)有心运动是平面运动

由于角动量 $\boldsymbol{J}$ 与质点的位矢 $\boldsymbol{r}$ 及速度矢量 $\boldsymbol{v}$ 都垂直($\boldsymbol{J}=\boldsymbol{r}\times m\boldsymbol{v}$)，而质点的角动量却是一恒定矢量，因而质点的位矢和速度都只能在与角动量 $\boldsymbol{J}$ 垂直的平面内。质点的有心运动只能是平面运动，有心运动的轨迹曲线是平面曲线。质点的运动平面，是由质点的初始位矢和初始速度矢量所决定的。

3)有心运动质点的机械能守恒

作用于质点的有心力是保守力，质点具有势能：

$$V(r) = -\int_{r_0}^{r} F(r)\mathrm{d}r + V(r_0) \tag{1-8-5}$$

质点的总机械能守恒：

$$E = T + V = \frac{1}{2}mv^2 + V = \text{常量}$$

3. 建立运动微分方程

前面讨论了有心力和质点有心运动的一些特点，对求解有心运动问题提供了有力的帮助。由于有心力 $\boldsymbol{F}$ 的方向与 $\boldsymbol{r}$ 共线，质点有心运动问题的求解采用平面极坐标系是最为适宜的，取运动平面为极坐标平面，角动量则与极坐标平面垂直，选取力心为极坐标系的极点，则质点的运动微分方程可写为

$$\begin{cases} m(\ddot{r} - r\dot{\theta}^2) = F_r = F(r) \\ m(r\ddot{\theta} + 2\dot{r}\dot{\theta}) = F_\theta = 0 \end{cases} \tag{1-8-6}$$

式(1-8-6)中的第二个方程很容易积分，注意到

$$\frac{1}{r}\frac{\mathrm{d}(r^2\dot{\theta})}{\mathrm{d}t} = r\ddot{\theta} + 2\dot{r}\dot{\theta}$$

因而有

$$\frac{\mathrm{d}(r^2\dot{\theta})}{\mathrm{d}t}=0$$

立即得出第一积分

$$r^2\dot{\theta}=h$$

这里 h 是积分常数。

又可写成

$$mr^2\dot{\theta}=mh$$

这样,质点的运动微分方程又可写成

$$\begin{cases}m(\ddot{r}-r\dot{\theta}^2)=F_r=F(r)\\ mr^2\dot{\theta}=mh(\text{常量})\end{cases}\tag{1-8-7}$$

4. $mr^2\dot{\theta}=mh$(常量)的物理含义

质点在做有心运动过程中对力心的角动量守恒,即 $\boldsymbol{J}=$恒矢量。在有心运动中,质点对力心的角动量为

$$\boldsymbol{J}=\boldsymbol{r}\times m\boldsymbol{v}=r\boldsymbol{i}\times m(\dot{r}\boldsymbol{i}+r\dot{\theta}\boldsymbol{j})=mr^2\dot{\theta}\boldsymbol{k}$$

所以,$mr^2\dot{\theta}=mh$(常量)说明质点在做有心运动过程中对力心的动量矩守恒,这个式子就是质点角动量守恒的极坐标表示式。

因此,对于有心运动,通常是在给定的初始条件下求解下列方程组:

$$\begin{cases}m(\ddot{r}-r\dot{\theta}^2)=F(r)\\ r^2\dot{\theta}=h\end{cases}\tag{1-8-8}$$

除了这两个方程外,还可利用机械能守恒方程:

$$\frac{1}{2}m(\dot{r}^2+r^2\dot{\theta}^2)+V(r)=E\tag{1-8-9}$$

在上述三个方程中,只需适当选取两个方程,便可解得质点的运动。

1.8.2　比耐公式

关于有心运动,人们感兴趣的常常是质点的运动轨道,通常的方法可以通过求解运动方程式(1-8-8),求出在有心力作用下质点的运动规律,即得到以时间 t 为参量的轨道参量方程 $r=r(t)$,$\theta=\theta(t)$,然后消去 t 得出轨道曲线方程 $r=r(\theta)$。

但在有心力问题中,我们常采用另外一种方法,就是先从式(1-8-8)中消去时间参量 t,得出 r 和 θ 的一个微分方程,然后求解此微分方程,就可直接得出轨道曲线方程。

为了计算方便起见,我们又常用 r 的倒数 u 来代替 r,即求出 u 和 θ 的微分方程。

设

$$r=\frac{1}{u}\tag{1-8-10}$$

$$\dot{r}=\frac{\mathrm{d}}{\mathrm{d}t}\left(\frac{1}{u}\right)=-\frac{1}{u^2}\frac{\mathrm{d}u}{\mathrm{d}t}=-\frac{1}{u^2}\frac{\mathrm{d}u}{\mathrm{d}\theta}\frac{\mathrm{d}\theta}{\mathrm{d}t}$$

$$\left.\begin{aligned}\frac{1}{u^2}&=r^2\\ \frac{\mathrm{d}\theta}{\mathrm{d}t}&=\dot{\theta}\end{aligned}\right\}\Rightarrow\frac{1}{u^2}\cdot\frac{\mathrm{d}\theta}{\mathrm{d}t}=r^2\dot{\theta}=h$$

则

$$\dot{r} = -h\frac{\mathrm{d}u}{\mathrm{d}\theta}$$

$$\ddot{r} = -h\frac{\mathrm{d}^2u}{\mathrm{d}\theta^2}\cdot\frac{\mathrm{d}\theta}{\mathrm{d}t} = -h\dot{\theta}\frac{\mathrm{d}^2u}{\mathrm{d}\theta^2}$$

$$r^2\dot{\theta} = h \Rightarrow \frac{\dot{\theta}}{u^2} = h \Rightarrow \dot{\theta} = hu^2 \tag{1-8-11}$$

$$\ddot{r} = -h^2u^2\frac{\mathrm{d}^2u}{\mathrm{d}\theta^2} \tag{1-8-12}$$

将式(1－8－10)、(1－8－11)、(1－8－12)代入式(1－8－8)中的第一式，可得

$$-mh^2u^2\left(\frac{\mathrm{d}^2u}{\mathrm{d}\theta^2}+u\right) = F(u) \tag{1-8-13}$$

这就是所要求的轨道微分方程，也称为比耐(Binet)公式，是二阶非线性微分方程。对此方程求解可得 $u=u(\theta)$，从而得到质点的轨道方程 $r=1/u(\theta)=r(\theta)$。

1.8.3 平方反比场中轨道方程的解

平方反比力的表达式为

$$F(r) = -\frac{k}{r^2} \tag{1-8-14}$$

对于引力 k 取正号(例如万有引力 $k=Gm_1m_2$)，对于排斥力 k 取负号(例如同种电荷之间的库仑力 $k=-\frac{1}{4\pi\varepsilon_0}q_1q_2$)，轨道方程在上述平方反比力的形式下化为

$$\frac{\mathrm{d}^2u}{\mathrm{d}\theta^2}+u = -\frac{1}{mh^2u^2}F(u^{-1})$$

$$\frac{\mathrm{d}^2u}{\mathrm{d}\theta^2}+u = \frac{k}{mh^2} \tag{1-8-15}$$

令 $u'=u-\frac{k}{mh^2}$(平移变换)，则有

$$\frac{\mathrm{d}^2u'}{\mathrm{d}\theta^2} = \frac{\mathrm{d}^2u}{\mathrm{d}\theta^2}$$

利用上面的变换，可将式(1－8－15)化为

$$\frac{\mathrm{d}^2u'}{\mathrm{d}\theta^2}+u' = 0$$

显然上面方程正是 $\omega=1$ 的线性谐振子方程，故其解为

$$u' = u-\frac{k}{mh^2} = A\cos(\theta-\theta_0)$$

或

$$u = A\cos(\theta-\theta_0)+\frac{k}{mh^2}$$

将 $r=\frac{1}{u}$ 代回上式立刻得到轨道方程的通解

$$r=\frac{1}{A\cos(\theta-\theta_0)+\frac{k}{mh^2}} \tag{1-8-16}$$

式中：A、θ_0 为积分常数，可由初始条件决定。因为 θ_0 的值仅改变轨道平面法线的取向，不影响轨道形状，在讨论轨道形状时可选择 $\theta_0=0$，这样不会失去一般性。最后把轨道方程改写成

$$r=\frac{1}{A\cos(\theta)+\frac{k}{mh^2}} \tag{1-8-17}$$

式(1-8-17)为极坐标系的轨道方程，是坐标原点在力心上的二次曲线。为了看清轨道的形状，可将其改写成标准形式

$$r=r_0\frac{1+e}{1+e\cos\theta} \tag{1-8-18}$$

式中：$e=\frac{Amh^2}{k}$；$r_0=\frac{mh^2}{k(1+e)}$。

r_0 为力心与近心点的距离，常数 e 称为偏心率，从数学理论知道对应不同的 e 值，轨道的形状是不同的：

$e=0$　圆

$e<1$　椭圆

$e=1$　抛物线

$e>1$　双曲线

对于 $e<1$，质点的轨道是圆形或椭圆形的，质点只能在有限的空间运动，这种状态物理上称为束缚态，开普勒第一定律指出的行星绕太阳运动的轨道正是这个状态；对于 $e\geqslant1$，质点的轨道是非闭合的，质点可沿着轨道运行到无穷远处而且不再回来，这种轨道在天体力学中称为非回归性型的轨道。

当质点做椭圆轨道运动时，从式(1-8-18)中可看出，$\theta=0$ 时 r 取最小值，其值为 r_0；当 $\theta=\pi$时 r 取最大值，其值为

$$r_1=r_0\frac{1+e}{1-e} \tag{1-8-19}$$

对于行星绕太阳的椭圆轨道来说，距离太阳最近(即 $r_{min}=r_0$)的点称为近日点，距离太阳最远的点(即 $r_{max}=r_1$)称为远日点，如图 1-29 所示。

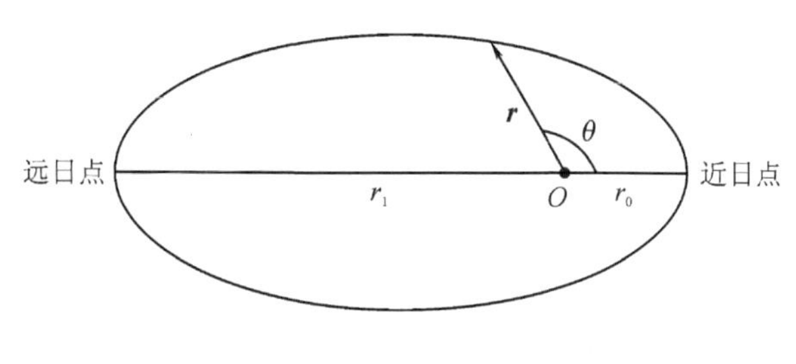

图 1-29

对于月亮绕地球转动的椭圆轨道以及人造地球卫星的轨道来说，距离为 r_0 的点称为近地点，距离为 r_1 的点称为远地点。

1.8.4 平方反比场中轨道的能量

从上面的讨论可知，平方反比场中质点运动轨道的形状类别完全可由偏心率决定，但是在物理学中常希望用动力学常数作为轨道类别的判据。既然有心力场是保守力场，质点的机械能守恒，这就意味着可用机械能作为轨道形状的判据。

由
$$F=-\frac{\mathrm{d}V}{\mathrm{d}r}$$
平方反比场力
$$F=-\frac{k}{r^2}$$
所以
$$V=\int -F(r)\mathrm{d}r=\int \frac{k}{r^2}\mathrm{d}r=-\frac{k}{r}+c$$
若取无穷远处的势能为零，则 $c=0$。上式为
$$V=-ku \quad (\text{其中 } u=\frac{1}{r})$$
这样有心力场的能量轨道方程式简化为
$$\frac{1}{2}m(\dot{r}^2+r^2\dot{\theta}^2)+V(r)=E \Rightarrow \frac{1}{2}mh^2\left[\left(\frac{\mathrm{d}u}{\mathrm{d}\theta}\right)^2+u^2\right]+V(u^{-1})=E$$
$$\frac{1}{2}mh^2\left[\left(\frac{\mathrm{d}u}{\mathrm{d}\theta}\right)^2+u^2\right]-ku=E$$
分离变量后，可得
$$\mathrm{d}\theta=\left(\frac{2E}{mh^2}+\frac{2ku}{mh^2}-u^2\right)^{-\frac{1}{2}}\mathrm{d}u$$
积分上式得到
$$\theta=\arcsin\left[\frac{mh^2u-k}{(k^2+2Emh^2)^{\frac{1}{2}}}\right]+\theta_0$$
式中 θ_0 为积分常数，若令 $\theta_0=-\frac{\pi}{2}$，并解出 u 就是
$$u=\frac{k}{mh^2}[1+(1+2Emh^2k^{-2})^{\frac{1}{2}}\cos\theta]$$
或
$$r=\frac{mh^2k^{-1}}{1+(1+2Emh^2k^{-2})^{\frac{1}{2}}\cos\theta} \tag{1-8-20}$$
这也是轨道方程在极坐标中的表达式，显然偏心率
$$e=(1+2Emh^2k^{-2})^{\frac{1}{2}} \tag{1-8-21}$$

根据上面的表达式，可按照能量的取值对轨道进行分类，因为在表达式中其他的因子均为正，所以

$E<0$，则 $e<1$，轨道为椭圆形

$E=0$，则 $e=1$，轨道为抛物线

$E>0$，则 $e>1$，轨道为双曲线

从式(1-8-20)可以直接推出椭圆轨道长轴与能量的关系,设 r 在 $\theta=0$ 的值为 r_0,在 $\theta=\pi$ 时值为 r_1,则

$$r_0=\frac{mh^2k^{-1}}{1+(1+2Emh^2k^{-2})^{\frac{1}{2}}} \tag{1-8-22}$$

$$r_1=\frac{mh^2k^{-1}}{1-(1+2Emh^2k^{-2})^{\frac{1}{2}}} \tag{1-8-23}$$

当轨道是椭圆形时,设其长轴为 $2a$,则有 $r_0+r_1=2a$,联立式(1-8-22)、(1-8-23)得

$$-\frac{k}{E}=2a\Rightarrow E=-\frac{k}{2a} \tag{1-8-24}$$

上式表明,椭圆轨道的长半轴 a 完全由机械能 E 确定。

1.8.5 轨道周期

按照开普勒定律,行星在椭圆轨道上运行时角动量的大小与位置矢量在单位时间内扫过的面积有关。为了得到这一关系,设质点在 $t\sim t+\Delta t$ 时间内从 P 点沿着轨道运行到 Q 点,相应的位置矢量由 $\boldsymbol{r}$ 变到 $\boldsymbol{r}+\Delta\boldsymbol{r}$,矢量 $\boldsymbol{r}$ 在 Δt 时间内扫过的面积 ΔA 近似为一扇形面积(见图1-30)。

$$\Delta A=\frac{1}{2}|\boldsymbol{r}\times\Delta\boldsymbol{r}|$$

将上式两边同除以 Δt,并取极限有

$$\frac{\mathrm{d}A}{\mathrm{d}t}=\lim_{\Delta t\to 0}\frac{\Delta A}{\Delta t}=\frac{1}{2}\lim_{\Delta t\to 0}\left|\boldsymbol{r}\times\frac{\Delta\boldsymbol{r}}{\Delta t}\right|=\frac{1}{2}|\boldsymbol{r}\times\boldsymbol{v}|$$

式中:$\frac{\mathrm{d}A}{\mathrm{d}t}$为矢量 $\boldsymbol{r}$ 在单位时间内扫过的面积,也称为面积速率。

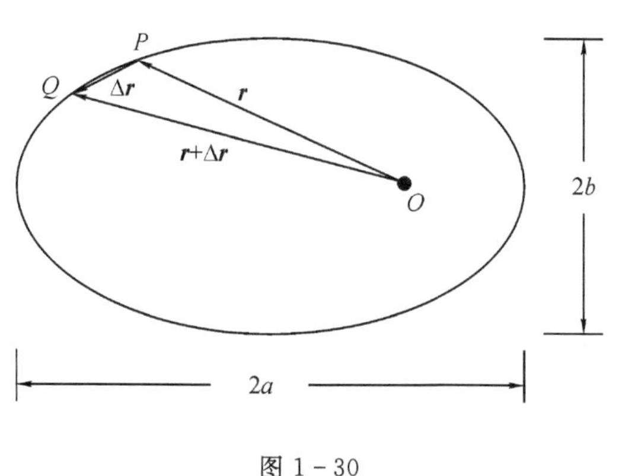

图1-30

按照定义 $\boldsymbol{J}=\boldsymbol{r}\times m\boldsymbol{v}$ 是质点运动的角动量,于是上式可以改写成

$$\frac{\mathrm{d}A}{\mathrm{d}t}=\frac{1}{2m}J \tag{1-8-25}$$

因为在任意的有心力场中,质点角动量 $\boldsymbol{J}$ 的大小均为常数,所以在万有引力场中,质点位置矢量在单位时间内扫过的面积 ΔA 是一常数,这一结论称为等面积原理。它从理论上证明了开普勒定律的正确性(实际也是开普勒第二定律的证明)。

从等面积原理出发,容易找出轨道运动的周期 T,为此,将式(1-8-25)改写成

$$dA = \frac{J}{2m}dt \tag{1-8-26}$$

将上式两边同时在一个时间周期内积分得到

$$A = \frac{J}{2m}T \tag{1-8-27}$$

由于质点在椭圆轨道上运动一个周期内，位置矢量扫过的面积就是椭圆的面积，故有 $A=\pi ab$，其中 a、b 分别为椭圆的长半轴和短半轴。

式(1-8-27)可进一步改写成

$$T = \frac{2\pi abm}{J} = \frac{2\pi abm}{mh} = \frac{2\pi ab}{h} \tag{1-8-28}$$

对于椭圆，假设其焦距为 c，则有

$$\frac{b^2}{a^2} = \frac{a^2 - c^2}{a^2} = 1 - e^2 \tag{1-8-29}$$

又由于

$$2a = r_0 + r_1 = \frac{mh^2}{k}\left(\frac{1}{1+e} + \frac{1}{1-e}\right) = \frac{2mh^2}{k(1-e^2)}$$

可得 $1-e^2=\frac{mh^2}{ak}$，将此结果代入式(1-8-29)，可得

$$\frac{b^2}{a^2} = 1 - e^2 = \frac{mh^2}{ak}$$

$$b = \left(\frac{mh^2}{k}\right)^{\frac{1}{2}} a^{\frac{1}{2}} \tag{1-8-30}$$

将式(1-8-30)代入式(1-8-28)，得

$$T = 2\pi\sqrt{\frac{m}{k}} \cdot a^{\frac{3}{2}} \tag{1-8-31}$$

所以对平方反比场来说，椭圆轨道的周期仅与椭圆轨道的长轴有关。对于在太阳引力场中运动的行星 $k=GMm$，式中 M 为太阳质量，m 为行星质量，椭圆轨道运动周期可写成

$$T = ca^{\frac{3}{2}} \tag{1-8-32}$$

其中 $c=2\pi(GM)^{-\frac{1}{2}}$。

显然 c 对太阳系中所有行星都是一样的，故上式就是开普勒第三定律的数学表达式(实际也是开普勒第三定律的证明)。

1.8.6 开普勒定律和万有引力定律

1. 开普勒定律

公元16世纪，哥白尼在他所著的《天体运动》一书中提出了“地动论”，勇敢地向统治欧洲一千多年的神权挑战。他指出：地球不是宇宙中心，地球除绕自身的轴旋转外，还和其他行星一起绕着太阳运转。

不过，由于当时历史条件的限制，哥白尼的学说也存在着两方面的错误：第一，他把太阳当作宇宙的中心(“日心说”)，而实际上，太阳不是宇宙的中心，也不在银河系的中心；第二，他认为天体轨道都是正圆形的，这是受古代希腊唯心主义哲学的影响，错误地认为天体都是完美

的，只能在最完美的曲线——正圆上运行。后来，开普勒利用他的前辈布拉赫的观测资料，改进了哥白尼的学说，解除了自古以来圆运动的思想束缚，提出了下列三条关于行星运动的定律，即所谓开普勒定律。

第一定律：行星绕太阳做椭圆运动，太阳位于椭圆的一个焦点上。

第二定律：行星和太阳之间的连线（矢径），在相等时间内所扫过的面积相等。

第三定律：行星公转的周期的平方和轨道半长轴的立方成正比。

2. 牛顿的万有引力假说

（1）由开普勒第二定律，来推导行星所受的力是有心力。

在 $t \sim \mathrm{d}t$ 时间内，矢径所扫过的面积为 $\mathrm{d}A$（见图 1-31），$\mathrm{d}A=\frac{1}{2}r^2\mathrm{d}\theta$。

$$\frac{\mathrm{d}A}{\mathrm{d}t}=\frac{1}{2}r^2\frac{\mathrm{d}\theta}{\mathrm{d}t}=\frac{1}{2}r^2\dot{\theta}$$

由开普勒第二定律，可知单位时间内矢径所扫过的面积相等，即 $\frac{\mathrm{d}A}{\mathrm{d}t}=$常量，则 $\frac{\mathrm{d}A}{\mathrm{d}t}=\frac{1}{2}r^2\dot{\theta}=$常量，可进一步得 $r^2\dot{\theta}=$常量。

如令 m 为行星的质量，那么 $mr^2\dot{\theta}$ 也必定是常数。而 $mr^2\dot{\theta}$ 是行星对太阳的动量矩，也就是说行星对太阳的动量矩是个常量，可得出行星对太阳的动量矩守恒这一结论。既然动量矩守恒，可以进一步得出行星所受的力对太阳的力矩为零，而 $\boldsymbol{M}=\boldsymbol{r}\times\boldsymbol{F}$，因行星恒具有加速度（做曲线运动），即所受力不为零，故行星所受的力必定是有心力，则太阳是力心。因此，由开普勒第二定律可推导出行星受有心力作用。

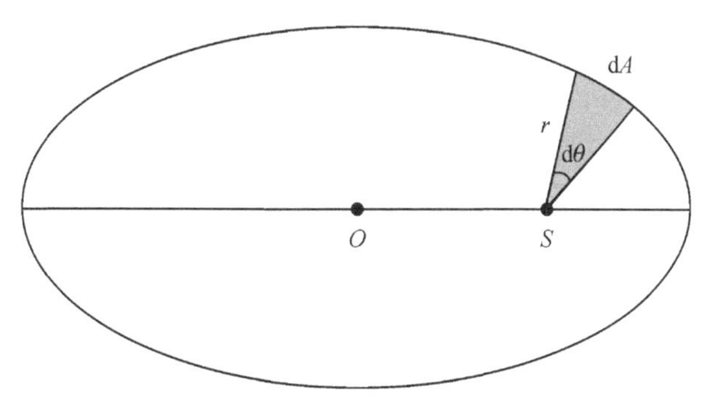

图 1-31

（2）由开普勒第一定律，求上述有心力为平方反比引力。

开普勒第一定律指出行星绕太阳做椭圆运动，太阳位于椭圆的一个焦点上，既然轨道为椭圆，就可把轨道方程表示为

$$r=\frac{p}{1+e\cos\theta}$$

式中：p 为圆锥曲线正焦弦长的一半。

用 r 的倒数 u 表示上式为

$$u=\frac{1+e\cos\theta}{p}=\frac{1}{p}+\frac{e}{p}\cos\theta$$

$$\frac{\mathrm{d}u}{\mathrm{d}\theta}=-\frac{e}{p}\sin\theta$$

$$\frac{\mathrm{d}^2u}{\mathrm{d}\theta^2}=-\frac{e}{p}\cos\theta$$

将上述关系式代入比耐公式，得到

$$-mh^2u^2\left(-\frac{e}{p}\cos\theta+\frac{1}{p}+\frac{e}{p}\cos\theta\right)=F(u)\ \Rightarrow\ -\frac{mh^2u^2}{p}=F(u)$$

因此

$$F(r)=-\frac{mh^2}{p}\cdot\frac{1}{r^2} \qquad (1-8-33)$$

这就表明行星所受的力是引力，且与距离平方成反比。

(3)由开普勒第三定律，来推导$\frac{h^2}{p}=k'^2$ 对每一个行星为同一常量。

令太阳的质量为 M，行星质量为 m，则由万有引力定律，可知行星和太阳之间的作用力可以写为

$$F=-G\frac{Mm}{r^2}=-\frac{k'^2m}{r^2}=-mk'^2u^2 \qquad (1-8-34)$$

从式(1－8－33)可以看到，似乎不用开普勒第三定律就能推出万有引力定律，其实不然，因为我们并不能将式(1－8－33)化成式(1－8－34)。因为在式(1－8－33)中，h 和 p 对每一行星来讲，都具有不同数值。而式(1－8－34)中的 k'^2(或 GM)则是一个与行星无关的常数。为了能把式(1－8－33)化为式(1－8－34)，就得利用开普勒第三定律，经过计算，得出在有心力作用下行星公转的周期 τ，即

$$\frac{\tau^2}{a^3}=\frac{4\pi^2p}{h^2} \qquad (1-8-35)$$

由开普勒第三定律，可知$\frac{\tau^2}{a^3}$是与行星无关的常数，所以虽然 h 和 p 都是和行星有关的常数，但是$\frac{p}{h^2}$则是一个与行星无关的常数，显然$\frac{h^2}{p}$也是一个与行星无关的常数。

令$\frac{h^2}{p}=k'^2$，就把式(1－8－33)化为式(1－8－34)，即

$$F=-m\frac{k'^2}{r^2}=-G\frac{Mm}{r^2}$$

牛顿还研究了月球绕地球的运动，发现地球对月球的引力和地球吸引地面上的各物体的力遵从同一规律，属于同一性质。进一步研究表明，这种跟两者质量的乘积成正比，而跟两者距离的平方成反比的引力，并不是天体之间所特有的，而是存在于任何两个物体之间，故称万有引力。牛顿是在开普勒定律的基础上，推出了万有引力定律。这里 mk'^2 相当于式(1－8－14)中的 k。

1.8.7 宇宙速度

从 20 世纪 50 年代末起，人造地球卫星和宇宙飞船相继发射成功，发射人造卫星时必须使它有足够大的速率才能在太空中运转。我们通常把人造星体可以绕地球转动而不落下所需的最小速度称为第一宇宙速度，使人造卫星完全脱离地球引力所需的速度称为第二宇宙速度。

由地面发射人造星体使其脱离太阳系所需的最小速度称为第三宇宙速度。下面来讨论这三种宇宙速度的大小。

1. 第一宇宙速度

当卫星围绕地球转动时会受到地球万有引力作用。从上面的讨论知道卫星绕地球运行的轨道形状由偏心率 e 决定。

平方反比场中质点运动轨道方程的标准形式为

$$r = r_0 \frac{1+e}{1+e\cos\theta}$$

式中：e 称为偏心率，$e=\frac{Amh^2}{k}$；r_0 为力心与近心点的距离，$r_0=\frac{mh^2}{k(1+e)}$。

可以看出

$$r_0 = \frac{mh^2}{k(1+e)} \Rightarrow 1+e = \frac{mh^2}{kr_0} \Rightarrow e = \frac{mh^2}{kr_0} - 1 \quad (1-8-36)$$

在讨论人造地球卫星绕地球转动的情况下，r_0 为卫星的近地点距离，h 可由卫星近地点的速度确定。常量 $k=GMm$，m 是卫星的质量，M 是地球的质量。

若用 v_0 表示卫星近地点处的速率，由 h 定义可得

$$h = r^2\dot{\theta} = {r_0}^2\dot{\theta}_0 = r_0 v_0 \quad (1-8-37)$$

则

$$e = \frac{m\,(r_0 v_0)^2}{kr_0} - 1 = \frac{mr_0{v_0}^2}{k} - 1 \quad (1-8-38)$$

现在 $k=GMm$，M 是地球的质量，m 是卫星的质量。

从式(1-8-38)可看出，对于相同的 r_0(近地点)，$e=0$ 的圆形轨道需要的速率最小。如果人造星体在地面附近做圆周运动，其半径就近似地等于地球的半径。

令偏心率为零就可求出

$$v_0 = \sqrt{\frac{k}{mr_0}} = \sqrt{\frac{GM}{r_0}} \quad (1-8-39)$$

上式就是第一宇宙速度的表达式。当卫星距离地面的高度比地球的半径小许多时，$r_0 \approx R$(地球半径)，由此可计算出第一宇宙速度的大小

$$v_0 = \sqrt{\frac{GM}{R}} = 7.9\ \text{km/s} \quad (1-8-40)$$

2. 第二宇宙速度

从地面上发射星体，使它完全脱离地球的引力所需要的最小速度如何确定？从上节的讨论可知，星体绕地球运行的轨道应该是抛物线型的(非回归型轨道)，此时系统的机械能 $E=0$，设在地面附近发射质量为 m，初速度为 v_1 的星体，则其机械能是

$$E = \frac{1}{2}mv_1^2 - \frac{GMm}{R} \quad (1-8-41)$$

令 $E=0$(抛物线轨道)，则可求得

$$v_1 = \sqrt{\frac{2GM}{R}} = \sqrt{2}v_0 = 11.2\ \text{km/s}$$

这就是第二宇宙速度，也称为地球表面的逃逸速率。

这一概念对大气中的分子也适用。例如在地球表面的大气层中空气分子(O_2 与 N_2)的平均速率约为 0.5 km/s,它远小于地球表面的逃逸速度,因此地球能保持其大气层,相反月球上没有大气层,这是因为月球的质量较小,月球表面的逃逸速率远小于地球表面的逃逸速率,这样月球上的 O_2 与 N_2 便逐渐地消失。虽然氢气是宇宙中最丰富的元素,可是地球表面的大气层中氢气的含量却很少。因为氢气分子的质量小,分子平均速率很大,以致有相当数量氢气分子的速率超过了地球表面的逃逸速率,而从大气层中散失了。在广义相对论的引力场方程中预言有这样一类星体,它表面的逃逸速度超过了光速,就是连光都不能逃逸出该星体的引力。人们无法通过光线来判断这类星体的存在,故而称这类星体为黑洞。

3. 第三宇宙速度

从地面发射人造星体使其脱离太阳系,不仅需要克服地球的引力,还要克服太阳的引力,在这种情况下,人造星体运动可以分为两步来讨论。第一步,星体从地面发射到绕太阳运行的轨道上脱离地球的引力,这时星体主要受地球引力,太阳引力可忽略;第二步,星体在绕太阳的轨道上运动直到脱离太阳的引力,这时地球的引力可以忽略不计。

首先计算在地球绕太阳运行的轨道上发射星体时可以脱离太阳引力需要的最小速度 v。由上面讨论可知,这时相应的轨道应是抛物线型的,系统能量 $E=0$,即

$$E=\frac{1}{2}mv^2-\frac{k}{r}=0$$

绕太阳运动时,$k=GM_\theta m$,M_θ 是太阳质量,令 $E=0$ 求得

$$v^2=\frac{2k}{mr}=\frac{2GM_\theta}{r}$$

已知 $M_\theta=1.99\times10^{30}$ kg,地球绕太阳运行轨道平均半径 $r=1.5\times10^{11}$ m,因此 $v=42.2$ km/s。

这就是地球绕太阳运行的轨道上,星体逃逸太阳系所需要的最小速度。实际上从地球上发射星体使它脱离太阳系的速度并不需要这么大,因为地球绕太阳公转速度约为 29.8 km/s,因此如果发射物体的速度方向与地球在公转轨道上运行的速度方向一致,那么只要相对于地面的发射速率为

$$v'=42.2-29.8\approx12\ \text{km/s}$$

就行了。不过星体是相对地面发射的,所以还要克服地球的引力。设地面上发射速度为 v_2,则 v_2 可由下面式子决定

$$\frac{1}{2}mv_2^2-\frac{GM_e m}{R_e}=\frac{1}{2}m\times12^2 \tag{1-8-42}$$

利用$\frac{GM_e m}{R_e}=\frac{1}{2}mv_1^2$,其中 v_1 是第二宇宙速度,则由式(1-8-42),得

$$\frac{1}{2}mv_2^2=\frac{1}{2}m\times12^2+\frac{1}{2}mv_1^2$$

即 $v_2=\sqrt{12^2+11.2^2}=16.7$ km/s,v_2 就是第三宇宙速度。

1.8.8 地球表面抛射物体的轨道问题

有心力运动中具有角动量守恒和机械能守恒两大运动特征,它的两个运动积分方程为

$$J_0=mr^2\dot{\theta}=mh\quad(h=r^2\dot{\theta})$$

$$E=\frac{1}{2}m(\dot{r}^2+r^2\dot{\theta}^2)+V(r)=\frac{1}{2}m(\dot{r}^2+r^2\dot{\theta}^2)-\frac{k^2m}{r}$$

选取无穷远处为势能零点。

由于机械能守恒,计算质点总机械能最方便的方法是在近地点处求得,即

$$E=\frac{1}{2}m(r_{\min}^2\dot{\theta}^2)-\frac{k^2m}{r_{\min}} \tag{1-8-43}$$

由上式可知,质点的总机械能 E 与轨道的偏心率 e 直接相关。由上式还可反过来求出偏心率 e 跟 E 的关系，即

$$E=\frac{1}{2}m(r_{\min}^2\dot{\theta}^2)-\frac{k^2m}{r_{\min}}=\frac{(mk^2)^2}{2mh^2}(e^2-1) \tag{1-8-44}$$

由式(1-8-44)可得

$$e=\sqrt{1+\frac{2h^2}{mk^4}E} \tag{1-8-45}$$

将 $h=\frac{J_0}{m}$ 代入式(1-8-45),得

$$e=\sqrt{1+\frac{2J_0^2}{m^3k^4}E} \tag{1-8-46}$$

物体在有心力作用下,是沿着圆锥曲线轨道运动,轨道的具体类型由偏心率 e 决定。图 1-32给出距离地球表面上空 $h=200$ km 处,沿发射角 $\alpha=\pi/2$,以不同速率发射下的物体运动轨道。显然,在平方反比引力作用下,物体运动的轨道是圆锥曲线,根据不同的初始速度可确定它的轨道可能是椭圆、抛物线或双曲线。图 1-33 给出地球表面抛射物体的椭圆轨道曲线,可以看出物体的抛射速度越大,则物体的总机械能和角动量都变大,轨道的偏心率越大,椭圆轨道形状将越扁。这里假设抛体的质量 $m=1$ kg,地球半径 $R=6372.797$ km,万有引力常数 $G=6.754\times10^{-11}\ \mathrm{m^3\cdot kg^{-1}\cdot s^{-2}}$,地球质量 $m_e=5.98\times10^{24}$ kg。图 1-34 给出了物体的发射速度较大,物体环绕地球表面运动轨迹图。

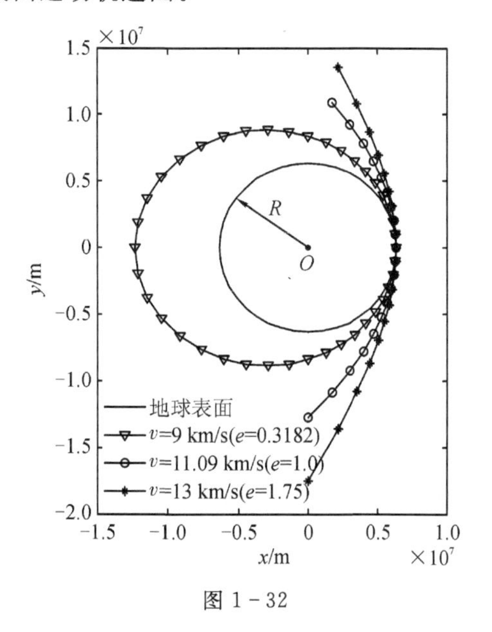

图 1-32

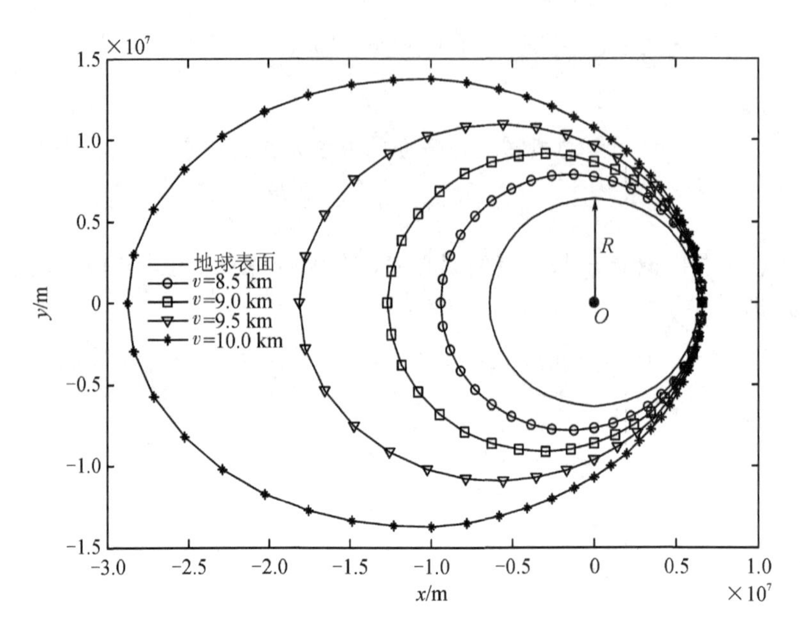

图 1-33

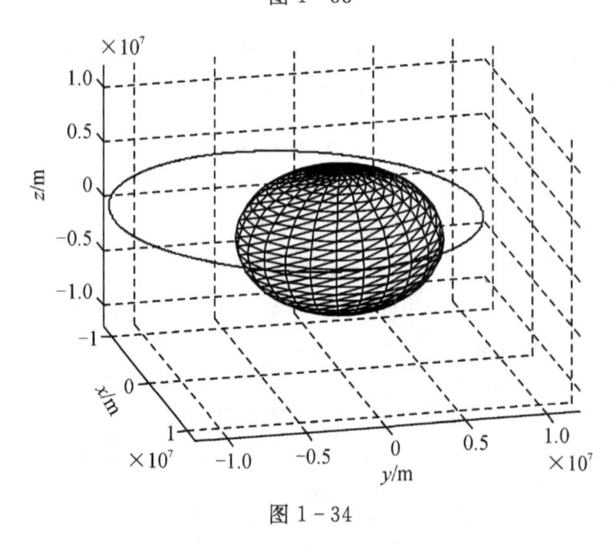

图 1-34

习题

1. 已知一质点的运动方程为 $\boldsymbol{r}=2t^3\boldsymbol{i}+(2-t^2)\boldsymbol{j}$，其中 $\boldsymbol{r}$、t 分别以 m 和 s 为单位，求：

(1)从 $t=1$ s 到 $t=2$ s 质点的位移；

(2)$t=2$ s 时质点的速度和加速度；

(3)质点的轨道方程。

2. 已知一质点的运动方程为 $\boldsymbol{r}=R\cos\omega t\boldsymbol{i}+R\sin\omega t\boldsymbol{j}$，式中 R 和 ω 是常数，求：

(1)质点的轨道方程；

(2)质点的速度和加速度。

3. 已知质点的运动方程为 $x=t+2$，$y=\frac{1}{4}t^2+2$，式中 x、y 以 m 计，t 以 s 计。求 $t=4$ s 时质点的速度和加速度。

4. 某质点运动方程为 $r=bt^2$，$\theta=ct$，式中 b 和 c 都是常数，求质点的速度。

5. 某质点运动方程为 $r=e^{ct}$，$\theta=at$，式中 c 和 a 都是常数，求质点的速度与加速度。

6. 某质点运动方程为 $r=e^{ct}$，$\theta=bt^2$，式中 c 和 b 都是常数，求质点的速度与加速度。

7. 一质点沿心脏线 $r=k(1+\cos\theta)$ 以恒定速率 v 运动，求出质点的速度 $\boldsymbol{v}$ 和加速度 $\boldsymbol{a}$。

8. 直线 FM 在一给定的椭圆平面内以匀角速度 ω 绕其焦点 F 转动。求此直线与椭圆的交点 M 的速度。已知以焦点为坐标原点的椭圆的极坐标方程为

$$r=\frac{a(1-e^2)}{1+e\cos\theta}$$

式中：a 为椭圆的半长轴，e 为偏心率，都是常数。

9. 在河水流速 $v_0=2$ m/s 的地方有小船渡河，如果希望小船以 $v=4$ m/s 的速率垂直于河岸横渡，问小船相对于河水的速度大小和方向应如何。

10. 地面上的人看船上升旗，旗以 $v'=2$ m/s 速度相对船上升，船以 $v_0=3$ m/s 速度向东前进。求地面上人看旗的速度。

11. 质点的质量为 m，在力 $F=F_0-kt$ 的作用下，沿 x 轴做直线运动，式中 F_0、k 为常数，当运动开始时即 $t=0$ 时，$x=x_0$，$v=v_0$，求质点的运动规律。

12. 质点沿着半径为 r 做圆周运动，其加速度矢量与速度矢量间的夹角 α 保持不变，求质点的速度随时间 t 而变化的规律。已知初速度为 v_0。

13. 将质量为 m 的质点竖直抛上于有阻力的媒质中。设阻力与速度平方成正比，即 $R=mk^2gv^2$，如上抛时速度为 v_0，求此质点又落至投掷点时的速度。

14. 质点做平面运动，其速率保持为常数，试证明其速度矢量 $\boldsymbol{v}$ 与加速度矢量 $\boldsymbol{a}$ 正交。

15. 小环的质量为 m，套在一条光滑的钢索上，钢索的方程为 $x^2=4ay$，试求小环自 $x=2a$ 处自由滑至抛物线顶点时的速度及小环在此时所受到的约束反作用力。

16. 一质点沿位矢及垂直于位矢的速度分别为 λr 及 $\mu\theta$，式中 λ 和 μ 是常数。试证其沿位矢及垂直于位矢的加速度分别为

$$\lambda^2 r-\frac{\mu^2\theta^2}{r},\quad \mu\theta\left(\lambda+\frac{\mu}{r}\right)$$

17. 一质点沿着抛物线 $y^2=2px$ 运动，其切向加速度的量值为法向加速度量值的 $-2k$ 倍，如此质点从正焦弦 $\left(\frac{p}{2},\ p\right)$ 的一端以速度 u 出发，试求其达到正焦弦另一端时的速率。

18. 将质量为 m 的质点竖直上抛入有阻力的介质中。设阻力与速度平方成正比，即 $R=mk^2gv^2$。如上掷时的速度为 v_0，试证此质点又落至投掷点时的速度为

$$v_1=\frac{v_0}{\sqrt{1+k^2v_0^2}}$$

19. 试从牛顿运动定律基础上推导质点组的动量矩定理。

20. 一质点做有心运动，试问该质点所受的有心力对于力心的力矩一定为零吗？为什么？

21. 若有一力，其 $F_x=6abz^3y-20bx^3y^2$，$F_y=6abxz^3-10bx^4y$，$F_z=18abxyz^2$，请检验该力是否是保守力。如是，则求出其势能。

22. 我国第一颗人造地球卫星近地点为 439 km,远地点为 2384 km,求此卫星在近地点和远地点的速率 v_1 及 v_2 以及它绕地球运行的周期 T。(已知万有引力常数 $G=6.67\times10^{-11}\ \mathrm{m^3\cdot kg^{-1}\cdot s^{-2}}$,地球质量 $M=5.976\times10^{24}$ kg,地球半径 $R\approx6400$ km。)

23. 什么是第二宇宙速度?第二宇宙速度大小是多少?

24. 什么是第一宇宙速度?第一宇宙速度大小是多少?

25. 求作用在质点上的有心力,已知质点的运动轨道为:①等角螺线 $r=\mathrm{e}^{\theta}$;②阿基米德螺线 $r=a\theta$;③轨道中心在力心的椭圆 $r^2=b^2/(1-e^2\cos^2\theta)$,式中 b 为短半轴,e 为偏心率。

26. 若 v_p 和 v_a 分别为质点在近日点和远日点的速率,试证 $v_\mathrm{p}:v_\mathrm{a}=(1+e):(1-e)$。

27. 行星绕太阳沿椭圆轨道运动,试证其运动周期 $\tau=\dfrac{2\pi a^{3/2}}{k}$。式中 a 为椭圆的长半轴,$k=\sqrt{GM}$,G 是万有引力常数,M 为太阳质量。

第 2 章　质点组力学

2.1　质点组

2.1.1　质点组的定义

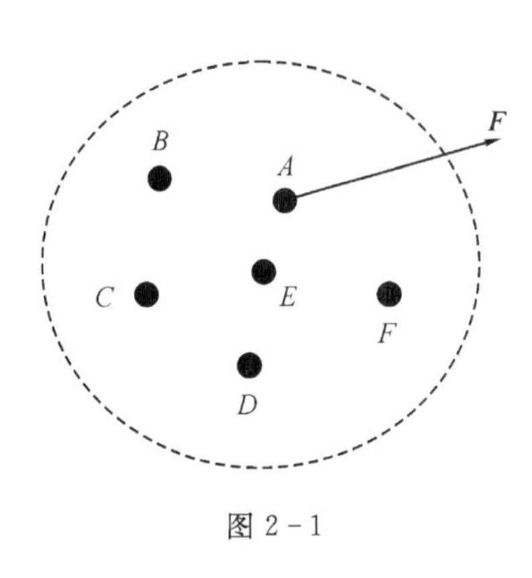

图 2-1

前面讨论的是单个质点的运动问题，现在进一步研究一群质点的集合体（见图 2-1）。假定力 $\boldsymbol{F}$ 作用在其中一个质点 A 上，很显然，如果质点 A 与其他质点 $B,C,D\cdots$ 等无任何关系，则质点 A 受此力后，将按牛顿运动定律开始运动，这实际上是前面讨论过的质点运动问题。但是，如果质点间是相互联系的，运动规律就复杂了。因质点 A 开始对其他质点有相对运动时，质点 A 与其他质点间的作用力将互相发生影响，而使其他质点的运动状态也随之发生变化。我们就把由许多相互联系着的质点所组成的系统叫作质点组，也称质点组是有相互作用的质点的集合。

2.1.2　研究质点组的方法

由于质点组内的质点是相互关联的，因此每一个质点的运动都与其他质点的运动关联着。质点组内各质点的运动状况非常复杂，除了仅有两个质点构成的两体系统外，对包含有三个质点以上的质点系，在没有任何附加条件的情况下，至今无法对每一个质点的运动求出严格的解析解。虽然一般来讲，不能确切地求解出质点组中每个质点的运动状态，但是由于每一个质点的运动仍然遵循牛顿运动定律，那么我们就可以根据每一个质点的牛顿运动方程做一归纳，仍然可以找出质点组的整体运动规律。因此，研究质点组采用的是整体的方法。

2.1.3　内力和外力

1. 外力

质点组以外的物体对质点组内任一质点的作用力，称为外力。例如，在研究地球与月球运动时，如果把地球和月球看作一个系统，系统以外的物体，如太阳和其他行星对地球和月球的万有引力都是系统所受的外力。

2. 内力

质点组中质点间相互作用的力，叫作内力。例如，在研究地球与月球运动时，如果把地球和月球看作一个系统，则地球与月球间的相互吸引力就是系统的内力。

内力和外力都是相对于系统而言的，所以判断一个力是内力还是外力，都是根据选的系统而定的。

3. 内力性质

1）质点组中所有内力的矢量和为零

质点组中任何一对质点（例如第 i 个质点和第 j 个质点）间相互作用的力，恒相等而相反，并且作用在同一条直线上，也就是说内力是满足牛顿运动第三定律的，即

$$\boldsymbol{f}_{ij}+\boldsymbol{f}_{ji}=0$$

式中：$\boldsymbol{f}_{ij}$ 表示第 j 个质点对第 i 个质点的作用力（见图 2－2）。

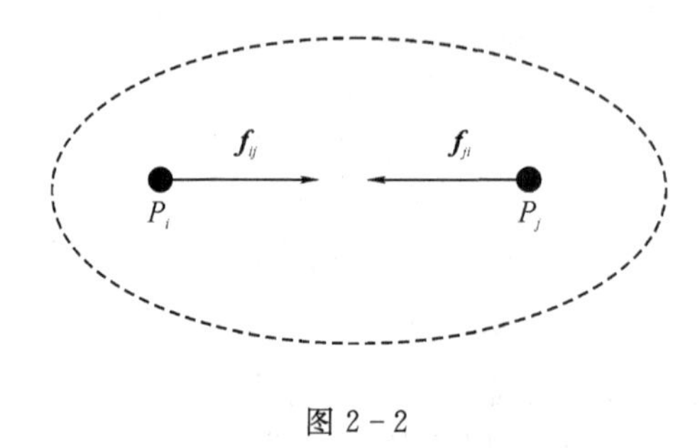

图 2－2

若假定某质点组由 n 个质点组成，由于内力总是成对出现的，而且每一对内力矢量和为零，那么质点组中所有内力的矢量和亦必等于零，即

$$\boldsymbol{F}^{(i)}=\sum_{i=1}^{n}\boldsymbol{F}_i^{(i)}=\sum_{i=1}^{n}\left(\sum_{\substack{j=1\\j\neq i}}^{n}\boldsymbol{f}_{ij}\right)=0$$

式中：上标记(i)是为了强调该力是质点组的内力。

2）质点组中所有内力对某点力矩的矢量和为零

以一点内力为例，计算它们对 O 点所产生力矩的矢量和（见图 2－3），即

$$\boldsymbol{r}_i\times\boldsymbol{f}_{ij}+\boldsymbol{r}_j\times\boldsymbol{f}_{ji}=\boldsymbol{r}_i\times\boldsymbol{f}_{ij}-\boldsymbol{r}_j\times\boldsymbol{f}_{ij}=(\boldsymbol{r}_i-\boldsymbol{r}_j)\times\boldsymbol{f}_{ij}=\boldsymbol{r}_{ji}\times\boldsymbol{f}_{ij}=0$$

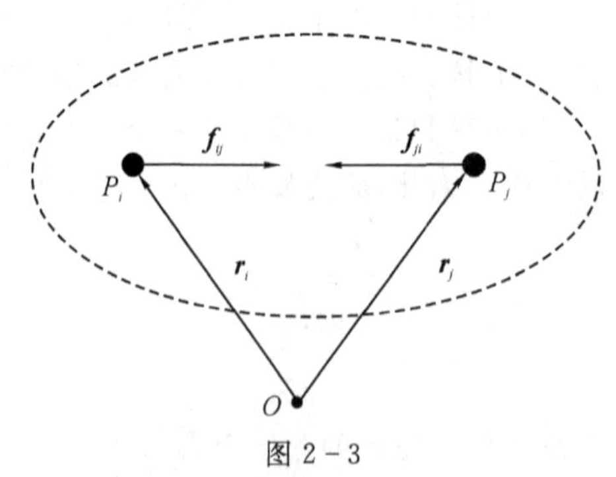

图 2－3

由于内力是成对出现的，既然每一对内力在 O 点所产生的力矩矢量和为零，那么质点组中所有内力对 O 点所产生的力矩矢量和也为零。

3）内力做功之和一般不为零

以一对内力为例，计算这一对内力对这两个质点所做的功

$$\boldsymbol{f}_{ij}\cdot \mathrm{d}\boldsymbol{r}_i+\boldsymbol{f}_{ji}\cdot \mathrm{d}\boldsymbol{r}_j=\boldsymbol{f}_{ij}\cdot \mathrm{d}\boldsymbol{r}_i-\boldsymbol{f}_{ij}\cdot \mathrm{d}\boldsymbol{r}_j$$
$$=\boldsymbol{f}_{ij}\cdot \mathrm{d}(\boldsymbol{r}_i-\boldsymbol{r}_j)=\boldsymbol{f}_{ij}\cdot \mathrm{d}\boldsymbol{r}_{ji}$$

式中:$\boldsymbol{r}_{ji}$是质点 i 相对于质点 j 的位矢。

故只有当 $\mathrm{d}\boldsymbol{r}_{ji}=0$ 时,这一对内力做功之和才始终等于零。而 $\mathrm{d}\boldsymbol{r}_{ji}=0$ 意味着质点间距离不能改变,即为刚体。对质点组来说,若质点间距离不发生变化,质点组中所有内力做功之和为零;若质点间距离发生变化,内力做功之和不为零。对于刚体来说,内力做功之和肯定为零。但是刚体只是一种特殊的质点系。对一般质点组来讲,质点间距离是发生变化的,故内力做功一般不等于零。

2.1.4　质心坐标

在质点组动力学中,原则上可以用隔离体法,写出质点组中每一质点的运动微分方程,利用牛顿运动定律解题时,对每一个质点有三个二阶微分方程。由于质点组中质点数目较多,那么将得到数目繁多的二阶微分方程组,难于进行解算。另外,内力一般是未知量,更增加了问题的复杂性,但如果利用动力学基本定理(动量定理和动量矩定理),则对整个质点组来讲,常可将这些未知的内力消去(动能定理除外),而得到整个质点组在外力作用下运动的基本特征,就可以研究质点组的整体运动规律。

要研究质点组的整体运动情况。就有必要引入一个物理量,来确定质点组整体运动情况。我们发现,在质点组中恒存在一个特殊点,它的运动很容易被确定。如果以这个特殊点为参照点,又常能使问题简化,我们把这个特殊点叫作质点组的质量中心,简称质心。

现在来说明质心的位置如何来确定。它们的质量是 $m_1,m_2,\cdots,m_n$,分别位于 $P_1,P_2,\cdots,P_n$ 诸点(见图 2-4),这些点对某一直角坐标系的坐标原点 O 的位矢分别是 $\boldsymbol{r}_1,\boldsymbol{r}_2,\cdots,\boldsymbol{r}_n$,则质心 C 对此同一点的位矢 $\boldsymbol{r}_C$ 满足如下关系:

$$\boldsymbol{r}_C=\frac{\sum_{i=1}^{n}m_i\boldsymbol{r}_i}{\sum_{i=1}^{n}m_i} \tag{2-1-1}$$

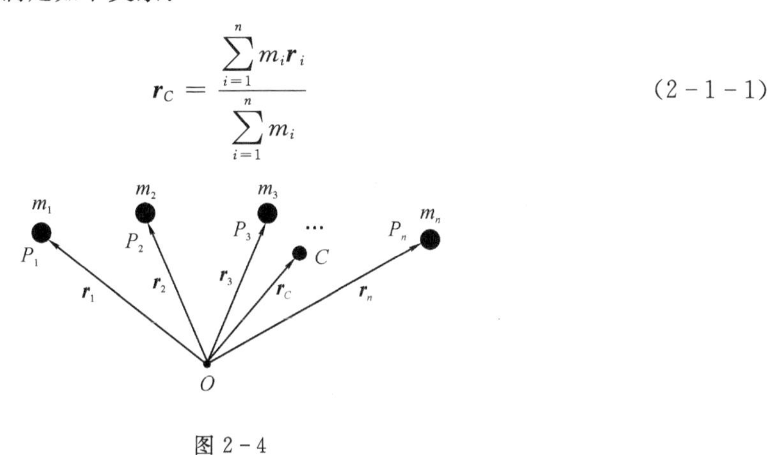

图 2-4

从上式可以看出:将各质点的质量乘其位矢并求和,然后除以总质量,显然仍代表一个位矢。这个位矢末端(始端仍在 O)所确定的一点,定义为质点组的质心。在某种意义上,可以把它看作是诸质点位矢的平均值。只是这种平均并不是简单的平均,而是带有权重的平均,这里的质量相当于权重。

另外还需注意,作为位置矢量,质心位矢与坐标系的选择有关。但可以证明质心相对于质点系内各质点的相对位置是不会随坐标系的选择而变化的，即质心是相对于质点系本身的一个特定位置。

利用位矢沿直角坐标系各坐标轴的分量，由式(2-1-1)可以得到质心坐标表示式如下：

$$x_C=\frac{\sum_{i=1}^{n}m_ix_i}{\sum_{i=1}^{n}m_i},\quad y_C=\frac{\sum_{i=1}^{n}m_iy_i}{\sum_{i=1}^{n}m_i},\quad z_C=\frac{\sum_{i=1}^{n}m_iz_i}{\sum_{i=1}^{n}m_i}\tag{2-1-2}$$

一个大的连续物体，可以认为是由许多质点(或叫质元)组成的，以 $\mathrm{d}m$ 表示其中任一质元的质量，以 $\boldsymbol{r}$ 表示其位矢，则大物体的质心位置可用积分法求得，即有

$$\boldsymbol{r}_C=\frac{\int\boldsymbol{r}\mathrm{d}m}{\int\mathrm{d}m}=\frac{\int\boldsymbol{r}\mathrm{d}m}{m}\tag{2-1-3}$$

它的三个直角坐标分量式分别为

$$x_C=\int\frac{x\mathrm{d}m}{m},\quad y_C=\int\frac{y\mathrm{d}m}{m},\quad z_C=\int\frac{z\mathrm{d}m}{m}\tag{2-1-4}$$

利用上述公式，可求得均匀直棒、均匀圆环、均匀圆盘、均匀球体等形体的质心就在它们的几何对称中心。

力学上还常应用重心的概念。重心是一个物体各部分所受重力的合力作用点。可以证明尺寸不十分大的物体，它的质心和重心的位置重合。

例 2-1　一段均匀铁丝弯成半圆形，其半径为 R(见图 2-5)，求此半圆形铁丝的质心。

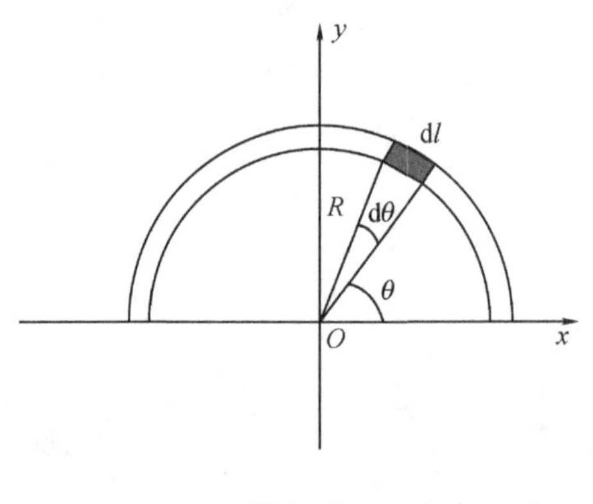

图 2-5

解　建立如图 2-5 所示的坐标系，坐标原点为圆心，由于半圆关于 y 轴对称，所以质心应在 y 轴上。任取一小段铁丝，其长度为 $\mathrm{d}l$，质量为 $\mathrm{d}m$，以 ρ 表示铁丝的线密度(即单位长度铁丝的质量)，则有 $\mathrm{d}m=\rho\mathrm{d}l$。

$$y_C=\frac{\int y\mathrm{d}m}{m}=\frac{\int y\rho\mathrm{d}l}{m}$$

由于

$$y=R\sin\theta,\qquad \mathrm{d}l=R\mathrm{d}\theta$$

所以

$$y_C = \frac{\int_0^{\pi} R\sin\theta \cdot \rho R\,\mathrm{d}\theta}{m} = \frac{2\rho R^2}{\pi R\rho} = \frac{2}{\pi}R$$

即质心在 y 轴上距离圆心$\frac{2}{\pi}R$处。注意弯曲铁丝的质心并不在铁丝上，但它相对于铁丝的位置是确定的。

例 2-2　一匀质扇形薄片的半径为 a，所对的圆心角为 $2\theta_0$（见图 2-6）。求该薄片的质心，并证明半圆片的质心离圆心的距离为$\frac{4a}{3\pi}$。

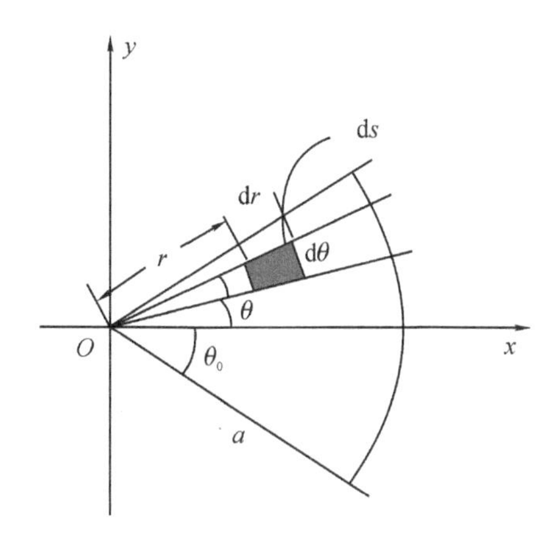

图 2-6

解　均匀扇形薄片，取对称轴为 x 轴，由对称性可知质心一定在 x 轴上。
由质心公式

$$x_C = \frac{\int x\,\mathrm{d}m}{\int \mathrm{d}m}$$

设均匀扇形薄片密度为 ρ，任意取一小面元 $\mathrm{d}s$，则其质量

$$\mathrm{d}m = \rho\mathrm{d}s = \rho r\,\mathrm{d}r\mathrm{d}\theta$$

$$x = r\cos\theta$$

$$x_C = \frac{\int r\cos\theta \cdot \rho r\,\mathrm{d}r\mathrm{d}\theta}{\int \rho r\,\mathrm{d}r\mathrm{d}\theta} = \frac{\rho\int_{-\theta_0}^{\theta_0}\cos\theta\mathrm{d}\theta\int_0^a r^2\,\mathrm{d}r}{\rho\int_{-\theta_0}^{\theta_0}\mathrm{d}\theta\int_0^a r\mathrm{d}r} = \frac{2}{3}a\,\frac{\sin\theta_0}{\theta_0}$$

对于半圆片的质心，即 $\theta_0 = \frac{\pi}{2}$代入得

$$x_C = \frac{2}{3}a\,\frac{\sin\theta_0}{\theta_0} = \frac{2}{3}a\,\frac{\sin\frac{\pi}{2}}{\frac{\pi}{2}} = \frac{4a}{3\pi}$$

2.2 动量定理 动量守恒定律

以前只讨论一个质点的动量变化，如果许多质点形成质点组，受外力及内力的作用而运动，其动量变化应具有何种形式？

2.2.1 质点组的动量

1. 定义

质点组的总动量等于各个质点的动量之和，即

$$\boldsymbol{p}=\sum_{i=1}^{n} m_i \boldsymbol{v}_i\text{（矢量和）}$$

2. 相对运动的动量表述

质点组的动量在不同的参照系中是否相同？若不相同，它们又具有什么形式的关系？下面就来研究相对运动的动量表述。

设有一个惯性系 S 系，另一个惯性系为 S'系（平动参照系），如图 2-7 所示，在 S 系中观察者来看，质点组的动量为 $\boldsymbol{p}$；在 S'系中观察者来看，质点组的动量为 $\boldsymbol{p}'$，那么 S 系中质点组的总动量为

$$\boldsymbol{p}=\sum_{i=1}^{n} m_i \boldsymbol{v}_i=\sum_{i=1}^{n} m_i \boldsymbol{v}_{O'}+\sum_{i=1}^{n} m_i \boldsymbol{v}'_i \tag{2-2-1}$$

上式中 $\boldsymbol{v}_i$ 在相对运动中相当于绝对速度，$\boldsymbol{v}_{O'}$ 是 S'系相对于 S 系的速度，即为牵连速度；$\boldsymbol{v}'_i$是 S'系中的观察者所看到的质点速度，即为相对速度，则上式可写成

$$\boldsymbol{p}=\sum_{i=1}^{n} m_i \boldsymbol{v}_{O'}+\boldsymbol{p}' \tag{2-2-2}$$

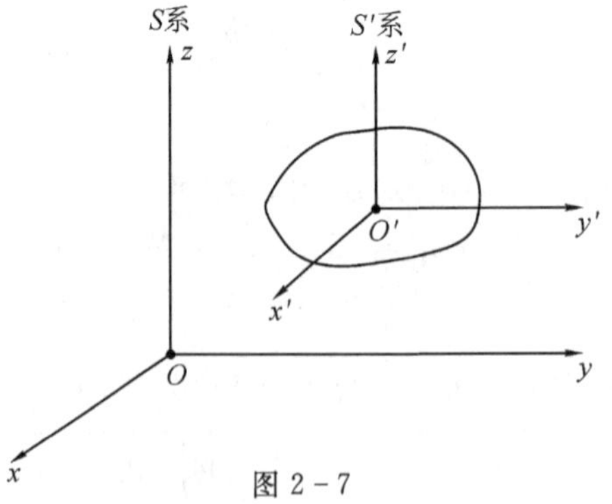

图 2-7

3. 上述 S'系为质心坐标系

如果 S'系（O'-$x'y'z'$）的原点固着在质点组的质心 C 上，并随质心 C 在惯性系上平动，这时 C-$x'y'z'$系称为质心坐标系或质心系。也就是说，跟随质心一起平动的坐标系（参考系）称为质心坐标系（参考系）。

$$\boldsymbol{p} = \sum_{i=1}^{n} m_i \boldsymbol{v}_C + \boldsymbol{p}'$$

（$\boldsymbol{v}_C$ 是质心 C 在 S 系中的速度）

其中

$$\boldsymbol{p}' = \sum_{i=1}^{n} m_i \boldsymbol{v}'_i = \sum_{i=1}^{n} m_i \frac{\mathrm{d}\boldsymbol{r}'_i}{\mathrm{d}t} = \frac{\mathrm{d}}{\mathrm{d}t}\left(\sum_{i=1}^{n} m_i \boldsymbol{r}'_i\right)$$

根据质心位置矢量公式 $\boldsymbol{r}_C = \dfrac{\sum_{i=1}^{n} m_i \boldsymbol{r}_i}{\sum_{i=1}^{n} m_i}$，对任一惯性系都是适用的，当然对质心坐标系也适用了，那么质心在质心坐标系中位置矢量为

$$\boldsymbol{r}'_C = \frac{\sum_{i=1}^{n} m_i \boldsymbol{r}'_i}{\sum_{i=1}^{n} m_i} = \frac{\sum_{i=1}^{n} m_i \boldsymbol{r}'_i}{M}$$

根据质心的定义式，各个质点相对于某一参考点的位置矢量分别与各个质点质量乘积的矢量，除以各个质点的质量之和，就是该质点组的质心对某一参考点的位置矢量。在这里无非是将参考点选为质心，那么各个质点对质心的位置矢量分别与各质点质量乘积的矢量和除以质点组的总质量就是质点组的质心相对于质心的位置矢量。$\boldsymbol{r}'_C$是质心在质心坐标系的位置矢量，即 $\boldsymbol{r}'_C=0$。

$$\boldsymbol{p}' = \frac{\mathrm{d}}{\mathrm{d}t}\left(\sum_{i=1}^{n} m_i \boldsymbol{r}'_i\right) = \frac{\mathrm{d}}{\mathrm{d}t}(M\boldsymbol{r}'_C) = 0$$

则

$$\boldsymbol{p} = \sum_{i=1}^{n} m_i \boldsymbol{v}_C = M\boldsymbol{v}_C \qquad (2-2-3)$$

也就是说，质点组的动量恒等于质点组的质量乘以质心运动速度。

前面讲过，质心是一个很特殊的点，质心的运动可以代表质点组的整体运动情况。从上式可以看到，质点组的动量实际上就是质点组随质心做整体运动的动量。

2.2.2　动量定理

假定有一个由 n 个质点所组成的质点组，其中某一个质点 P_i 的质量为 m_i，对某惯性参考系坐标原点 O 的位矢为 $\boldsymbol{r}_i$，作用在质点 P_i 上所有力的合力为 $\boldsymbol{F}_i$。$\boldsymbol{F}_i$ 可分为两类：一类为内力，以 $\boldsymbol{F}_i^{(i)}$ 表示；另一类为外力，以 $\boldsymbol{F}_i^{(e)}$ 表之。由牛顿第二定律，可得质点 P_i 的运动微分方程为

$$m_i \frac{\mathrm{d}^2 \boldsymbol{r}_i}{\mathrm{d}t^2} = \boldsymbol{F}_i^{(e)} + \boldsymbol{F}_i^{(i)} \qquad (i = 1, 2, 3, \cdots, n) \qquad (2-2-4)$$

对每一个质点而言，都是适用的，可变形为

$$\frac{\mathrm{d}}{\mathrm{d}t}(m_i \boldsymbol{v}_i) = \boldsymbol{F}_i^{(e)} + \boldsymbol{F}_i^{(i)}$$

可以对质点组中每一个质点都写出这样的微分方程，一共得到 n 个微分方程。由于内力通常

是未知量，所以这些方程无法求解，但如果把这 n 个方程加起来，则得

$$\sum_{i=1}^{n}\frac{\mathrm{d}}{\mathrm{d}t}(m_i\boldsymbol{v}_i)=\sum_{i=1}^{n}\boldsymbol{F}_i^{(\mathrm{e})}+\sum_{i=1}^{n}\boldsymbol{F}_i^{(\mathrm{i})} \tag{2-2-5}$$

由牛顿第三定律可知，作用在质点组上各质点的所有内力矢量和恒等于零，则

$$\frac{\mathrm{d}}{\mathrm{d}t}\left(\sum_{i=1}^{n}m_i\boldsymbol{v}_i\right)=\sum_{i=1}^{n}\boldsymbol{F}_i^{(\mathrm{e})}$$

而 $\sum_{i=1}^{n}m_i\boldsymbol{v}_i$ 就是质点组的总动量，即 $\boldsymbol{p}=\sum_{i=1}^{n}m_i\boldsymbol{v}_i$。$\sum_{i=1}^{n}\boldsymbol{F}_i^{(\mathrm{e})}$ 是质点组所受到的所有外力的矢量和，即 $\boldsymbol{F}^{(\mathrm{e})}=\sum_{i=1}^{n}\boldsymbol{F}_i^{(\mathrm{e})}$，则上式为

$$\frac{\mathrm{d}\boldsymbol{p}}{\mathrm{d}t}=\boldsymbol{F}^{(\mathrm{e})} \tag{2-2-6}$$

上式就是质点组的动量定理：质点组的总动量随时间的变化率，等于作用在质点组上诸外力的矢量和，而与内力无关。这个定理和质点动量定理很相似，只是这里多了一个标记(e)，是为了强调该力是质点组的外力，而对单个质点来讲，所有的作用力皆是外力，所以无需加上标记(e)。

2.2.3 质心运动定理

如前所述，从动量角度来看，质心可以代表整个质点组，质点组的总动量就等于质心的动量。将式(2-2-3)代入式(2-2-6)，得

$$\frac{\mathrm{d}(M\boldsymbol{v}_C)}{\mathrm{d}t}=\boldsymbol{F}^{(\mathrm{e})}$$

$$M\frac{\mathrm{d}\boldsymbol{v}_C}{\mathrm{d}t}=\boldsymbol{F}^{(\mathrm{e})} \tag{2-2-7}$$

令 $\boldsymbol{a}_C=\frac{\mathrm{d}\boldsymbol{v}_C}{\mathrm{d}t}$，$\boldsymbol{a}_C$ 是质心运动的加速度，则式(2-2-7)可进一步表示成

$$M\boldsymbol{a}_C=\boldsymbol{F}^{(\mathrm{e})} \tag{2-2-8}$$

式(2-2-8)表明，质心的确是个特殊点，整个质点组的质量相当于全部集中在质心上，作用在质点组上所有外力的矢量和相当于作用在质心上的力，式(2-2-8)称为质点组的质心运动定理。可以看到，对一个确定的质点组而言，质点组质心的加速度取决于作用在质点组上的外力之和。

质心运动定理表明了"质心"这一概念的重要性。这一定理告诉我们，一个质点系内各个质点由于内力和外力的作用，它们的运动情况可能很复杂。但相对于此质点系有一个特殊的点，即质心，它的运动可能相当简单，只由质点系所受的合外力决定。例如，一个手榴弹可以看作一个质点系。投掷手榴弹时，将看到它一面翻转，一面前进，其中各点的运动情况相当复杂。但由于它受的外力只有重力(忽略空气阻力的作用)，因此它的质心在空中的运动和一个质点被抛出后的运动一样，其轨迹是一个抛物线。又如高台跳水运动员离开跳台后，他的身体可以做各种优美的翻滚伸缩动作，但是他的质心却只能沿着一条抛物线运动。

2.2.4 动量守恒定律

若质点组不受外力或所受外力矢量和为零，即 $\boldsymbol{F}^{(\mathrm{e})}=0$。由质点组的动量定理，可得

$$\frac{\mathrm{d}\boldsymbol{p}}{\mathrm{d}t}=0$$

则

$$\boldsymbol{p}=\text{恒矢量} \tag{2-2-9}$$

式(2-2-9)说明整个质点组的动量是守恒的，但每一个质点的动量不一定守恒。

由于质点组的动量等于质心的动量，即 $\boldsymbol{p}=M\boldsymbol{v}_C$，所以式(2-2-9)可进一步表示为

$$\boldsymbol{v}_C=\text{恒矢量} \tag{2-2-10}$$

式(2-2-10)表明质点组的质心做惯性运动，关系式(2-2-10)称为质点组的动量守恒定律，说明：如果质点组不受外力作用或外力相互抵消时，质点组的总动量守恒，质心做惯性运动。

如果作用在质点组上的诸外力在某一方向上(例如 x 轴)的分量之和为零，即 $\sum_{i=1}^{n}F_{ix}^{(e)}=0$，那么在该方向上质点组的动量分量守恒，质心在该方向上具有恒定的速度分量，即 $p_x=\sum_{i=1}^{n}m_iv_{ix}=mv_{Cx}=$ 常量。

例 2-3　一质量 $m_1=50$ kg 的人站在一条质量 $m_2=200$ kg，长度 $l=4$ m 的船的船头(见图 2-8)。开始时船静止，求当人走到船尾时船移动的距离(假定水的阻力不计)。

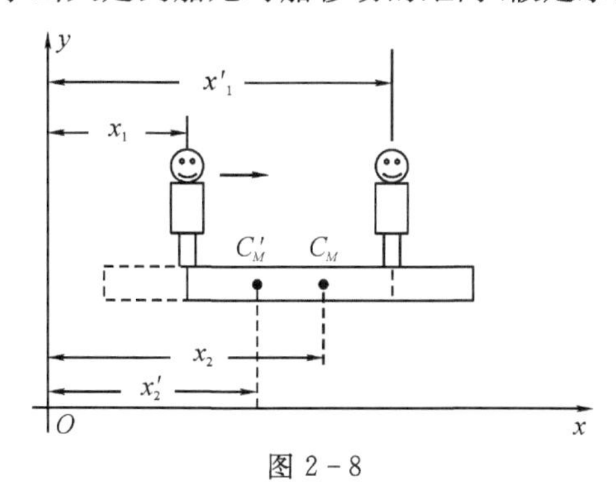

图 2-8

解　对于船和人这一系统，在水平方向上不受外力，因而在水平方向上质心速度不变。又因为原来质心静止，所以在人走动过程中质心始终静止，因而质心的坐标恒不变。

在如图 2-8 所示的坐标系中，图中 C_M 表示船本身的质心，即它的中点。

当人站在船的左端时，人和船这一系统的质心坐标

$$x_C=\frac{m_1x_1+m_2x_2}{m_1+m_2} \tag{1}$$

当人移动至船的右端时，船的质心用如图 C_M' 所示，它向左移动的距离为 d，这时系统的质心为

$$x_C'=\frac{m_1x_1'+m_2x_2'}{m_1+m_2} \tag{2}$$

由于 $x_C=x_C'$，得

$$m_1x_1+m_2x_2=m_1x_1'+m_2x_2'$$

即

$$m_2(x_2-x_2')=m_1(x_1'-x_1)$$

$$x_2-x_2'=d,\quad x_1'-x_1=l-d$$

$$d = \frac{m_1}{m_1 + m_2} l = 0.8 \text{ m}$$

例 2-4 一枚炮弹发射的初速度为 $\boldsymbol{v}_0$，发射角为 θ，在它飞行的最高点炸裂成质量均为 m 的两部分，一部分在炸裂后竖直下落，另一部分则继续向前飞行（见图 2-9），求这两部分的着地点以及质心的着地点。（忽略空气阻力）

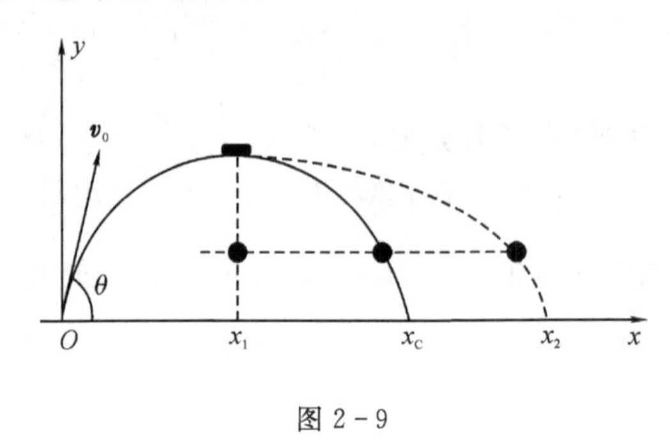

图 2-9

解 选如图所示的坐标系，如果炮弹没有炸裂，则它的着地点的横坐标就应该等于它的射程，即

$$x = 2\frac{v_0 \sin\theta}{g} \cdot v_0 \cos\theta = \frac{v_0{}^2 \sin 2\theta}{g} \tag{1}$$

由于第一部分在最高点处竖直下落，所以着地点应为

$$x_1 = \frac{x}{2} = \frac{v_0{}^2 \sin 2\theta}{2g} \tag{2}$$

炮弹炸裂时，内力使其分开成两部分，但因外力是重力始终保持不变，所以质心的运动仍将和未炸裂的炮弹一样，它的着地点的横坐标仍是 x，即

$$x_C = \frac{v_0{}^2 \sin 2\theta}{g} \tag{3}$$

第二部分的着地点 x_2 可根据质心的定义由同一时刻第一部分和质心的坐标求出，由于第二部分与第一部分同时着地，所以着地时

$$x_C = \frac{m x_1 + m x_2}{2m} = \frac{x_1 + x_2}{2} \tag{4}$$

得

$$x_2 = 2x_C - x_1 = \frac{3}{2} \cdot \frac{v_0{}^2 \sin 2\theta}{g}$$

2.3 动量矩定理 动量矩守恒定律

2.3.1 质点组的动量矩

1. 对固定点的动量矩

质点组对固定点的总角动量 $\boldsymbol{J}$ 是各质点对同一定点的角动量之和，即

$$\boldsymbol{J} = \sum_{i=1}^{n} \boldsymbol{r}_i \times m_i \boldsymbol{v}_i \tag{2-3-1}$$

即质点组对固定点的动量矩等于质点组中所有质点对固定点动量矩的矢量和。

2. 相对运动的动量矩表述

选取 S 系为静止系(惯性系),S' 系为平动参照系(见图 2-10)。在 S 系中的观察者来看,质点组对 O 点的动量矩为 $\boldsymbol{J}$,在 S' 系中的观察者来看,质点组对 O' 点的动量矩为 $\boldsymbol{J}'$。

质点组对 O 点的动量矩为

$$\begin{aligned}\boldsymbol{J} &= \sum_{i=1}^{n} [(\boldsymbol{r}_{O'} + \boldsymbol{r}'_i) \times m_i(\boldsymbol{v}_{O'} + \boldsymbol{v}'_i)] \\ &= \sum_{i=1}^{n} (\boldsymbol{r}_{O'} \times m_i \boldsymbol{v}_{O'}) + \sum_{i=1}^{n} (\boldsymbol{r}_{O'} \times m_i \boldsymbol{v}'_i) + \sum_{i=1}^{n} (\boldsymbol{r}'_i \times m_i \boldsymbol{v}_{O'}) + \sum_{i=1}^{n} (\boldsymbol{r}'_i \times m_i \boldsymbol{v}'_i)\end{aligned} \tag{2-3-2}$$

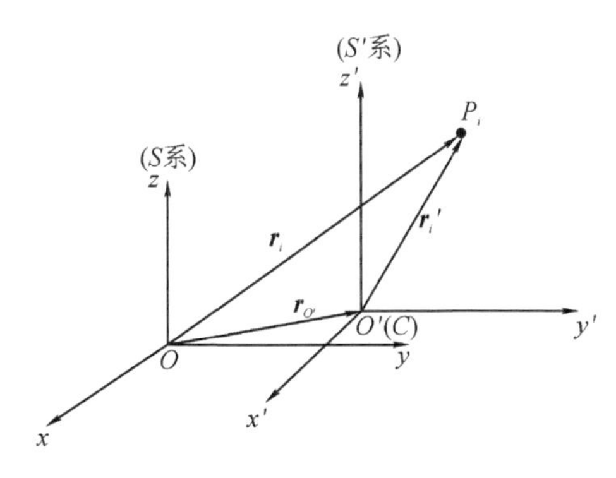

图 2-10

图中 $O-xyz$ 是固定坐标系,另有一平动坐标系 $O'-x'y'z'$,现在引入质心坐标系,使平动坐标系 $O'-x'y'z'$ 的原点 O' 点恰好选在质点组的质心 C 上,这时 $C-x'y'z'$ 称为质心坐标系。

上式右边第一项为

$$\sum_{i=1}^{n} (\boldsymbol{r}_{O'} \times m_i \boldsymbol{v}_{O'}) = \boldsymbol{r}_C \times \sum_{i=1}^{n} m_i \boldsymbol{v}_C = \boldsymbol{r}_C \times M\boldsymbol{v}_C$$

式中:$M\boldsymbol{v}_C$ 称为质点组的总动量,也就是质心的动量。

上式表明,质心的位置矢量矢乘质心的动量为质心动量矩,即质心相对 O 点的动量矩。这一项也是质点组随质心整体运动对坐标原点的动量矩。

第二项为

$$\sum_{i=1}^{n} (\boldsymbol{r}_{O'} \times m_i \boldsymbol{v}'_i) = \boldsymbol{r}_C \times \sum_{i=1}^{n} m_i \boldsymbol{v}'_i$$

由于质心 C 随坐标系 $O'-x'y'z'$ 一起平动,整个质点组相对质心的动量为零。

质点组在某个惯性系中的动量之和等于质点组的质量乘以质心在该惯性系中的运动速度,那么现在在质心坐标系中,$\sum_{i=1}^{n} m_i \boldsymbol{v}'_i$ 是整个质点组在质心坐标系的动量,应该等于质点组的质量乘以质心在质心坐标系的运动速度。由于质心是随质心坐标系 $C-x'y'z'$ 一起平动的,

所以在质心坐标系中质心的速度 $\boldsymbol{v}'_C=0$，则有

$$\sum_{i=1}^{n} m_i \boldsymbol{v}'_i = M\boldsymbol{v}'_C = 0$$

因此，第二项为

$$\sum_{i=1}^{n} (\boldsymbol{r}_{O'} \times m_i \boldsymbol{v}'_i) = \boldsymbol{r}_C \times \sum_{i=1}^{n} m_i \boldsymbol{v}'_i = 0$$

第三项为

$$\sum_{i=1}^{n} (\boldsymbol{r}'_i \times m_i \boldsymbol{v}_{O'}) = \sum_{i=1}^{n} m_i \boldsymbol{r}'_i \times \boldsymbol{v}_C$$

根据质心定义，各个质点相对于某一参考点的位置矢量分别与各个质点质量乘积的矢量和，除以各个质点的质量之和，就是该质点组的质心对某一参考点的位置矢量

$$\boldsymbol{r}_C = \frac{\sum_{i=1}^{n} m_i \boldsymbol{r}_i}{M}$$

如果将质心选成参考点，那么各个质点对质心的位置矢量分别与各个质点质量乘积的矢量和除以质点组的总质量，就是该质点组的质心相对于质心的位置矢量，即

$$\boldsymbol{r}'_C = \frac{\sum_{i=1}^{n} m_i \boldsymbol{r}'_i}{M} = 0 \quad (\boldsymbol{r}'_C\text{是质心在质心坐标系的位置矢量})$$

即

$$\sum_{i=1}^{n} m_i \boldsymbol{r}'_i = M\boldsymbol{r}'_C = 0$$

因此第三项为

$$\sum_{i=1}^{n} (\boldsymbol{r}'_i \times m_i \boldsymbol{v}_{O'}) = \sum_{i=1}^{n} m_i \boldsymbol{r}'_i \times \boldsymbol{v}_C = 0$$

第四项为

$$\sum_{i=1}^{n} (\boldsymbol{r}'_i \times m_i \boldsymbol{v}'_i) = \boldsymbol{J}'$$

这一项是在质心坐标系中质点组的各质点对质心的动量矩之和，称为相对动量矩。

因此

$$\boldsymbol{J} = \boldsymbol{r}_C \times M\boldsymbol{v}_C + \boldsymbol{J}' \tag{2-3-3}$$

式中：$\boldsymbol{r}_C \times M\boldsymbol{v}_C$ 为质心动量矩；$\boldsymbol{J}'$为相对于质心的动量矩。

上式表明，质点组对某一定点的动量矩等于质心相对于定点的动量矩与质点组中的各质点相对于质心的动量矩之和。

2.3.2 动量矩定理

1. 对固定点的动量矩定理

设有 n 个质点所形成的质点组(见图 2-11)，对每一个质点而言，遵循质点的动力学方

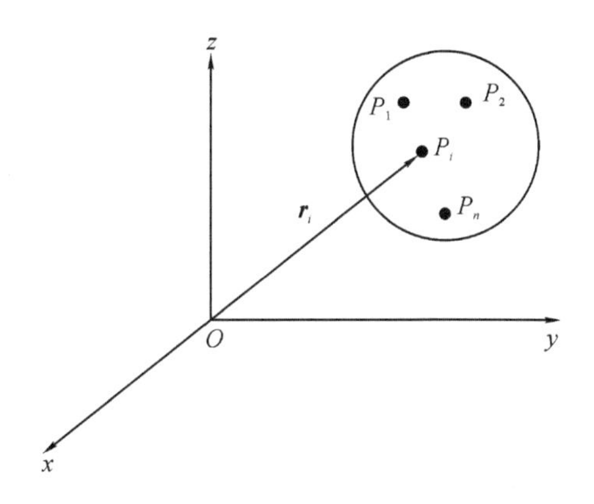

图 2 - 11

程为

$$m_i\frac{\mathrm{d}\boldsymbol{v}_i}{\mathrm{d}t}=\boldsymbol{F}_i^{(e)}+\boldsymbol{F}_i^{(i)}\quad(i=1,\ 2,\ 3,\cdots,\ n)\tag{2-3-4}$$

在这方程的两侧，从左面矢乘 $\boldsymbol{r}_i$（$\boldsymbol{r}_i$ 是质点组中任一质点 P_i 对惯性系中某固定点 O 的位矢）

$$\boldsymbol{r}_i\times m_i\frac{\mathrm{d}\boldsymbol{v}_i}{\mathrm{d}t}=\boldsymbol{r}_i\times\boldsymbol{F}_i^{(e)}+\boldsymbol{r}_i\times\boldsymbol{F}_i^{(i)}$$

$$\frac{\mathrm{d}}{\mathrm{d}t}(\boldsymbol{r}_i\times m_i\boldsymbol{v}_i)=\boldsymbol{r}_i\times\boldsymbol{F}_i^{(e)}+\boldsymbol{r}_i\times\boldsymbol{F}_i^{(i)}\tag{2-3-5}$$

对每一个质点都可以写成上述形式，将各质点写成的表达式左式与左式相加，右式与右式相加，得

$$\sum_{i=1}^{n}\frac{\mathrm{d}}{\mathrm{d}t}(\boldsymbol{r}_i\times m_i\boldsymbol{v}_i)=\sum_{i=1}^{n}\boldsymbol{r}_i\times\boldsymbol{F}_i^{(e)}+\sum_{i=1}^{n}\boldsymbol{r}_i\times\boldsymbol{F}_i^{(i)}$$

$$\frac{\mathrm{d}}{\mathrm{d}t}\sum_{i=1}^{n}(\boldsymbol{r}_i\times m_i\boldsymbol{v}_i)=\sum_{i=1}^{n}\boldsymbol{r}_i\times\boldsymbol{F}_i^{(e)}+\sum_{i=1}^{n}\boldsymbol{r}_i\times\boldsymbol{F}_i^{(i)}\tag{2-3-6}$$

因为内力总是成对出现的，它们大小相等而且方向相反，并且在同一条直线上，那么每一对内力对固定点 O 的力矩之和为零，进一步可得质点组中所有内力对固定点 O 的力矩之和为零，即

$$\sum_{i=1}^{n}\boldsymbol{r}_i\times\boldsymbol{F}_i^{(i)}=0$$

$\sum_{i=1}^{n}(\boldsymbol{r}_i\times m_i\boldsymbol{v}_i)$ 是质点组对定点 O 的动量矩，即

$$\boldsymbol{J}=\sum_{i=1}^{n}(\boldsymbol{r}_i\times m_i\boldsymbol{v}_i)$$

$\sum_{i=1}^{n}\boldsymbol{r}_i\times\boldsymbol{F}_i^{(e)}$ 是质点组中所有外力对定点 O 力矩的矢量和，称为作用在质点组上的合外力矩，用 $\boldsymbol{M}^{(e)}$ 表示，即

$$\boldsymbol{M}^{(e)}=\sum_{i=1}^{n}\boldsymbol{r}_i\times\boldsymbol{F}_i^{(e)}$$

则式(2-3-6)为

$$\frac{\mathrm{d}\boldsymbol{J}}{\mathrm{d}t}=\boldsymbol{M}^{(e)} \tag{2-3-7}$$

上式表明,质点组对任一固定点的动量矩随时间的变化率等于作用在质点组上的合外力矩,与内力的作用无关。

2. 对质心的动量矩定理

前面讲的是对惯性系中固定点 O 的动量矩定理,现在来看对质心的动量矩定理具有何种形式。

设有一个由 n 个质点所组成的质点组,P_i 是这个质点组中的任一质点,它的质量是 m_i,C 是此质点组的质心。假设 P_i 对固定点 O 的位矢为 $\boldsymbol{r}_i$,对质心 C 的位矢为 $\boldsymbol{r}_i'$,而质心 C 对 O 点的位矢则为 $\boldsymbol{r}_C$,图 2-12 中 $O-xyz$ 是固定坐标系,$C-x'y'z'$ 是质心坐标系,它的坐标原点在质心 C 上,并随 C 相对于 $O-xyz$ 平动。固定坐标系是惯性系,质心坐标系虽相对于固定坐标系平动,但未必是惯性系,只有相对于惯性系做匀速直线运动的参照系才是惯性系,那么质心坐标系是惯性系的可能性是极小的,先认为质心坐标系是非惯性系。

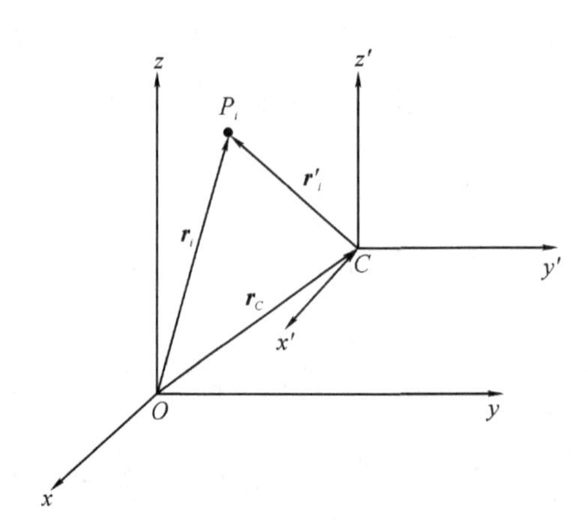

图 2-12

对质点 P_i 运用非惯性系动力学方程

$$m\boldsymbol{a}'=\boldsymbol{F}+\boldsymbol{Q}_{\text{惯性力}} \tag{2-3-8}$$

上式变形为

$$m_i\frac{\mathrm{d}^2\boldsymbol{r}'_i}{\mathrm{d}t^2}=\boldsymbol{F}_i^{(e)}+\boldsymbol{F}_i^{(i)}+(-m_i\ddot{\boldsymbol{r}}_C) \tag{2-3-9}$$

式中:$\ddot{\boldsymbol{r}}_C$ 是质心坐标系相对于惯性系的加速度。当然,若 $\ddot{\boldsymbol{r}}_C=0$,相当于质心坐标系相对于惯性系做匀速直线运动或者静止状态,那么质心坐标系就是惯性参照系。

用 $\boldsymbol{r}_i'$ 从左面矢乘式(2-3-9)的两侧,得

$$\frac{\mathrm{d}}{\mathrm{d}t}(\boldsymbol{r}'_i\times m_i\boldsymbol{v}'_i)=\boldsymbol{r}'_i\times\boldsymbol{F}_i^{(e)}+\boldsymbol{r}'_i\times\boldsymbol{F}_i^{(i)}+\boldsymbol{r}'_i\times(-m_i\ddot{\boldsymbol{r}}_C)$$

$$\frac{\mathrm{d}}{\mathrm{d}t}(\boldsymbol{r}'_i\times m_i\boldsymbol{v}'_i)=\boldsymbol{r}'_i\times\boldsymbol{F}_i^{(e)}+\boldsymbol{r}'_i\times\boldsymbol{F}_i^{(i)}+\ddot{\boldsymbol{r}}_C\times m_i\boldsymbol{r}'_i \tag{2-3-10}$$

对质点组来讲，一共有 n 个类似上式的方程，将这 n 个方程求和

$$\frac{\mathrm{d}}{\mathrm{d}t}\left(\sum_{i=1}^{n}\boldsymbol{r}'_i\times m_i\boldsymbol{v}'_i\right)=\sum_{i=1}^{n}\boldsymbol{r}'_i\times\boldsymbol{F}_i^{(e)}+\sum_{i=1}^{n}\boldsymbol{r}'_i\times\boldsymbol{F}_i^{(i)}+\ddot{\boldsymbol{r}}_C\times\sum_{i=1}^{n}m_i\boldsymbol{r}'_i \qquad (2-3-11)$$

$\sum_{i=1}^{n}(\boldsymbol{r}'_i\times m_i\boldsymbol{v}'_i)$ 是质点组对质心 C 的动量矩，用 $\boldsymbol{J}_C$ 表示；$\sum_{i=1}^{n}\boldsymbol{r}'_i\times\boldsymbol{F}_i^{(e)}$ 是质点组的所有外力对于质心的力矩之和，称为对质心的合外力矩，用 $\boldsymbol{M}_C^{(e)}$ 表示；$\sum_{i=1}^{n}\boldsymbol{r}'_i\times\boldsymbol{F}_i^{(i)}$ 是质点组的所有内力对于质心的力矩之和，应该为零；而 $\ddot{\boldsymbol{r}}_C\times\sum_{i=1}^{n}m_i\boldsymbol{r}'_i=\ddot{\boldsymbol{r}}_C\times M\boldsymbol{r}'_C=0$。所以式(2-3-11)为

$$\frac{\mathrm{d}\boldsymbol{J}_C}{\mathrm{d}t}=\boldsymbol{M}_C^{(e)} \qquad (2-3-12)$$

这就是质点组对质心的动量矩定理，即质点组对质心 C 的动量矩对时间的变化率等于质点组所受到的所有外力对质心的力矩之和。跟对固定点的动量矩定理形式相同，只是多一个下角标(C)。

2.3.3　动量矩守恒定律

若作用于质点组的外力对于固定点的力矩为零(或相互抵消)，则对于同一固定点的质点组的总动量矩不随时间变化，即：若 $\boldsymbol{M}^{(e)}=0$，则 $\frac{\mathrm{d}\boldsymbol{J}}{\mathrm{d}t}=0$，可得 $\boldsymbol{J}=$ 常矢量，即动量矩是一恒矢量。若在某一方向上外力矩的分量为零，则在该方向的总动量矩分量守恒。

由此也可以得出对质心的角动量守恒定律：对于质心的外力矩为零(或相互抵消)时，质点组对于质心的总动量矩守恒。在某一方向对质心的外力矩分量为零时，则在该方向质点组对质心的总动量矩分量是一常量。

2.4　动能定理 机械能守恒定律

2.4.1　质点组的动能定理——柯尼希定理

1. 质点组的总动能

质点组的总动能等于质点组内各质点的动能之标量和，即

$$T=\sum_{i=1}^{n}\frac{1}{2}m_iv_i^2 \qquad (2-4-1)$$

2. 动能的相对运动表示

质点组的总动能在不同的参照系中是否相同？若不相同，它们又具有什么形式的关系？下面就来研究相对运动的动能表述。

选取 S 系为静止(惯性系)，S' 系为质心坐标系。在 S 系中来看，质点组的总动能

$$T=\sum_{i=1}^{n}\frac{1}{2}m_iv_i^2=\sum_{i=1}^{n}\frac{1}{2}m_i\boldsymbol{v}_i\cdot\boldsymbol{v}_i \qquad (2-4-2)$$

式中：$\boldsymbol{v}_i$ 为绝对速度。

$$
\begin{aligned}
T &= \sum_{i=1}^{n} \frac{1}{2} m_i (\boldsymbol{v}_C + \boldsymbol{v}'_i) \cdot (\boldsymbol{v}_C + \boldsymbol{v}'_i) \\
&= \sum_{i=1}^{n} \frac{1}{2} m_i v_C^2 + \sum_{i=1}^{n} \frac{1}{2} m_i v'^2_i + \sum_{i=1}^{n} m_i \boldsymbol{v}'_i \cdot \boldsymbol{v}_C
\end{aligned} \tag{2-4-3}
$$

式中：第一项为 $\sum_{i=1}^{n} \frac{1}{2} m_i v_C^2 = \frac{1}{2} \sum_{i=1}^{n} m_i v_C^2 = \frac{1}{2} M v_C^2$，是质点组随质心运动的动能，它好比质点组全部质量集中质心而运动时的动能，称为质心的动能；第二项为 $\sum_{i=1}^{n} \frac{1}{2} m_i v'^2_i$，是质点组相对于质心运动的动能，也就是质点组在质心系中的动能，用 T' 表示；第三项为 $\sum_{i=1}^{n} m_i \boldsymbol{v}'_i \cdot \boldsymbol{v}_C = \left(\sum_{i=1}^{n} m_i \boldsymbol{v}'_i\right) \cdot \boldsymbol{v}_C$。

在处理质点组运动的问题中，质心具有特殊的地位。在质心坐标系中，质点组的总动量恒等于零，即 $\sum_{i=1}^{n} m_i \boldsymbol{v}'_i = 0$（整个质点组对质心的动量为零），那么第三项 $\sum_{i=1}^{n} m_i \boldsymbol{v}'_i \cdot \boldsymbol{v}_C$ 为零。因此

$$
T = \frac{1}{2} M v_C^2 + T' \tag{2-4-4}
$$

式中：T 为整个质点组的动能；$\frac{1}{2} M v_C^2$ 为质心的动能（平动动能）；T' 为整个质点组相对于质心的动能（转动动能）。

所以，质点组的总动能可以分解为质点组随质心运动的动能和质点组相对于质心运动的动能两部分，这个关系式称为柯尼希定理。

2.4.2 质点组的动能定理

1. 对固定点的动能定理

由质点动能定理的微分形式可知，质点动能的微分等于作用在质点上的力所做的元功。对质点组任意质点来讲，质点组中任一质点的动能的微分等于作用在该质点上外力及内力所做元功之和，例如对质点 P_i 而言，有

$$
\mathrm{d}\left(\frac{1}{2} m_i v_i^2\right) = (\boldsymbol{F}_i^{(e)} + \boldsymbol{F}_i^{(i)}) \cdot \mathrm{d}\boldsymbol{r}_i
$$

$$
\mathrm{d}\left(\frac{1}{2} m_i v_i^2\right) = \boldsymbol{F}_i^{(e)} \cdot \mathrm{d}\boldsymbol{r}_i + \boldsymbol{F}_i^{(i)} \cdot \mathrm{d}\boldsymbol{r}_i
$$

式中：$\boldsymbol{r}_i$ 是质点组中任一质点 P_i 对定点 O 的位矢，$\dot{\boldsymbol{r}}_i = \boldsymbol{v}_i$ 是这一质点的速度，而 $\mathrm{d}\boldsymbol{r}_i$ 是它的位移（见图 2-13）。对任一质点而言，都可写成上述形式，共有 n 个这样的方程，将这些方程左式与左式相加，右式与右式相加，求和得

$$
\sum_{i=1}^{n} \mathrm{d}\left(\frac{1}{2} m_i v_i^2\right) = \sum_{i=1}^{n} \boldsymbol{F}_i^{(e)} \cdot \mathrm{d}\boldsymbol{r}_i + \sum_{i=1}^{n} \boldsymbol{F}_i^{(i)} \cdot \mathrm{d}\boldsymbol{r}_i
$$

$$
\mathrm{d} \sum_{i=1}^{n} \left(\frac{1}{2} m_i v_i^2\right) = \sum_{i=1}^{n} \boldsymbol{F}_i^{(e)} \cdot \mathrm{d}\boldsymbol{r}_i + \sum_{i=1}^{n} \boldsymbol{F}_i^{(i)} \cdot \mathrm{d}\boldsymbol{r}_i \tag{2-4-5}
$$

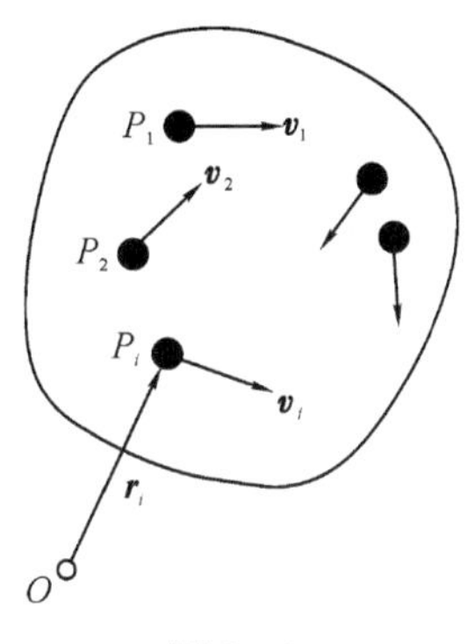

图 2－13

上式中 $\sum_{i=1}^{n}\left(\frac{1}{2}m_i v_i^2\right)$是质点组的动能$T$，即 $T=\sum_{i=1}^{n}\frac{1}{2}m_i v_i^2$；$\sum_{i=1}^{n}\boldsymbol{F}_i^{(e)}\cdot\mathrm{d}\boldsymbol{r}_i$ 是质点组中所有外力所做元功之和，用 $\mathrm{d}W^{(e)}$ 表示，即 $\mathrm{d}W^{(e)}=\sum_{i=1}^{n}\boldsymbol{F}_i^{(e)}\cdot\mathrm{d}\boldsymbol{r}_i$；$\sum_{i=1}^{n}\boldsymbol{F}_i^{(i)}\cdot\mathrm{d}\boldsymbol{r}_i$ 是质点组中所有内力所做元功之和，用 $\mathrm{d}W^{(i)}$ 表示，即 $\mathrm{d}W^{(i)}=\sum_{i=1}^{n}\boldsymbol{F}_i^{(i)}\cdot\mathrm{d}\boldsymbol{r}_i$，则

$$\mathrm{d}T=\mathrm{d}W^{(e)}+\mathrm{d}W^{(i)} \tag{2-4-6}$$

质点组总能量的增量等于作用在质点组上的外力所做的总功，加上内力所做的总功，这便是质点组的动能定理。也就是说，质点组动能的微分等于质点组的外力所做的元功与内力所做的元功之和。这是质点组动力学的第三个基本定理。应该注意的是，在动量定理和动量矩定理中，内力均因大小相等、方向相反而消去，在那里不需要考虑内力的作用，但在动能定理中，内力所做的总功一般不为零。前面讲述，内力是否做功取决于任意两质点间在内力方向上是否有相对位移；只有在质点组内各质点间的距离保持不变的特殊情况下，内力才不做功。例如，刚体就属于这种情况，但是对质点组而言，一般情况下，质点组中质点间的距离是发生变化的，所以内力所做的总功一般不为零。

所以，当质点组不受外力作用，或者所受外力作用为零时，质点组的动量是守恒的，但质点组的动能并不一定守恒。沿某一方向也是一样。当质点组所受外力沿某一方向上分量为零时，那么可以肯定，质点组的动量在该方向上是守恒的，但质点组的动能在该方向上并不一定守恒。例如，大炮发射炮弹时，水平方向上所受外力为零。那么水平方向上动量必守恒，但相应的动能并不守恒。因为两者原来都是静止的，当炮弹发射时，炮身反冲，两者都有速度，亦即两者都有动能。

2. 对质心的动能定理

现在来求相对于质心的动能定理，写出质点 P_i 在质心坐标系的动力学方程式为

$$m\boldsymbol{a}'=\boldsymbol{F}+\boldsymbol{Q}_{\text{惯性力}}$$

$$m_i\frac{\mathrm{d}^2\boldsymbol{r}'_i}{\mathrm{d}t^2}=\boldsymbol{F}_i^{(e)}+\boldsymbol{F}_i^{(i)}+(-m_i\ddot{\boldsymbol{r}}_C) \tag{2-4-7}$$

式中：$\ddot{\boldsymbol{r}}_C$ 是质心坐标系相对于惯性系的加速度。

用相对于质心系的位移 $\mathrm{d}\boldsymbol{r}'_i$标乘式(2－4－7)中的各项，并对 i 求和，得

$$d\left(\frac{1}{2}\sum_{i=1}^{n}m_i\dot{\boldsymbol{r}}_i'^2\right)=\sum_{i=1}^{n}\boldsymbol{F}_i^{(e)}\cdot d\boldsymbol{r}_i'+\sum_{i=1}^{n}\boldsymbol{F}_i^{(i)}\cdot d\boldsymbol{r}_i'+\sum_{i=1}^{n}(-m_i\ddot{\boldsymbol{r}}_C)\cdot d\boldsymbol{r}_i' \quad (2-4-8)$$

上式中 $\sum_{i=1}^{n}(-m_i\ddot{\boldsymbol{r}}_C)\cdot d\boldsymbol{r}_i'=-\ddot{\boldsymbol{r}}_C\cdot\sum_{i=1}^{n}m_i d\boldsymbol{r}_i'=-\ddot{\boldsymbol{r}}_C\cdot d\left(\sum_{i=1}^{n}m_i\boldsymbol{r}_i'\right)$，由于质心在质心坐标系中的位置矢量$\boldsymbol{r}_C'=\dfrac{\sum_{i=1}^{n}m_i\boldsymbol{r}_i'}{M}=0$，这样$\sum_{i=1}^{n}m_i\boldsymbol{r}_i'$恒定为零，则$\sum_{i=1}^{n}(-m_i\ddot{\boldsymbol{r}}_C)\cdot d\boldsymbol{r}_i'=0$。上式变为

$$d\left(\frac{1}{2}\sum_{i=1}^{n}m_i\dot{\boldsymbol{r}}_i'^2\right)=\sum_{i=1}^{n}\boldsymbol{F}_i^{(e)}\cdot d\boldsymbol{r}_i'+\sum_{i=1}^{n}\boldsymbol{F}_i^{(i)}\cdot d\boldsymbol{r}_i' \quad (2-4-9)$$

此式表明，在质心坐标系中质点组总动能的增量等于作用于质点组上的内力和外力所做的总功，即质点组对质心动能的微分等于质点组相对于质心系位移时内力及外力所做元功之和。

3. 机械能守恒定律

若作用在质点组中的外力和内力都是保守力，对于保守力总有一个与其相关的势能函数，保守力所做的功等于势能函数增量的负值。

若作用在质点组的外力都是保守力，所有外力所做的功也应该等于外力势能的减少量，即

$$dW^{(e)}=-dV^{(e)} \quad (2-4-10)$$

若作用在质点组的内力都是保守力，所有内力所做的功也应该等于内力势能的减少量，即

$$dW^{(i)}=-dV^{(i)} \quad (2-4-11)$$

将式(2-4-10)、(2-4-11)代入质点组动能定理的表达式中

$$dT=-dV^{(e)}-dV^{(i)}$$

$$dT+dV^{(e)}+dV^{(i)}=0$$

$$d(T+V^{(e)}+V^{(i)})=0$$

从而得到质点组的机械能守恒定律

$$T+V^{(e)}+V^{(i)}=E(\text{常量}) \quad (2-4-12)$$

式中：T是质点组的总动能；$V^{(e)}+V^{(i)}$是质点组的总势能；E是质点组的总机械能。

如果作用在质点组上的所有外力和内力都是保守力或其中只有保守力做功时，质点组的机械能守恒(若有非保守力，非保守力不做功时同样守恒)，即质点组的动能与质点组的内力势能与质点组的外力势能之和等于常量。

2.5 两体问题

2.5.1 相对运动的动力学方程

现在考虑仅由两个质点组成的孤立系统。当内力是有心力时，如何描述两质点间的相对运动？由于系统不受外力，由动量守恒定律可知系统的质心做匀速直线运动或处于静止状态，因此以质心作为参照系来研究质点间的相对运动是可行的。

前面提到：开普勒定律只是近似的，其中一个原因就是行星绕太阳运动时，太阳和行星相互吸引，那么太阳实际上受到行星的引力作用而运动，太阳并不是静止不动的。太阳和行星既然都有运动，显然属于质点组的运动问题。不考虑其他行星对它们的吸引，太阳和行星相互作

用构成的系统为两体系统；如果再考虑任一行星还受其他行星的吸引，则成为多体问题。为研究太阳和行星的运动，设想在宇宙中适当选定一惯性参照系。

设 S 代表太阳，P 代表某一行星，并设 $\boldsymbol{r}_P$ 是行星 P 对某一惯性坐标系原点 O 的位矢，而 $\boldsymbol{r}_S$ 是太阳对同一坐标系原点 O 的位矢，以 M 和 m 分别代表太阳和行星的质量(见图 2-14)，那么太阳对惯性坐标系的动力学方程为

$$M\frac{\mathrm{d}^2\boldsymbol{r}_S}{\mathrm{d}t^2}=\frac{GMm}{r^2}\frac{\boldsymbol{r}}{r} \tag{2-5-1}$$

式中：$\boldsymbol{r}=\boldsymbol{r}_P-\boldsymbol{r}_S$，$G$ 为引力常数。

而行星对同一坐标系的动力学方程为

$$m\frac{\mathrm{d}^2\boldsymbol{r}_P}{\mathrm{d}t^2}=-\frac{GMm}{r^2}\frac{\boldsymbol{r}}{r} \tag{2-5-2}$$

将运动方程式(2-5-1)与(2-5-2)相加，得

$$\frac{\mathrm{d}^2}{\mathrm{d}t^2}(M\boldsymbol{r}_S+m\boldsymbol{r}_P)=0 \tag{2-5-3}$$

求这两体系统的质心的位置矢量

$$\boldsymbol{r}_C=\frac{M\boldsymbol{r}_S+m\boldsymbol{r}_P}{M+m} \tag{2-5-4}$$

既然只有两个质点组成的质点组，所以质心 C 位于太阳和行星的连线上。

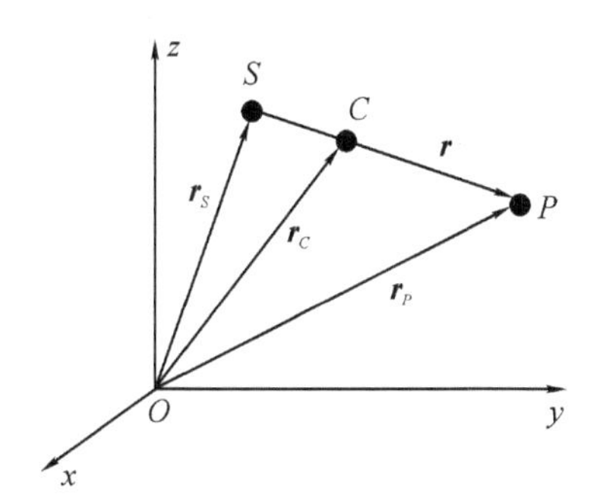

图 2-14

将上式代入式(2-5-3)，可得太阳和行星这一系统质心的运动方程

$$\frac{\mathrm{d}^2\boldsymbol{r}_C}{\mathrm{d}t^2}=0 \tag{2-5-5}$$

现在来求行星对太阳的相对运动方程。将式(2-5-1)乘 m，式(2-5-2)乘 M，然后由后者减去前者，得

$$Mm\left(\frac{\mathrm{d}^2\boldsymbol{r}_P}{\mathrm{d}t^2}-\frac{\mathrm{d}^2\boldsymbol{r}_S}{\mathrm{d}t^2}\right)=-\frac{GMm}{r^2}(M+m)\frac{\boldsymbol{r}}{r} \tag{2-5-6}$$

但 $\boldsymbol{r}=\boldsymbol{r}_P-\boldsymbol{r}_S$，上式变为

$$Mm\frac{\mathrm{d}^2\boldsymbol{r}}{\mathrm{d}t^2}=-\frac{GMm}{r^2}(M+m)\frac{\boldsymbol{r}}{r}$$

消去 M，得

$$m\frac{\mathrm{d}^2\boldsymbol{r}}{\mathrm{d}t^2}=-\frac{Gm}{r^2}(M+m)\frac{\boldsymbol{r}}{r} \tag{2-5-7}$$

式中：m 是行星的质量；$\boldsymbol{r}$ 是行星对太阳 S 的位置矢量；$\frac{\mathrm{d}^2\boldsymbol{r}}{\mathrm{d}t^2}$是行星相对于太阳运动时的加速度。右式是行星所受到的力，所以，式(2-5-7)是行星相对于太阳的动力学方程式。

从上式可以看到，太阳的质量却不等于 M，而增大为 $M+m$。

上式也可做一个变形

$$\frac{Mm}{M+m}\cdot\frac{\mathrm{d}^2\boldsymbol{r}}{\mathrm{d}t^2}=-\frac{GMm}{r^2}\frac{\boldsymbol{r}}{r} \tag{2-5-8}$$

当然这也是行星对太阳的动力学方程式，这时太阳质量仍为 M，但行星质量则不等于 m，而减小为 $\mu=\frac{Mm}{M+m}$或$\frac{1}{\mu}=\frac{1}{m}+\frac{1}{M}$，通常称 μ 为两体系统的折合质量或约化质量。

可以看到，我们已从相互关联着的太阳和行星的运动方程式(2-5-1)与(2-5-2)，得到两个互相不关联的方程式(2-5-5)和(2-5-8)。太阳和行星这一两体系统的运动化解成了两个独立的“单体”运动。两体系统质心的运动由方程式(2-5-5)描述，即匀速直线运动，这是整体的惯性运动，对于研究太阳系中太阳或行星的运动并不重要，可以不去讨论，式(2-5-8)是行星相对于太阳的运动方程，不过行星的质量不再是 m，而必须用折合质量 μ 代替。折合质量体现了太阳的运动对行星的影响，这时太阳不再是惯性参考系了。

通过求解方程式(2-5-8)可知，行星相对于太阳仍然是椭圆轨道运动的。

既然质心做惯性运动，可以把质心作为惯性坐标系的原点，设太阳和行星相对于质心的位矢分别是 $\boldsymbol{r}_1'$ 和 $\boldsymbol{r}_2'$(见图 2-15)，则有

$$\begin{cases}\boldsymbol{r}=\boldsymbol{r}'_2-\boldsymbol{r}'_1\\ M\boldsymbol{r}'_1+m\boldsymbol{r}'_2=0\end{cases}$$

由上式得 $\boldsymbol{r}_1'=-\frac{m}{M+m}\boldsymbol{r}$，$\boldsymbol{r}_2'=-\frac{m}{M+m}\boldsymbol{r}$。

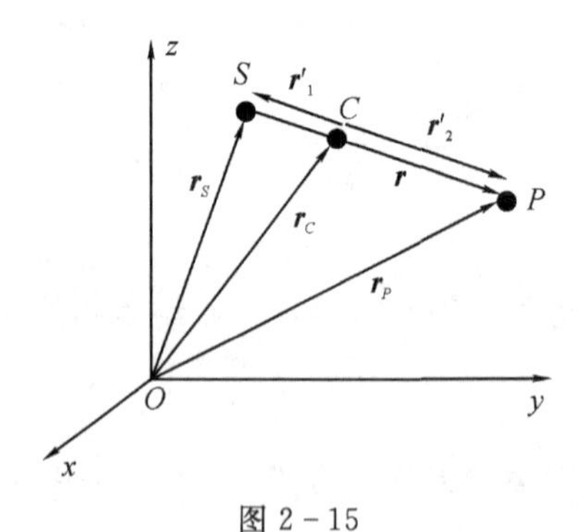

图 2-15

因此，既然 $r(\theta)$是椭圆轨道，$\boldsymbol{r}_1'(\theta)$和 $\boldsymbol{r}_2'(\theta)$也必然是椭圆轨道。现在得到了太阳和行星两体系统的完全解答。太阳和行星分别位于质心的两边，在同一直线上，并在同一平面内分别围绕质心做椭圆运动；两体系统的质心则做匀速直线运动。

2.5.2 对开普勒定律的修正

如果两个物体之间的有心力是万有引力

$$F(r) = -G\frac{Mm}{r^2}$$

则描述两质点相对运动的动力学方程式可表示成

$$\mu \cdot \frac{\mathrm{d}^2 \boldsymbol{r}}{\mathrm{d}t^2} = -\frac{GMm}{r^2}\frac{\boldsymbol{r}}{r} \tag{2-5-9}$$

将上式与前面讲过的平方反比场中的动力学方程

$$m\frac{\mathrm{d}^2 \boldsymbol{r}}{\mathrm{d}t^2} = -\frac{GMm}{r^2}\frac{\boldsymbol{r}}{r} \tag{2-5-10}$$

比较就会发现，两者形式上完全一样，不过式(2-5-10)中左边的 m 现在被折合质量 μ 代替，这是什么原因呢？仔细考查就会发现，式(2-5-10)中假定了 M 是不动的，但实际上 M 也受到 m 的引力因而发生运动，这一点在式(2-5-10)中被忽略掉了，因此，式(2-5-9)实际上是对式(2-5-10)的一种修正。这种修正就是把第二个质点的运动也考虑进来，从形式上来看，只需把式(2-5-10)左边的 m 换成折合质量即可，其他不变。例如由式(2-5-10)导出的行星椭圆轨道周期是

$$T = 2\pi\left(\frac{m}{k}\right)^{\frac{1}{2}} \cdot a^{\frac{3}{2}}$$

若考虑两体运动则应修改成

$$T = 2\pi\left(\frac{\mu}{k}\right)^{\frac{1}{2}} \cdot a^{\frac{3}{2}} \tag{2-5-11}$$

不过对开普勒问题这种修正是十分微小的，因为太阳的质量 M 远大于行星的质量 m，如太阳系内质量最大的行星是木星，其质量为太阳质量的 1/1047，所以折合质量

$$\mu = \frac{Mm}{M+m} \approx m$$

在 m_1 和 m_2 两个质点质量相差不太大的情况下，两体运动带来的修正还是可观的。例如当 $m_1 = m_2 = m$ 时，$\mu = \frac{m_1 m_2}{m_1 + m_2} = \frac{1}{2}m$。

由于方程式(2-5-8)对相互作用的两质点具有相同的形式，因而可以得到结论，任一质点都以第二质点为焦点做椭圆轨道运动。例如，若把地球与月亮看成一个系统，则以地球为焦点的月亮运行轨道是一个椭圆，若以月亮为焦点的地球运行轨道也是一个椭圆。

2.6　变质量物体的运动

前面讨论的质点组中，质点的数量或质点组的质量在运动过程中保持恒定不变。这样的质点组可称为闭合的质点组。如果质点组的质量或质点的数量可以与周围环境发生交流，则称为开放的质点组。下面就来讨论属于开放质点组的可变质量物体的运动。

在非相对论经典力学的架构下，一个确定物体的质量在运动过程中是保持不变的。这里所说的质量的变化不是指物体运动的相对论效应导致质量变化，而是指物体在运动过程中，有物体并入或失去。例如雨滴下落时周围的水汽不断向上凝结，发射中的火箭有燃烧的气体喷射出去，这都是可变质量物体。

2.6.1 变质量物体的运动微分方程

设 t 时刻时，一物体的质量为 m，这个物体称为主体，速度为 $\boldsymbol{v}$，微小物体质量为 Δm，速度为 $\boldsymbol{u}$（见图 2-16），在 $t+\Delta t$ 时刻，主体与微小物体合并，合并后质量为 $m+\Delta m$，速度为 $\boldsymbol{v}+\Delta\boldsymbol{v}$。

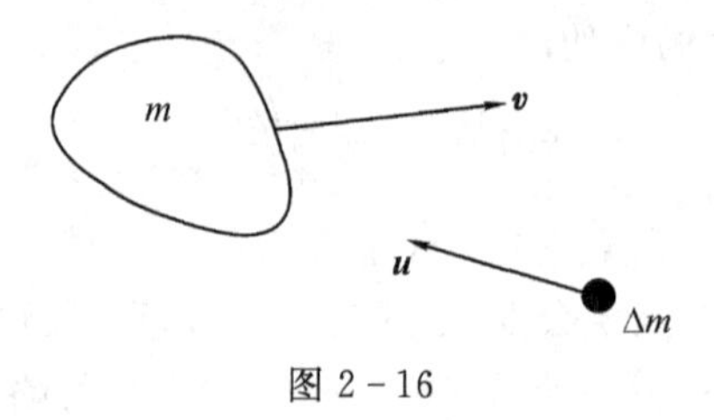

图 2-16

设在 $t\sim t+\Delta t$ 时间内作用在 m 及 Δm 上的合外力为 $\boldsymbol{F}$。Δm 若为负值，则是主体排除物质；Δm 若为正值，则是物质并入主体。

选取主体和微小物质组成的系统作为研究对象。由质点组的动量定理，质点组动量的增量等于作用在质点组上的合外力的冲量。

$$(m+\Delta m)(\boldsymbol{v}+\Delta\boldsymbol{v})-(m\boldsymbol{v}+\Delta m\boldsymbol{u})=\boldsymbol{F}\cdot\Delta t \tag{2-6-1}$$

式中：$(m+\Delta m)(\boldsymbol{v}+\Delta\boldsymbol{v})$ 为 $t+\Delta t$ 时刻质点组的动量；$(m\boldsymbol{v}+\Delta m\boldsymbol{u})$ 为 t 时刻质点组的动量。

式(2-6-1)两侧除以 Δt，并使 $\Delta t\to 0$，得

$$\lim_{\Delta t\to 0}\frac{m\boldsymbol{v}+m\Delta\boldsymbol{v}+\Delta m\boldsymbol{v}+\Delta m\Delta\boldsymbol{v}-m\boldsymbol{v}-\Delta m\boldsymbol{u}}{\Delta t}=\boldsymbol{F}$$

Δt 很小时，并入的质量 Δm 和速度的改变 $\Delta\boldsymbol{v}$ 都很小，可略去上式中的二阶无限小项 $\Delta m\Delta\boldsymbol{v}$。

在极限情形 $\Delta t\to 0$ 时，可得出变质量物体的动力学方程

$$m\frac{\mathrm{d}\boldsymbol{v}}{\mathrm{d}t}+\boldsymbol{v}\frac{\mathrm{d}m}{\mathrm{d}t}-\boldsymbol{u}\frac{\mathrm{d}m}{\mathrm{d}t}=\boldsymbol{F} \tag{2-6-2}$$

上式可变形为

$$m\frac{\mathrm{d}\boldsymbol{v}}{\mathrm{d}t}-(\boldsymbol{u}-\boldsymbol{v})\frac{\mathrm{d}m}{\mathrm{d}t}=\boldsymbol{F} \tag{2-6-3}$$

式中：m 为主体质量；$\frac{\mathrm{d}\boldsymbol{v}}{\mathrm{d}t}$ 为主体加速度；$\frac{\mathrm{d}m}{\mathrm{d}t}$ 为主体质量的变化率（$\frac{\mathrm{d}m}{\mathrm{d}t}>0$ 表明周围有物质并入主体；$\frac{\mathrm{d}m}{\mathrm{d}t}<0$ 表示主体失去物质）；$(\boldsymbol{u}-\boldsymbol{v})$ 为并入或失去的那部分物质对于主体的相对速度，也狭义说成合并前的相对速度；$\boldsymbol{F}$ 为质点组所受合外力，这就是变质量物体的运动微分方程。

2.6.2 反推力

将式(2-6-3)左边第二项移至右方，则物理意义将更为明显。

$$m\frac{\mathrm{d}\boldsymbol{v}}{\mathrm{d}t}=\boldsymbol{F}+(\boldsymbol{u}-\boldsymbol{v})\frac{\mathrm{d}m}{\mathrm{d}t}$$

令 $\boldsymbol{u}-\boldsymbol{v}=\boldsymbol{v}_{\mathrm{r}}$ 是相对速度，得

$$m\frac{\mathrm{d}\boldsymbol{v}}{\mathrm{d}t}=\boldsymbol{F}+\boldsymbol{v}_{\mathrm{r}}\frac{\mathrm{d}m}{\mathrm{d}t} \tag{2-6-4}$$

如果相对速度 $\boldsymbol{v}_{\mathrm{r}}\neq 0$，此式右边第二项表示主体物质质量变化时，主体失去的那部分物质或并

入主体的那部分物质会对主体产生附加的力的作用，由于主体质量变化而产生的附加的力定义为反推力。

令 $\boldsymbol{v}_r \frac{dm}{dt}=\boldsymbol{F}_r$（反推力），则式(2-6-4)变形为

$$m\frac{d\boldsymbol{v}}{dt}=\boldsymbol{F}+\boldsymbol{F}_r \tag{2-6-5}$$

对反推力做几点讨论：

(1) 若$\frac{dm}{dt}>0$，说明不断有物质并入主体。

① 若并入主体的物质与主体速度方向相同（$\boldsymbol{u}$ 与 $\boldsymbol{v}$ 同方向），且在数值上 u 大于 v（肯定 u 大于 v，否则不可能并入主体），并规定主体速度方向为正方向，则 $\boldsymbol{u}$ 与 $\boldsymbol{v}$ 可写成代数量，$u-v>0$，即 $v_r>0$，可得 $F_r>0$，说明所产生的反推力是推动主体运动，也就是推力。

② 若并入主体的物质与主体速度方向相反（$\boldsymbol{u}$ 与 $\boldsymbol{v}$ 反方向），也是规定沿主体速度方向为正方向，则 $v_r=-u-v<0$，可得 $F_r<0$，说明所产生的反推力是阻碍主体运动的，也就是阻力。

(2) 若$\frac{dm}{dt}<0$，说明主体不断失去物质。

① 若主体失去的物质与主体速度方向相同（$\boldsymbol{u}$ 与 $\boldsymbol{v}$ 同方向），且在数值上 u 大于 v（肯定 u 大于 v，否则主体不可能失去物质），则 $v_r=u-v>0$，可得 $F_r<0$，说明所产生的反推力是阻碍主体运动的，也就是阻力。例如飞机在飞行中发射导弹，坦克在行进中发射炮弹，火炮在行进中发射炮弹。

② 若主体失去的物质与主体速度方向相反（$\boldsymbol{u}$ 与 $\boldsymbol{v}$ 反方向），也是规定主体速度方向为正方向，则 $v_r=-u-v<0$，可得 $F_r>0$，说明所产生的反推力是推动主体运动的，也就是推力。例如发射火箭时，将燃烧过的废气逐渐向外喷出，以此来增加火箭本身的速度。喷气式飞机的原理也是如此。

对变质量物体的运动微分方程，还可继续变形为

$$\frac{d}{dt}(m\boldsymbol{v})-\boldsymbol{u}\frac{dm}{dt}=\boldsymbol{F} \tag{2-6-6}$$

如果 $\boldsymbol{u}=0$，则上式继续简化为

$$\frac{d}{dt}(m\boldsymbol{v})=\boldsymbol{F} \tag{2-6-7}$$

例如静止的水汽凝结到下落的雨滴上，就属于这种情形。

如果 $\boldsymbol{u}=\boldsymbol{v}$，并入（失去）的物质与主体没有相对速度，则并入（失去）的物质对主体不会产生反推力，上式简化为

$$m\frac{d\boldsymbol{v}}{dt}=\boldsymbol{F}$$

例如运动着的漏水的水车，就属于这种情形。水漏出的那一瞬时，水和车的速度一样。注意上式与质量为定值的牛顿运动方程式，形式上没有什么区别，但实质上并不相同，这里 m 一般是时间 t 的函数。

2.7 任意幂律引力作用下的有心力问题研究

有心力问题在力学和原子物理学中占有重要的位置,在有心力问题中最常见的是平方反比力作用下质点运动规律的研究,虽然对有心力与距离平方成反比的引力和斥力情形下可得出解析解,但一般来说,对与距离成任意幂律的有心力下质点的运动,很难对其相应的非线性质点运动微分方程求得其解析解,只能采用数值计算方法进行研究。下面首先通过龙格-库塔法研究与距离成任意幂的引力作用下物体的运动轨道,然后研究受特殊微扰力作用下物体运动的轨道问题。

2.7.1 与距离成任意幂引力作用下物体的轨道

若作用在质点上的有心力只是 r 的幂函数,即

$$F(r) = -cr^n \tag{2-7-1}$$

为计算方便,采用直角坐标系,设质点质量 $m=1, c=1$,则式(2-7-1)可写成为

$$\begin{cases} \ddot{x} = -r^n\cos\theta \\ \ddot{y} = -r^n\sin\theta \end{cases} \tag{2-7-2}$$

由于

$$\begin{cases} \cos\theta = \dfrac{x}{r} \\ \sin\theta = \dfrac{y}{r} \end{cases} \tag{2-7-3}$$

则质点运动微分方程为

$$\begin{cases} \ddot{x} = -x(x^2+y^2)^{\frac{n-1}{2}} \\ \ddot{y} = -y(x^2+y^2)^{\frac{n-1}{2}} \end{cases} \tag{2-7-4}$$

初始条件为:$t=0$ 时,$x=x_0, y=y_0, \dot{x}=v_{0x}, \dot{y}=v_{0y}$。给定初始条件后,上述二阶微分方程组也可采用“龙格-库塔”方法求解。图 2-17 为与距离成不同幂指数的有心力作用下质点的运动轨迹,其中 J 为质点的角动量。这里图 2-17(a)~(i)初始条件为:$t=0$ 时,$x=1$ m,$y=0$,$\dot{x}=0$,$\dot{y}=0.5$ m/s,运行时间 $t=30$ s;图 2-17(j) 初始条件为:$t=0$ 时,$x=1$ m,$y=0$,$\dot{x}=0$,$\dot{y}=0.9$ m/s,运行时间 $t=2.292$ s。

一般来讲,轨道并不闭合。图 2-17(d)($n=1$)是二维简谐振动的情形,是闭合的椭圆轨道,另一个闭合轨道是图 2-17(h)($n=-2$)的情形,这就是距离平方反比引力的情形,图 2-17(j)($n=-3$)是一条指数螺旋形的曲线。其他不闭合的轨道,可认为质点一方面绕力心运动,同时轨道本身还绕力心转动,轨道绕力心转动称为轨道的进动,轨道上离力心最远点或最近点,称为拱点。质点在拱点处只有横向速度,径向速度为零。径向矢量在两相邻拱点之间扫过的角度称为拱心角。卫星运动的轨道的远地点和近地点都是拱点,拱心角为 $\Delta\theta=\pi$,这说明轨道是闭合的运动总是重复的。对于 $n=1$ 的情形,拱心角为 $\Delta\theta=\pi/2$,轨道也是闭合的。实际上,拱心角若是 π 的有理分数,其轨道运动是闭合的,但若拱心角是 π 的无理数倍,其运动不可能重复轨道,不再闭合。

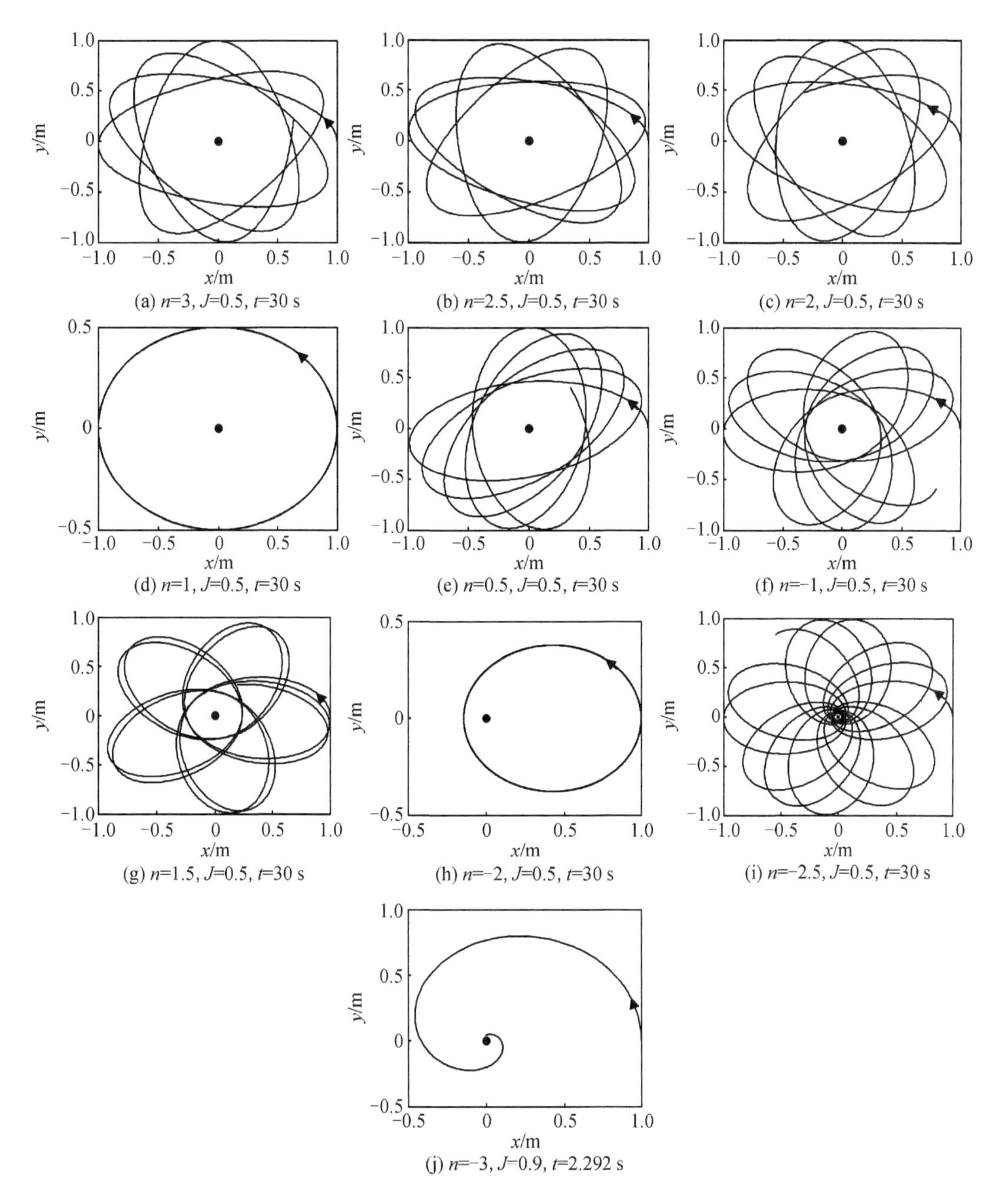

图 2-17　与距离成不同幂指数的有心力作用下质点的运动轨迹

2.7.2　微小扰动对轨道运动的影响

以上讨论有心力作用时，都没有涉及其他物体对系统的干扰问题，所讨论的系统是理想的两体系统。实际上，这样的情形是不存在的。例如人造地球卫星围绕地球运行时，卫星受到的力实际上并不是单一的来自地球中心的万有引力，地球周围的大气以及其他星体都对卫星的运动有影响，而且地球本身也不是一个均匀的球体，卫星受到的作用力并不是确切地以地心为力心的有心力，上述各种因素的影响都可以等价为在地心的引力上附加一微小的扰动力。

从计算物理的角度出发,设扰动力与距离的 n 次幂成正比,质点受到的力为

$$\boldsymbol{F} = \left(-\frac{k}{r^2} + \frac{a}{r^n}\right)\boldsymbol{e}_r \tag{2-7-5}$$

式中扰动力的强度 $|a|$ 远小于 1。

为了计算微扰情况下的运动轨道,令 $u=\dfrac{1}{r}$ 代入式(2-7-5),则

$$\boldsymbol{F} = (-ku^2 + au^n)\boldsymbol{e}_r \tag{2-7-6}$$

将式(2-7-6)代入比耐公式中,可得

$$-mh^2u^2\left(\frac{\mathrm{d}^2u}{\mathrm{d}\theta^2} + u\right) = F(u) = -ku^2 + au^n \tag{2-7-7}$$

将式(2-7-7)变形,可得

$$\frac{\mathrm{d}^2u}{\mathrm{d}\theta^2} = \frac{k}{mh^2} - \frac{a}{mh^2}u^{n-2} - u \tag{2-7-8}$$

为简化问题,令 $k=1$,则上式为

$$\frac{\mathrm{d}^2u}{\mathrm{d}\theta^2} = \frac{1}{mh^2} - \frac{a}{mh^2}u^{n-2} - u \tag{2-7-9}$$

给定初始条件后,上述二阶微分方程组也可采用“龙格-库塔”方法求解。图 2-18 为不同微扰条件下质点的运动轨迹,是分别对不同的扰动强度 a 和幂次 n 所进行计算的结果。

这里初始条件为:$t=0$ 时,$u=0.5$,$\dfrac{\mathrm{d}u}{\mathrm{d}\theta}=0.425$,运行时间为 30 s,假定质点的质量 $m=1$ kg,角动量 $J=1\ \mathrm{kg\cdot m^2/s}$。

计算表明,扰动使质点有心力轨道发生进动,图 2-18 表明,在幂次 n 一定的条件下,扰动的强度 $|a|$ 越大,进动速度也就越大。

天文学家研究发现,行星在平方反比引力作用下在其轨道上运行时会受到轻微的扰动,这将使其改变原有稳定的轨道而形成新的运行轨道,但是新的轨道与原来的轨道相近,因此行星运行的轨道是稳定的。由于大多数行星偏心率都较小,可近似认为行星是沿着近圆轨道运动的,近圆轨道运动的拱心角为

$$\Delta\theta = \pi\left[3 + R\frac{F'(R)}{F(R)}\right]^{-\frac{1}{2}} \tag{2-7-10}$$

式中:R 为近圆轨道的半径。

对于一个给定的行星,由于星系内其他行星所产生的引力扰动可以近似地表达为 $\dfrac{a}{r^n}$,在此情况下行星受到的合引力可改写为

$$F(r) = -\frac{k}{r^2} + \frac{a}{r^n} \tag{2-7-11}$$

$$F'(r) = \frac{2k}{r^3} - nar^{-n-1} \tag{2-7-12}$$

利用式(2-7-10)可以得到近圆轨道的拱心角

$$\Delta\theta = \pi\left[1 + \frac{(n-2)a}{2kR^{n-2}}\right]^{-\frac{1}{2}} \approx \pi\left[1 - \frac{(n-2)a}{2kR^{n-2}}\right] \tag{2-7-13}$$

当 $n=2$ 时,拱心角 $\Delta\theta=\pi$。当 $n>2$ 时,若 $a>0$,则拱心角 $\Delta\theta$ 略小于 π,这时拱点的位置随时

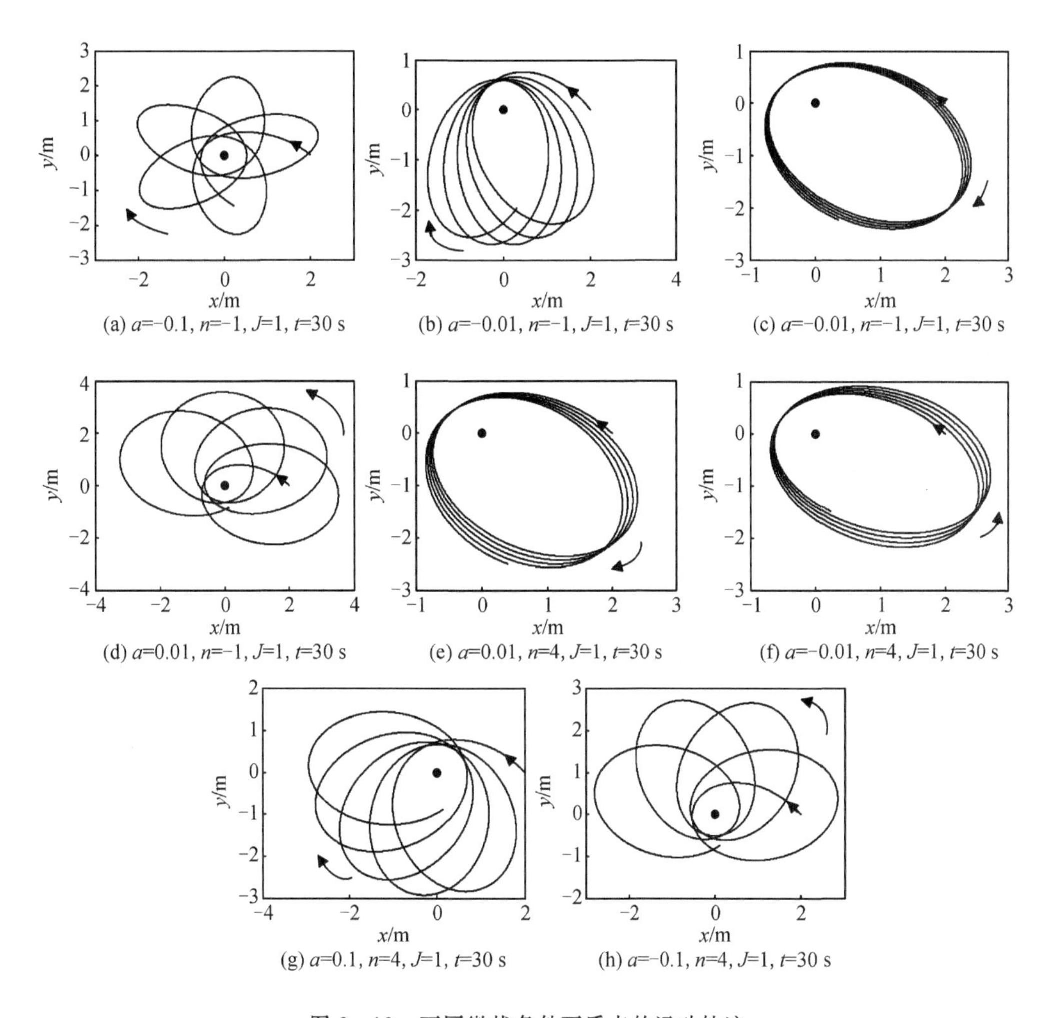

(a) $a=-0.1, n=-1, J=1, t=30$ s　(b) $a=-0.01, n=-1, J=1, t=30$ s　(c) $a=-0.01, n=-1, J=1, t=30$ s

(d) $a=0.01, n=-1, J=1, t=30$ s　(e) $a=0.01, n=4, J=1, t=30$ s　(f) $a=-0.01, n=4, J=1, t=30$ s

(g) $a=0.1, n=4, J=1, t=30$ s　(h) $a=-0.1, n=4, J=1, t=30$ s

图 2 - 18　不同微扰条件下质点的运动轨迹

间变化前移，即质点的运动方向与轨道进动的方向相反；若 $a<0$，则拱心角 $\Delta\theta$ 略大于 π，这时拱点位置随时间变化后移，即质点的运动方向与轨道进动方向相同，图 2 - 18($n=4$)的仿真计算结果正是该情形。当 $n<2$ 时，若 $a>0$，则拱心角 $\Delta\theta$ 略大于 π，这时拱点的位置随时间变化后移，即质点的运动方向与轨道进动的方向相同；若 $a<0$，则拱心角 $\Delta\theta$ 略小于 π，这时拱点位置随时间变化前移，即质点的运动方向与轨道进动方向相反，图 2 - 18($n=-1$)的仿真计算结果正是该情形。

综上所述，在有心力运动中，对有些力学问题虽然很难求出其解析解，但是可借助数值计算方法对这类问题进行更深入性的研究，特别是“龙格-库塔”方法是求解常微分方程常用的数值计算方法之一。

习题

1. 如下图所示，有两个长方形的物体 A 和 B 紧靠放在光滑的水平桌面上。已知 $m_A=2$ kg，

$m_B=3$ kg,有一质量 $m=100$ g 的子弹以速率 $v_0=800$ m/s 水平射入长方形 A,经 0.01 s,又射入长方形 B,最后停留在长方形 B 内未射出。设子弹射入 A 时所受的摩擦力为 3×10^3 N,求:

(1)子弹在射入 A 的过程中,B 受到 A 的作用力的大小;

(2)当子弹留在 B 中时,A 和 B 的速度大小。

第 1 题图

2. 对质点组来说,内力做功之和一般不为零,但对于刚体来说,内力做功之和是一定为零的,为什么?

3. 在质点组力学中,质点组中所有内力的矢量和为多少?请说明理由。内力能否改变质点组的总动量?请说明理由。

4. 在质点组力学中,质点组中所有内力对某点力矩的矢量和为多少?请说明理由。

5. 请写出柯尼希定理的内容,以及该定理的表达式。

6. 一匀质扇形薄片的半径为 a,所对的圆心角为 2θ,求此扇形薄片的质心,并证半圆片的质心离圆心的距离为$\frac{4a}{3\pi}$。

7. 如自半径为 a 的质量均匀的球体上,用一与球心相距为 b 的平面,切出一球形帽,求此球形帽的质心。

8. 一段均匀铁丝弯成半圆形,其半径为 R,求此半圆形铁丝的质心。

9. 长为 l 的均匀细链条伸直地平放在水平光滑桌面上,其方向与桌边缘垂直,此时链条的一半从桌边下垂。起始时,整个链条是静止的。求此链条的末端滑到桌子的边缘时,链条的速度 v。

10. 重为 W 的人,手里拿着一个重为 P 的物体,此人用与地平线成 α 角的速度 v_0 向前跳去。当他达到最高点时,将物体以相对速度 u 水平向后抛出。问:由于物体的抛出,跳的距离增加了多少?

11. 半径为 a,质量为 m 的薄圆片,绕垂直于圆片并通过圆心的竖直轴以角速度 ω 转动,求绕此轴的动量矩。

12. 一炮弹的质量为 m_1+m_2,射出时的水平及竖直分速度为 u 及 v,当炮弹达到最高点时,其内部的炸药产生能量 E,使此炸弹分为 m_1 及 m_2 两部分。在开始时,两者仍沿原方向飞行,试求它们落地时相隔的距离(不计空气阻力)。

13. 在变质量物体运动中,当主体不断失去物质时所产生的反推力一定是阻力吗?请说明理由。

14. 雨滴下落时,其质量的增加率与雨滴的表面积成正比例,求雨滴速度与时间的关系。

15. 球形雨滴在均匀重力场中下落时,由于不断吸收周围的水分而逐渐变大。设雨滴吸收水分的速率与该时刻的表面面积成正比,开始下落时雨滴半径近似为零,求 t 时刻雨滴的加速度(忽略空气阻力)。

16. 设用某种液体燃料发动的火箭,喷气速度为 2074 m/s,单位时间内所消耗的燃料为原始火箭总质量的$\frac{1}{60}$,如果重力加速度 g 的值可以认为是常数,则利用此种火箭发射人造太阳行星时,所携带的燃料的质量至少是空火箭质量的 300 倍,试证明之。

第3章　刚体力学

3.1　刚体运动的分析

3.1.1　描述刚体位置的独立变量

理论力学的任务是研究宏观物体的机械运动规律，所以在大多数问题中，是要确定物体在外力作用下，位置如何随时间发生变化，即确定它的运动规律。

质点是被抽象为没有大小的几何点（但有一定的质量），要确定质点在空间的位置需要3个独立的变量，例如在空间直角坐标系下$(x,\ y,\ z)$。这里所讲的质点在空间内可以自由运动，所以称为自由质点。也就是说，只要知道一个质点的3个独立的坐标变量，那么质点在空间的位置也就完全确定下来。现在要确定刚体在空间的位置，需要几个独立变量？

一个质点既然需要3个独立变量来确定它的位置，那么对于包含有N个质点的质点组，需要有$3N$个坐标变量才能确定它在空间的位置。但是，刚体是一种特殊的质点组，由于刚体中任意两点间的距离保持不变，这就构成了许多的约束条件，因而刚体在运动过程中所需的独立坐标变量的数目也就相应地减少。把确定物体在空间的位置所需要的独立坐标变量的数目称为物体的自由度。

实际上，只要刚体内任意不共线的3个点（例如图3-1中A、B、C三点）的位置确定了，刚体的位置就被确定了。每一个质点既然要3个独立变量来确定它的位置，那么确定3个点的位置需要9个独立坐标变量，然而这3个点间3个距离$\overline{AB}$、$\overline{BC}$、$\overline{CA}$是恒定的，这是3个约束条件，所以确定刚体在空间的位置需要6个独立变量。也就是说，只要用6个独立变量就可以确定刚体的位置，而不必考虑刚体内包含的质点数目的多少，即一般情况下，刚体运动的自由度为6。以上讲的刚体可以在空间任意自由运动，即自由刚体。

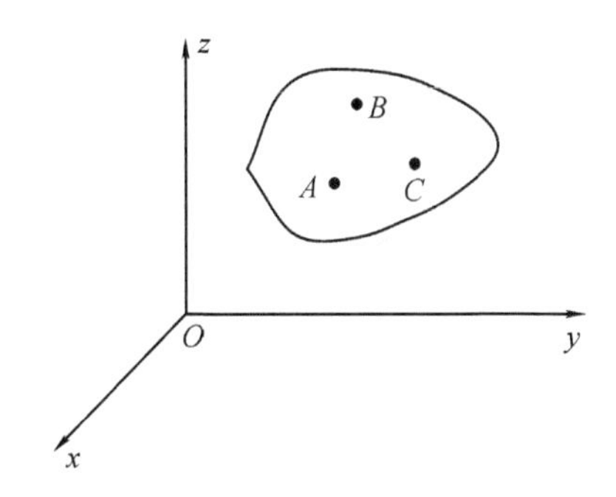

图3-1

如果我们选用刚体内不共线三点的坐标来确定刚体的位置，那么，由于这些坐标不能独立变化，需要服从 3 个条件的限制，因而很不方便。下面换用另一种方法来描述刚体的位置。

C 为刚体的质心(见图 3-2)，确定刚体质心位置需要 3 个独立的坐标变量(x, y, z)，质心的运动代表了刚体的整体运动情形，即平动运动，因此确定质心的位置所需的自由度 $i=3$，该自由度称为平动自由度。

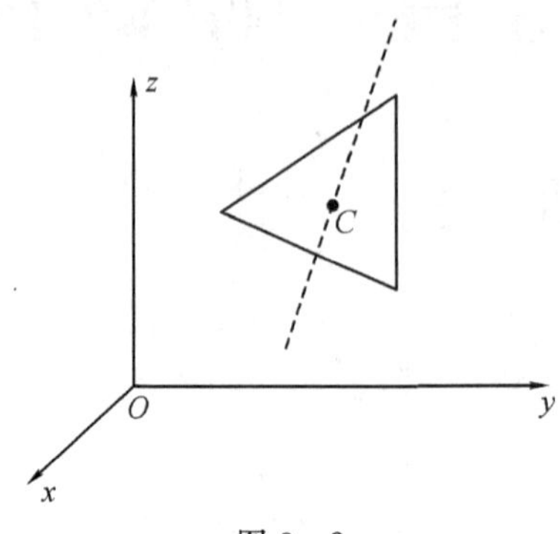

图 3-2

刚体还要绕轴线转动，这个轴线在空间的方位是随时改变的，要确定轴线位置需要几个独立的坐标变量，普通力学中讲过方向余弦，有如下关系式：

$$\cos^2\alpha + \cos^2\beta + \cos^2\gamma = 1$$

α、β、γ 称为 3 个方位角，在这 3 个变量中，只有 2 个是相互独立的，因为它们的方向余弦的平方和等于 1，所以 $i=2$。

轴线方位确定以后，刚体还绕轴线转动。对于定轴转动，若刚体转过的角度确定，那么刚体上各个质点在空间的位置也就确定了。刚体绕轴线转动的情况用一个角位置 θ 就可确定，所以自由度 $i=1$。那么，确定刚体转动状态的自由度 $i=3$，该自由度称为转动自由度。

因此，要确定自由刚体在空间位置共需要 6 个自由度，3 个平动自由度和 3 个转动自由度。那么，用这一种方法来描述刚体的位置就需要 7 个坐标变量。这 7 个坐标变量也不是相互独立变化的，所以该种方法比上一种方法要好一些，但仍然不是很理想。

1776 年欧拉建议用两个独立的角度来确定转动轴线在空间的取向，如果连同刚体绕轴线所转过的角度一起计算，就是 3 个独立的角度了。由于这些角度都能独立变化，所以该方法被人们广泛地应用来研究刚体的运动。

3.1.2 刚体运动的分类

上一小节的刚体是自由刚体，可以在空间自由运动，要确定它在空间的位置，需要 6 个独立变量。但是若刚体的运动还受到某些约束，自由度就更少，刚体可以做少于 6 个独立变量的其他形式的运动。那么刚体在不同约束条件下，所需要的独立变量的数目是多少呢？如何恰当地选定这些描述刚体运动的独立坐标变量呢？这就需要对刚体的具体运动形式加以考察。

刚体的运动有以下几种形式：

1. 平动

在刚体中任意选定一条直线，如果刚体运动时与此直线始终彼此平行，那么这种运动称为平动。显然，平动时刚体上各点的运动情况相同，刚体中所有质点具有相同的速度和加速度，任何一个质点的运动都可以代表刚体的运动，与质点的运动情况没有什么区别，刚体上任何一个点的3个坐标变量都可以作为描写刚体运动的独立变量。因而，刚体平动时的独立变量为3，也就是说，刚体平动时的自由度为3。需要注意，平动并不一定是直线运动，虽然刚体做曲线运动，但仍然可能是平动。

2. 定轴转动

刚体绕一固定轴线转动便是定轴转动。刚体中如果有两点固定不动，那么刚体的运动必然是定轴转动。因为两点可以确定一条直线，所以这条直线上的各点都固定不动，整个刚体就绕着这条直线转动。这条直线(这两个固定点的连线)就是转动轴，只要知道刚体绕这条轴线转了多少角度，就能确定刚体的位置。因此，取刚体转轴转动的角度作为独立变量是最为恰当的。这样，刚体做轴线转动时只有1个独立变量，也就是说，刚体做定轴转动时的自由度为1。

3. 平面平行运动

若刚体内任意一点都始终平行于一固定平面而运动，则此刚体做平面平行运动。显然，刚体中垂直于那个固定平面的直线上的各点，其运动状态完全相同。任何一个与固定平面平行的刚体截面，它的运动都可以用来恰当地代表刚体的运动。

刚体做平面平行运动时，刚体截面中任意不共线的3个点离平行固定平面的距离是不变的，这是3个约束条件，因而刚体做平面平行运动时，只有3个独立变量，其自由度为3。

4. 定点转动

如果刚体运动时，刚体上只有一个点固定不动，整个刚体围绕通过这点的某一瞬时轴线转动，那么这种运动就叫作刚体的定点转动。此时，转动轴是随时变化的，但它始终通过该固定点。用2个独立变量就可确定这条轴线在空间的取向，再用1个独立变量确定刚体绕这条轴线转了多少角度。所以刚体做定点转动时只有3个独立变量，也就是说，刚体做定点转动时的自由度为3。还可换一种方式来理解，由于一个点已经固定了，刚体不能做平动，仅能做转动，而转动自由度为3，那么刚体定点转动时的自由度为3。

5. 一般运动

刚体不受任何约束，在空间的任意运动便是刚体的一般运动。此时刚体也就是自由刚体。前面已经讲过，自由刚体的运动需要6个独立坐标变量来确定。所以，刚体做一般运动时的自由度是6，包括3个平动自由度和3个转动自由度。前面所讲的4种运动都可以看作是刚体一般运动的特例。

3.2 欧拉角

3.2.1 欧拉角

从上面对刚体一般运动的分析，已经可以知道，刚体的运动需要6个独立变化的坐标变量来描述，刚体做一般运动时的自由度是6，需要有3个独立变量用来描述刚体的平动，另外3个独立变量描述刚体的转动。

从几何上可以证明，刚体的一般运动可以看成是平动和转动的合成。如图3-3所示，刚体由Ⅰ位置运动到Ⅱ位置(都是实线表示),可等价为刚体随刚体上某点 A(基点)做平动至 I' 位置(虚线表示),而后绕 A(基点)转动到位置Ⅱ(这里为了让大家理解方便,把平动和转动这两种运动分开展示,而实际上,刚体在运动过程中,这两种运动是同时进行的)。刚体随基点 A 平动到 I' 位置时,B、C 分别到达 B'、C';刚体中任何两点间的距离保持不变,转动时这两点将分别在各自的球面上围绕 A 点运动而达到相应的最终位置。基点可以在刚体上任意选取,刚体的一般运动就是随基点平动和绕基点转动的这两种运动的合成。也就是说,在确定刚体位置的 6 个独立坐标变量中,需要有 3 个变量用来确定基点的位置(即用来描述刚体的平动);另外 3 个变量则用来描述刚体围绕基点的转动情况(即用来描述刚体的转动)。

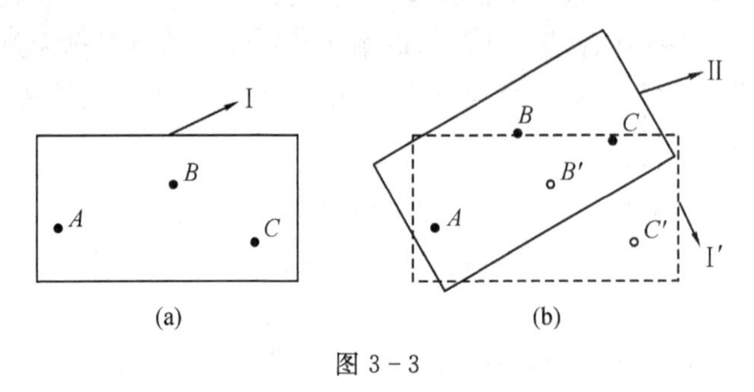

图 3-3

下面准备描述刚体转动时的位置。选取两组右手正交坐标系,一个坐标系 $O-\xi\eta\zeta$ 固定在空间不动,称为固定坐标系;而另一组坐标系 $O-xyz$ 则固定在刚体上,随着刚体一起转动,称为运动坐标系(见图 3-4),两个坐标系的原点重合于固定点 O,现在来考察刚体绕定点 O 的转动,它实际上就可以作为刚体的抽象代表,确定了此坐标系相对于固定坐标系 $O-\xi\eta\zeta$ 的位置,也就确定了刚体的转动位置。欧拉建议用两个独立的角度来确定转动轴线在空间的取向,再用一个独立的角度来确定刚体绕这轴线所转过的角度,这些角度都能独立变化,把这 3 个能够独立变化的角度称为欧拉角。

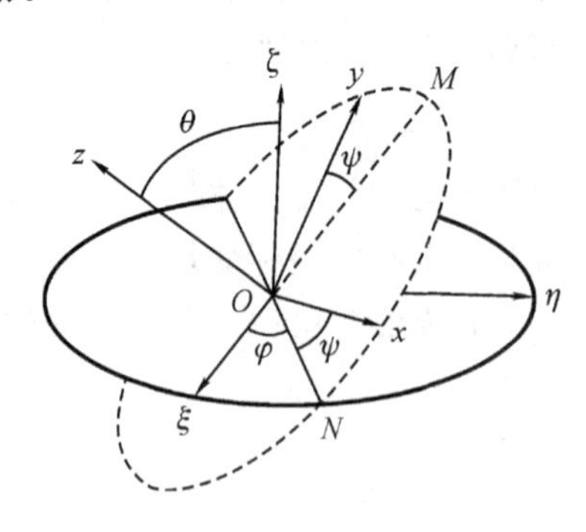

图 3-4

图 3-4 中所示用 3 个可独立变化的角度参量 θ、φ、ψ来确定运动坐标系 $O-xyz$(即刚体)的位置。在图中,分别用实线圆面和虚线圆面表示 $O\xi\eta$ 平面和 Oxy 平面。这两个平面相交于 ON 线;OM 是在 Oxy 平面内的一条辅助线,它与 ON 垂直。角度 θ 和 φ 用来确定 Oz 轴的方向。我们知道,一个轴线的方向只需两个独立坐标变量就能完全确定。这里 θ 是 ζ 轴与 z 轴之间的夹角,当角度 θ 确定时,Oxy 平面与 ζ 轴之间的夹角就确定了。此时 Oxy 平面可在与 ζ

轴夹角相等的任意平面内，即可认为 Oxy 平面可绕 ζ 轴旋转，φ 是 ξ 轴与交线 ON 之间的夹角，当 φ 角确定时，Oxy 平面就完全确定了，由于 z 轴与 Oxy 平面垂直，这样 z 轴就完全确定了，因此角度 θ 和 φ 用来确定 Oz 轴的方向。x 与 y 轴绕 z 轴的转动则由角度ψ来确定。因此，在给定了这 3 个独立的坐标变量后，坐标系 $O-xyz$ 的位置（即刚体的位置）就能完全确定下来，θ、φ 和ψ随时间变化，即描述了刚体的转动，这 3 个坐标变量 θ、φ 和ψ就称为欧拉角。将 $O\xi\eta$ 平面和 Oxy 平面的交线 ON 叫作节线。ON 和 $O\xi$ 间的夹角 φ 通常叫作进动角，ON 和 Ox 之间的夹角ψ通常称为自转角，而 $O\zeta$ 和 Oz 间的夹角 θ 称为章动角。

下面来说明 3 个欧拉角是如何独立变化来确定刚体的位置的。

(1) 假定 $O-\xi\eta\zeta$ 系和 $O-xyz$ 系开始重合，如图 3-5 所示，令 $O-xyz$ 绕 ζ 轴逆时针转动 φ，于是 x 轴和 ξ 轴分开，y 轴和 η 轴分开，而且 Ox 轴转到 Ox'（即 ON），如图 3-6 所示。

图 3-5　　　　图 3-6

(2) 然后令活动系绕 ON 转动θ，于是 z 轴和 ζ 轴分开，活动系 3 个轴变到 x''、y''和 z''、z'' 轴和 ζ 轴夹角是 θ，$Ox''y''$平面和 $\xi O\eta$ 平面夹角也是 θ，如图 3-7 所示。

(3) 最后令活动系绕 z 轴转动ψ，这时 Ox''和 Ox'''夹角是ψ，Oy''和 Oy'''夹角也是ψ，这时，活动系为 $O-x'''y'''z'''$，如图 3-8 所示，这时活动坐标系 $O-xyz$ 已经转到所需要的图 3-4 的位置。

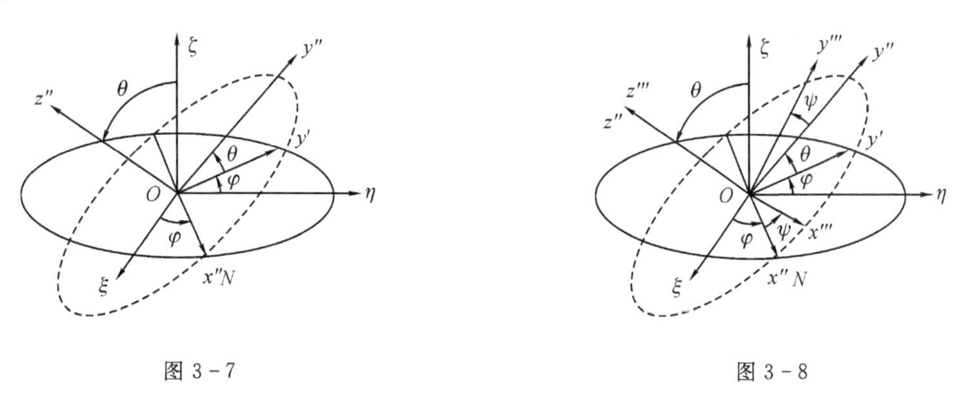

图 3-7　　　　图 3-8

由图 3-8 可以看出，在下列范围内改变 θ、φ、ψ的数值，可得刚体可能具有的各种位置：

$$0 \leqslant \theta \leqslant \pi, \quad 0 \leqslant \varphi \leqslant 2\pi, \quad 0 \leqslant \psi \leqslant 2\pi \tag{3-2-1}$$

3.2.2　欧拉运动学方程

1. 欧拉角速度

欧拉角 θ、φ、ψ是随时间变化的，可表示为

$$\begin{cases}\theta=\theta(t)\\ \varphi=\varphi(t)\\ \psi=\psi(t)\end{cases} \tag{3-2-2}$$

如果刚体绕着定点 O 的某一轴线以角速度 ω 转动，则 ω 在活动坐标系 $O-xyz$ 上的投影是 ω_x、ω_y、ω_z，则

$$\boldsymbol{\omega}=\omega_x\boldsymbol{i}+\omega_y\boldsymbol{j}+\omega_z\boldsymbol{k} \tag{3-2-3}$$

式中：$\boldsymbol{i}$、$\boldsymbol{j}$、$\boldsymbol{k}$ 分别是沿 x、y、z 轴的单位矢量。

下面就来导出刚体绕定点转动的角速度 $\boldsymbol{\omega}$ 与 3 个欧拉角的一般表示式。

由于 θ、φ、ψ 是随时间变化的，它随时间的变化情况就可以用角速度来表示。

$\dot{\boldsymbol{\varphi}}$ 称为进动角速度，由于 φ 是 $O-xyz$ 绕着 ζ 轴转过的一个角度，所以 $\dot{\boldsymbol{\varphi}}$ 方向沿着 ζ 轴（见图 3-6）；$\dot{\boldsymbol{\theta}}$ 称为章动角速度，由于 θ 是 $O-xyz$ 绕着节线 ON 转过的一个角度，所以 $\dot{\boldsymbol{\theta}}$ 方向沿着节线 ON（见图 3-7）；$\dot{\boldsymbol{\psi}}$ 称为自转角速度，由于 ψ 是 $O-xyz$ 绕着 z 轴转过的一个角度，所以 $\dot{\boldsymbol{\psi}}$ 方向沿着 Oz 轴（见图 3-8）。

2. 定点转动刚体的总角速度

可以认为 $\boldsymbol{\omega}$ 是绕 ζ 轴的角速度 $\dot{\boldsymbol{\varphi}}$，绕 ON 轴转动的角速度 $\dot{\boldsymbol{\theta}}$ 及绕 Oz 轴转动的角速度 $\dot{\boldsymbol{\psi}}$ 三者的矢量和，即

$$\boldsymbol{\omega}=\dot{\boldsymbol{\varphi}}+\dot{\boldsymbol{\theta}}+\dot{\boldsymbol{\psi}} \tag{3-2-4}$$

式中：$\boldsymbol{\omega}$ 方向沿着瞬时轴方向。

3. 欧拉运动学方程

$O-xyz$ 是固着在刚体上的活动坐标系，许多力学量采用活动坐标系表达更为方便，下面将刚体的角速度用 $O-xyz$ 活动坐标系来表达，实际上就是写出刚体转动时的角速度在活动坐标系 $O-xyz$ 各坐标轴上的分量（见图 3-4）。

首先，$\dot{\boldsymbol{\psi}}$ 既然是沿着 z 轴的，所以在 x 轴和 y 轴上没有分量。然后，$\dot{\boldsymbol{\theta}}$ 是沿着 ON 轴的，而 ON 和 z 轴垂直，所以它在 z 轴上没有分量，而在 x 轴上的分量是 $\dot{\theta}\cos\psi$，在 y 轴上的分量则是 $\dot{\theta}\cos\left(\frac{\pi}{2}+\psi\right)=-\dot{\theta}\sin\psi$。最后，$\dot{\boldsymbol{\varphi}}$ 是沿着 ζ 轴的，首先把它分解到 Oz 和 OM 上，显然，OM 即为图 3-8 中的 Oy''。因为节线 ON 垂直于 OM，节线 ON 也垂直于 Oz，节线 ON 还垂直于 $O\zeta$，所以 Oz、$O\zeta$、OM 三者在同一个平面内，并且 Oz 与 OM 垂直。$\dot{\boldsymbol{\varphi}}$ 在 Oz 上的分量是 $\dot{\varphi}\cos\theta$，而在 OM 上的分量是 $\dot{\varphi}\sin\theta$，再把 OM 上的 $\dot{\varphi}\sin\theta$ 分解到 Ox 和 Oy 上，那么 $\dot{\boldsymbol{\varphi}}$ 在 Ox 轴上的分量是 $\dot{\varphi}\sin\theta\sin\psi$，而在 Oy 轴上的分量是 $\dot{\varphi}\sin\theta\cos\psi$。

将 $\dot{\boldsymbol{\theta}}$、$\dot{\boldsymbol{\varphi}}$、$\dot{\boldsymbol{\psi}}$ 分别在 x、y、z 轴上的各个投影量加起来，就得到用欧拉角速度来表示的刚体角速度沿活动坐标轴 x、y、z 三个分量的表达式，即

$$\begin{cases}\omega_x=\dot{\varphi}\sin\theta\sin\psi+\dot{\theta}\cos\psi\\ \omega_y=\dot{\varphi}\sin\theta\cos\psi-\dot{\theta}\sin\psi\\ \omega_z=\dot{\varphi}\cos\theta+\dot{\psi}\end{cases} \tag{3-2-5}$$

从上式可以看出，如果 θ、φ、ψ 随时间 t 变化的关系式已知，那么就可以用上式计算角速度 $\boldsymbol{\omega}$ 在活动坐标轴 x、y、z 上的三个分量。反之，如果在任一时刻 t，$\boldsymbol{\omega}$ 的各分量为已知，我们也可利用上式求出 θ、φ、ψ 随时间 t 变化的关系，因而也就决定了刚体的运动，通常把式（3-2-5）称

为欧拉运动学方程。

3.3 刚体运动方程与平衡方程

3.3.1 空间力系的简化

作用在刚体上的力，数目可能很多，分布的情况也是各式各样。因此，在研究刚体的运动或平衡时，常需要对这些力进行简化，下面就将对作用在刚体上的力系的一般简化方法进行介绍。

1. 共面力系的简化

我们已经知道，刚体在作用线相同，量值相同，但方向相反的两个外力作用之下，仍呈平衡状态，其运动状态不会发生任何改变。由于具有这样性质的一对力对刚体的运动不会产生任何影响，所以它们可以相互抵消。

假设一个力 $\boldsymbol{F}$ 作用在刚体上的 A 点，而力的作用线是 AB（见图 3－9），那么在 B 点上可引入两个相互抵消的力 $\boldsymbol{F}$ 及 $-\boldsymbol{F}$，既然 A、B 是在同一刚体上，所以作用在刚体 B 点的力 $-\boldsymbol{F}$，可与作用在刚体上 A 点上的力 $\boldsymbol{F}$ 抵消。这就是说，作用在刚体 A 点上的力 $\boldsymbol{F}$，和作用在刚体 B 点上的力 $\boldsymbol{F}$ 效果一样，亦即作用在刚体上的力所产生的力学效果，全靠力的量值与作用线的地位与方向决定的，即力的大小确定了，沿力的作用线确定了，那么这个力对刚体所产生的力学效果也就确定了，而与力的作用点在作用线上的位置无关，这一性质叫作力的可传性原理。

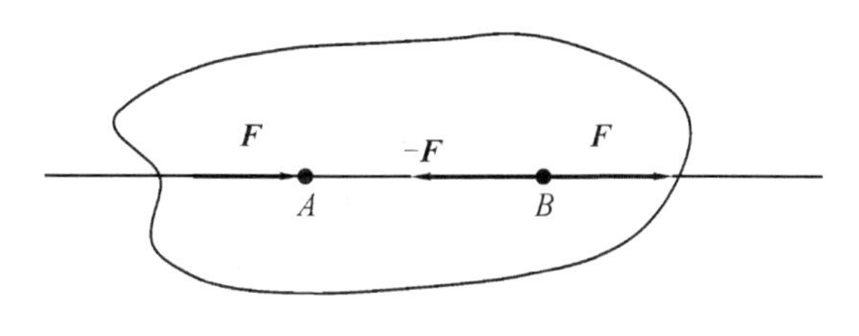

图 3－9

因此，在刚体力学中，力被称为滑移矢量，即力可沿它的作用线向前或向后移动，而其作用效果不变。

作用在刚体上的力虽可沿作用线滑移，但作用线的位置却不能随意移动。图 3－10(a)中的力 $\boldsymbol{F}$（通过质心）可使刚体沿光滑平面平动，而图 3－10(b)中的力 $\boldsymbol{F}$（不通过质心）则可能使

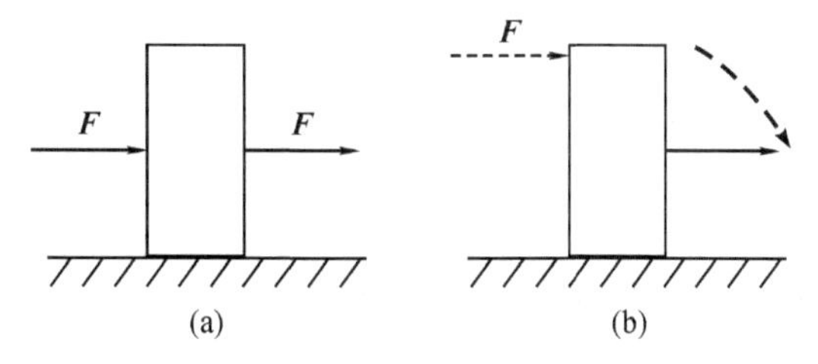

图 3－10

刚体倾倒。所以当力的作用线位置迁移后，力学效果亦随之而变。所以得出结论：作用在刚体上的力是滑移矢量，而不是自由矢量，也就是说力不能随便平移。

对于两个共点力的合成，可以用平行四边形法则。那么现在对于共面的任意而非平行的力，就可利用力的可传性原理，将其汇交于一点(因为共面的任意两非平行力肯定要相交于一点)，再用平行四边形法则矢量求和。反复运用此法，就可以求出任意数目的共面力系的合力。

2. 力偶和力偶矩

平行力的求和，不能应用平行四边形法则求其合力。因为其没有公共交点，就不能利用力的可传性原理将其汇交于一点，不能用平行四边形法则求和。

1) 力偶

设有两平行力 $\boldsymbol{F}_2=-\boldsymbol{F}_1=\boldsymbol{F}$，但不作用在同一直线上(见图 3－11)。把作用在同一物体上，大小相等，方向相反，而不共线的一对力，叫作力偶。引入力偶就是为了研究刚体的转动效应。

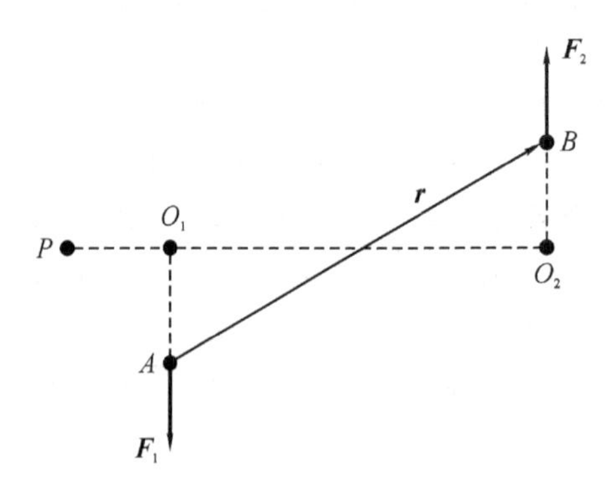

图 3－11

2) 力偶矩

不同的力偶对刚体所产生的转动效应是不相同的，下面就引入一个物理量，来描述力偶对刚体所产生转动效应的强弱程度，就是力偶矩。力偶矩是力偶转动效应的量度。

可以看到，$\boldsymbol{F}_1$ 与 $\boldsymbol{F}_2$ 的合力 $\boldsymbol{F}_1+\boldsymbol{F}_2$ 的量值为零，但对任一点的合力矩则不为零。力 $\boldsymbol{F}_1$ 与 $\boldsymbol{F}_2$ 所在的平面称为力偶面。在力偶面上任意选一点 P 点，那么 $\boldsymbol{F}_1$ 与 $\boldsymbol{F}_2$ 对任一点 P(称为矩点)的总力矩量值为

$$F_2\cdot\overline{PO_2}-F_1\cdot\overline{PO_1}=F\cdot\overline{O_1O_2}$$

$\overline{O_1O_2}$为组成此力偶的两平行力间的垂直距离，故力偶的任一力和两力作用线间垂直距离的乘积，等于两力对垂直于力偶面的任意轴线的力矩的代数和。我们称两力间的垂直距离为力偶臂，而称力和力偶臂的乘积为力偶矩。显然，力偶矩的大小与所选取的矩点无关。力偶矩是力偶唯一的力学效果，也是一个矢量，通常用垂直于力偶面的任一直线来表示，其方向则用右手螺旋法则定之。

由于力偶对力偶面上任一点所产生力偶矩都相同(大小相同，方位相同)，由此可以看出，力偶矩为一自由矢量，可作用于力偶面上的任一点，与滑移矢量不同(见图 3－12)。上述力偶矩 $\boldsymbol{M}$ 也可写为 $\boldsymbol{M}=\boldsymbol{r}\times\boldsymbol{F}$，式中 $\boldsymbol{r}$ 是 $\boldsymbol{F}_2$ 的作用点 B 对 $\boldsymbol{F}_1$ 的作用点 A 的位矢。

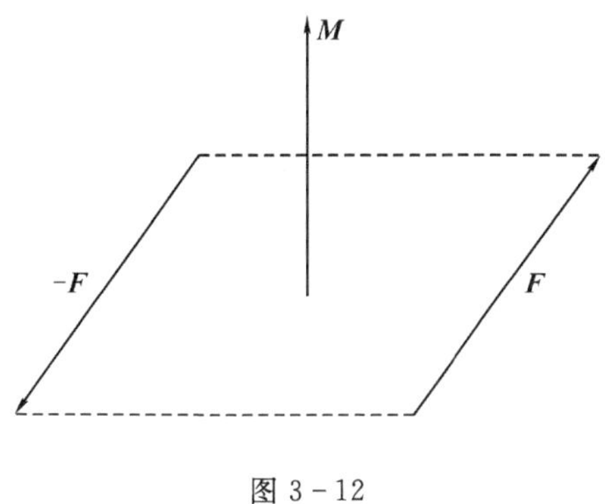

图 3－12

3. 一力向一点简化

空间共点力系与平行力系的求和方法，与共面力系相同。不过，在对空间力系求和时，有时会遇到这样一种很麻烦的情况，它们中任何两个力都既不平行又不能汇交于一点，显然，上面所讲的求和方法，对这样的力系都不能适用。

事实上，即使不是这样的力系，也常常需要把空间力系中所有的力都迁移到任一指定点（例如质心）上去，因此，有必要研究力的作用线如何迁移的问题。

设 $\boldsymbol{F}'$ 为作用在刚体 A 点上的一个力，P 为空间任意一点，但不在 $\boldsymbol{F}'$ 的作用线上（见图 3－13），在 P 点添上两个与 $\boldsymbol{F}'$ 的作用线平行的力 $\boldsymbol{F}_1$ 与 $\boldsymbol{F}_2$，且

$$\boldsymbol{F}_1 + \boldsymbol{F}_2 = 0, \quad F_1 = F_2 = F'$$

则 $\boldsymbol{F}'$ 与 $\boldsymbol{F}_2$ 可组成一力偶，而 $\boldsymbol{F}_1$ 则作用在 P 点上，$\boldsymbol{F}_1$ 的量值和方向均与 $\boldsymbol{F}'$ 相同。故力 $\boldsymbol{F}'$ 可化为过 P 点的力 $\boldsymbol{F}_1$ 和 $\boldsymbol{F}'$ 与 $\boldsymbol{F}_2$ 所组成的一个力偶，其力偶矩为 $\boldsymbol{r}\times\boldsymbol{F}'$；后者即为力 $\boldsymbol{F}'$ 对 P 点的力矩，因为 $\boldsymbol{r}$ 是 A 对 P 点的位矢，作用在其他点上的一些力，也可用同样方法，化为经过 P 点的一个力和一个力偶。

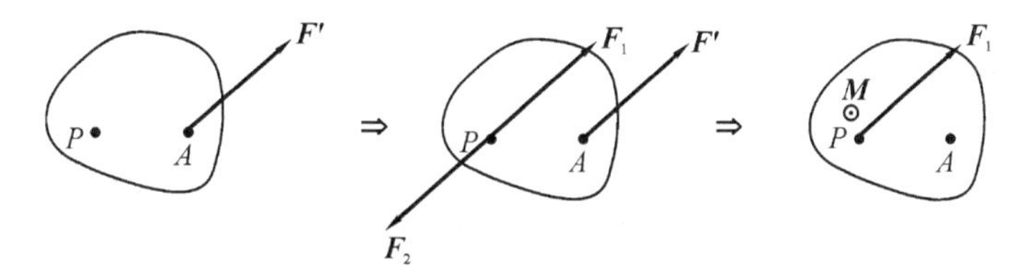

图 3－13

因此，得出以下结论：一力向一点简化得一力和一力偶矩，该力就是原来的力，该力偶矩等于原来的力对该点的力矩，称 P 点为简化中心。

4. 空间力系向一点简化

由于作用在其他点上的一些力，也可用同样方法，化为经过 P 点的一个力和一个力偶，对作用在 P 点上的所有力，可求出其合力 $\boldsymbol{F}$；而对所有力偶亦可用矢量求和的方法，求出其合力偶矩 $\boldsymbol{M}$（其合力偶矩 $\boldsymbol{M}$ 等于那些力在原来位置时对 P 点力矩的矢量和），把力的矢量和 $\boldsymbol{F}$ 叫作主矢，而把所有力偶矩 $\boldsymbol{M}$ 的矢量和叫作对简化中心的主矩。

因此，作用在刚体上的任意空间力系（$\boldsymbol{F}_1, \boldsymbol{F}_2, \cdots, \boldsymbol{F}_n$）总可以向简化中心 P 点简化，得一

单力和一力偶矩，单力和力偶矩分别称为主矢和主矩。其中主矢为原来各个力的矢量和，记作 $\boldsymbol{F}=\sum_{i=1}^{n}\boldsymbol{F}_i$；主矩为原各个力对 P 点力矩的矢量和，记作 $\boldsymbol{M}=\sum_{i=1}^{n}(\boldsymbol{r}_i\times\boldsymbol{F}_i)$。

既然 P 点是完全任意的，所以可以根据问题的需要，取空间任何一点作为简化中心。在刚体力学中，常取质心 C 为简化中心。因此，所有外力在简化中心（质心）上的主矢 $\boldsymbol{F}$ 只影响刚体的平动运动状态，所有外力对简化中心（质心）的主矩 $\boldsymbol{M}$ 只影响刚体的转动状态。

3.3.2 刚体的运动微分方程

刚体可以看作是包含 n 个质点的质点组，前面已经讲过，作用在刚体上的力系，可以简化为通过质心的一个单力 $\boldsymbol{F}$ 及一力偶矩为 $\boldsymbol{M}$ 的力偶。利用质心运动定理和相对于质心的动量矩定理，就可写出刚体运动的微分方程。

由质心运动定理，可得刚体质心 C 的运动方程为

$$m\ddot{\boldsymbol{r}}_C=\sum_{i=1}^{n}\boldsymbol{F}_i^{(e)}=\boldsymbol{F} \tag{3-3-1}$$

式中：m 为刚体的总质量；$\ddot{\boldsymbol{r}}_C$ 为质心的加速度；$\boldsymbol{F}$ 为作用在刚体上的外力矢量和，即主矢。

如果用分量表示，则为

$$\begin{cases}m\ddot{x}_C=F_x\\ m\ddot{y}_C=F_y\\ m\ddot{z}_C=F_z\end{cases} \tag{3-3-2}$$

由质点组对质心的动量矩定理，可得刚体对质心 C 的总动量矩 $\boldsymbol{J}_C$ 对时间的微商，等于所有外力对质心的力矩之和。

$$\frac{\mathrm{d}\boldsymbol{J}_C}{\mathrm{d}t}=\boldsymbol{M}_C \tag{3-3-3}$$

式中：$\boldsymbol{M}_C$ 为所有外力对质心 C 的力矩的矢量和，即所有外力对质心 C 的主矩，即

$$\boldsymbol{M}_C=\sum_{i=1}^{n}\boldsymbol{r}'_i\times\boldsymbol{F}_i^{(e)}$$

写成分量形式，则为

$$\begin{cases}\dfrac{\mathrm{d}J_{Cx}}{\mathrm{d}t}=M_{Cx}\\ \dfrac{\mathrm{d}J_{Cy}}{\mathrm{d}t}=M_{Cy}\\ \dfrac{\mathrm{d}J_{Cz}}{\mathrm{d}t}=M_{Cz}\end{cases} \tag{3-3-4}$$

3.3.3 刚体的平衡方程

作用在刚体上的力系，总可化为经过质心的一个单力及一力偶，而由刚体运动微分方程可知，前者将决定刚体的质心如何平动，而后者则决定刚体相对于质心如何转动。

若主矢 $\boldsymbol{F}=\sum_{i=1}^{n}\boldsymbol{F}_i=0$，说明刚体平动运动状态是平衡的；若主矩 $\boldsymbol{M}=\sum_{i=1}^{n}(\boldsymbol{r}_i\times\boldsymbol{F}_i)=0$，说明刚体转动状态是平衡的。那么刚体平衡时，必须满足下列平衡条件：

$$\begin{cases} \boldsymbol{F} = 0 \\ \boldsymbol{M} = 0 \end{cases} \tag{3-3-5}$$

这就是刚体平衡方程。刚体的平衡必须满足主矢和主矩同时为零。

写成标量形式为

$$\begin{cases} F_x = 0 \\ F_y = 0 \\ F_z = 0 \end{cases} \quad \text{和} \quad \begin{cases} M_x = 0 \\ M_y = 0 \\ M_z = 0 \end{cases}$$

说明刚体平衡时，所有外力在每一坐标轴上投影之和为零。所有外力对每一坐标轴的力矩之和亦为零。

例 3-1　一根均匀的棍子，重为 P，长为 $2l$，今将其一端置于粗糙地面上，又以其上的 C 点靠在墙上，墙离地面的高度为 h（见图 3-14），当棍子与地面的角度 φ 为最小值 φ_0 时，棍子在上述位置仍处于平衡状态。求棍与地面的摩擦系数 μ。

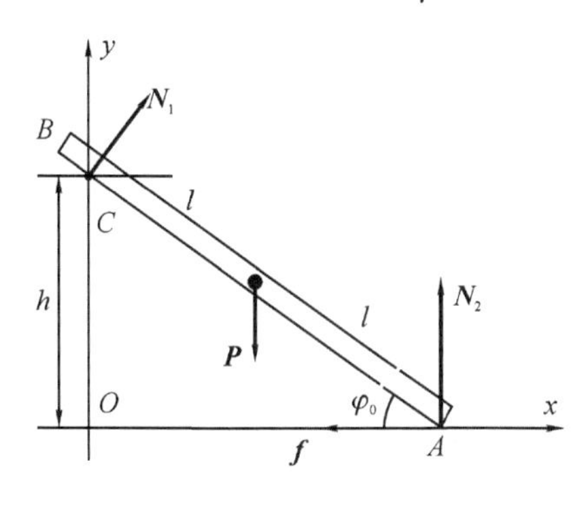

图 3-14

解　(1) 隔离体——棍子。

(2) 参照系——地面（平衡方程也只适用于惯性系）；坐标系——$O-xyz$。

(3) 受力分析：

① 重力 $\boldsymbol{P}$，作用在棍子的中点。

② C 点上的反作用力 $\boldsymbol{N}_1$ 和棍垂直。

③ A 点上的竖直反作用力 $\boldsymbol{N}_2$ 和水平反作用力（摩擦力）$\boldsymbol{f}$ 垂直。

(4) 列平衡方程。

所有的力都在 x、y 平面上，不是与 x 轴平行，就是与 x 轴相交，对 x、y 轴无力矩，只对 z 轴有力矩，所以这是一个共面力系的平衡问题。

由

$$F_x = 0 \Rightarrow N_1\cos(90° - \varphi_0) - f = 0 \Rightarrow N_1\sin\varphi_0 - f = 0 \tag{1}$$

由

$$F_y = 0 \Rightarrow N_1\sin(90° - \varphi_0) - P + N_2 = 0 \Rightarrow N_1\cos\varphi_0 - P + N_2 = 0 \tag{2}$$

刚体处于平衡状态时，所有外力对任意一点力矩的矢量和都为零，那么对 A 点而言，$\boldsymbol{M}_A = 0$。

因为若选取 $O(C)$ 点，则有 3 个力对 $O(C)$ 有力矩；若选取 A 点，则有 2 个力对 A 点有力矩,所以选取 A 点,并且选逆时针为正。

$$-N_1\,\overline{AC}+Pl\cos\varphi_0=0 \tag{3}$$

由式(3),得

$$-N_1\frac{h}{\sin\varphi_0}+Pl\cos\varphi_0=0\Rightarrow N_1=\frac{Pl}{h}\sin\varphi_0\cos\varphi_0$$

由式(1),得

$$f=N_1\sin\varphi_0=\frac{Pl}{h}\sin^2\varphi_0\cos\varphi_0 \tag{4}$$

由式(2),得

$$N_2=P-N_1\cos\varphi_0=P-\frac{Pl}{h}\sin\varphi_0\cos^2\varphi_0 \tag{5}$$

所以

$$\mu=\frac{f}{N_2}=\frac{l\sin^2\varphi_0\cos\varphi_0}{h-l\sin\varphi_0\cos^2\varphi_0}$$

这就是所要求的表达式。

例 3-2 一质量为 m,长为 l 的匀质直杆 AB,可绕 A 端的水平轴自由转动,今在 B 端施加一水平力 $\boldsymbol{F}$,则杆在图 3-15 所示位置平衡,求 θ 角的大小及轴 A 处的支持力。

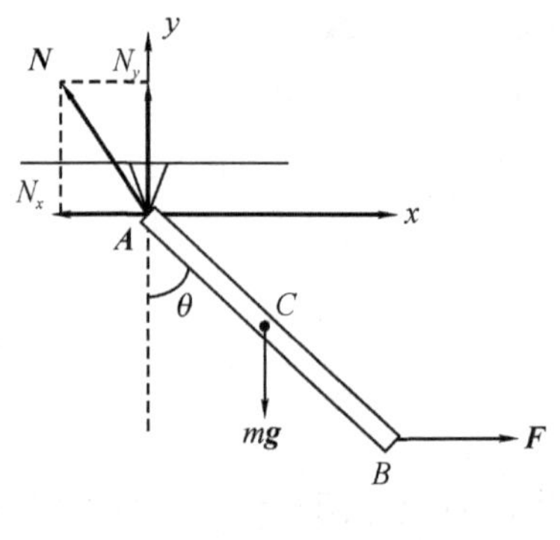

图 3-15

解 由于匀质直杆可绕 A 端水平轴自由转动(由于是自由转动,所以 A 端不计摩擦力),A 端对直杆支持力的方向假设如图所示,由于直杆处于平衡状态,肯定要满足平衡方程。

由

$$F_x=0\Rightarrow N_x+F=0\Rightarrow N_x=-F$$

由

$$F_y=0\Rightarrow N_y-mg=0\Rightarrow N_y=mg$$

因此所受到的支持力

$$\mathbf{N}=N_x\boldsymbol{i}+N_y\boldsymbol{j}=-F\boldsymbol{i}+mg\boldsymbol{j}$$

N 的大小

$$N=\sqrt{N_x^2+N_y^2}=\sqrt{F^2+(mg)^2}$$

N 的方向

$$\tan\alpha = \frac{N_x}{N_y} = \frac{F}{mg} \Rightarrow \alpha = \arctan\frac{F}{mg}$$

以 A 点为定点，$\boldsymbol{M}_A = 0$，选逆时针方向为正

$$Fl\cos\theta - mg \cdot \frac{l}{2}\sin\theta = 0 \Rightarrow \tan\theta = \frac{2F}{mg} \Rightarrow \theta = \arctan\frac{2F}{mg}$$

显然，支持力 N 的方向不是沿杆的方向的。

3.4　转动惯量

刚体是一种特殊的质点组，前面讲过的质点组动量定义式、动量矩定义式及动能定义式，也都适用于刚体，但对于刚体，这些力学量，特别是动量矩和动能，应该有更加简明的关系式，下面将推导这些关系式。

与质点组一样，刚体的动量定义为

$$\boldsymbol{p} = \sum m_i \dot{\boldsymbol{r}}_i = m\boldsymbol{v}_C$$

即刚体的动量表示为刚体随质心一起整体运动的动量，这已是很简明的表达式了，无需再做更多的讨论。

动量矩和动能的表达式复杂些，下面将详细地讨论。

3.4.1　刚体对固定点的动量矩

按照定义，质点组对固定点的动量矩为

$$\boldsymbol{J} = \sum_{i=1}^{n}(\boldsymbol{r}_i \times m_i \boldsymbol{v}_i) \tag{3-4-1}$$

这个定义式当然对刚体也适用，假设刚体绕固定点做定点转动，在某一时刻角速度为 $\boldsymbol{\omega}$ 时，刚体上任一点的速度为

$$\boldsymbol{v}_i = \boldsymbol{\omega} \times \boldsymbol{r}_i$$

式中：$\boldsymbol{\omega}$ 为刚体对定点的转动角速度。

将此式代入动量矩的表达式，得

$$\boldsymbol{J} = \sum_{i=1}^{n}[\boldsymbol{r}_i \times m_i(\boldsymbol{\omega} \times \boldsymbol{r}_i)] = \sum_{i=1}^{n} m_i[\boldsymbol{r}_i \times (\boldsymbol{\omega} \times \boldsymbol{r}_i)]$$

由于

$$\boldsymbol{r} \times (\boldsymbol{\omega} \times \boldsymbol{r}) = \boldsymbol{\omega} \cdot r^2 - \boldsymbol{r}(\boldsymbol{\omega} \cdot \boldsymbol{r})$$

则

$$\boldsymbol{J} = \sum_{i=1}^{n} m_i[\boldsymbol{\omega} \cdot r_i^2 - \boldsymbol{r}_i(\boldsymbol{\omega} \cdot \boldsymbol{r}_i)] \tag{3-4-2}$$

从上式可以看到，动量矩 $\boldsymbol{J}$ 一般并不与角速度 $\boldsymbol{\omega}$ 共线。后面会知道，只有在惯量主轴上，$\boldsymbol{J}$ 才与 $\boldsymbol{\omega}$ 共线。

现在来求在一般情况下动量矩 $\boldsymbol{J}$ 的分量表达式。引入空间直角坐标系 $O-xyz$，原点 O 正好选在固定点上，则

$$\boldsymbol{r}_i = x_i\boldsymbol{i} + y_i\boldsymbol{j} + z_i\boldsymbol{k}$$

$$\boldsymbol{\omega} = \omega_x \boldsymbol{i} + \omega_y \boldsymbol{j} + \omega_z \boldsymbol{k}$$

把动量矩矢量 $\boldsymbol{J}$ 和角速度矢量 $\boldsymbol{\omega}$ 都分为沿三个正交坐标轴 x、y、z 上的分量，故得动量矩 $\boldsymbol{J}$ 在 x 方向的分量 J_{Ox}

$$J_{Ox} = \omega_x \sum_{i=1}^{n} m_i (y_i^2 + z_i^2) - \omega_y \sum_{i=1}^{n} m_i x_i y_i - \omega_z \sum_{i=1}^{n} m_i x_i z_i \tag{3-4-3}$$

同理

$$J_{Oy} = -\omega_x \sum_{i=1}^{n} m_i y_i x_i + \omega_y \sum_{i=1}^{n} m_i (z_i^2 + x_i^2) - \omega_z \sum_{i=1}^{n} m_i y_i z_i \tag{3-4-4}$$

$$J_{Oz} = -\omega_x \sum_{i=1}^{n} m_i z_i x_i - \omega_y \sum_{i=1}^{n} m_i z_i y_i + \omega_z \sum_{i=1}^{n} m_i ({x_i}^2 + {y_i}^2) \tag{3-4-5}$$

则刚体对原点 O 的动量矩

$$\boldsymbol{J} = J_{Ox} \boldsymbol{i} + J_{Oy} \boldsymbol{j} + J_{Oz} \boldsymbol{k}$$

令

$$\begin{cases} I_{xx} = \sum_{i=1}^{n} m_i (y_i^2 + z_i^2) \\ I_{yy} = \sum_{i=1}^{n} m_i (z_i^2 + x_i^2) \\ I_{zz} = \sum_{i=1}^{n} m_i (x_i^2 + y_i^2) \end{cases} \tag{3-4-6}$$

其中 $\sum_{i=1}^{n} m_i (y_i^2 + z_i^2)$ 中 $m_i (y_i^2 + z_i^2)$ 表示第 i 个质点对 x 轴的转动惯量，则 $\sum_{i=1}^{n} m_i (y_i^2 + z_i^2)$ 称为刚体对 x 轴的转动惯量。

令

$$\begin{cases} I_{yz} = I_{zy} = \sum_{i=1}^{n} m_i y_i z_i \\ I_{zx} = I_{xz} = \sum_{i=1}^{n} m_i z_i x_i \\ I_{xy} = I_{yx} = \sum_{i=1}^{n} m_i x_i y_i \end{cases} \tag{3-4-7}$$

上述各项因含有两个坐标的相乘项，所以具有转动惯量的量纲，称为惯量积。

利用上面所引入的符号，动量矩分量的表达式可简写为

$$J_{Ox} = I_{xx} \omega_x - I_{xy} \omega_y - I_{xz} \omega_z$$

$$J_{Oy} = -I_{yx} \omega_x + I_{yy} \omega_y - I_{yz} \omega_z$$

$$J_{Oz} = -I_{zx} \omega_x - I_{zy} \omega_y + I_{zz} \omega_z$$

采用矩阵表示为

$$\begin{pmatrix} J_{Ox} \\ J_{Oy} \\ J_{Oz} \end{pmatrix} = \begin{pmatrix} I_{xx} & -I_{xy} & -I_{xz} \\ -I_{yx} & I_{yy} & -I_{yz} \\ -I_{zx} & -I_{zy} & I_{zz} \end{pmatrix} \begin{pmatrix} \omega_x \\ \omega_y \\ \omega_z \end{pmatrix} \tag{3-4-8}$$

可以看到，为完全描述刚体定点转动的特性，需要 3 个轴转动惯量和 6 个惯量积作为统一的一个物理量。上式可以排列成下列更简洁的矩阵的形式：

$$(I_O)=\begin{pmatrix} I_{xx} & -I_{xy} & -I_{xz} \\ -I_{yx} & I_{yy} & -I_{yz} \\ -I_{zx} & -I_{zy} & I_{zz} \end{pmatrix} \tag{3-4-9}$$

称为对 O 点而言的惯量张量，而且它是一个二阶张量，惯量张量是 3×3 实对称矩阵，矩阵的每一个元素叫作惯量张量组元，也叫惯量系数，利用上面惯量张量的矩阵符号，角动量可以简记为

$$\boldsymbol{J}_O=(I_O)\cdot\boldsymbol{\omega} \tag{3-4-10}$$

这里 $\boldsymbol{J}_O$、$\boldsymbol{\omega}$ 都是列矩阵。

下面对惯量张量做几点说明：

(1) 3 个轴转动惯量和 6 个惯量积共有 9 个量，构成一个对称的二阶矩阵。从坐标变换角度来说，上面各分量构成一个二阶张量，并把它称为对 O 点而言的惯量张量。在力学中，将刚体的定轴转动中刚体对转动轴的动量矩表示为

$$\boldsymbol{J}_{Oz}=I_{Oz}\boldsymbol{\omega}$$

转动轴是 Oz 轴，I_{Oz} 是刚体做定轴转动时对转动轴(Oz 轴)的转动惯量。

而刚体对固定点 O 的动量矩表示为

$$\boldsymbol{J}_O=(I_O)\cdot\boldsymbol{\omega}$$

那么(I_O)应为刚体对定点 O 的转动惯量，代表刚体做定点转动时惯性大小的量度。

(2) 由于惯量积 $I_{xy}=I_{yx}$，$I_{xz}=I_{zx}$，$I_{yz}=I_{zy}$，所以惯量矩阵(I_O)的 9 个元素中，只有 6 个独立元素。而且可以看到，对角元素 I_{xx}、I_{yy}、I_{zz} 分别就是关于 x、y、z 坐标轴的转动惯量，非对角元素具有对称性。

(3)从惯量张量(I_O)各分量的表达式可以看到，(I_O)仅与刚体中相对于定点的质量分布有关，选定一个点后刚体的惯量张量便确定了，相对于不同的点刚体的质量分布不同，因而惯量张量(I_O)也不相同，惯量张量和角动量一样，只有相对于确定的点才有意义。质量 m 是物体平动惯性大小的量度，是物体本身的内在特性，而与物体发生什么样的运动无关。由于惯量张量也仅与刚体中相对于定点的质量分布有关，那么刚体一旦确定，它对定点的转动惯量也就确定了，所以惯量张量是刚体本身的内在特性，与刚体发生什么样的转动无关。

(4) 若 $O-xyz$ 为固定坐标系，则惯量张量(I_O)中诸元素为变量。也就是说，当刚体转动时，惯量系数也随之而变，因为刚体转动过程中，所有质点的坐标也在变化。若 $O-xyz$ 固联在刚体上，并随刚体一同转动，那么(I_O)诸元素为常量，因为刚体虽然转动，但刚体中每个质点的坐标却不改变。

3.4.2　在定轴转动中刚体的动能

刚体的动能等于刚体中各质点的动能之和，即

$$T=\sum_{i=1}^{n}\frac{1}{2}m_iv_i^2=\sum_{i=1}^{n}\frac{1}{2}m_i\boldsymbol{v}_i\cdot\boldsymbol{v}_i=\sum_{i=1}^{n}\frac{1}{2}m_i\boldsymbol{v}_i\cdot(\boldsymbol{\omega}\times\boldsymbol{r}_i) \tag{3-4-11}$$

由于

$$\boldsymbol{v}_i \cdot (\boldsymbol{\omega} \times \boldsymbol{r}_i) = \boldsymbol{r}_i \cdot (\boldsymbol{v}_i \times \boldsymbol{\omega}) = \boldsymbol{\omega} \cdot (\boldsymbol{r}_i \times \boldsymbol{v}_i)$$

式(3－4－11)变形为

$$T = \sum_{i=1}^{n} \frac{1}{2} m_i \boldsymbol{\omega} \cdot (\boldsymbol{r}_i \times \boldsymbol{v}_i)$$

则

$$T = \frac{1}{2} \boldsymbol{\omega} \cdot \left(\sum_{i=1}^{n} \boldsymbol{r}_i \times m_i \boldsymbol{v}_i \right)$$

式中：$\left(\sum_{i=1}^{n} \boldsymbol{r}_i \times m_i \boldsymbol{v}_i \right)$ 为刚体对定点 O 的动量矩 $\boldsymbol{J}_O$。

$$T = \frac{1}{2} \boldsymbol{\omega} \cdot \boldsymbol{J}_O = \frac{1}{2} \boldsymbol{\omega} \cdot (I_O) \cdot \boldsymbol{\omega} \tag{3-4-12}$$

上式为刚体对定点 O 的转动动能表达式。

刚体的动能等于刚体中各质点的动能之和，由柯尼希定理可知，质点组的动能可分解为质点组随质心运动(平动)的动能和相对于质心的动能之和。刚体属于质点组，自然也满足这个关系，即

$$T = \frac{1}{2} m v_C^2 + \sum_{i=1}^{n} \frac{1}{2} m_i v_i'^2$$

由刚体的特点可知，刚体中各质点与质心间的距离不变，刚体相对于质心的运动只可能是围绕质心的转动。因此，对于刚体来说，相对于质心的动能就是刚体绕质心的转动动能。柯尼希定理则成为：刚体的动能等于刚体随质心的平动动能与刚体绕质心转动的转动动能之和。由刚体对定点的转动动能表达式，可以直接推广得到刚体绕质心 C 转动时的动能表达式。因为在质心坐标系中动能的表达式与在惯性系中的形式相同，因而刚体绕质心转动的动能表达式也应具有与式(3－4－12)相同的形式，只需将该式中刚体对 O 点的惯量矩阵换成对质心 C 的惯量矩阵即可，这样便得到刚体做一般运动时的动能表达式，即

$$T = \frac{1}{2} m v_C^2 + \frac{1}{2} \boldsymbol{\omega} \cdot (I_C) \cdot \boldsymbol{\omega} \tag{3-4-13}$$

在直角坐标系中，刚体对定点 O 的转动动能的表达式为

$$T = \frac{1}{2} \boldsymbol{\omega} \cdot \boldsymbol{J}_O$$

$$\boldsymbol{\omega} = \omega_x \boldsymbol{i} + \omega_y \boldsymbol{j} + \omega_z \boldsymbol{k}$$

$$\boldsymbol{J}_O = J_{Ox} \boldsymbol{i} + J_{Oy} \boldsymbol{j} + J_{Oz} \boldsymbol{k}$$

再将 J_{Ox}、J_{Oy}、J_{Oz} 的表达式代入上式，得

$$T = \frac{1}{2} (\omega_x \boldsymbol{i} + \omega_y \boldsymbol{j} + \omega_z \boldsymbol{k}) \cdot (J_{Ox} \boldsymbol{i} + J_{Oy} \boldsymbol{j} + J_{Oz} \boldsymbol{k})$$

$$T = \frac{1}{2} (I_{xx} \omega_x^2 + I_{yy} \omega_y^2 + I_{zz} \omega_z^2 - 2 I_{yz} \omega_y \omega_z - 2 I_{zx} \omega_z \omega_x - 2 I_{xy} \omega_x \omega_y) \tag{3-4-14}$$

3.4.3 转动惯量

1. 刚体转动动能的另一种表达式

假设刚体在某一时刻以角速度 $\boldsymbol{\omega}$ 做定点转动，在刚体中任取一质点 P_i，它的质量是 m_i，

速度为 $\boldsymbol{v}_i$（见图 3－16），如 P_i 对定点 O 的位矢是 $\boldsymbol{r}_i$，刚体的转动动能也可以写为

$$\begin{aligned} T &= \sum_{i=1}^{n} \frac{1}{2} m_i v_i^2 = \frac{1}{2} \sum_{i=1}^{n} m_i \boldsymbol{v}_i \cdot \boldsymbol{v}_i \\ &= \frac{1}{2} \sum_{i=1}^{n} m_i (\boldsymbol{\omega} \times \boldsymbol{r}_i) \cdot (\boldsymbol{\omega} \times \boldsymbol{r}_i) \\ &= \frac{1}{2} \sum_{i=1}^{n} m_i \omega^2 r_i^2 \sin^2\theta_i = \frac{1}{2} \omega^2 \sum_{i=1}^{n} m_i \rho_i^2 \end{aligned} \tag{3-4-15}$$

式中：ρ_i 为自 P_i 至瞬时转动轴（矢量 $\boldsymbol{\omega}$）的垂直距离；θ_i 为 P_i 的位矢 $\boldsymbol{r}_i$ 与角速度 $\boldsymbol{\omega}$ 之间的夹角。

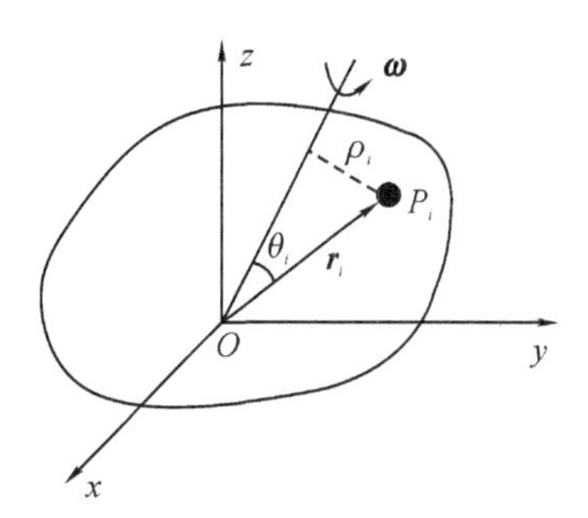

图 3－16

令 $I = \sum_{i=1}^{n} m_i \rho_i^2$，称其为刚体绕瞬时转动轴的转动惯量，则刚体的转动动能就可写成

$$T = \frac{1}{2} I \omega^2 \tag{3-4-16}$$

转动惯量 I 代表物体在转动时惯性大小的量度，和平动时动能 $T = \frac{1}{2} m v^2$ 相比较，可以看到转动惯量 I 和平动时的质量 m 相当。

物体的转动惯量一方面由物体的形状（或质量分布的情况）决定，另一方面由转动轴的位置决定。如果转动轴不同，即使是同一物体，转动惯量也不同。

对两个平行轴而言（见图 3－17），如果其中有一条通过物体的质心，那么物体对某一轴线的转动惯量等于对通过质心的平行轴的转动惯量，加上物体的质量与两轴间垂直距离平方的乘积，即

$$I = I_C + md^2 \tag{3-4-17}$$

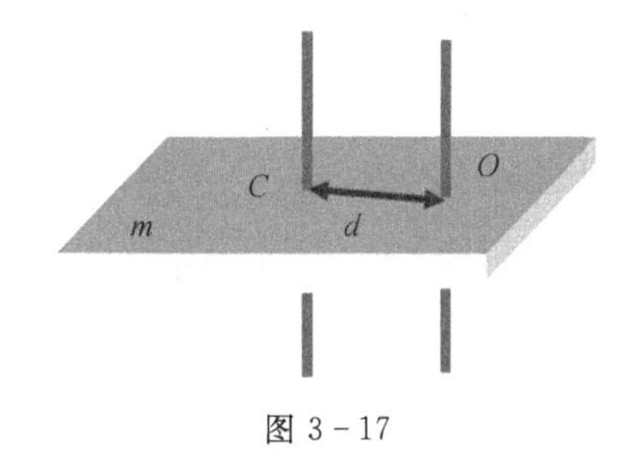

图 3－17

式中：I 为对某轴线的转动惯量；I_C 为通过质心并与上述轴线平行的轴线的转动惯量；d 为两平行轴线间的垂直距离。这个关系式称为平行轴定理。

刚体做定点转动时，转动轴随时在发生变化。从上面讨论已知，同一物体在绕不同轴线转动时，转动惯量也将不同。如果需要知道绕通过定点的许多轴线的转动惯量，就得计算很多次。那么，是否也有类似平行轴定理那样的简单公式呢？我们说，这个公式是存在的。现在就来推导这个公式。

前面讲过，刚体绕定点转动时的惯性是以张量（I_O）来量度的，刚体转动时的惯性也可用转动惯量 I 来表示。前者是二阶张量，后者是标量，这是两种完全不同的量。虽然如此，但是下面会看到，它们之间存在某种联系。

2. 刚体对瞬时轴的转动惯量 I

根据刚体转动动能的表达式

$$T = \frac{1}{2}(I_{xx}\omega_x^2 + I_{yy}\omega_y^2 + I_{zz}\omega_z^2 - 2I_{yz}\omega_y\omega_z - 2I_{zx}\omega_z\omega_x - 2I_{xy}\omega_x\omega_y)$$

$$T = \frac{1}{2} I\omega^2$$

并且 $\omega_x = \alpha\omega, \omega_y = \beta\omega, \omega_z = \gamma\omega$，由此可得

$$I = I_{xx}\alpha^2 + I_{yy}\beta^2 + I_{zz}\gamma^2 - 2I_{yz}\beta\gamma - 2I_{zx}\gamma\alpha - 2I_{xy}\alpha\beta \tag{3-4-18}$$

式中：α, β, γ 为任一瞬时转动轴相对于坐标轴的方向余弦。

从上式可以看到，只要算出 3 个轴转动惯量和 3 个惯量积，再把该瞬时转动轴的方向余弦代入上式，就可以计算出刚体对该瞬时转动轴的转动惯量。

利用矩阵乘法，可得

$$I = (\alpha \quad \beta \quad \gamma) \begin{pmatrix} I_{xx} & -I_{xy} & -I_{xz} \\ -I_{yx} & I_{yy} & -I_{yz} \\ -I_{zx} & -I_{zy} & I_{zz} \end{pmatrix} \begin{pmatrix} \alpha \\ \beta \\ \gamma \end{pmatrix} \tag{3-4-19}$$

设 $\boldsymbol{n}^\circ$ 是瞬时转动轴沿着 $\boldsymbol{\omega}$ 方向的单位矢量，表示为 $\boldsymbol{n}^\circ = \begin{pmatrix} \alpha \\ \beta \\ \gamma \end{pmatrix}$。上式中 $\begin{pmatrix} I_{xx} & -I_{xy} & -I_{xz} \\ -I_{yx} & I_{yy} & -I_{yz} \\ -I_{zx} & -I_{zy} & I_{zz} \end{pmatrix}$ 正好就是惯量张量 (I_O)，则

$$I = \boldsymbol{n}^{\circ T} \cdot (I_O) \cdot \boldsymbol{n}^\circ \tag{3-4-20}$$

式中：$\boldsymbol{n}^{\circ T}$ 是 $\boldsymbol{n}^\circ$ 的转置矩阵。

3. 惯量椭球——惯量张量的几何描述

设 t 时刻刚体绕某瞬时轴转动，在瞬时轴上取 Q 点，并且使线段 $\overline{OQ} = R = \frac{1}{\sqrt{I}}$，$I$ 为刚体绕该瞬时轴的转动惯量（见图 3-18）。Q 点的位置完全取决于瞬时轴的转动惯量 I。由于刚体在不同时刻绕不同的轴线转动，而且我们知道，刚体绕不同的轴线转动时，转动惯量也将不同。因此，刚体绕瞬时轴的转动惯量 I 随时在变化，那么 R 也在随时变化，Q 点也在随之发生变化。

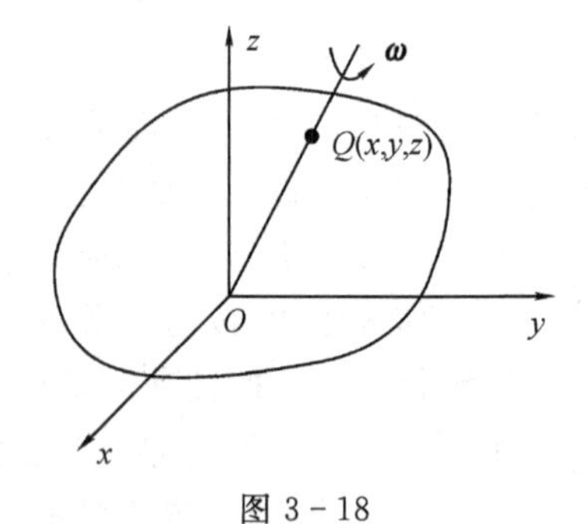

图 3-18

建立直角坐标系，瞬时轴的方向数为 α、β、γ，设 Q 点的坐标为 (x, y, z)，则

$$\begin{cases} \alpha = \dfrac{x}{R} = x\sqrt{I} \\ \beta = \dfrac{y}{R} = y\sqrt{I} \\ \gamma = \dfrac{z}{R} = z\sqrt{I} \end{cases} \tag{3-4-21}$$

将式(3-4-21)代入式(3-4-18)，得

$$I = I_{xx}x^2 I + I_{yy}y^2 I + I_{zz}z^2 I - 2I_{xy}xyI - 2I_{xz}xzI - 2I_{yz}yzI$$

化简得

$$I_{xx}x^2 + I_{yy}y^2 + I_{zz}z^2 - 2I_{xy}xy - 2I_{zx}xz - 2I_{yz}yz = 1 \qquad (3-4-22)$$

(x, y, z)为 Q 点的坐标，式(3－4－22)为 Q 点在空间所描绘的曲面方程，这是一个中心在 O 点的二次曲面方程。

由于 I 是刚体对瞬时轴的转动惯量，因此 $I\neq 0$，所以 R 只能是有限长(Q 点距离 O 点只能是有限远)。因为抛物面、双曲面 Q 点可到无穷远处，所以式(3－4－22)所表示的二次曲面必然是椭球面，是一个中心在 O 点的椭球，通常叫作惯量椭球。如果 O 点恰为刚体的质心(或重心)，则所做出的椭球，叫作中心惯量椭球。按照式(3－4－22)画出椭球后，就可以根据 $R=\frac{1}{\sqrt{I}}$ 的关系，由某轴上矢径的长，求出刚体绕该轴转动时的转动惯量 I。

3.4.4　惯量主轴 主惯量

1. 惯量主轴 惯量主轴坐标系

利用惯量椭球虽然可以求出转动惯量 I，但我们的主要目的并不在此，而是如何利用它来消去惯量积。我们知道，每一椭球都有三条相互垂直的主轴，如果以这三主轴为坐标轴，那么椭球方程中含有异坐标相乘的项统统消去(实际上是它们前面的系数等于零，而这些系数正好就是惯量积)。

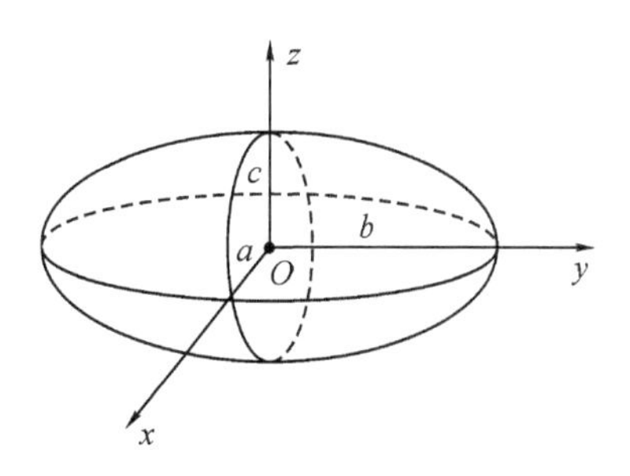

图 3－19

以椭球面的三个主轴为坐标轴的坐标系 $O-xyz$(见图 3－19)，椭球面的主轴实际上就是椭球面的几何对称轴。

椭球面的方程为

$$\frac{x^2}{a^2} + \frac{y^2}{b^2} + \frac{z^2}{c^2} = 1 \qquad (3-4-23)$$

其中 $a=\frac{1}{\sqrt{I_{xx}}}$, $b=\frac{1}{\sqrt{I_{yy}}}$, $c=\frac{1}{\sqrt{I_{zz}}}$，而惯量积已经全部等于零，即

$$I_{xy} = I_{yx} = I_{xz} = I_{zx} = I_{yz} = I_{zy} = 0$$

由此，式(3－4－23)可变形为

$$I_{xx}x^2 + I_{yy}y^2 + I_{zz}z^2 = 1 \qquad (3-4-24)$$

如果以椭球面的三个主轴为坐标轴，那么惯量椭球的方程将简化成上述形式。

1) 惯量主轴

惯量椭球的主轴叫作惯量主轴，也可说成是对应于惯量积为零的坐标轴。

若 $I_{xy}=I_{xz}=0$，则 Ox 为惯量主轴；若 $I_{yz}=I_{yx}=0$，则 Oy 为惯量主轴；若 $I_{zx}=I_{zy}=0$，则 Oz 为惯量主轴。

惯量主轴的定义还可这样来理解：前面讲过，刚体绕某定点转动时，动量矩 $\boldsymbol{J}$ 的方向一般与角速度 $\boldsymbol{\omega}$ 的方向不一致，但在数学上总能找到一些特殊的方向，刚体绕这些方向并通过定点的轴转动时，动量矩 $\boldsymbol{J}$ 与角速度 $\boldsymbol{\omega}$ 的方向一致。这些特殊方向的轴，称为惯量主轴。也就是说，刚体做定点转动时，只有在惯量主轴上，动量矩 $\boldsymbol{J}$ 才与角速度 $\boldsymbol{\omega}$ 的方向一致。

2）惯量主轴坐标系

如果三个坐标轴都为惯量主轴，则把此坐标轴叫作惯量主轴坐标轴，在惯量主轴坐标系下，所有的惯量积都等于零。

2. 主惯量

对应于惯量主轴的转动惯量叫作主转动惯量，也称为主惯量。

式(3-4-24)就是在惯量主轴坐标系下惯量椭球的方程形式，系数 I_{xx}、I_{yy}、I_{zz} 就是对应于惯量主轴的转动惯量，也就是主惯量。

取 $I_1=I_{xx}$，$I_2=I_{yy}$，$I_3=I_{zz}$，这样，在惯量主轴坐标系下，惯量椭球的方程形式变为

$$I_1x^2+I_2y^2+I_3z^2=1 \tag{3-4-25}$$

这个方程形式比较简单，所以如果选惯量主轴为坐标轴，问题就能得到简化。

3. 在惯量主轴坐标系中几个物理量的表示

1）刚体对定点的转动惯量

$$(I_O)=\begin{pmatrix} I_1 & 0 & 0 \\ 0 & I_2 & 0 \\ 0 & 0 & I_3 \end{pmatrix} \tag{3-4-26}$$

由上式可知，选取过定点 O 的惯量主轴为坐标轴时，因惯量矩阵是对角矩阵，所以三个对角元素就是分别对三个惯量主轴的主转动惯量。

2）刚体对定点的动量矩

$$\boldsymbol{J}_O=(I_O)\cdot\boldsymbol{\omega}=\begin{pmatrix} I_1 & 0 & 0 \\ 0 & I_2 & 0 \\ 0 & 0 & I_3 \end{pmatrix}\begin{pmatrix} \omega_x \\ \omega_y \\ \omega_z \end{pmatrix} \tag{3-4-27}$$

$$\boldsymbol{J}_O=I_1\omega_x\boldsymbol{i}+I_2\omega_y\boldsymbol{j}+I_3\omega_z\boldsymbol{k}=I_1\alpha\boldsymbol{\omega}+I_2\beta\boldsymbol{\omega}+I_3\gamma\boldsymbol{\omega}=(I_1\alpha+I_2\beta+I_3\gamma)\boldsymbol{\omega}$$

显然，在惯量主轴坐标系下，动量矩 $\boldsymbol{J}_O$ 与角速度 $\boldsymbol{\omega}$ 的方向一致。

3）刚体对定点的转动动能

$$T=\frac{1}{2}\boldsymbol{\omega}\cdot\boldsymbol{J}_O=\frac{1}{2}(I_{xx}\omega_x^2+I_{yy}\omega_y^2+I_{zz}\omega_z^2-2I_{yz}\omega_y\omega_z-2I_{zx}\omega_z\omega_x-2I_{xy}\omega_x\omega_y) \tag{3-4-28}$$

在惯量主轴坐标系下，所有的惯量积统统为零，且 $I_{xx}=I_1$，$I_{yy}=I_2$，$I_{zz}=I_3$，则

$$T=\frac{1}{2}(I_1\omega_x^2+I_2\omega_y^2+I_3\omega_z^2) \tag{3-4-29}$$

3.4.5 惯量主轴坐标系的确定

1. 有几何对称性的均匀刚体

若 $I_{xy}=I_{xz}=0$，则 x 轴是惯量主轴，若 $I_{yz}=I_{yx}=0$，则 y 轴是惯量主轴。显然，可根据与某轴相关的惯量积等于零来判断该轴是否为惯量主轴。利用这一特性，对于具有对称性的均匀刚体，就容易从几何上找出惯量主轴。可以看出，通过某一点的下列两种轴线都是对于该点的惯量主轴。

1)几何对称轴是惯量主轴

现在来研究寻找给定刚体的主轴问题，先来考虑 xy 平面内薄片状的刚体。从惯量积定义 $I_{xy}=\sum m_i x_i y_i$ 可知，若刚体质量分布在 xy 平面内对某个轴有对称性的话，就意味着对该轴的惯量积 $\sum m_i x_i y_i=0$，同样的分析也适用于 I_{xz} 及 I_{yz}，因此若刚体对某一个轴有对称性，那么该轴就是刚体的一个主轴。例如，若 x 轴是某一均匀刚体的几何对称轴（见图 3-20），则刚体中位于 $P_i(x_i, y_i, z_i)$ 的质点必存在位于 $P_i'(x_i, -y_i, -z_i)$ 处与其对称的质点，故得出 $I_{xy}=I_{xz}=0$，因此 x 轴是惯量主轴。

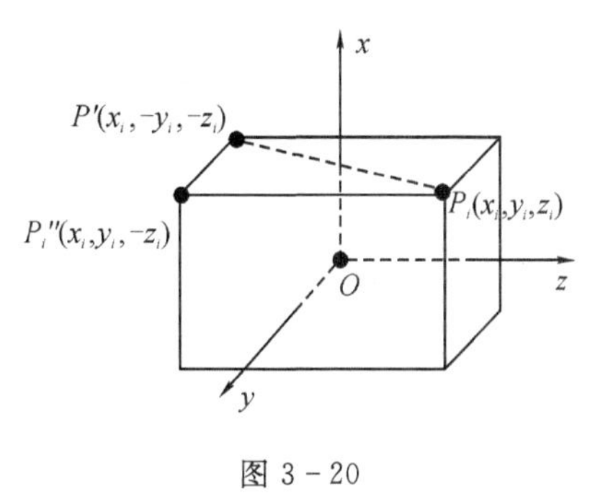

图 3-20

2)几何对称面的法线为惯量主轴

若 xy 平面是某均匀刚体的对称面（见图 3-20），则刚体中位于 $P_i(x_i, y_i, z_i)$ 的质点必存在位于 $P_i''(x_i, y_i, -z_i)$ 处与其对称的质点。同理有 $I_{xz}=I_{yz}=0$，因此 z 轴是惯量主轴。

2. 寻找刚体惯量主轴的代数方法

然而，刚体的主轴并不一定非要是刚体的对称轴，并不要求刚体一定要有对称性，这就意味着刚体的主轴也可以不是刚体的对称轴。例如，对于如图 3-21 所示的边长为 2 的等边三角形薄片，对称轴 y 轴显然是它的一个惯量主轴，然而通过计算可以证明 x 轴同样可以是它的一个主轴，尽管 x 轴不是三角形的对称轴。下面就讨论一般情况下如何求解刚体主轴的代数方法。

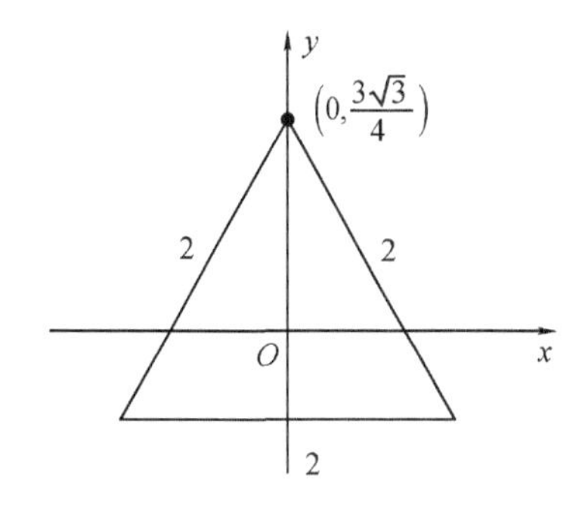

图 3-21

显然寻找刚体的主轴问题，就是要找到一个特定坐标系，在这个坐标系中惯量张量的非对角元素全部为零，这样的坐标系是否一定存在呢？由矩阵代数可以证明，任何一个实对称矩阵都可以通过坐标变换化为对角矩阵，即在新的坐标系中惯量张量的非对角元素全为零。这就意味着对任何刚体都能找到一个特殊的坐标系，相对这个坐标系惯量张量中所有的惯量积全都为零。这样，寻找刚体主轴的问题就化为求惯量张量的对角化问题。

由矩阵代数可以知道对角化惯量张量（实对称矩阵）可以通过解下列特征方程来实现：

$$|(I_O)-\lambda(E_O)|=0 \tag{3-4-30}$$

其中(E_O)是 3×3 单位矩阵，很明显可将行列式改写成

$$\begin{vmatrix} I_{xx}-\lambda & -I_{xy} & -I_{xz} \\ -I_{yx} & I_{yy}-\lambda & -I_{yz} \\ -I_{zx} & -I_{zy} & I_{zz}-\lambda \end{vmatrix}=0 \tag{3-4-31}$$

上式的行列式等价为一个关于 λ 的三次方程

$$\lambda^3+A\lambda^2+B\lambda+C=0 \tag{3-4-32}$$

式中：A、B、C 均为惯量矩阵与惯量积的函数。求解上述方程的 3 个根 λ_1，λ_2，λ_3，就是惯量主

轴坐标系中的 3 个主惯量。

主轴的方向可以利用下面的事实求得：在惯量主轴坐标系中，当刚体绕其中一个主轴转动时，角动量 $\boldsymbol{J}$ 与角速度 $\boldsymbol{\omega}$ 共线。若令对应主惯量 λ_1 的主轴在空间的 3 个方位角是 α，β，γ，且刚体以角速度 $\boldsymbol{\omega}$ 绕 λ_1 的主轴转动，这时角动量满足

$$\boldsymbol{J}=\lambda_1\boldsymbol{\omega}=(I_O)\boldsymbol{\omega}$$

很明显，上述矩阵方程可以写成

$$\begin{pmatrix}\lambda_1\omega\cos\alpha\\ \lambda_1\omega\cos\beta\\ \lambda_1\omega\cos\gamma\end{pmatrix}=\begin{pmatrix}I_{xx} & -I_{xy} & -I_{xz}\\ -I_{yx} & I_{yy} & -I_{yz}\\ -I_{zx} & -I_{zy} & I_{zz}\end{pmatrix}\times\begin{pmatrix}\omega\cos\alpha\\ \omega\cos\beta\\ \omega\cos\gamma\end{pmatrix}\tag{3-4-33}$$

按照矩阵代数，此方程等价于下面三个代数方程

$$\begin{cases}(I_{xx}-\lambda_1)\cos\alpha-I_{xy}\cos\beta-I_{xz}\cos\gamma=0\\ -I_{yx}\cos\alpha+(I_{yy}-\lambda_1)\cos\beta-I_{yz}\cos\gamma=0\\ -I_{zx}\cos\alpha-I_{zy}\cos\beta+(I_{zz}-\lambda_1)\cos\gamma=0\end{cases}\tag{3-4-34}$$

上式中已经约去了公因子 ω，解上述方程就可以找到对应主惯量 λ_1 的主轴在空间的 3 个方位角，当然这 3 个方位角的余弦还应满足

$$\cos^2\alpha+\cos^2\beta+\cos^2\gamma=1$$

同样地，将式(3-4-32)求出的主惯量 λ_2、λ_3 分别代入式(3-4-34)计算，可以得到另外两个主轴在空间的 3 个方位角，从而完全确定 3 个主轴的空间的取向。

例 3-3 求一个边长为 a 的正方形薄片绕 O 点转动时主轴的位置(见图 3-22)。

解 (1)求惯量张量：

$$I_{xx}=\int y^2\mathrm{d}m=\int_0^a y^2\rho a\,\mathrm{d}y=\frac{1}{3}\rho a^4=\frac{1}{3}ma^2$$

其中 $m=\rho a^2$，ρ 为薄片面密度。

同样 $I_{yy}=\dfrac{1}{3}ma^2$，由垂直轴定理，得

$$I_{zz}=I_{xx}+I_{yy}=\frac{2}{3}ma^2$$

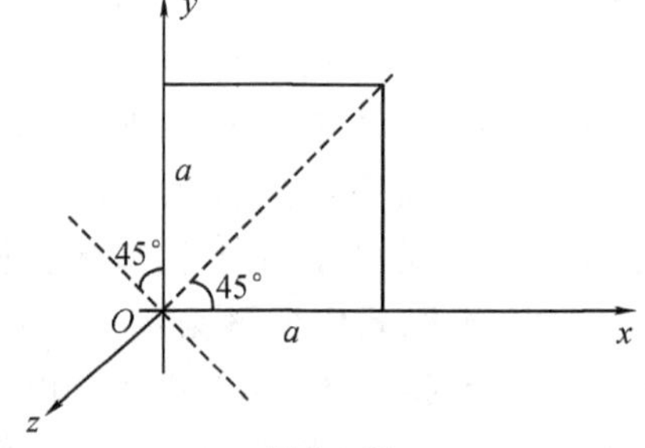

图 3-22

由于板上各点 $z=0$，所以含有 z 坐标的两个惯量积为零，只有

$$I_{xy}=\int xy\,\mathrm{d}m=\int_0^a\int_0^a xy\rho\,\mathrm{d}x\mathrm{d}y=\frac{1}{4}ma^2$$

于是惯量张量矩阵为

$$(I_O)=\begin{pmatrix}\frac{1}{3}ma^2 & -\frac{1}{4}ma^2 & 0\\ -\frac{1}{4}ma^2 & \frac{1}{3}ma^2 & 0\\ 0 & 0 & \frac{2}{3}ma^2\end{pmatrix}$$

(2) 求对 3 个主轴的主惯量。

由 $|(I_O)-\lambda(E_O)|=0$ 可得 λ 满足的方程

$$\begin{vmatrix} \frac{1}{3}ma^2-\lambda & -\frac{1}{4}ma^2 & 0 \\ -\frac{1}{4}ma^2 & \frac{1}{3}ma^2-\lambda & 0 \\ 0 & 0 & \frac{2}{3}ma^2-\lambda \end{vmatrix}=0$$

上式等价于代数方程

$$\left[\left(\frac{1}{3}ma^2-\lambda\right)^2-\left(\frac{1}{4}ma^2\right)^2\right]\left(\frac{2}{3}ma^2-\lambda\right)=0$$

由第一与第二因子分别为零,求得 λ 的 3 个根为

$$\lambda_1=\frac{2}{3}ma^2,\quad \lambda_2=\frac{7}{12}ma^2,\quad \lambda_3=\frac{1}{12}ma^2$$

此 3 个 λ 值就是 3 个主惯量。

(3) 求主轴的位置。

将惯量张量各分量及 λ 代入式(3-4-34),得

$$\begin{cases} \left(\frac{1}{3}ma^2-\lambda\right)\cos\alpha-\frac{1}{4}ma^2\cos\beta=0 \\ -\frac{1}{4}ma^2\cos\alpha+\left(\frac{1}{3}ma^2-\lambda\right)\cos\beta=0 \\ \left(\frac{2}{3}ma^2-\lambda\right)\cos\gamma=0 \end{cases} \tag{1}$$

式(1)就是主轴方位角 α, β, γ 应满足的方程。

取 $\lambda_3=\frac{1}{12}ma^2$ 代入上面的方程组,得

$$\cos\alpha-\cos\beta=0,\quad \cos\gamma=0 \tag{2}$$

很明显,第二个方程的解为 $\gamma=90°$,利用 $\cos^2\alpha+\cos^2\beta+\cos^2\gamma=1$,上式中的第一个方程化为

$$2\cos^2\alpha=1$$

解得 $\alpha=45°$或 $\alpha=135°$,由式(2)可知,若取 $\alpha=45°$,则 $\beta=45°$,若取 $\alpha=135°$,则 $\beta=135°$,于是可以选择主惯量 λ_3 对应主轴的 3 个方位角为 $\alpha=45°$,$\beta=45°$,$\gamma=90°$。

将 $\lambda_2=\frac{7}{12}ma^2$ 代入式(1),可得下面的方程

$$\begin{cases} \cos\alpha+\cos\beta=0 \\ \cos\gamma=0 \end{cases} \tag{3}$$

利用 $\cos^2\alpha+\cos^2\beta+\cos^2\gamma=1$,同样可求得 $\gamma=90°$,$2\cos^2\alpha=1$,于是取 $\alpha=135°$,$\beta=45°$,这样主惯量 λ_2 所对应主轴的 3 个方位角为 $\alpha=135°$,$\beta=45°$,$\gamma=90°$。

综上所述,正方形薄片过 O 点的两个主轴如图 3-22 中的虚线所示,第三个主轴为通过 O 点且垂直于板面的 z 轴,当然在通常情况下,刚体过某一固定点主轴的取法并不是唯一的。

例 3-4　均匀长方形薄片的边长为 a 与 b,质量为 m,求此长方形薄片绕其对角线转动时的转动惯量。

解　方法一:直接用定积分来计算。

取对角线为 x 轴,在 O 点和它垂直的直线为 y 轴(见图 3-23),并令 t 为薄片的厚度,ρ 为

密度，取一长方形窄条，长为 u，宽为 $\mathrm{d}y$，则绕对角线（x 轴）转动的转动惯量 I 为

$$I=2\int y^2\mathrm{d}m=2\int y^2(\rho tu\mathrm{d}y)=2\rho t\int y^2u\mathrm{d}y \tag{1}$$

因为

$$u:\sqrt{a^2+b^2}=(a\sin\theta-y):a\sin\theta$$

所以

$$u=\frac{(a\sin\theta-y)\sqrt{a^2+b^2}}{a\sin\theta} \tag{2}$$

将式(2)代入式(1)，得

$$\begin{aligned}I&=2\rho t\int_0^{a\sin\theta}y^2\frac{(a\sin\theta-y)\sqrt{a^2+b^2}}{a\sin\theta}\mathrm{d}y\\&=2\rho t\frac{\sqrt{a^2+b^2}}{a\sin\theta}\int_0^{a\sin\theta}y^2(a\sin\theta-y)\mathrm{d}y\\&=\frac{1}{6}\rho t\sqrt{a^2+b^2}a^3\sin^3\theta\end{aligned}$$

因为

$$\sin\theta=\frac{b}{\sqrt{a^2+b^2}}$$

所以

$$\begin{aligned}I&=\frac{1}{6}\rho t\sqrt{a^2+b^2}a^3\left(\frac{b}{\sqrt{a^2+b^2}}\right)^3\\&=\frac{1}{6}\rho abt\frac{a^2b^2}{a^2+b^2}\quad(m=\rho abt)\end{aligned}$$

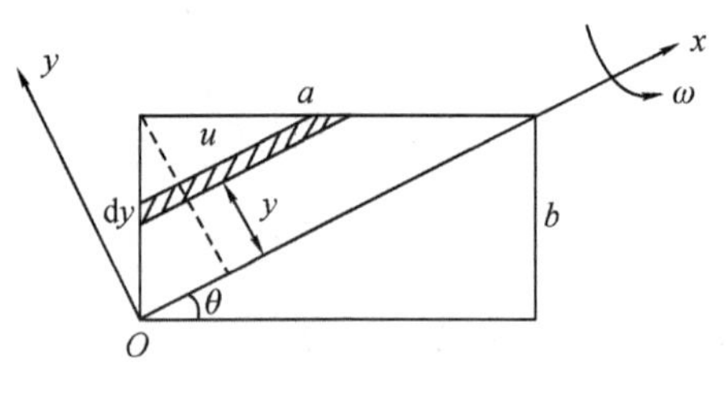

图 3-23

则

$$I=\frac{1}{6}m\frac{a^2b^2}{a^2+b^2}$$

方法二：利用公式 $I=I_{xx}\alpha^2+I_{yy}\beta^2+I_{zz}\gamma^2-2I_{yz}\beta\gamma-2I_{zx}\gamma\alpha-2I_{xy}\alpha\beta$ 来计算。

选取长方形的两边为坐标轴（见图 3-24）。

因为

$$\alpha=\cos\theta=\frac{a}{\sqrt{a^2+b^2}},\quad\beta=\cos\left(\frac{\pi}{2}-\theta\right)=\sin\theta=\frac{b}{\sqrt{a^2+b^2}},\quad\gamma=\cos\frac{\pi}{2}=0$$

所以

$$I=I_{xx}\alpha^2+I_{yy}\beta^2-2I_{xy}\alpha\beta \tag{1}$$

$$\begin{cases}I_{xx}=\int y^2\mathrm{d}m=\int_0^b y^2(\rho ta\mathrm{d}y)=\rho ta\int_0^b y^2\mathrm{d}y=\frac{1}{3}\rho tab^3\\I_{yy}=\int x^2\mathrm{d}m=\int_0^a x^2(\rho tb\mathrm{d}x)=\frac{1}{3}\rho tba^3\\I_{xy}=\int xy\mathrm{d}m=\int xy\rho t\mathrm{d}x\mathrm{d}y=\rho t\int_0^a x\mathrm{d}x\int_0^b y\mathrm{d}y=\frac{1}{4}\rho ta^2b^2\end{cases} \tag{2}$$

将式(2)代入式(1)，得

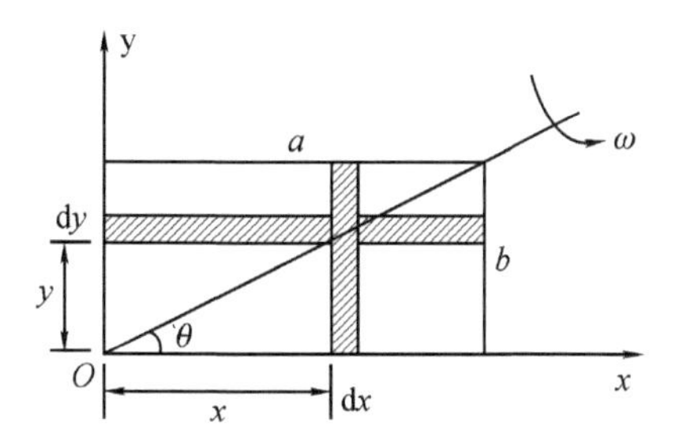

图 3-24

$$I=\frac{1}{3}\rho tab^3\cdot\frac{a^2}{a^2+b^2}+\frac{1}{3}\rho tba^3\cdot\frac{b^2}{a^2+b^2}-2\cdot\frac{1}{4}\rho ta^2b^2\cdot\frac{ab}{a^2+b^2}$$

$$I=\frac{1}{6}\rho tab\,\frac{a^2b^2}{a^2+b^2}$$

由于

$$m=\rho tab$$

则

$$I=\frac{1}{6}m\,\frac{a^2b^2}{a^2+b^2}$$

方法三:取惯量主轴为坐标轴(见图 3-25),则

$$\gamma=\cos\frac{\pi}{2}=0$$

$$I=I_1\alpha^2+I_2\beta^2+I_3\gamma^2\Rightarrow I=I_1\alpha^2+I_2\beta^2$$

$$I_1=\int y^2\mathrm{d}m=\int_{-\frac{b}{2}}^{\frac{b}{2}}y^2\rho ta\,\mathrm{d}y=\rho ta\int_{-\frac{b}{2}}^{\frac{b}{2}}y^2\mathrm{d}y=\frac{1}{12}\rho tab^3$$

$$I_2=\int x^2\mathrm{d}m=\int_{-\frac{a}{2}}^{\frac{a}{2}}x^2\rho tb\,\mathrm{d}x=\rho tb\int_{-\frac{a}{2}}^{\frac{a}{2}}x^2\mathrm{d}x=\frac{1}{12}\rho ta^3b$$

$$\alpha=\cos\theta=\frac{a}{\sqrt{a^2+b^2}},\quad \beta=\cos\left(\frac{\pi}{2}-\theta\right)=\sin\theta=\frac{b}{\sqrt{a^2+b^2}}$$

$$I=\frac{1}{12}\rho tab^3\cdot\frac{a^2}{a^2+b^2}+\frac{1}{12}\rho ta^3b\cdot\frac{b^2}{a^2+b^2}=\frac{1}{6}\rho tab\,\frac{a^2b^2}{a^2+b^2}=\frac{1}{6}m\,\frac{a^2b^2}{a^2+b^2}$$

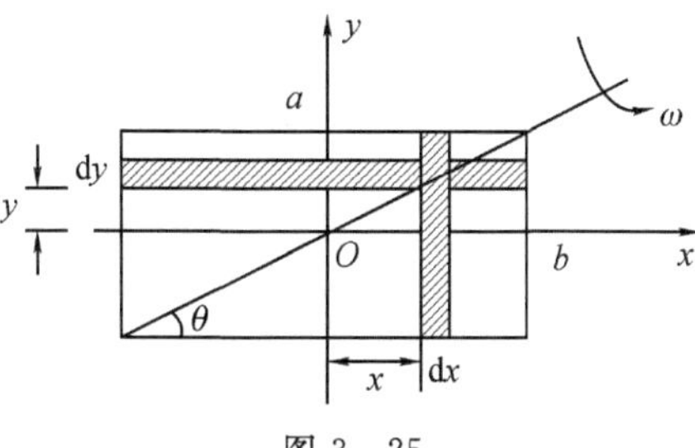

图 3-25

例 3-5　边长为 a,质量为 m 的匀质立方体,绕对角线以角速度 ω 转动,求此立方体的动能。

解　选取质心 C 作为坐标原点,建立坐标系 $C-xyz$,如图 3-26 所示,这时三个坐标轴都

是惯量主轴,立方体对 C 点的惯量矩阵(I_C)是对角化的,所有惯量积都为零,由对称性可知惯量矩阵的对角元素为

$$I_1 = I_2 = I_3$$

$$I_3 = I_{zz} = \iiint (x^2 + y^2)\rho \mathrm{d}x\mathrm{d}y\mathrm{d}z$$

$$= \rho\int_{-\frac{a}{2}}^{\frac{a}{2}} \mathrm{d}z\int_{-\frac{a}{2}}^{\frac{a}{2}}\int_{-\frac{a}{2}}^{\frac{a}{2}} (x^2 + y^2)\mathrm{d}x\mathrm{d}y$$

计算 $\int_{-\frac{a}{2}}^{\frac{a}{2}}\left[\int_{-\frac{a}{2}}^{\frac{a}{2}} (x^2 + y^2)\mathrm{d}x\right]\mathrm{d}y$,首先计算

$$\int_{-\frac{a}{2}}^{\frac{a}{2}} (x^2 + y^2)\mathrm{d}x = \int_{-\frac{a}{2}}^{\frac{a}{2}} x^2\mathrm{d}x + \int_{-\frac{a}{2}}^{\frac{a}{2}} y^2\mathrm{d}x = \frac{a^3}{12} + ay^2$$

则

$$I_3 = \frac{m}{a^3}\cdot a\cdot\int_{-\frac{a}{2}}^{\frac{a}{2}}\left(\frac{a^3}{12} + ay^2\right)\mathrm{d}y = \frac{1}{6}ma^2 \quad \left(\rho = \frac{m}{a^3}\right) \tag{1}$$

立方体的质心位于转轴上,其速度 $\boldsymbol{v}_C = 0$,所以立方体的动能只是立方体的转动动能,利用在惯量主轴坐标系下刚体的转动动能公式

$$T = \frac{1}{2}(I_1\omega_x^2 + I_2\omega_y^2 + I_3\omega_z^2) \tag{2}$$

转轴 AB 与 z 轴夹角余弦

$$\gamma = \frac{a}{\sqrt{a^2 + 2a^2}} = \frac{1}{\sqrt{3}}$$

转轴 AB 与 x、y 轴夹角的余弦分别为

$$\alpha = \frac{1}{\sqrt{3}}, \quad \beta = \frac{1}{\sqrt{3}}$$

将上述计算结果代入式(2),得

$$T = \frac{1}{2}\left[I_1\left(\frac{1}{\sqrt{3}}\omega\right)^2 + I_2\left(\frac{1}{\sqrt{3}}\omega\right)^2 + I_3\left(\frac{1}{\sqrt{3}}\omega\right)^2\right] = \frac{1}{12}ma^2\omega^2$$

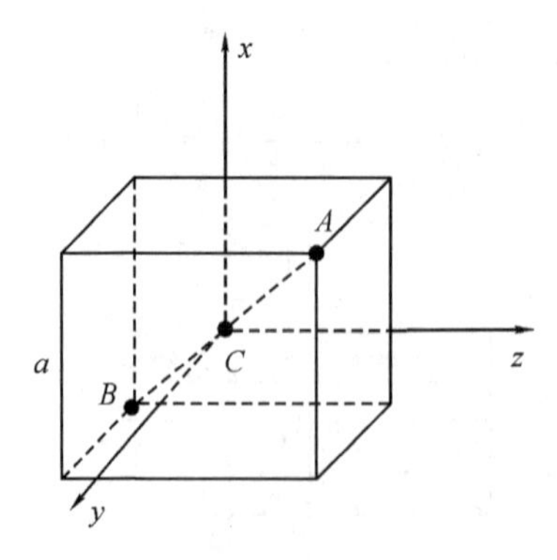

图 3-26

3.5　刚体的平动与绕固定轴的转动

3.5.1　刚体的平动

刚体运动时，如果在各个时刻，刚体中任意一条直线始终彼此平行，那么这种运动就叫作平动。应该注意，平动不一定是直线运动，刚体做平动时，可以做任意曲线运动，并非只是直线运动。如图 3-27 所示，刚体平动时，刚体内所有的点都有相同的速度和加速度。由于平动刚体中各个质点运动状态一样，因此可以简化为一个质点。

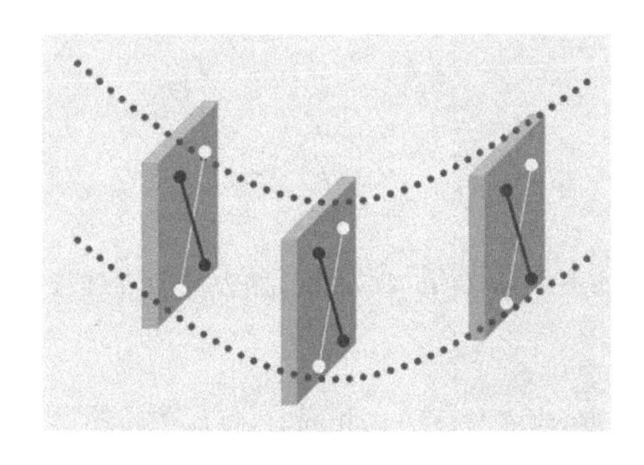

图 3-27

3.5.2　刚体的定轴转动

1. 运动分析

我们通常用角量来表征整个刚体的定轴转动情形。取刚体绕转轴转动的角度 θ 作为独立变量是最为恰当的，而且只要知道刚体绕这条轴线转了多少角度，就能完全确定刚体的位置。所以，刚体做定轴转动时只有一个独立变量，也就是说，刚体做定轴转动时的自由度 $i=1$。刚体做定轴转动时，刚体上各点均在垂直于转轴的平面内做圆周运动，但半径不一定相同。刚体做定轴转动时，刚体上各点的线位移（指一段时间）、线速度、线加速度各不相同，但是刚体上各点具有相同的角位移、角速度和角加速度，即角量相同，但线量不相同。可以想象，刚体上各点角量不相同，导致各质点间将发生位移，即不是一个刚体。

2. 速度和加速度

1）速度

在定轴转动中，$\boldsymbol{\omega}$ 的方向不变，恒沿固定的转动轴，如图 3-28 所示，则刚体上任一质点的速度为

$$\boldsymbol{v}=\boldsymbol{\omega}\times\boldsymbol{r} \tag{3-5-1}$$

由于 $\boldsymbol{v}$ 垂直于 $\boldsymbol{\omega}$ 与 $\boldsymbol{r}$ 所确定的平面，所以速度的大小为

$$|\boldsymbol{v}|=|\boldsymbol{\omega}|\cdot|\boldsymbol{r}|\cdot\sin\alpha \tag{3-5-2}$$

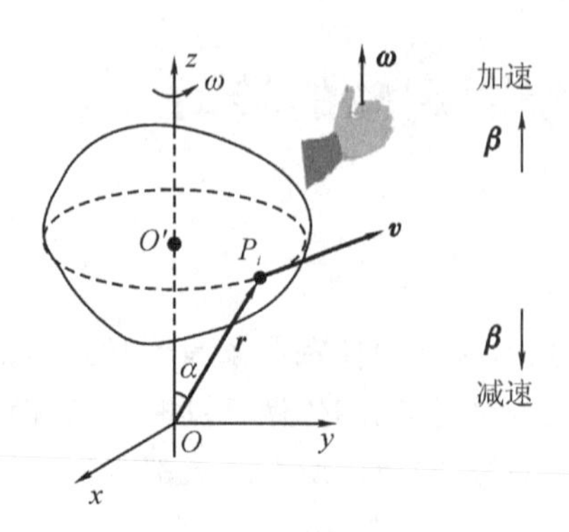

图 3-28

2)加速度

$$\boldsymbol{a}=\frac{\mathrm{d}\boldsymbol{v}}{\mathrm{d}t}=\frac{\mathrm{d}\boldsymbol{\omega}}{\mathrm{d}t}\times\boldsymbol{r}+\boldsymbol{\omega}\times\frac{\mathrm{d}\boldsymbol{r}}{\mathrm{d}t}=\frac{\mathrm{d}\boldsymbol{\omega}}{\mathrm{d}t}\times\boldsymbol{r}+\boldsymbol{\omega}\times(\boldsymbol{\omega}\times\boldsymbol{r}) \tag{3-5-3}$$

其中$\frac{\mathrm{d}\boldsymbol{\omega}}{\mathrm{d}t}\times\boldsymbol{r}=\boldsymbol{a}_\tau$,称为切向加速度;$\boldsymbol{\omega}\times(\boldsymbol{\omega}\times\boldsymbol{r})=\boldsymbol{a}_n$,称为法向加速度。加速度可分为切向分量和法向分量。

令$\boldsymbol{\beta}=\frac{\mathrm{d}\boldsymbol{\omega}}{\mathrm{d}t}$,称为角加速度,当$\boldsymbol{\beta}$与$\boldsymbol{\omega}$方向相同时,将加速转动;当$\boldsymbol{\beta}$与$\boldsymbol{\omega}$方向相反时,将减速转动(见图 3-28)。

式(3-5-3)变形为

$$\boldsymbol{a}=\boldsymbol{\beta}\times\boldsymbol{r}+\boldsymbol{\omega}\times(\boldsymbol{\omega}\times\boldsymbol{r}) \tag{3-5-4}$$

3. 动量矩

前面讲过刚体对固定点的动量矩,下面计算刚体做定轴转动时动量矩的形式,建立$O-xyz$坐标系,选择Oz轴作为转轴,刚体的转动角速度$\boldsymbol{\omega}=\omega\boldsymbol{k}$,刚体上任选一点$P_i$的坐标为$\boldsymbol{r}_i=x_i\boldsymbol{i}+y_i\boldsymbol{j}+z_i\boldsymbol{k}$,如图 3-28 所示。由于$Oz$是刚体做定轴转动时的转轴,因此$O$点是固定不动的。

现计算刚体对固定点O点的动量矩

$$\boldsymbol{J}_O=\sum_{i=1}^{n}(\boldsymbol{r}_i\times m_i\boldsymbol{v}_i)$$

将刚体看作由n个质点组成的质点组,且$n\to\infty$。

$$\begin{aligned}\boldsymbol{J}_O&=\sum_{i=1}^{n}[\boldsymbol{r}_i\times m_i(\boldsymbol{\omega}\times\boldsymbol{r}_i)]\\&=\sum_{i=1}^{n}m_i[r_i^2\boldsymbol{\omega}-(\boldsymbol{r}_i\cdot\boldsymbol{\omega})\boldsymbol{r}_i]\end{aligned}$$

由于

$$r_i^2\boldsymbol{\omega}=(x_i^2+y_i^2+z_i^2)\omega\boldsymbol{k}$$

$$\boldsymbol{r}_i\cdot\boldsymbol{\omega}=(x_i\boldsymbol{i}+y_i\boldsymbol{j}+z_i\boldsymbol{k})\cdot\omega\boldsymbol{k}=z_i\omega$$

$$(\boldsymbol{r}_i\cdot\boldsymbol{\omega})\boldsymbol{r}_i=z_i\omega(x_i\boldsymbol{i}+y_i\boldsymbol{j}+z_i\boldsymbol{k})=z_ix_i\omega\boldsymbol{i}+y_iz_i\omega\boldsymbol{j}+z_i{}^2\omega\boldsymbol{k}$$

则

$$\boldsymbol{J}_O = \sum_{i=1}^{n} m_i(x_i^2 + y_i^2)\omega\boldsymbol{k} - \sum_{i=1}^{n} m_i x_i z_i \omega \boldsymbol{i} - \sum_{i=1}^{n} m_i y_i z_i \omega \boldsymbol{j} \tag{3-5-5}$$

刚体对固定点 O 的动量矩沿坐标轴的分量式

$$\begin{cases} J_{Ox} = -\sum_{i=1}^{n} m_i x_i z_i \omega \\ J_{Oy} = -\sum_{i=1}^{n} m_i y_i z_i \omega \\ J_{Oz} = \sum_{i=1}^{n} m_i(x_i^2 + y_i^2)\omega \end{cases} \tag{3-5-6}$$

因为 z 轴就是转动轴，这一项 J_{Oz} 就是刚体对固定点 O 的动量矩沿转轴方向上的分量，也就是刚体对转轴的动量矩。式中 $\sum_{i=1}^{n} m_i(x_i^2 + y_i^2)$ 是刚体对转轴的转动惯量，用 I_{zz} 表示，即

$$I_{zz} = \sum_{i=1}^{n} m_i(x_i^2 + y_i^2)$$

式中：ω 为刚体做定轴转动时角速度的大小，可得

$$J_z = J_{Oz} = I_{zz}\omega \tag{3-5-7}$$

上式表明，在定轴转动中，刚体对转轴的动量矩等于刚体对转轴的转动惯量乘以刚体的转动角速度。

4. 动能

刚体做定点转动时的转动动能公式

$$T = \frac{1}{2}\boldsymbol{\omega} \cdot \boldsymbol{J} = \frac{1}{2}(\omega_x \boldsymbol{i} + \omega_y \boldsymbol{j} + \omega_z \boldsymbol{k}) \cdot (J_{Ox}\boldsymbol{i} + J_{Oy}\boldsymbol{j} + J_{Oz}\boldsymbol{k})$$

而刚体绕固定轴转动时，$\omega_x=0$，$\omega_y=0$，$\omega_z=\omega$，所以

$$T = \frac{1}{2}\omega\boldsymbol{k} \cdot (J_x\boldsymbol{i} + J_y\boldsymbol{j} + I_{zz}\omega\boldsymbol{k}) = \frac{1}{2}I_{zz}\omega^2$$

由此可得刚体绕固定轴转动时动能的表达式为

$$T = \frac{1}{2}I_{zz}\omega^2 \tag{3-5-8}$$

5. 势能(重力势能)

首先选择零势面(见图 3-29)，刚体的质量为 M，则势能为

$$V = \sum_{i=1}^{n} m_i g z_i$$

运用质心坐标公式

$$z_C = \frac{\sum_{i=1}^{n} m_i z_i}{M}$$

则

$$V = Mgz_C \tag{3-5-9}$$

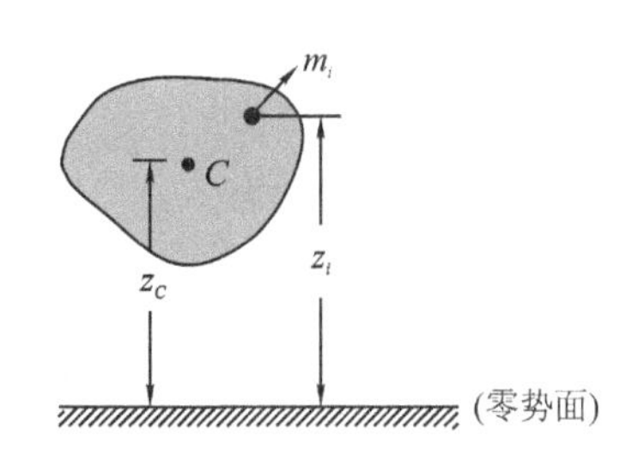

图 3-29

6. 机械能守恒

如果作用在刚体上的力为保守力，或有非保守力，但非保守力不做功，那么刚体做定轴转动时机械能是守恒的，即

$$\frac{1}{2}I_{zz}\omega^2 + V = E(\text{常量}) \tag{3-5-10}$$

7. 运动微分方程

根据质点组的动量矩定理，质点组对任一固定点的动量矩随时间的变化率，等于所有外力对该固定点的力矩的矢量和，即

$$\frac{\mathrm{d}\boldsymbol{J}}{\mathrm{d}t} = \boldsymbol{M}$$

刚体既然是特殊的质点组，上述结论对它也适用。刚体对任一固定点的动量矩随时间的变化率，等于所有外力对该固定点的力矩的矢量和，这就成了刚体的动量矩定理。

刚体做定轴转动时，假若 z 轴就是转动轴，那么刚体的动量矩沿 Oz 轴的分量式为

$$\frac{\mathrm{d}J_{Oz}}{\mathrm{d}t} = M_z$$

由于 $J_{Oz}=I_{zz}\omega$，代入上式，可得

$$\frac{\mathrm{d}(I_{zz}\omega)}{\mathrm{d}t} = M_z$$

刚体做定轴转动时，刚体对转轴的转动惯量 I_{zz} 是常量，则

$$I_{zz}\frac{\mathrm{d}\omega}{\mathrm{d}t} = M_z \tag{3-5-11}$$

这就是刚体做定轴转动时的运动微分方程。

若作用在刚体上的合外力矩沿 z 方向分量为零，即 $M_z=0$，可得 $I_{zz}\omega=$常量。若 I_{zz} 增大则 ω 减小，这就是力学中讲过的动量矩守恒定律。

例 3-6 设质量为 m 的复摆绕通过点 O 的水平轴做微小振动（见图 3-30），试求其运动方程及振动周期，并加以讨论。

解 在重力场内做定轴转动的刚体叫作复摆。O 为悬点，C 为质心，$\overline{OC}=l$ 为悬点 O 到质心 C 的距离。设此复摆绕通过 O 点的水平轴线转动时的转动惯量为 I_{Oz}。

根据刚体做定轴转动时的运动微分方程 $I_{zz}\dfrac{\mathrm{d}\omega}{\mathrm{d}t}=M_z$，可得

$$I_{Oz}\ddot{\theta} = -mgl\sin\theta \tag{1}$$

选使 θ 增大的方向为正，逆时针为正，则外力矩总是使 θ 减小，所以为负。

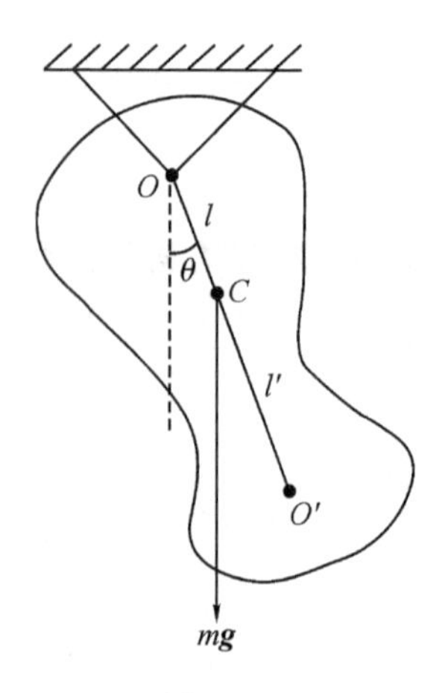

图 3-30

将式(1)变形，得

$$\ddot{\theta} + \frac{mgl}{I_{Oz}}\sin\theta = 0$$

由于做的是微小振动，所以 θ 很小，$\sin\theta\approx\theta$。

$$\ddot{\theta} + \frac{mgl}{I_{Oz}}\theta = 0 \tag{2}$$

这就是复摆的运动微分方程。

对单摆来讲(见图 3 - 31),其运动微分方程为

$$\ddot{\theta}+\frac{g}{L}\theta=0 \tag{3}$$

这就是单摆的运动微分方程。

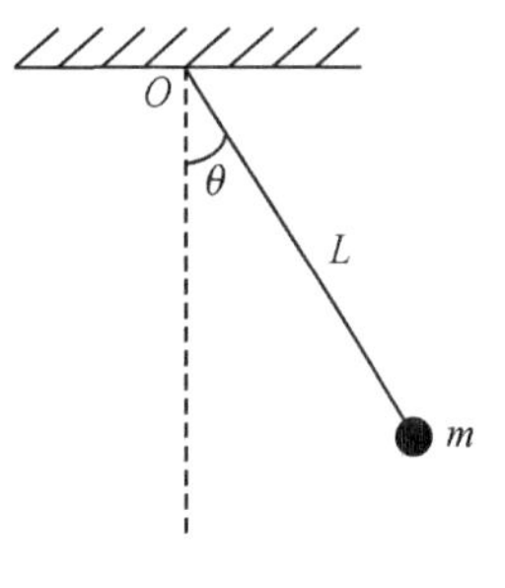

图 3 - 31

解方程式(2),可得

$$\theta=A\cos\left(\sqrt{\frac{mgl}{I_{Oz}}}\,t+\varphi\right) \tag{4}$$

解方程式(3),可得

$$\theta=A\cos\left(\sqrt{\frac{g}{L}}\,t+\varphi\right) \tag{5}$$

以上是运动微分方程的解,都是标准的简谐振动方程。

由式(4)、(5)分别可得复摆的周期 $T=\frac{2\pi}{\omega}=2\pi\sqrt{\frac{I_{Oz}}{mgl}}$,单摆的周期 $T=\frac{2\pi}{\omega}=2\pi\sqrt{\frac{L}{g}}$。振幅 A、初相 φ 由初始条件决定。

和单摆进行比较,可以看到,复摆和单摆所具有的运动微分方程形式很相似,所以单摆可以说成是复摆的一个特例。

若 $\frac{g}{L}=\frac{mgl}{I_{Oz}}$,且初始条件相同,那么单摆和复摆的运动规律完全相同。$L=\frac{I_{Oz}}{ml}$ 叫作等值单摆长。因为长度为 L 的单摆和对悬点的转动惯量为 I_{Oz},质心与悬点间距离为 l 的复摆具有相同的周期。

根据平行轴定理,可得 $L=\frac{I_{Cz}+ml^2}{ml}$,化简得

$$L=l+\frac{I_{Cz}}{ml}=l+l' \tag{6}$$

在 OC 的延长线上选一点 O' 使 $\overline{OO'}=L$,由于一个长度为 L 的单摆与复摆的运动规律完全相同,从运动规律上来讲,一个长度为 L 的单摆与复摆是等效的,可认为复摆的全部质量 m 都集中在 OC 延长线上的 O' 点上,O' 又称为振动中心。在 O' 点给一冲击力,在轴承中不可能产生冲击效应(相当于单摆),不产生附加支持力,所以 O' 点也称为打击中心。

对复摆而言,以 O 点为悬点与以 O' 为悬点时的振动周期相同。所以悬点和振动中心可以互相交换,而周期不变。利用这个关系,可以比较准确地测定重力加速度 g 的数值。只要能找到具有相同周期的两点 O 及 O' 的位置,即可测量出等值摆长 L,这比用单摆测 g 的方法好,因单摆的长度 L 不易测准。

3.5.3　轴承上的附加压力

设刚体上 A、B 两点被约束(例如被两轴承约束)固定不动,刚体绕固定轴转动,如图 3 - 32 所示,可以将其看作空间两点 A 和 B 保持不动时刚体的运动,因为两点可以决定一条直线,这条直线就是转动轴。由于刚体上 A、B 两点被约束固定不动,就可以用去掉约束,代之以约束反作用力的方法,认为 A、B 两点受到约束反作用力 $\boldsymbol{N}_A$ 和 $\boldsymbol{N}_B$,约束反作用力也称为约束力。

就可以同时用动量定理和动量矩定理来确定其运动规律和作用在 A、B 两点上的约束反力。这样，刚体做定轴转动时，刚体除了受到主动力 $\boldsymbol{F}_1$，$\boldsymbol{F}_2$，…，$\boldsymbol{F}_n$ 作用外，还分别受到 A、B 两点的约束反作用力 $\boldsymbol{N}_A$ 与 $\boldsymbol{N}_B$ 的作用。实际上约束反作用力是分布在整个转轴上的，但我们总可以将它们等价地简化成作用在两定点 A、B 上。

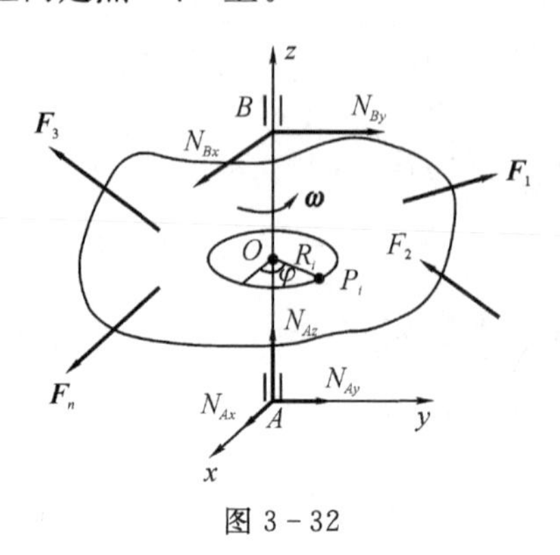

图 3-32

令转动轴 AB 为 z 轴，可设 $\boldsymbol{N}_A$ 在坐标轴上的分量分别为 N_{Ax}、N_{Ay} 和 N_{Az}，而 $\boldsymbol{N}_B$ 的分量分别为 N_{Bx} 和 N_{By}。

根据质点组的动量定理和质点组对固定点 A 的动量矩定理，得

$$\begin{cases} \dfrac{\mathrm{d}}{\mathrm{d}t}\sum\limits_{i=1}^{n} m_i\dot{x}_i = N_{Ax} + N_{Bx} + \sum\limits_{i=1}^{n} F_{ix} \\ \dfrac{\mathrm{d}}{\mathrm{d}t}\sum\limits_{i=1}^{n} m_i\dot{y}_i = N_{Ay} + N_{By} + \sum\limits_{i=1}^{n} F_{iy} \\ \dfrac{\mathrm{d}}{\mathrm{d}t}\sum\limits_{i=1}^{n} m_i\dot{z}_i = N_{Az} + \sum\limits_{i=1}^{n} F_{iz} \end{cases} \tag{3-5-12}$$

上式表明，质点组的总动量在某一方向的分量随时间的变化率等于作用在质点组上的所有外力沿该方向的分量之和。

$$\begin{cases} \dfrac{\mathrm{d}}{\mathrm{d}t}\sum\limits_{i=1}^{n} m_i(y_i\dot{z}_i - z_i\dot{y}_i) = -\overline{AB}\cdot N_{By} + \sum\limits_{i=1}^{n} M_{ix} \\ \dfrac{\mathrm{d}}{\mathrm{d}t}\sum\limits_{i=1}^{n} m_i(z_i\dot{x}_i - x_i\dot{z}_i) = \overline{AB}\cdot N_{Bx} + \sum\limits_{i=1}^{n} M_{iy} \\ \dfrac{\mathrm{d}}{\mathrm{d}t}\sum\limits_{i=1}^{n} m_i(x_i\dot{y}_i - y_i\dot{x}_i) = \sum\limits_{i=1}^{n} M_{iz} \end{cases} \tag{3-5-13}$$

质点组对固定点 A 的动量矩在某一方向上的分量随时间的变化率等于作用在质点组上所有外力对固定点 A 的力矩沿该方向的分量之和。

任意选取一点 P_i，该质点在垂直于转轴的平面内做圆周运动，半径是 R_i。因 $x_i = R_i\cos\varphi$，$y_i = R_i\sin\varphi$，$z_i =$ 常量，则

$$\dot{x}_i = R_i(-\sin\varphi)\dot{\varphi} = -y_i\omega \Rightarrow \dot{x}_i = -y_i\omega$$

$$\ddot{x}_i = \frac{\mathrm{d}}{\mathrm{d}t}(-y_i\omega) = \frac{\mathrm{d}}{\mathrm{d}t}(-R_i\omega\sin\varphi) = -R_i\cos\varphi\cdot\dot{\varphi}\omega - R_i\dot{\omega}\sin\varphi \Rightarrow \ddot{x}_i = -x_i\omega^2 - y_i\dot{\omega}$$

$$\dot{y}_i = R_i\cos\varphi\cdot\dot{\varphi} \Rightarrow \dot{y}_i = x_i\omega$$

$$\ddot{y}_i = \frac{\mathrm{d}}{\mathrm{d}t}(R_i\omega\cos\varphi) = R_i(-\sin\varphi)\dot{\varphi}\omega + R_i\dot{\omega}\cos\varphi \Rightarrow \ddot{y}_i = -y_i\omega^2 + x_i\dot{\omega}$$

因 z_i=常量,所以 $\dot{z}_i=0$,$\ddot{z}_i=0$。

对式(3-5-12)中第一个式子化简,可得

$$\frac{\mathrm{d}}{\mathrm{d}t}\sum_{i=1}^{n} m_i(-y_i\omega) = N_{Ax} + N_{Bx} + \sum_{i=1}^{n} F_{ix}$$

$$-\frac{\mathrm{d}}{\mathrm{d}t}\sum_{i=1}^{n} m_i y_i\omega = -m\frac{\mathrm{d}}{\mathrm{d}t}\left(\frac{\sum_{i=1}^{n} m_i y_i}{m}\right)\omega$$

上式中 m 为刚体的总质量。

利用质心坐标公式 $y_C = \frac{\sum_{i=1}^{n} m_i y_i}{m}$,可得

$$\frac{\mathrm{d}}{\mathrm{d}t}\sum_{i=1}^{n} m_i(-y_i\omega) = -m\frac{\mathrm{d}}{\mathrm{d}t}(y_C\omega) = -m(\dot{y}_C\omega + y_C\dot{\omega}) = -m(x_C\omega^2 + y_C\dot{\omega})$$

这样,可得

$$-mx_C\omega^2 - my_C\dot{\omega} = N_{Ax} + N_{Bx} + \sum_{i=1}^{n} F_{ix} \tag{3-5-14}$$

将式(3-5-12)中第二个式子化简,可得

$$\frac{\mathrm{d}}{\mathrm{d}t}\sum_{i=1}^{n} m_i\dot{y}_i = \frac{\mathrm{d}}{\mathrm{d}t}\sum_{i=1}^{n} m_i x_i\omega = m\frac{\mathrm{d}}{\mathrm{d}t}\left(\frac{\sum_{i=1}^{n} m_i x_i}{m}\right)\omega = m\frac{\mathrm{d}}{\mathrm{d}t}(x_C\omega) = m\dot{x}_C\omega + mx_C\dot{\omega}$$

$$= m(-y_C\omega)\omega + mx_C\dot{\omega} = -my_C\omega^2 + mx_C\dot{\omega}$$

这样,可得

$$-my_C\omega^2 + mx_C\dot{\omega} = N_{Ay} + N_{By} + \sum_{i=1}^{n} F_{iy} \tag{3-5-15}$$

对式(3-5-12)中第三个式子化简,可得

$$0 = N_{Az} + \sum_{i=1}^{n} F_{iz} \tag{3-5-16}$$

对式(3-5-13)中第一个式子化简,可得

$$\begin{aligned}
\frac{\mathrm{d}}{\mathrm{d}t}\sum_{i=1}^{n} m_i(y_i\dot{z}_i - z_i\dot{y}_i) &= \frac{\mathrm{d}}{\mathrm{d}t}\left(-\sum_{i=1}^{n} m_i z_i\dot{y}_i\right) = -\frac{\mathrm{d}}{\mathrm{d}t}\sum_{i=1}^{n} m_i z_i x_i\omega \\
&= -\left(\sum_{i=1}^{n} m_i\dot{z}_i x_i\omega + \sum_{i=1}^{n} m_i z_i\dot{x}_i\omega + \sum_{i=1}^{n} m_i z_i x_i\dot{\omega}\right) \\
&= -\left[\sum_{i=1}^{n} m_i z_i(-y_i\omega)\omega + \sum_{i=1}^{n} m_i z_i x_i\dot{\omega}\right] \\
&= \sum_{i=1}^{n} m_i y_i z_i\omega^2 - \sum_{i=1}^{n} m_i z_i x_i\dot{\omega} \\
&= I_{yz}\omega^2 - I_{zx}\dot{\omega}
\end{aligned}$$

这样,可得

$$I_{yz}\omega^2 - I_{zx}\dot{\omega} = -\overline{AB} \cdot N_{By} + M_x \qquad (3-5-17)$$

对式(3－5－13)中第二个式子化简，可得

$$\begin{aligned}\frac{\mathrm{d}}{\mathrm{d}t}\sum_{i=1}^{n} m_i(z_i\dot{x}_i - x_i\dot{z}_i) &= \frac{\mathrm{d}}{\mathrm{d}t}\sum_{i=1}^{n} m_i z_i(-y_i\omega) = -\frac{\mathrm{d}}{\mathrm{d}t}\sum_{i=1}^{n} m_i z_i y_i \omega \\ &= -\left(\sum_{i=1}^{n} m_i\dot{z}_i y_i\omega + \sum_{i=1}^{n} m_i z_i\dot{y}_i\omega + \sum_{i=1}^{n} m_i z_i y_i\dot{\omega}\right) \\ &= -\sum_{i=1}^{n} m_i z_i x_i\omega^2 - \sum_{i=1}^{n} m_i z_i y_i\dot{\omega} \\ &= -I_{zx}\omega^2 - I_{zy}\dot{\omega}\end{aligned}$$

这样，可得

$$-I_{zx}\omega^2 - I_{zy}\dot{\omega} = \overline{AB} \cdot N_{Bx} + M_y \qquad (3-5-18)$$

对式(3－5－13)中第三个式子化简，可得

$$\begin{aligned}\frac{\mathrm{d}}{\mathrm{d}t}\sum_{i=1}^{n} m_i(x_i\dot{y}_i - y_i\dot{x}_i) &= \frac{\mathrm{d}}{\mathrm{d}t}\sum_{i=1}^{n} m_i(x_i^2\omega + y_i^2\omega) = \frac{\mathrm{d}}{\mathrm{d}t}\sum_{i=1}^{n} m_i(x_i^2 + y_i^2)\omega \\ &= \sum_{i=1}^{n} m_i(x_i^2 + y_i^2)\dot{\omega} = I_{zz}\dot{\omega}\end{aligned}$$

可得

$$I_{zz}\dot{\omega} = M_z \qquad (3-5-19)$$

以上 6 个式子即式(3－5－14)～(3－5－19)就是刚体做定轴转动的 6 个基本方程。式(3－5－19)就是刚体绕固定轴转动的动力学方程。该方程式中不含有约束反作用力，而其他 5 式，则可用来求约束反作用力的 5 个分量 N_{Ax}、N_{Ay}、N_{Az}、N_{Bx} 和 N_{By}。

若 $\omega=\dot{\omega}=0$，以上 6 个方程式左端各项均等于零。这 6 个方程就是刚体的平衡方程，前 3 个方程(3－5－14)、(3－5－15)、(3－5－16)为力的平衡方程，后 3 个方程(3－5－17)、(3－5－18)、(3－5－19)为力矩的平衡方程。此时所计算出来的轴承约束力叫作静力反作用力。

若 $\omega\neq0$、$\dot{\omega}\neq0$，所计算出来的轴承约束力叫作动力反作用力。动力反作用力是大于静力反作用力的。动力反作用力减去静力反作用力叫作作用在轴上的附加压力。作用在轴上附加压力的反作用力为作用在轴承上的附加压力。如果作用在轴承上的附加压力越大，则刚体转动时轴承上所受的摩擦力就越大，轴承处发热就越多，就极有可能损坏轴承。

在 $\omega\neq0$、$\dot{\omega}\neq0$ 的条件下，分析使作用在轴承上附加压力等于零的条件。

如果要刚体转动时不在轴承上产生附加压力，即在同样主动力作用下，动力反作用力与静力反作用力相等，其充要条件是 $\omega\neq0$ 且 $\dot{\omega}\neq0$ 时，式(3－5－14)、(3－5－15)、(3－5－17)、(3－5－18)中的左边均等于零。这样，就有

$$\begin{cases} x_C\,\omega^2 + y_C\,\dot{\omega} = 0 \\ -y_C\,\omega^2 + x_C\,\dot{\omega} = 0 \end{cases} \qquad (3-5-20)$$

$$\begin{cases} I_{yz}\omega^2 - I_{zx}\dot{\omega} = 0 \\ I_{zx}\omega^2 + I_{yz}\dot{\omega} = 0 \end{cases} \qquad (3-5-21)$$

式(3－5－20)这个方程组，存在非零解的条件是系数行列式为零，即

$$\begin{vmatrix} x_C & y_C \\ -y_C & x_C \end{vmatrix} = 0$$

可得 $x_C = y_C = 0$，说明质心在转轴上。

式(3-5-21)这个方程组，存在非零解的条件是系数行列式为零，即

$$\begin{vmatrix} I_{yz} & -I_{zx} \\ I_{zx} & I_{yz} \end{vmatrix} = 0$$

可得 $I_{yz} = I_{zx} = 0$，说明转轴为惯量主轴。

显然，如果要使刚体转动时，不在轴承上产生附加压力，就要求刚体的质心在转动轴上，而且转动轴是惯量主轴。如果刚体在做定轴转动时，对轴承上不产生附加压力，就说刚体已达到动平衡状态，这时的转动轴叫作自由转动轴。

3.6　刚体的平面平行运动

3.6.1　平面平行运动运动学

1. 定义

若刚体内任意一点都始终在平行于某一固定平面的平面内运动，则此刚体做平面平行运动。

2. 运动分析

显然，刚体中垂直于固定平面的直线上的各点，其运动状态完全相同。任何一个与固定平面平行的刚体截面，它的运动都可以用来恰当地代表刚体的运动。

1)可以简化为平面图形

对于刚体做平面平行运动，只需研究刚体中任一和固定平面平行的截面的运动就可以了，因为垂直于固定平面的直线上的各点都有相同的轨道、速度和加速度，于是空间问题转化为平面问题。

L 为薄片运动前的位置(在 t 时刻的位置)，L' 为薄片发生一位移后的位置(在 $t+\Delta t$ 时刻的位置)，并令 A、B 为运动前薄片上的两点，A'、B' 为运动后薄片上对应的两点(见图 3-33)。显然，由 L 至 L' 可由下列两个步骤完成。

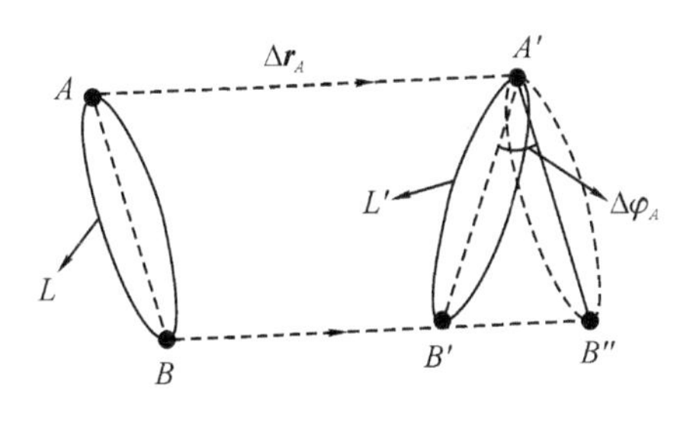

图 3-33

(1)纯平动。薄片上任何一点的位移都与 $\overline{AA'}$ 平行，而且等于 $\overline{AA'}$，此时 A 点已到达了它的最后位置，但其他各点一般还没有到达其最终位置。

(2)纯滚动。整个薄片绕 A' 点(实际上是绕通过 A' 并垂直于固定平面的轴线)转过一角度，其大小等于 $A'B''$ 与 $A'B'$ 所夹的角。在这种情况下，A 点常叫作基点。平动位移与基点选

择有关,选不同点作为基点,平动位移是不相同的,而转动角位移与基点选择无关,即选择不同点作为基点,转动的角位移是相同的。因此,刚体的平面平行运动可以分解为以基点为代表的平动和刚体绕基点轴的转动。

3. 运动方程

运动方程就是描述物体的位置与时间的关系,刚体做平面平行运动就可以分解为以基点为代表的平动和刚体绕基点轴的转动。由于基点始终在平行于某一固定平面的平面上运动,因此基点的平动可以用 2 个坐标参量(x, y)来表示;刚体绕基点轴的转动,可看作定轴转动,可以用 1 个独立坐标参量角度 φ 来表示。刚体做平面平行运动的运动学方程为

$$\begin{cases} x_A = x_A(t) \\ y_A = y_A(t) \\ \varphi = \varphi(t) \end{cases} \tag{3-6-1}$$

基点的平动可以用 2 个独立坐标参量表示,刚体绕基点轴的转动可以用 1 个独立坐标参量表示。因此,刚体做平面平行运动时自由度 $i=3$。可以看到,3 个自由度正好对应 3 个方程。

4. 速度和加速度

1)速度

当刚体连续运动时,仍然可以认为它的运动是随基点的平动及绕基点的转动这两种基本运动的合成。随基点平动时,薄片上任一点的速度显然与基点的速度相同,而绕基点转动时,则又可认为是一定轴转动,这时看作基点不动,整个薄片绕通过基点并垂直于薄片的直线转动。

设 A 点为基点,在某一时刻,其速度为 $\boldsymbol{v}_A$,又在此时刻,薄片绕 A 转动的角速度为 $\boldsymbol{\omega}$(垂直于薄片并沿着转动轴),则薄片上任一点 P 的速度为

$$\boldsymbol{v} = \boldsymbol{v}_A + \boldsymbol{\omega} \times \boldsymbol{r}' = \boldsymbol{v}_A + \boldsymbol{\omega} \times (\boldsymbol{r} - \boldsymbol{r}_O) \tag{3-6-2}$$

式中:$\boldsymbol{r}'$为所求点 P 点相对于基点 A 的位矢;$\boldsymbol{r}$ 为 P 点对固定坐标系原点 O 的位矢;$\boldsymbol{r}_O$ 为基点 A 对固定坐标系原点 O 的位矢;$\boldsymbol{\omega} \times \boldsymbol{r}'$为 P 点相对于基点 A 的速度(见图 3-34)。

P 点相对于固着在固定平面上的坐标系 $O-xy$ 而言,其坐标为(x, y),相对于固着在薄片上并随薄片一同运动的坐标系 $A-x'y'$而言,其坐标为(x', y'),而 A 相对于 $O-xy$ 系的坐标为(x_O, y_O),因 $\boldsymbol{\omega}$ 恒垂直于固定平面或薄片,即沿 z 轴或 z'轴(认为 $\boldsymbol{\omega}$ 沿 z 轴正向)。

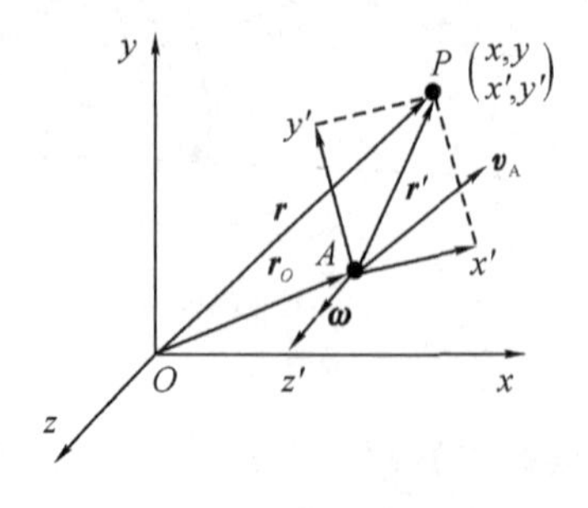

图 3-34

下面计算相对于 $O-xy$ 系式(3-6-2)的分量表示式。

$$\boldsymbol{v}=\boldsymbol{v}_A+\omega\boldsymbol{k}\times[(x\boldsymbol{i}+y\boldsymbol{j})-(x_O\boldsymbol{i}+y_O\boldsymbol{j})]$$
$$\boldsymbol{v}=\boldsymbol{v}_A+\omega\boldsymbol{k}\times[(x-x_O)\boldsymbol{i}+(y-y_O)\boldsymbol{j}]$$
$$\boldsymbol{v}=\boldsymbol{v}_A+\omega(x-x_O)\boldsymbol{j}-\omega(y-y_O)\boldsymbol{i}$$
$$\boldsymbol{v}=\boldsymbol{v}_{Ax}\boldsymbol{i}+\boldsymbol{v}_{Ay}\boldsymbol{j}+\omega(x-x_O)\boldsymbol{j}-\omega(y-y_O)\boldsymbol{i}$$

相对于 $O-xy$ 系式(3-6-2)的分量表示式为

$$\begin{cases}v_x=v_{Ax}-\omega(y-y_O)\\ v_y=v_{Ay}+\omega(x-x_O)\end{cases}\tag{3-6-3}$$

相对于 $A-x'y'$系式(3-6-2)的分量表示式为

$$\boldsymbol{v}'=\boldsymbol{v}_A{}'+\boldsymbol{\omega}\times\boldsymbol{r}'$$
$$\boldsymbol{v}'=\boldsymbol{v}'_A+\omega\boldsymbol{k}'\times(x'\boldsymbol{i}'+y'\boldsymbol{j}')$$
$$\boldsymbol{v}'=\boldsymbol{v}'_A+\omega x'\boldsymbol{j}'-\omega y'\boldsymbol{i}'$$
$$\boldsymbol{v}'=v'_{Ax}\boldsymbol{i}'+v'_{Ay}\boldsymbol{j}'+\omega x'\boldsymbol{j}'-\omega y'\boldsymbol{i}'$$

相对于 $A-x'y'$系式(3-6-2)的分量表示式为

$$\begin{cases}v'_x=v'_{Ax}-\omega y'\\ v'_y=v'_{Ay}+\omega x'\end{cases}\tag{3-6-4}$$

2)加速度

$$\boldsymbol{a}=\frac{\mathrm{d}\boldsymbol{v}}{\mathrm{d}t}=\frac{\mathrm{d}\boldsymbol{v}_A}{\mathrm{d}t}+\frac{\mathrm{d}\boldsymbol{\omega}}{\mathrm{d}t}\times\boldsymbol{r}'+\boldsymbol{\omega}\times\frac{\mathrm{d}\boldsymbol{r}'}{\mathrm{d}t}=\boldsymbol{a}_A+\frac{\mathrm{d}\boldsymbol{\omega}}{\mathrm{d}t}\times\boldsymbol{r}'+\boldsymbol{\omega}\times(\boldsymbol{\omega}\times\boldsymbol{r}')\tag{3-6-5}$$

因 $\boldsymbol{\omega}\times(\boldsymbol{\omega}\times\boldsymbol{r}')=\boldsymbol{\omega}(\boldsymbol{\omega}\cdot\boldsymbol{r}')-\boldsymbol{r}'\omega^2$，而在平面平行坐标系中，$\boldsymbol{r}'$与 $\boldsymbol{\omega}$ 垂直，故 $\boldsymbol{\omega}\cdot\boldsymbol{r}'=0$，所以

$$\boldsymbol{a}=\boldsymbol{a}_A+\frac{\mathrm{d}\boldsymbol{\omega}}{\mathrm{d}t}\times\boldsymbol{r}'-\boldsymbol{r}'\omega^2\tag{3-6-6}$$

式(3-6-6)中第一项 $\boldsymbol{a}_A$ 是基点 A 点的加速度；第二项中$\frac{\mathrm{d}\boldsymbol{\omega}}{\mathrm{d}t}$是角加速度，与定轴转动时的情况一样，总与 $\boldsymbol{\omega}$ 同沿着转动轴线，但其指向则与 $\boldsymbol{\omega}$ 相同(加速转动时)或相反(减速转动时)，$\frac{\mathrm{d}\boldsymbol{\omega}}{\mathrm{d}t}\times\boldsymbol{r}'$为相对于基点的切向加速度，量值为 $r'\beta$(β 为角加速度的大小)，方向与 $\boldsymbol{r}'$垂直；最后一项为相对于基点的向心加速度，相对于基点的向心加速度的量值为 ω^2r'，方向沿 $\boldsymbol{r}'$反方向并指向基点 A。

5. 转动瞬心

一般来说，任一瞬间刚体上各点具有不同的速度和加速度。那么，能否在刚体上找到速度为零的点？研究发现，做平面平行运动的刚体，其角速度不为零时，在任一时刻薄片上恒有一点的速度为零，这点叫作转动瞬心，也称为速度瞬心，常以 C 表示。

转动瞬心相对于 $O-xy$ 系的坐标，可令式(3-6-3)中的 v_x 及 v_y 等于零而求得

$$\left.\begin{aligned}0=v_{Ax}-\omega(y-y_O)\\ 0=v_{Ay}+\omega(x-x_O)\end{aligned}\right\}\Rightarrow\begin{cases}x=x_C=x_O-\dfrac{v_{Ay}}{\omega}\\ y=y_C=y_O+\dfrac{v_{Ax}}{\omega}\end{cases}\tag{3-6-7}$$

而转动瞬心相对 $A-x'y'$系的坐标，则可令式(3-6-4)中的 v'_x及 v'_y等于零而求得

$$\left.\begin{array}{l}0=v'_{Ax}-\omega y' \\ 0=v'_{Ay}+\omega x'\end{array}\right\} \Rightarrow \begin{cases}x'=x'_C=-\dfrac{v'_{Ay}}{\omega} \\ y'=y'_C=\dfrac{v'_{Ax}}{\omega}\end{cases} \tag{3-6-8}$$

若 $\omega=0$，则无转动瞬心；或者说，转动瞬心在无穷远处。

只要转动瞬心 C 为已知，就很容易推出薄片在此时刻的运动情况。因为如果取 C 为基点，则因 C 在此时刻的速度为零，所以薄片将仅绕 C 转动（见图 3－35），而任意一点 P 的速度与 CP 垂直，其量值为 $\overline{CP}\cdot\omega$，例如汽车车轮在地面上运动。

车轮与地面不打滑，则车轮与地面上相接触点的速度应该相同，所以 C 点的速度为零，接触点为转动瞬心，车轮这种运动叫作纯滚动，P 点的速度大小为

$$v_P=\omega\cdot\overline{PC} \tag{3-6-9}$$

因此，刚体的平面平行运动可以看成是绕转动瞬心轴的"定轴"转动。

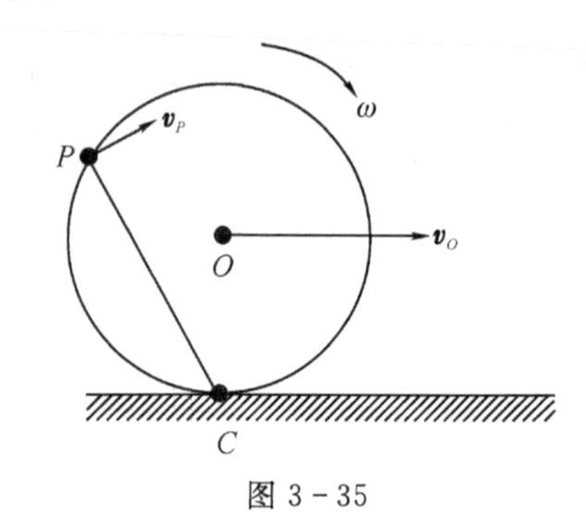

图 3－35

既然某一瞬时，刚体绕转动瞬心轴做"定轴"转动，则这一瞬时刚体上任意点都绕瞬心做圆周运动，它的速度方向必与该点处的圆周半径垂直，故若刚体上两点的速度方向已知，则分别通过这两点做速度的垂线，它们的交点就是瞬心。

只要知道薄片上任意两点 A 和 B 的速度的方向，就可以用几何法求出转动瞬心 C 的位置（见图 3－36）。设已知 A、B 点的速度方向，那么过 A 及 B 作两直线分别垂直于 $\boldsymbol{v}_A$ 及 $\boldsymbol{v}_B$，那么两直线的交点即为转动瞬心 C。

当薄片运动时，转动瞬心 C 的位置由于不断地转移而随之运动，C 在固定平面上（相对于 $O-xy$ 系）所描绘的轨迹叫空间极迹；而 C 在薄片上（即相对于 $A-x'y'$）所描绘的轨迹叫本体极迹。薄片的运动实际上是本体极迹在空间极迹上无滑动地滚动。在任一瞬时，此两轨迹的公共切点，即为该时刻的转动瞬心。当车轮在直轨上滚动时，轮缘是本体极迹，而直轨则是空间极迹。在任一瞬时，轮缘与直轨的公共切点（即接触点）就是该时刻的转动瞬心。

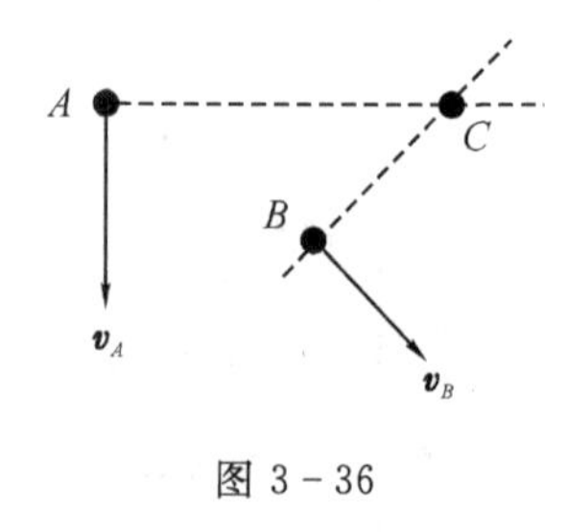

图 3－36

例 3－7 设椭圆规尺 AB 的端点 A 与 B 沿直线导槽 Ox 及 Oy 滑动（见图 3－37），而 B 以匀速度 c 运动。求椭圆规尺上 M 点的速度。设 $MA=a$，$MB=b$，$\angle OBA=\theta$。

解 方法一：用速度瞬心法求解。

(1) 确定瞬心的位置 C。

椭圆规尺始终在 $O-xy$ 平面内运动，所以做的是平面平行运动。刚体做平面平行运动时，只要知道刚体上任意两点的速度方向，那么分别通过这两点作速度的垂线，它们的交点就是瞬心。现在椭圆规尺 A 与 B 的速度方向已知，那么过 A 和 B 作两直线分别与 $\boldsymbol{v}_A$ 及 $\boldsymbol{v}_B$ 垂直，则两直线相交于 C，所以 C 即为转动瞬心。

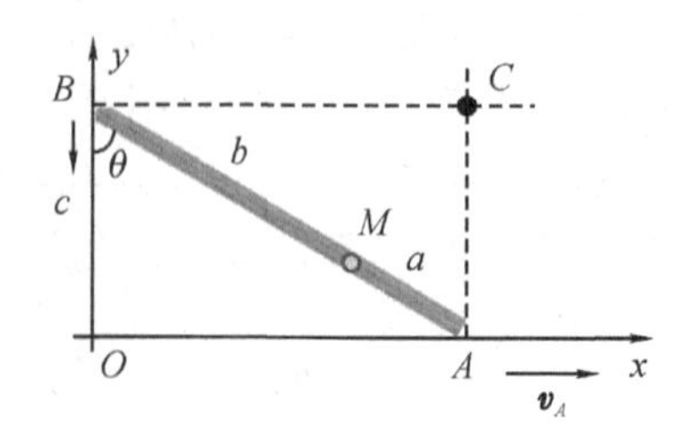

图 3－37

（2）求转动角速度 ω。

刚体的平面平行运动可以看成是绕转动瞬心轴的“定轴”转动。

$$v_B = c = \overline{BC} \cdot \omega \Rightarrow \omega = \frac{c}{(a+b)\sin\theta}$$

则 M 点的速度为

$$v_M = \overline{CM} \cdot \omega = \sqrt{a^2 \sin^2\theta + b^2\cos^2\theta} \cdot \frac{c}{(a+b)\sin\theta} = \frac{c}{a+b}\sqrt{a^2 + b^2 \cot^2\theta}$$

方法二：用基点法求解。

（1）选取 B 点为基点。

（2）建立坐标系 $O-xy$（见图 3－38）。

（3）运用速度合成公式

$$\boldsymbol{v}_M = \boldsymbol{v}_B + \boldsymbol{\omega} \times \boldsymbol{r}' \qquad (1)$$

式中：$\boldsymbol{\omega}$ 为刚体转动角速度；$\boldsymbol{r}'$ 为 M 点相对于基点 B 的位置矢量；其中

$$\boldsymbol{v}_B = -c\boldsymbol{j} \qquad (2)$$

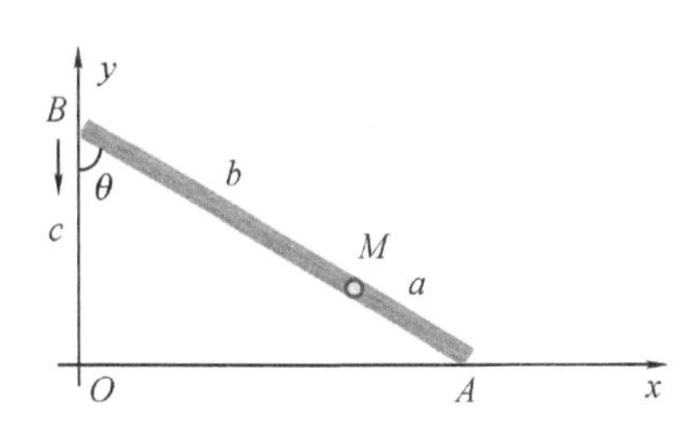

图 3－38

对端点 B：

$$x_1 = 0, \quad y_1 = (a+b)\cos\theta$$

$$v_B = \dot{y}_1 = -(a+b)\dot{\theta}\sin\theta = -c \Rightarrow \dot{\theta} = \frac{c}{a+b} \cdot \frac{1}{\sin\theta}$$

则

$$\boldsymbol{\omega} = \dot{\theta}\boldsymbol{k} = \frac{c}{(a+b)\sin\theta}\boldsymbol{k} \qquad (3)$$

显然，θ 增大的方向相当于棒 AB 逆时针转动。

$$\boldsymbol{r}' = (b\sin\theta\boldsymbol{i} + a\cos\theta\boldsymbol{j}) - (a+b)\cos\theta\boldsymbol{j} = b\sin\theta\boldsymbol{i} - b\cos\theta\boldsymbol{j} \qquad (4)$$

将式(2)、(3)、(4)代入式(1)，得

$$\begin{aligned} \boldsymbol{v}_M &= -c\boldsymbol{j} + \frac{c}{(a+b)\sin\theta}\boldsymbol{k} \times (b\sin\theta\boldsymbol{i} - b\cos\theta\boldsymbol{j}) \\ &= \frac{bc}{a+b}\cot\theta\boldsymbol{i} - \frac{ac}{a+b}\boldsymbol{j} \qquad (5) \end{aligned}$$

$$\begin{aligned} \boldsymbol{a}_M &= \frac{\mathrm{d}\boldsymbol{v}_M}{\mathrm{d}t} = \frac{bc}{a+b} \cdot (-\csc^2\theta) \cdot \dot{\theta}\boldsymbol{i} \\ &= -\frac{bc}{a+b} \cdot \frac{1}{\sin^2\theta} \cdot \frac{c}{(a+b)\sin\theta}\boldsymbol{i} \\ &= -\frac{bc^2}{(a+b)^2\sin^3\theta}\boldsymbol{i} \qquad (6) \end{aligned}$$

因 M 点 x 坐标为

$$x = b\sin\theta$$

故

$$\boldsymbol{a}_M = -\frac{b^4c^2}{(a+b)^2} \cdot \frac{1}{x^3}\boldsymbol{i}$$

3.6.2 平面平行运动动力学

刚体的平面平行运动,可看成两种运动的合成,即随刚体上基点的平动和绕通过基点并与运动平面垂直的轴的转动这两种运动的合成。在运动学中,基点是可以任意选取的,通常选取刚体的质心作为基点,这样刚体的平面平行运动,就可看作是以质心为代表的平动与刚体绕质心轴的转动这两种运动的合成。

如果选取质心作为基点,以便利用质心运动定理和相对于质心的动量矩定理来写出平面平行运动的动力学方程。质心的平动可由质心运动定理来确定,刚体绕质心轴的转动可由相对于质心的动量矩定理来确定。

选取通过包含刚体的质心并与固定平面平行的一个薄片作为研究的对象(见图 3-39),C 为刚体的质心,质心的运动平面为 xy 平面,$O-xy$ 为通过固定平面某点 O 的固定坐标系,$C-x'y'$为原点在质心 C 上并随薄片绕质心轴转动的活动坐标系,$C-x''y''$是随质心做平动的坐标系,称为质心坐标系。如果从质心坐标系来看,刚体绕质心轴的转动可以看成是一定轴转动,这时转动轴就是通过质心的 z 轴。

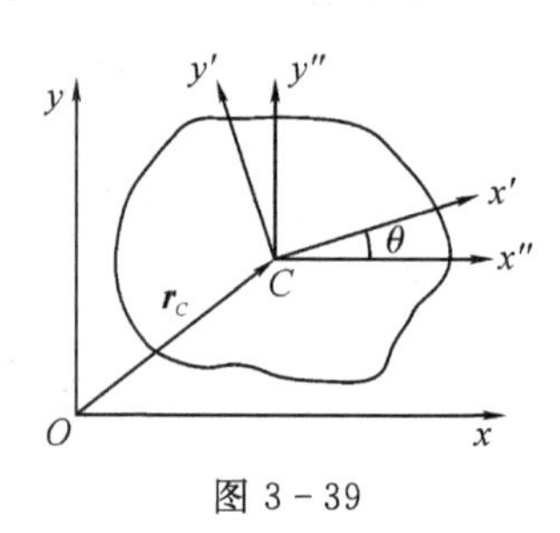

图 3-39

由于刚体做平面平行运动,那么在质心系 $C-x''y''$与固定坐标系 $O-xy$ 中的刚体的角速度 ω,$\dot{\omega}$(或 β)都是相同的。

由质心运动定理($m\ddot{\boldsymbol{r}}_C=\boldsymbol{F}$)可知,质点组质心的运动就好像一个质点的运动一样,此质点的质量等于整个质点组的质量,作用在此质点上的力,等于作用在质点组上所有诸外力的矢量和,这就是质心运动定理。

质心 C 现在 xy 平面上运动,则它的运动方程为

$$\begin{cases} m\ddot{x}_C = F_x \\ m\ddot{y}_C = F_y \end{cases} \tag{3-6-10}$$

式中:m 为刚体的质量;$\ddot{x}_C$、$\ddot{y}_C$ 为质心 C 的加速度在 x、y 轴上投影;F_x、F_y 为作用在刚体上的所有外力在 x、y 方向分量的代数和。

由质点组对质心 C 的动量矩定理$\left(\dfrac{\mathrm{d}\boldsymbol{J}_C}{\mathrm{d}t}=\boldsymbol{M}_C\right)$可知,质点组对质心 C 的动量矩对时间的微商等于作用在质点组上的所有外力对质心的力矩之和。

动量矩定理沿 Cz 轴分量方程为

$$\frac{\mathrm{d}J_{Cz}}{\mathrm{d}t} = M_{Cz}$$

式中:J_{Cz}为刚体对质心的动量矩沿通过质心的 z 轴的分量,也叫刚体对 z 轴的动量矩。

由于从质心坐标系来看,刚体绕质心轴的转动,可以看作是一定轴转动。而且在定轴转动中,刚体对转轴的动量矩等于刚体对转轴的转动惯量乘以刚体的转动角速度,那么刚体对质心轴的动量矩等于刚体对 z 轴的转动惯量乘以刚体的转动角速度,即

$$J_{Cz} = I_{Cz}\omega$$

式中:I_{Cz}为刚体绕 Cz 轴的转动惯量。它是一个常数,不随时间变化。

$$\frac{\mathrm{d}J_{Cz}}{\mathrm{d}t} = \frac{\mathrm{d}(I_{Cz}\omega)}{\mathrm{d}t} = I_{Cz}\frac{\mathrm{d}\omega}{\mathrm{d}t} = M_{Cz}$$

式中：M_{Cz} 为作用在刚体上的所有外力对质心轴力矩的代数和，也称为作用在刚体上的所有外力对质心的力矩之和的 z 分量。

$$I_{Cz}\ddot{\theta}=M_{Cz} \tag{3-6-11}$$

式(3-6-10)、(3-6-11)就是做平面平行运动刚体的动力学方程。

由柯尼希定理可知质点组的动能为质心的动能与各质点对质心动能之和。那么刚体做平面平行运动时动能应该包含两部分：一为质心运动的动能，一为刚体绕质心转动时的动能。如果令 $\boldsymbol{v}_C$ 代表质心运动的速度，$\boldsymbol{\omega}$ 为刚体的角速度，则刚体的动能为 $T=\frac{1}{2}mv_C^2+\frac{1}{2}I_{zz}\omega^2$。刚体的内力是不做功的，所以不考虑内力，当作用在刚体上的外力为保守力或有非保守力但不做功时，则机械能守恒。

$$T+V=\frac{1}{2}mv_C^2+\frac{1}{2}I_{zz}\omega^2+V=E \tag{3-6-12}$$

式中：V 为势能；E 为总势能，是一常数。

有时利用机械能守恒方程式，可以使问题的求解更为方便。

例 3-8　半径为 a，质量为 m 的圆柱体，沿着倾角为 α 的粗糙斜面无滑动地落下，如图 3-40 所示，求质心沿斜面运动的加速度及约束反作用力的法向分量 N 和切向分量(摩擦阻力)f。

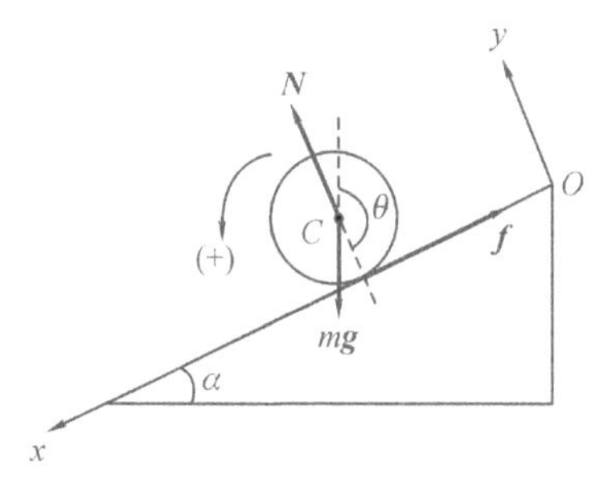

图 3-40

解　方法一：显然这个圆柱体的运动是平面平行运动，可利用平面平行运动的动力学方程式求解。刚体做平面平行运动的动力学方程，也就是利用质心运动定理和相对于质心的动量矩定理进行求解。

(1)研究对象：圆柱体。

(2)参照系——斜面；坐标系——Oxy。

(3)受力分析：$\boldsymbol{mg}$、$\boldsymbol{N}$、$\boldsymbol{f}$。

(4)根据动力学方程求解。

$$\begin{cases} m\ddot{x}_C=mg\sin\alpha-f \\ m\ddot{y}_C=-mg\cos\alpha+N \\ \ddot{y}_C=0 \\ \frac{1}{2}ma^2\cdot\ddot{\theta}=fa \end{cases} \tag{1}$$

式中：θ 为圆柱体所转过的角度。因为圆柱体无任何滑动，则由几何学可知方程为

$$x_C=a\theta$$

式中：x_C 为圆柱体的质心在时间 t 内的位移。当 $t=0$ 时，圆柱体自斜面的最高点 O 开始下滚。

进一步有

$$\ddot{x}_C=a\ddot{\theta} \tag{2}$$

该式为圆柱体的运动约束方程。

联立式(1)、(2)，4 个未知量对应 4 个方程，正好求解，得

$$\ddot{x}_C=\frac{2}{3}g\sin\alpha$$

$$f = \frac{1}{3}mg\sin\alpha$$

$$N = mg\cos\alpha$$

如果只有滚动而无滑动，则有 $f/N \leqslant \mu$(μ 为静摩擦系数)，那么

$$\mu \geqslant \frac{1}{3}\tan\alpha$$

所以当斜面的粗糙程度满足上式时，就可以阻止圆柱体沿斜面滑动。如果增大斜面的倾角 α，以致上式开始不成立时，滑动也就开始，能量不再守恒，量变引起质变。滑动开始后，圆柱体连滚带滑，约束方程 $x_C = a\theta$ 的关系不再成立。

方法二：机械能守恒定理求解。

圆柱体在斜面滚动过程中，仍受 $m\boldsymbol{g}$、$\boldsymbol{N}$、$\boldsymbol{f}$ 作用。由于 $\boldsymbol{f}$ 为静摩擦力，静摩擦力不做功(如果为滑动摩擦力，物体与地面有相对运动，在力的作用下有位移，则做功)；$\boldsymbol{N}$ 在力的方向上也没有位移，所以也不做功；仅剩下重力做功，重力是保守力。

选取圆柱体与地球组成系统，由于只有重力做功，因此该系统机械能守恒，则

$$T = \frac{1}{2}m\dot{x}_C^2 + \frac{1}{2}\times\left(\frac{1}{2}ma^2\right)\dot{\theta}^2$$

由于圆柱体只滑动无滚动，肯定要满足约束方程 $x_C = a\theta$，变形为 $\dot{x}_C = a\dot{\theta}$，则

$$T = \frac{1}{2}m\dot{x}_C^2 + \frac{1}{2}\times\left(\frac{1}{2}ma^2\right)\frac{\dot{x}_C^2}{a^2} = \frac{1}{2}m\dot{x}_C^2 + \frac{1}{4}m\dot{x}_C^2 = \frac{3}{4}m\dot{x}_C^2 \tag{1}$$

选取圆柱体在斜面最高点 O 时势能为零，则势能 V 为

$$V = -mgx_C\sin\alpha \tag{2}$$

根据 $T+V=E$，得

$$\frac{3}{4}m\dot{x}_C^2 - mgx_C\sin\alpha = E = \text{常数} \tag{3}$$

将式(3)对时间 t 求导，得

$$\frac{3}{4}m\cdot 2\dot{x}_C\ddot{x}_C - mg\dot{x}_C\sin\alpha = 0$$

$$\ddot{x}_C = \frac{2}{3}g\sin\alpha \tag{4}$$

用机械能守恒定律虽然可以求出圆柱体沿斜面滚下时质心的加速度 $\ddot{x}_C$，但不能求出圆柱体和斜面之间的约束反作用力，也不能求出斜面究竟达到何种粗糙程度，才不致发生滑动。由此可以看到，用刚体的平面平行运动的动力学方程求解更全面一些。

3.7 刚体绕固定点的转动

刚体转动时，如果刚体内只有一点始终保持不动，则叫作定点转动。刚体做定点转动时转轴在空间的取向随着时间不断改变，其运动情况要比刚体做定轴转动复杂得多。

在刚体的定轴转动中，角速度 $\boldsymbol{\omega}$ 的量值虽然随着时间改变，但它的取向则恒沿着固定的转动轴。在定点转动中，转动轴在空间的取向随着时间的改变而改变，因此，角速度矢量 $\boldsymbol{\omega}$ 的大小随时间变化，而且方向也时刻改变。可用两个独立变量来描述转动轴的取向(亦即角速度 $\boldsymbol{\omega}$ 的取向)在空间变化的情况，还要用一个独立变量来描述整个刚体绕转动轴的运动情况，所

以定点转动是 3 个独立变量的问题，具有 3 个自由度，刚体的定点转动是三维运动，通常都是用 3 个欧拉角来描述定点转动刚体的运动，即用欧拉角 θ、φ、ψ来确定刚体的位置；刚体任意瞬时的角速度则可用欧拉角 θ、φ、ψ随时间的变化率 $\dot{\theta}$、$\dot{\varphi}$、$\dot{\psi}$来表示。

把某一瞬时角速度 $\boldsymbol{\omega}$ 的取向，亦即在该瞬时的转动轴叫作瞬时转轴，也叫该时刻的转动瞬轴。刚体在做定点转动时，$\boldsymbol{\omega}$ 的取向随时变化，也就是瞬时转轴在空间的取向随时改变。每一时刻刚体沿某一确定的瞬时轴转动，不同时刻刚体沿不同的瞬时转轴转动，那么刚体的定点转动就可看成是任一瞬时刚体绕瞬时转轴的转动。

3.7.1　欧拉动力学方程

动量矩定理是求解刚体定轴转动问题的基础。质点组对任一固定点的动量矩对时间的微商，等于诸外力对同一点的力矩的矢量和，即

$$\frac{\mathrm{d}\boldsymbol{J}}{\mathrm{d}t}=\boldsymbol{M}$$

刚体是一种特殊的质点组，刚体做定点转动时，刚体对任一固定点的动量矩对时间的微商，等于诸外力对定点的力矩的矢量和。

为了表示刚体对定点的动量矩 $\boldsymbol{J}$，通常总是选用固着在刚体上并和刚体一起转动的坐标系，这样，惯量系数 I_{xx}、I_{yy}、I_{zz}、I_{xy}、I_{yz}、I_{zx} 都是常数。另外，为了消除惯量积，通常以定点作为坐标原点，刚体的惯量主轴为坐标轴，这样选取的坐标系就是惯量主轴坐标系，在这种坐标系下刚体的惯量矩阵是对角化的，且不随时间变化。这样，刚体对定点的动量矩 $\boldsymbol{J}$ 可表示为

$$\boldsymbol{J}=J_x\boldsymbol{i}+J_y\boldsymbol{j}+J_z\boldsymbol{k}$$

$$\boldsymbol{J}=I_1\omega_x\boldsymbol{i}+I_2\omega_y\boldsymbol{j}+I_3\omega_z\boldsymbol{k}$$

式中：I_1、I_2、I_3 分别是刚体对于三个主轴的主转动惯量，它们都是常数。

$$\frac{\mathrm{d}\boldsymbol{J}}{\mathrm{d}t}=I_1\dot{\omega}_x\boldsymbol{i}+I_1\omega_x\frac{\mathrm{d}\boldsymbol{i}}{\mathrm{d}t}+I_2\dot{\omega}_y\boldsymbol{j}+I_2\omega_y\frac{\mathrm{d}\boldsymbol{j}}{\mathrm{d}t}+I_3\dot{\omega}_z\boldsymbol{k}+I_3\omega_z\frac{\mathrm{d}\boldsymbol{k}}{\mathrm{d}t}\tag{3-7-1}$$

实际上，这时是从固定坐标系来观测矢量对时间的微商，上式中$\frac{\mathrm{d}\boldsymbol{J}}{\mathrm{d}t}$反映了固定坐标系中看到的矢量 $\boldsymbol{J}$ 的时间变化率。

$$\begin{cases}\dfrac{\mathrm{d}\boldsymbol{i}}{\mathrm{d}t}=\boldsymbol{\omega}\times\boldsymbol{i}=(\omega_x\boldsymbol{i}+\omega_y\boldsymbol{j}+\omega_z\boldsymbol{k})\times\boldsymbol{i}=-\omega_y\boldsymbol{k}+\omega_z\boldsymbol{j}\\\dfrac{\mathrm{d}\boldsymbol{j}}{\mathrm{d}t}=\boldsymbol{\omega}\times\boldsymbol{j}=(\omega_x\boldsymbol{i}+\omega_y\boldsymbol{j}+\omega_z\boldsymbol{k})\times\boldsymbol{j}=\omega_x\boldsymbol{k}-\omega_z\boldsymbol{i}\\\dfrac{\mathrm{d}\boldsymbol{k}}{\mathrm{d}t}=\boldsymbol{\omega}\times\boldsymbol{k}=(\omega_x\boldsymbol{i}+\omega_y\boldsymbol{j}+\omega_z\boldsymbol{k})\times\boldsymbol{k}=-\omega_x\boldsymbol{j}+\omega_y\boldsymbol{i}\end{cases}\tag{3-7-2}$$

将式(3-7-2)代入式(3-7-1)，得

$$\frac{\mathrm{d}\boldsymbol{J}}{\mathrm{d}t}=[I_1\dot{\omega}_x-(I_2-I_3)\omega_y\omega_z]\boldsymbol{i}+[I_2\dot{\omega}_y-(I_3-I_1)\omega_x\omega_z]\boldsymbol{j}+[I_3\dot{\omega}_z-(I_1-I_2)\omega_x\omega_y]\boldsymbol{k}\tag{3-7-3}$$

而

$$\boldsymbol{M}=M_x\boldsymbol{i}+M_y\boldsymbol{j}+M_z\boldsymbol{k}$$

$$\begin{cases} I_1\dot{\omega}_x-(I_2-I_3)\omega_y\omega_z=M_x \\ I_2\dot{\omega}_y-(I_3-I_1)\omega_x\omega_z=M_y \\ I_3\dot{\omega}_z-(I_1-I_2)\omega_x\omega_y=M_z \end{cases} \tag{3-7-4}$$

这就是刚体绕定轴转动的动力学方程，通常叫作欧拉动力学方程，是 1776 年欧拉首先推出的。在推导过程中，他做了两次简化：

(1)用固着在刚体上的动坐标系，使得惯量矩阵的 6 个惯量系数 I_{xx}、I_{yy}、I_{zz}、I_{xy}、I_{yz}、I_{zx} 等都是常数。

(2)采用固定在刚体上的坐标系，并且以定点 O 的惯量主轴为坐标轴，可以确保刚体转动时其惯量矩阵呈对角化形式，不随时间变化，因而消去了惯量积 I_{xy}、I_{yz}、I_{zx}。这样选定的就是完全跟随刚体一起转动的活动坐标系，它的转动角速度与刚体的角速度相同。但如果用固定在空间的坐标系，则所有的惯量系数都是时间的函数，而且惯量积 I_{xy}、I_{yz}、I_{zx} 亦将不会永远为零，问题将更复杂。比较起来，认为还是采用欧拉所建议的方法为好，当然运动最后还是要从固定坐标系来观察。

3 个欧拉动力学方程和 3 个欧拉运动学方程合并起来，就得到 6 个非线性常微分方程。如果从这一组中消去 ω_x、ω_y、ω_z，就能得到 3 个对欧拉角 θ、φ、ψ的二阶常微分方程。从理论上来讲，解这三个微分方程就能得到欧拉角 θ、φ、ψ随时间 t 的关系式，因而也就确定了刚体的运动方程。

3.7.2 机械能守恒定律

若作用在刚体上的外力只有保守力做功，那么动能 T 和势能 V 之和保持为常数，即 $T+V=E$，式中 E 为机械能，是一常数，这就是机械能守恒定律。

对定点转动来说，如果选用固着在刚体上的惯量主轴为坐标轴，那么对定点的动能为

$$T=\frac{1}{2}(I_1\omega_x^2+I_2\omega_y^2+I_3\omega_z^2)$$

而机械能守恒方程则为

$$\frac{1}{2}(I_1\omega_x^2+I_2\omega_y^2+I_3\omega_z^2)+V=E \tag{3-7-5}$$

事实上，机械能守恒方程式也可由欧拉动力学方程式推出，所以在解刚体上定点转动问题时，可用上式来代替欧拉动力学方程中任何一式。

3.7.3 回转仪的近似理论——回转效应

1. 回转仪

回转仪也称为快速陀螺，是指具有极高自转角速度的对称陀螺，如图 3-41 所示。它具有以下特征：

①有几何对称轴。回转仪对于三个主轴的主转动惯量中只有两个是相等的，即 $I_1=I_2\neq I_3$，例如锥体、柱体等。

②高速自旋。它的自转角速度比进动角速度和章动角速度要大得多，即 $\dot{\psi}\gg\dot{\theta}$，$\dot{\psi}\gg\dot{\varphi}$。因此，刚体的角速度几乎与自转角速度相等，即 $\boldsymbol{\omega}\approx\dot{\psi}$。

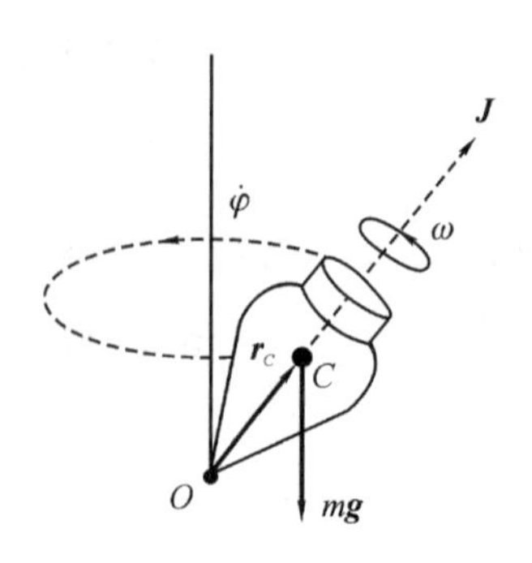

图 3-41

2. 近似理论

对称陀螺的定点转动是刚体定点运动中的又一典型问题。通常将陀螺的对称轴取作自转轴 Oz，显然它是惯量主轴，欧拉角 θ 和 φ 确定了自转轴 Oz 轴的方位；自旋的角度则由欧拉角 ψ 表示，如图 3-42 所示。很明显，这样选定的坐标系 $O-xyz$ 不随刚体自旋，只是部分地随刚体转动。由于刚体对于 Oz 轴的旋转对称性，所以，x 轴和 y 轴在任意时刻都是刚体的惯量主轴，且转动惯量相同($I_x=I_y$)。

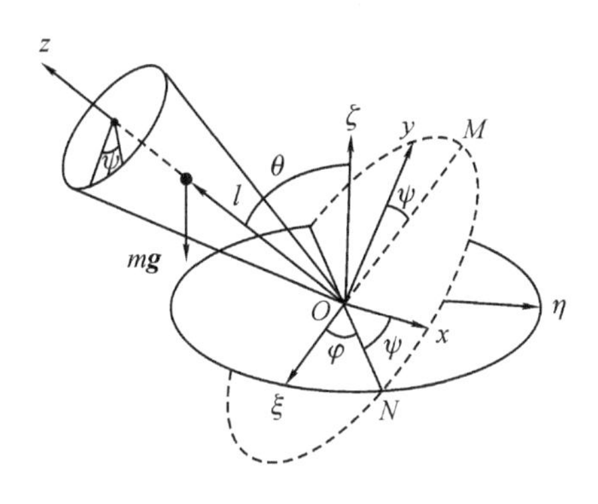

图 3-42

刚体除绕 Oz 轴以角速度 $\dot{\psi}\boldsymbol{k}$ 自旋外，自转轴同时还以角速度 $\dot{\varphi}\,\boldsymbol{e}_{O\zeta}$ 沿着 $O\zeta$ 轴转动和以角速度 $\dot{\theta}\boldsymbol{e}_{ON}$ 绕 ON 轴转动。刚体自转轴绕固定轴 $O\zeta$ 的转动称为刚体的进动，$\dot{\varphi}\boldsymbol{e}_{O\zeta}$ 叫作进动角速度；$\dot{\theta}\,\boldsymbol{e}_{ON}$ 则称为章动角速度。自转轴 Oz 与固定轴 $O\zeta$ 之间的角度 θ 随时间的变化，称为刚体的章动。刚体的角速度为

$$\boldsymbol{\omega}=\dot{\theta}\boldsymbol{e}_{ON}+\dot{\varphi}\boldsymbol{e}_{O\zeta}+\dot{\psi}\,\boldsymbol{k}$$

但一个绕对称轴高速自转的陀螺，ω_z 比 ω_x 和 ω_y 大得多，可得

$$\boldsymbol{\omega}=\omega_x\boldsymbol{i}+\omega_y\boldsymbol{j}+\omega_z\boldsymbol{k}\approx\omega_z\boldsymbol{k} \tag{3-7-6}$$

陀螺的动量矩为

$$\boldsymbol{J}=I_1\omega_x\boldsymbol{i}+I_2\omega_y\boldsymbol{j}+I_3\omega_z\boldsymbol{k}\approx I_3\omega_z\boldsymbol{k}=I_z\omega_z\boldsymbol{k} \tag{3-7-7}$$

对于高速旋转的陀螺，由于 $\dot{\psi}\gg\dot{\theta}$，$\dot{\psi}\gg\dot{\varphi}$，可得

$$\boldsymbol{\omega}\approx\dot{\psi}\,\boldsymbol{k} \tag{3-7-8}$$

式(3-7-6)、(3-7-7)、(3-7-8)表明，对于高速自转的陀螺，总角速度 $\boldsymbol{\omega}$ 和动量矩 $\boldsymbol{J}$ 都可近似看成沿对称轴 Oz 方向。

对于高速转动的陀螺，有

$$\boldsymbol{J}\approx I_z\omega_z\boldsymbol{k}\approx I_z\omega\,\boldsymbol{k} \tag{3-7-9}$$

$$\frac{\mathrm{d}\boldsymbol{J}}{\mathrm{d}t}=I_z\dot{\omega}\boldsymbol{k}+I_z\omega\frac{\mathrm{d}\boldsymbol{k}}{\mathrm{d}t}$$

由于

$$\frac{\mathrm{d}\boldsymbol{k}}{\mathrm{d}t}=\boldsymbol{\omega}\times\boldsymbol{k}=(\omega_x\boldsymbol{i}+\omega_y\boldsymbol{j}+\omega_z\boldsymbol{k})\times\boldsymbol{k}=-\omega_x\boldsymbol{j}+\omega_y\boldsymbol{i}$$

所以

$$\frac{\mathrm{d}\boldsymbol{J}}{\mathrm{d}t}=I_z\dot{\omega}\boldsymbol{k}-I_z\omega\omega_x\boldsymbol{j}+I_z\omega\omega_y\boldsymbol{i}=I_z\omega\omega_y\boldsymbol{i}-I_z\omega\omega_x\boldsymbol{j}+I_z\dot{\omega}\boldsymbol{k} \tag{3-7-10}$$

将式(3-2-5)代入式(3-7-10),得

$$\frac{\mathrm{d}\boldsymbol{J}}{\mathrm{d}t}=I_z\omega(\dot{\varphi}\sin\theta\cos\psi-\dot{\theta}\sin\psi)\boldsymbol{i}-I_z\omega(\dot{\varphi}\sin\theta\sin\psi+\dot{\theta}\cos\psi)\boldsymbol{j}+I_z\dot{\omega}\boldsymbol{k}$$

作用在陀螺上的重力矩为

$$\boldsymbol{M}=l\boldsymbol{k}\times(-mg\boldsymbol{e}_{o\zeta})\tag{3-7-11}$$

由于

$$\boldsymbol{e}_{O\zeta}=\cos\theta\boldsymbol{k}+\sin\theta\boldsymbol{e}_{OM}=\cos\theta\boldsymbol{k}+\sin\theta\cos\psi\boldsymbol{j}+\sin\theta\sin\psi\boldsymbol{i}$$

可得

$$\boldsymbol{M}=-mgl\boldsymbol{k}\times\boldsymbol{e}_{O\zeta}=-mgl\boldsymbol{k}\times(\cos\theta\boldsymbol{k}+\sin\theta\cos\psi\boldsymbol{j}+\sin\theta\sin\psi\boldsymbol{i})$$

则

$$\boldsymbol{M}=mgl\sin\theta\cos\psi\boldsymbol{i}-mgl\sin\theta\sin\psi\boldsymbol{j}\tag{3-7-12}$$

由 $\frac{\mathrm{d}\boldsymbol{J}}{\mathrm{d}t}=\boldsymbol{M}$ 得

$$I_z\omega(\dot{\varphi}\sin\theta\cos\psi-\dot{\theta}\sin\psi)=mgl\sin\theta\cos\psi\tag{3-7-13}$$

$$I_z\omega(\dot{\varphi}\sin\theta\sin\psi+\dot{\theta}\cos\psi)=mgl\sin\theta\sin\psi\tag{3-7-14}$$

$$I_z\dot{\omega}=0\tag{3-7-15}$$

由式(3-7-15)得

$$\dot{\omega}=0$$

由式(3-7-13)×$\cos\psi$+式(3-7-14)×$\sin\psi$,可得

$$I_z\omega\dot{\varphi}\sin\theta=mgl\sin\theta$$

得

$$\dot{\varphi}=\frac{mgl}{I_z\omega}\tag{3-7-16}$$

将式(3-7-16)代入式(3-7-13),得

$$I_z\omega\dot{\theta}\sin\psi=0$$

所以

$$\dot{\theta}=0\tag{3-7-17}$$

即

$$\begin{cases}\dot{\varphi}=\dfrac{mgl}{I_z\omega}\\ \dot{\theta}=0\\ \dot{\omega}=0\end{cases}\tag{3-7-18}$$

式(3-7-18)中第一式表明在重力矩的作用下,陀螺将发生进动,自转角速度越大,进动角速度越小;第二式表明无章动发生,陀螺做规则进动;第三式表明陀螺的角速度大小恒定不变,也即陀螺的动量矩的大小不变,这些是近似理论所得出的结论。

如果陀螺不自转,在重力矩作用下陀螺自然会倾倒,即 $\dot{\theta}\neq0$,表明有章动发生。但陀螺高速自转时,受有重力矩作用,但是重力矩的作用并不使陀螺倾倒而使之进动。这是因为重力矩的方向在 ON 方向,与陀螺动量矩的方向垂直(陀螺动量矩 $\boldsymbol{J}$ 沿自转轴方向,也就是 Oz 方向上),由于外力矩 $\boldsymbol{M}$ 始终与动量矩 $\boldsymbol{J}$ 垂直,那么外力矩不能改变动量矩的大小,只能改变动量矩的方向,只能使陀螺发生进动,而不倾倒。也就是说,重力矩只能使高速自转陀螺的动量矩

沿重力矩的方向变化，从而发生进动。换句话说，欲使高速转动对称陀螺的转轴偏转，就必须在陀螺上作用外力矩，陀螺角动量变化的方向沿外力矩方向，这一现象称为回转效应。

在日常生活中，人们往往自觉或不自觉地利用回转效应。骑自行车的人之所以不会倾倒，就是依靠自行车车轮的动量矩保持水平方向，但当需要拐弯时，则车身必须倾斜，使重力对车轮作用一个向前(后)的重力矩，迫使车轮的动量矩向前(后)变化，从而达到向右(向左)拐弯的目的。小孩玩的陀螺，就是最明显的一个例证。当它快速转动时，它并不因为受有重力矩的作用而倾倒，一直要等到它的角速度变得很小时(由于摩擦关系)才会倾倒下来。在技术上，回转效应则有重大的应用，例如枪筒或炮筒的内壁上需刻有螺旋式的来复线，使子弹(或炮弹)射出后绕其对称轴高速旋转，以避免子弹(或炮弹)在空中翻滚。

习题

1. 刚体在做定点转动的运动情形下自由度为多少？并解释原因。

2. 写出刚体在做平面平行运动的自由度并解释理由。

3. 请写出描述刚体转动的欧拉角是指哪三个角度？其中哪两个角是用来确定转动轴在空间的取向？哪个角是用来确定刚体绕该轴线所转过的角度？

4. 一匀质的梯子，一端置于摩擦系数为$\frac{1}{2}$的地板上，另一端则斜靠在摩擦系数为$\frac{1}{3}$的高墙上，一人的体重为梯子的三倍，爬到梯子的顶端时，梯尚未开始滑动，则梯子与地面的倾角最小当为多少？

5. 有一重 $2Q$ 的人字梯由两个长为 l 的均匀直杆组成，DE 处用轻柔绳拉住，放在光滑水平地面上，M 处站一重为 P 的人，求绳内的张力(见下图)。已知 $AM=ME=EC=l/3$。

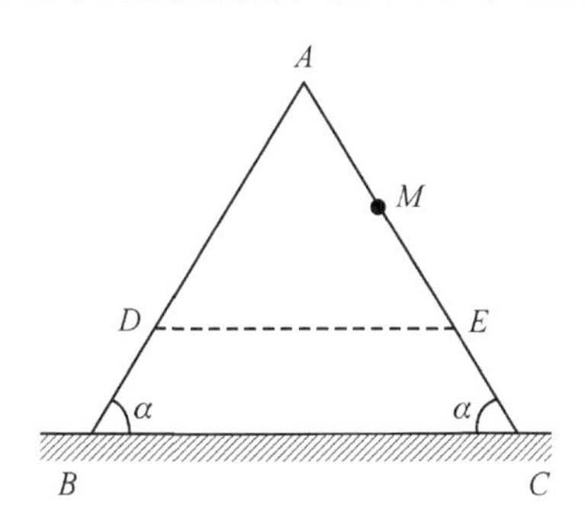

第 5 题图

6. 质量为 m、长为 l 的细长杆，绕通过杆端点 O 的铅直轴以角速度 ω 转动，杆与转轴间的夹角 θ 保持恒定，求杆对端点 O 的角动量。

7. 质量为 m 的立方体的对角线长度为 l，求立方体绕此对角线的转动惯量。

8. 均匀正方形薄片的边长为 a，质量为 m。求此正方形薄片绕其对角线转动时的转动惯量。

9. 在惯量主轴坐标系下，请分别写出刚体做定点转动时刚体对固定点的动量矩和转动动能的表达式。

10．一匀质圆盘，半径为 a，放在粗糙水平桌上，绕通过其中心的竖直轴转动，开始时的角速度为 ω_0。已知圆盘与桌面的摩擦系数为 μ。问：经过多少时间后，圆盘的角速减为初角速的一半？

11．矩形匀质薄片 $ABCD$，边长为 a 与 b，重为 mg，绕竖直轴 AB 以初角速度 ω_0 转动（如下图所示），此时薄片的每一部分均受到空气的阻力，其方向垂直于薄片的平面，其量值与面积及速度平方成正比，比例系数为 k。问：经过多少时间后，薄片的角速度减为初角速度的一半？

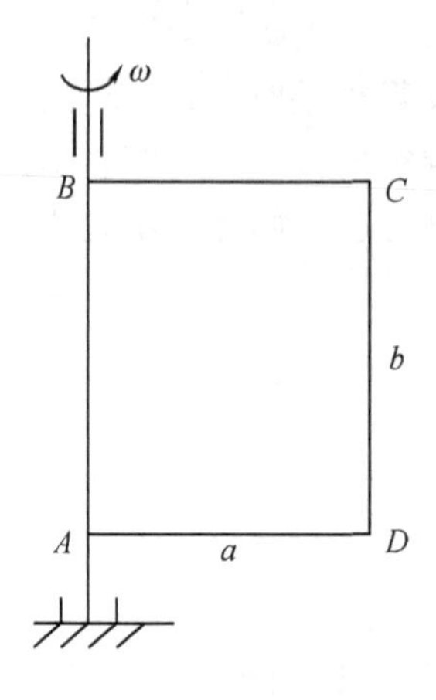

第 11 题图

12．通风机的转动部分以角速度 ω_0 绕其轴转动。空气阻力矩与角速度成正比，比例常数为 k，且转动部分对其轴的转动惯量为 I。问：经过多少时间后，其转动的角速度减为初角速度的一半？又在此时间内转了多少转？

13．刚体做定轴转动时，若不在轴承上产生附加压力，必须满足哪些条件？

14．形状为等腰三角形的三原子分子如下图所示，三角形的高为 h，底边长度为 a，底边上两个原子的质量都是 m_1，顶点上的为 m_2，选 $C-xy$ 坐标系如图所示。求：

(1)分子的轴转动惯量；

(2)写出分子关于质心 C 的惯量张量。

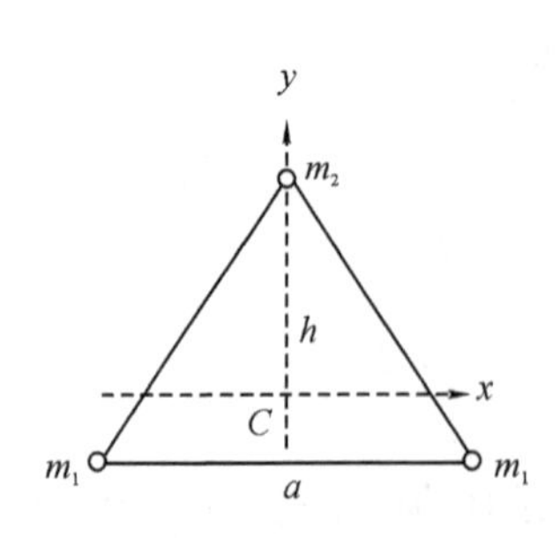

第 14 题图

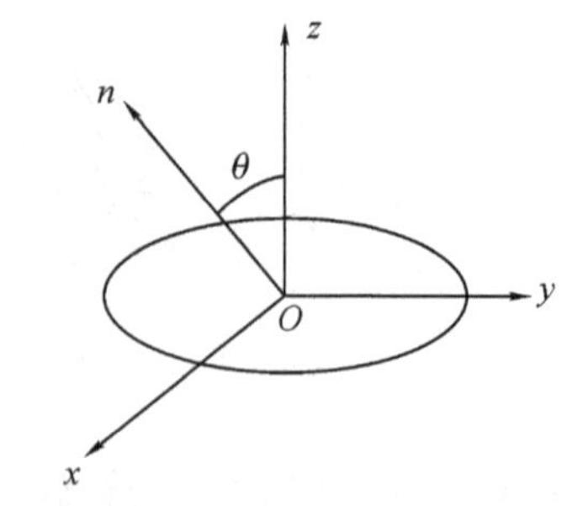

第 15 题图

15．一匀质圆盘，质量为 m，半径为 R。

(1)选 $O-xyz$ 坐标系如图所示，求转动惯量；

(2)设有一轴沿 n 方向，与 Oz 轴的夹角为 θ，求圆盘对此轴的转动惯量 I_n。

第4章　转动参照系

讨论行星围绕太阳运动时，我们已经知道太阳和行星是相互作用着的两体力学系统，实际上，太阳不是一个固定不动或者仅在做匀速直线运动的星体。严格的说，太阳不是一个惯性参照系，虽然在处理许多行星运动问题时，常常可以近似地把它作为惯性系看待。同样，地球也不是严格的惯性参照系，尽管人们处理日常遇到的力学问题时，常把它作为惯性参照系，而且仍能得到满意的结果，但是有一些现象，却是将地球作为惯性参照系所不能理解的。在日常生活中，人们也常常处在非惯性系中，例如在乘坐加速运行或者急剧拐弯的车、船时。人造卫星和宇宙飞行器，则更是明显的非惯性系。此外，某些力学问题在惯性系中反而不容易求解，而在适当选取的非惯性系中，求解起来却较方便。因此，在非惯性参照系中研究力学现象，不仅在理论上有其重要性，而且还出于现实的需要。

4.1　空间转动参照系

现建立两个参照系，一个是固定参照系（S 系），另一个是相对于固定参照系做相对运动的参照系，称为运动参照系（S'系）。在这两个参照系中的观察者，分别观察质点 P 的运动，自然都是相对于它们自身所在的参照系的。也就是说，质点 P 做任意运动，在 S 系和 S'系的观察者分别可测得质点 P 的速度和加速度。

4.1.1　S'系为平动参照系，质点 P 做任意运动

平动，即一个参照系上的每一个点相对于另一参照系有相同的速度。进一步说，整个参照系以某一速度相对于另一参照系做平动。S'系相对于 S 系做平动，固定在这两个参照系中的坐标系分别为 $O-xyz$ 和 $O'-x'y'z'$（见图 4-1）。假定开始时相应的坐标轴保持相互平行，以后平动过程中相应的坐标轴也一直保持相互平行。S 系中固联的坐标系 $O-xyz$ 为固定坐标系，S'系中固联的坐标系 $O'-x'y'z'$为活动坐标系。

设质点 P 运动在空间某位置时，相对于 O 点的位置矢量为 $\boldsymbol{r}$，相对于 O'点的位置矢量为 $\boldsymbol{r}'$，O'点相对于 O 点的位置矢量为 $\boldsymbol{r}_{\mathrm{t}}$，根据矢量三角形法则，三者关系为

$$\boldsymbol{r} = \boldsymbol{r}_{\mathrm{t}} + \boldsymbol{r}' \tag{4-1-1}$$

式中：$\boldsymbol{r}$ 为绝对位置矢量；$\boldsymbol{r}'$为相对位置矢量；$\boldsymbol{r}_{\mathrm{t}}$ 为活动坐标系原点 O'在固定参照系中的位置矢量。

式(4-1-1)两边分别对时间 t 求一阶导数，得

$$\frac{\mathrm{d}\boldsymbol{r}}{\mathrm{d}t} = \frac{\mathrm{d}\boldsymbol{r}_{\mathrm{t}}}{\mathrm{d}t} + \frac{\mathrm{d}\boldsymbol{r}'}{\mathrm{d}t}$$

$$\boldsymbol{v} = \boldsymbol{v}_{\mathrm{t}} + \boldsymbol{v}' \tag{4-1-2}$$

上式中，$\boldsymbol{v}=\dfrac{\mathrm{d}\boldsymbol{r}}{\mathrm{d}t}$为质点 P 在 S 系中速度；$\boldsymbol{v}'=\dfrac{\mathrm{d}\boldsymbol{r}'}{\mathrm{d}t}$为质点 P 在 S'系中速度；$\boldsymbol{v}_{\mathrm{t}}=\dfrac{\mathrm{d}\boldsymbol{r}_{\mathrm{t}}}{\mathrm{d}t}$为 S'系相对于 S 系的速度，由于 S'系相对于 S 系做平动的，则 $\boldsymbol{v}_{\mathrm{t}}$ 称为牵连速度，即 S'系相对于固定参照系 S 系的平动牵连速度。

在力学中，习惯上把质点相对于静止参照系的速度称为绝对速度，$\boldsymbol{v}$ 为绝对速度；把质点相对于运动参照系的速度称为相对速度，$\boldsymbol{v}'$为相对速度；把运动参照系相对于静止参照系的速度称为牵连速度，$\boldsymbol{v}_{\mathrm{t}}$ 为牵连速度。由上式可看到，绝对速度等于牵连速度与相对速度的矢量和。

将式(4-1-2)两边分别对 t 求导数，得

$$\frac{\mathrm{d}\boldsymbol{v}}{\mathrm{d}t}=\frac{\mathrm{d}\boldsymbol{v}_{\mathrm{t}}}{\mathrm{d}t}+\frac{\mathrm{d}\boldsymbol{v}'}{\mathrm{d}t}$$

$$\boldsymbol{a}=\boldsymbol{a}_{\mathrm{t}}+\boldsymbol{a}' \tag{4-1-3}$$

由上式可看到，绝对加速度等于牵连加速度与相对加速度的矢量和。

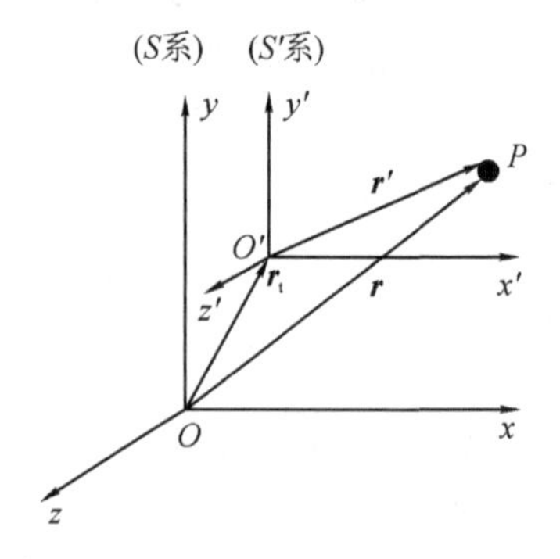

图 4-1

4.1.2 S'系做任意运动，质点 P 相对于运动参照系 S'系静止

如果运动参照系 S'系相对于固定参照系 S 系不仅存在平动，还可能存在转动，那么活动坐标系也将随运动参照系一起转动(见图 4-2)，那么活动坐标系的单位矢量 $\boldsymbol{i}'$、$\boldsymbol{j}'$、$\boldsymbol{k}'$都随活动坐标系一起转动，它们也都是时间的函数，设 S'系的转动角速度是 $\boldsymbol{\omega}$。

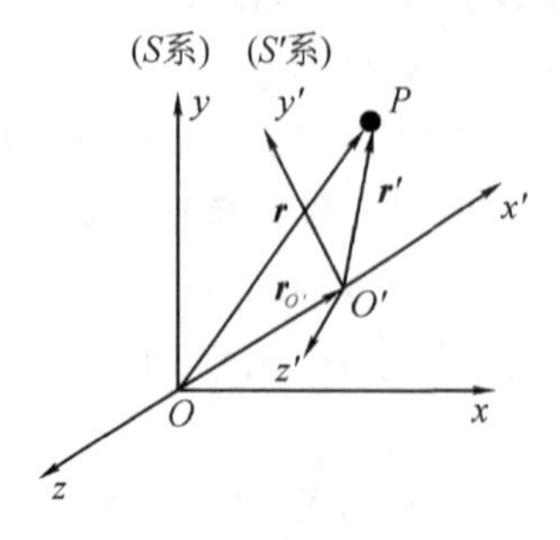

图 4-2

质点 P 的位置矢量为

$$\boldsymbol{r} = \boldsymbol{r}_{O'} + \boldsymbol{r}' \tag{4-1-4}$$

将式(4－1－4)两边对时间 t 求导

$$\frac{\mathrm{d}\boldsymbol{r}}{\mathrm{d}t} = \frac{\mathrm{d}\boldsymbol{r}_{O'}}{\mathrm{d}t} + \frac{\mathrm{d}\boldsymbol{r}'}{\mathrm{d}t} \tag{4-1-5}$$

上式中，令 $\boldsymbol{v}=\frac{\mathrm{d}\boldsymbol{r}}{\mathrm{d}t}$，它为绝对位置矢量在固定坐标系的微商；$\frac{\mathrm{d}\boldsymbol{r}_{O'}}{\mathrm{d}t}$为动坐标系原点相对于固定参照系的速度，也即动坐标系的平动速度，称为质点的平动牵连速度 $\boldsymbol{v}_{O'}$；$\frac{\mathrm{d}\boldsymbol{r}'}{\mathrm{d}t}$为将相对位置矢量 $\boldsymbol{r}'$在固定坐标系下的求导，也就是在固定参照系中观察到的矢量 $\boldsymbol{r}'$随时间的变化率，称为 $\boldsymbol{r}'$的绝对微商。

具体看一下$\frac{\mathrm{d}\boldsymbol{r}'}{\mathrm{d}t}$：

$$\boldsymbol{r}' = x'\boldsymbol{i}' + y'\boldsymbol{j}' + z'\boldsymbol{k}'$$

$$\frac{\mathrm{d}\boldsymbol{r}'}{\mathrm{d}t} = \dot{x}'\boldsymbol{i}' + \dot{y}'\boldsymbol{j}' + \dot{z}'\boldsymbol{k}' + x'\frac{\mathrm{d}\boldsymbol{i}'}{\mathrm{d}t} + y'\frac{\mathrm{d}\boldsymbol{j}'}{\mathrm{d}t} + z'\frac{\mathrm{d}\boldsymbol{k}'}{\mathrm{d}t}$$

由于

$$\frac{\mathrm{d}\boldsymbol{i}'}{\mathrm{d}t} = \boldsymbol{\omega}\times\boldsymbol{i}', \quad \frac{\mathrm{d}\boldsymbol{j}'}{\mathrm{d}t} = \boldsymbol{\omega}\times\boldsymbol{j}', \quad \frac{\mathrm{d}\boldsymbol{k}'}{\mathrm{d}t} = \boldsymbol{\omega}\times\boldsymbol{k}'$$

$$\begin{aligned}\frac{\mathrm{d}\boldsymbol{r}'}{\mathrm{d}t} &= \dot{x}'\boldsymbol{i}' + \dot{y}'\boldsymbol{j}' + \dot{z}'\boldsymbol{k}' + x'(\boldsymbol{\omega}\times\boldsymbol{i}') + y'(\boldsymbol{\omega}\times\boldsymbol{j}') + z'(\boldsymbol{\omega}\times\boldsymbol{k}') \\ &= \dot{x}'\boldsymbol{i}' + \dot{y}'\boldsymbol{j}' + \dot{z}'\boldsymbol{k}' + \boldsymbol{\omega}\times(x'\boldsymbol{i}' + y'\boldsymbol{j}' + z'\boldsymbol{k}')\end{aligned} \tag{4-1-6}$$

令$\frac{\mathrm{d}^*\boldsymbol{r}'}{\mathrm{d}t}=\dot{x}'\boldsymbol{i}'+\dot{y}'\boldsymbol{j}'+\dot{z}'\boldsymbol{k}'$，是活动坐标系的单位矢量 $\boldsymbol{i}'$、$\boldsymbol{j}'$、$\boldsymbol{k}'$固定不动时 $\boldsymbol{r}'$的时间变化率。由于 $\boldsymbol{i}'$、$\boldsymbol{j}'$、$\boldsymbol{k}'$固定不变，相当于在 S'系中的观测者所观察到的质点速度。因为处在 S'系中的观测者所看到的单位矢量 $\boldsymbol{i}'$、$\boldsymbol{j}'$、$\boldsymbol{k}'$是不随时间发生变化的，称为相对速度，即质点 P 相对于运动参照系的速度，以 $\boldsymbol{v}'$表示；$\frac{\mathrm{d}^*\boldsymbol{r}'}{\mathrm{d}t}$是在运动参照系中观察者观察到的矢量 $\boldsymbol{r}'$随时间的变化率，称为相对微商，今后，在相对微商的符号上冠以星号“＊”。

由于 P 点相对于运动参照系 S'系静止，则$\frac{\mathrm{d}^*\boldsymbol{r}'}{\mathrm{d}t}=0$。

$\boldsymbol{\omega}\times\boldsymbol{r}'$是由运动参照系“带着”$\boldsymbol{r}'$转动而引起 $\boldsymbol{r}'$随时间的变化率，称为牵连微商；$\boldsymbol{\omega}$ 是动坐标系 S'系的转动角速度，也就是说质点 P 随着运动参照系转动时而具有的相对于静止参照系的速度，称为质点的转动牵连速度。显然，运动参照系带着 P 点一同转动时 P 点相对于静止参照系的速度，也就是运动参照系转动时相对于静止参照系的速度，则式(4－1－6)可表示为

$$\frac{\mathrm{d}\boldsymbol{r}'}{\mathrm{d}t} = \frac{\mathrm{d}^*\boldsymbol{r}'}{\mathrm{d}t} + \boldsymbol{\omega}\times\boldsymbol{r}' \tag{4-1-7}$$

上式表明，位置矢量 $\boldsymbol{r}'$关于时间的绝对微商，是它的相对微商与牵连微商的矢量和，则式(4－1－5)为

$$\boldsymbol{v} = \boldsymbol{v}_{O'} + \boldsymbol{\omega}\times\boldsymbol{r}' = \boldsymbol{v}_{\mathrm{t}} \tag{4-1-8}$$

式中 $\boldsymbol{v}$ 是质点 P 相对于静止参照系的速度。因为牵连速度就是运动参照系相对于静止参照系的速度，现在质点 P 相对于运动参照系不动，所以，质点 P 相对于静止参照系的速度就是运动参照系相对于静止参照系的速度，即 $\boldsymbol{v}$ 为牵连速度，相当于运动参照系带着 P 点运动时相

对于静止参照系的速度。因为运动参照系既平动又转动，$\boldsymbol{v}_{O'}$ 为 S' 系由于平动所产生的牵连速度，称为平动牵连速度；$\boldsymbol{\omega}\times\boldsymbol{r}'$ 为 S' 系由于转动所产生的牵连速度，称为转动牵连速度。

现在来求质点 P 对 S 系的绝对加速度 $\boldsymbol{a}$。

$$\boldsymbol{a}=\frac{\mathrm{d}\boldsymbol{v}}{\mathrm{d}t}=\frac{\mathrm{d}\boldsymbol{v}_{O'}}{\mathrm{d}t}+\frac{\mathrm{d}\boldsymbol{\omega}}{\mathrm{d}t}\times\boldsymbol{r}'+\boldsymbol{\omega}\times\frac{\mathrm{d}\boldsymbol{r}'}{\mathrm{d}t} \tag{4-1-9}$$

令 $\boldsymbol{a}_{O'}=\dfrac{\mathrm{d}\boldsymbol{v}_{O'}}{\mathrm{d}t}$，则式(4－1－9)可表示为

$$\boldsymbol{a}=\boldsymbol{a}_{O'}+\frac{\mathrm{d}\boldsymbol{\omega}}{\mathrm{d}t}\times\boldsymbol{r}'+\boldsymbol{\omega}\times\left(\frac{\mathrm{d}^*\boldsymbol{r}'}{\mathrm{d}t}+\boldsymbol{\omega}\times\boldsymbol{r}'\right)$$

由于 $\dfrac{\mathrm{d}^*\boldsymbol{r}'}{\mathrm{d}t}=0$，则

$$\boldsymbol{a}=\boldsymbol{a}_{O'}+\frac{\mathrm{d}\boldsymbol{\omega}}{\mathrm{d}t}\times\boldsymbol{r}'+\boldsymbol{\omega}\times(\boldsymbol{\omega}\times\boldsymbol{r}')=\boldsymbol{a}_{\mathrm{t}} \tag{4-1-10}$$

式中：$\boldsymbol{a}_{O'}$ 为动坐标系原点相对于固定参照系的加速度，也即动坐标系的平动加速度，称为质点的平动牵连加速度；$\dfrac{\mathrm{d}\boldsymbol{\omega}}{\mathrm{d}t}\times\boldsymbol{r}'+\boldsymbol{\omega}\times(\boldsymbol{\omega}\times\boldsymbol{r}')$ 为质点的转动牵连加速度。

因为质点 P 相对于运动参照系不动，所以质点 P 相对于静止参照系的加速度就是运动系相对于静止参照系的加速度，即 $\boldsymbol{a}$ 为牵连加速度。因为运动参照系既平动又转动，所以质点的牵连加速度也分为平动牵连加速度与转动牵连加速度。若运动参照系只有平动而无转动，即 $\boldsymbol{\omega}=0$，则 $\dfrac{\mathrm{d}\boldsymbol{\omega}}{\mathrm{d}t}\times\boldsymbol{r}'+\boldsymbol{\omega}\times(\boldsymbol{\omega}\times\boldsymbol{r}')=0$，此时只有平动牵连加速度，而转动牵连加速度为零。

4.1.3　运动参照系 S' 系做任意运动，质点 P 做任意运动

1. P 点速度

$$\begin{aligned}\boldsymbol{v}&=\boldsymbol{v}_{O'}+\boldsymbol{\omega}\times\boldsymbol{r}'+\frac{\mathrm{d}^*\boldsymbol{r}'}{\mathrm{d}t}\\&=\boldsymbol{v}_{O'}+\boldsymbol{\omega}\times\boldsymbol{r}'+\boldsymbol{v}'\\&=\boldsymbol{v}_{\mathrm{t}}+\boldsymbol{v}'\end{aligned} \tag{4-1-11}$$

2. P 点加速度

将式(4－1－11)两边对时间 t 求导，得

$$\boldsymbol{a}=\frac{\mathrm{d}\boldsymbol{v}}{\mathrm{d}t}=\frac{\mathrm{d}\boldsymbol{v}_{O'}}{\mathrm{d}t}+\frac{\mathrm{d}\boldsymbol{\omega}}{\mathrm{d}t}\times\boldsymbol{r}'+\boldsymbol{\omega}\times\frac{\mathrm{d}\boldsymbol{r}'}{\mathrm{d}t}+\frac{\mathrm{d}\boldsymbol{v}'}{\mathrm{d}t} \tag{4-1-12}$$

上式中 $\dfrac{\mathrm{d}\boldsymbol{r}'}{\mathrm{d}t}$ 为位置矢量 $\boldsymbol{r}'$ 关于时间的绝对微商，$\dfrac{\mathrm{d}\boldsymbol{v}'}{\mathrm{d}t}$ 为相对速度 $\boldsymbol{v}'$ 关于时间的绝对微商。

由于矢量关于时间的绝对微商是它的相对微商与牵连微商的矢量和，则有

$$\frac{\mathrm{d}\boldsymbol{r}'}{\mathrm{d}t}=\frac{\mathrm{d}^*\boldsymbol{r}'}{\mathrm{d}t}+\boldsymbol{\omega}\times\boldsymbol{r}'$$

$$\frac{\mathrm{d}\boldsymbol{v}'}{\mathrm{d}t}=\frac{\mathrm{d}^*\boldsymbol{v}'}{\mathrm{d}t}+\boldsymbol{\omega}\times\boldsymbol{v}'$$

得

$$\boldsymbol{a}=\boldsymbol{a}_{O'}+\frac{\mathrm{d}\boldsymbol{\omega}}{\mathrm{d}t}\times\boldsymbol{r}'+\boldsymbol{\omega}\times\left(\frac{\mathrm{d}^*\boldsymbol{r}'}{\mathrm{d}t}+\boldsymbol{\omega}\times\boldsymbol{r}'\right)+\frac{\mathrm{d}^*\boldsymbol{v}'}{\mathrm{d}t}+\boldsymbol{\omega}\times\boldsymbol{v}' \tag{4-1-13}$$

上式中，$\frac{\mathrm{d}^*\boldsymbol{r}'}{\mathrm{d}t}$为质点的相对速度 $\boldsymbol{v}'$；令 $\boldsymbol{a}'=\frac{\mathrm{d}^*\boldsymbol{v}'}{\mathrm{d}t}$，为在动坐标系中相对速度对时间求导，即相对加速度，则式(4-1-13)可表示为

$$\boldsymbol{a}=\boldsymbol{a}_{O'}+\frac{\mathrm{d}\boldsymbol{\omega}}{\mathrm{d}t}\times\boldsymbol{r}'+2\boldsymbol{\omega}\times\boldsymbol{v}'+\boldsymbol{\omega}\times(\boldsymbol{\omega}\times\boldsymbol{r}')+\boldsymbol{a}'$$

$$\boldsymbol{a}=\boldsymbol{a}_{O'}+\frac{\mathrm{d}\boldsymbol{\omega}}{\mathrm{d}t}\times\boldsymbol{r}'+\boldsymbol{\omega}\times(\boldsymbol{\omega}\times\boldsymbol{r}')+\boldsymbol{a}'+2\boldsymbol{\omega}\times\boldsymbol{v}' \tag{4-1-14}$$

式中：$\boldsymbol{a}_{O'}+\frac{\mathrm{d}\boldsymbol{\omega}}{\mathrm{d}t}\times\boldsymbol{r}'+\boldsymbol{\omega}\times(\boldsymbol{\omega}\times\boldsymbol{r}')$为牵连加速度 $\boldsymbol{a}_\mathrm{t}$；$\boldsymbol{a}'$为相对加速度；$2\boldsymbol{\omega}\times\boldsymbol{v}'$为科氏加速度，用 $\boldsymbol{a}_\mathrm{C}$ 表示。式(4-1-14)则为

$$\boldsymbol{a}=\boldsymbol{a}_\mathrm{t}+\boldsymbol{a}'+\boldsymbol{a}_\mathrm{C} \tag{4-1-15}$$

称为科里奥利定理。

因为

$$\boldsymbol{\omega}\times(\boldsymbol{\omega}\times\boldsymbol{r}')=\boldsymbol{\omega}(\boldsymbol{\omega}\cdot\boldsymbol{r}')-\omega^2\boldsymbol{r}'$$

则式(4-1-15)中各分量分别为

$$\begin{cases}\boldsymbol{a}=\boldsymbol{a}_{O'}+\dfrac{\mathrm{d}\boldsymbol{\omega}}{\mathrm{d}t}\times\boldsymbol{r}'+\boldsymbol{\omega}\times(\boldsymbol{\omega}\times r')=\boldsymbol{a}_{O'}+\dfrac{\mathrm{d}\boldsymbol{\omega}}{\mathrm{d}t}\times\boldsymbol{r}'+\boldsymbol{\omega}(\boldsymbol{\omega}\cdot\boldsymbol{r}')-\omega^2\boldsymbol{r}'\\ \boldsymbol{a}'=\dfrac{\mathrm{d}^*\boldsymbol{v}'}{\mathrm{d}t}\\ \boldsymbol{a}_\mathrm{C}=2\boldsymbol{\omega}\times\boldsymbol{v}'\end{cases}$$

如果 S 系中固定坐标系的原点 O 与 S'系中活动坐标系的原点 O'始终重合，那么运动参照系相对于静止参照系只有转动，而无平动，则 O'点相对 O 点的速度 $\boldsymbol{v}_{O'}=0$，即平动牵连速度为零。当然 O'点相对 O 点的加速度 $\boldsymbol{a}_{O'}=0$，即平动牵连加速度为零。在这种情况下，质点 P 的速度 $\boldsymbol{v}=\boldsymbol{v}'+\boldsymbol{\omega}\times\boldsymbol{r}'$，为相对速度与转动牵连速度之和。质点 P 的加速度 $\boldsymbol{a}=\boldsymbol{a}_\mathrm{t}+\boldsymbol{a}'+\boldsymbol{a}_\mathrm{C}$，其中牵连加速度 $\boldsymbol{a}_\mathrm{t}=\frac{\mathrm{d}\boldsymbol{\omega}}{\mathrm{d}t}\times\boldsymbol{r}'+\boldsymbol{\omega}(\boldsymbol{\omega}\cdot\boldsymbol{r}')-\omega^2\boldsymbol{r}'$，只是转动牵连速度。

4.1.4　科氏加速度产生的原因

$\boldsymbol{a}_\mathrm{C}$ 称为科里奥利加速度，简称科氏加速度，它是运动参照系的转动和质点在运动参照系中的运动相互影响所产生的，它的方向垂直于 $\boldsymbol{\omega}$ 和 $\boldsymbol{v}'$。

它来自两个方面：①质点具有相对速度 $\boldsymbol{v}'$时，只是质点在活动参考系的位置发生变化，从而改变了速度的大小；②质点跟随活动参考系转动时，相对速度的方向发生变化。这两种引起科里奥利加速度的原因，可以这样来理解：在固定参考系 O 中观察，活动参考系 O'中离转轴不同位置处，质点跟随 O'系的速度不同；相对速度恰恰造成质点在活动坐标系中的位置变化，更改了质点的速度，从而形成加速度。如图 4-3(a)中，质点在单位时间内沿径向由 A 运动到 B，质点离 O'增加了 v'的距离，从而得到速度增量 $\boldsymbol{\omega}\times\boldsymbol{v}'$。至于第二个原因，当活动参考系转动时，质点相对速度的方向也随着变化，从而产生了加速度。图 4-3 便是上述两个原因形成科氏加速度的直观图像。设想一以角速度 $\boldsymbol{\omega}$ 绕轴转动的圆盘，如图 4-3(a)所示，质点以速度

$\boldsymbol{v}'$相对于圆盘半径向外运动，单位时间内由 A 运动至 B，质点增加的速度(加速度)是 $\boldsymbol{\omega}\times\boldsymbol{v}'$；如图 4－3(b)所示，质点相对速度 $\boldsymbol{v}'$随圆盘转动而改变方向，这也产生了加速度贡献。科里奥利加速度 $\boldsymbol{a}_{\mathrm{C}}$ 正是上述两种加速度之和。

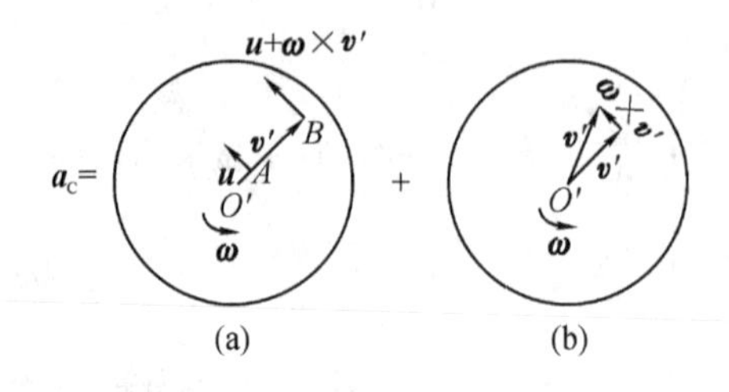

图 4－3

4.2 平面转动参照系

如果一个参照系相对于惯性参照系以角速度 $\boldsymbol{\omega}$ 转动($\boldsymbol{\omega}$ 方向始终不变)，则这个转动的参照系是一个平面转动参照系。

设平面参照系(例如平板)S'系以角速度 $\boldsymbol{\omega}$ 绕垂直于自身的轴转动，如图 4－4 所示。在该参照系上取坐标系 O'-$x'y'$，它的原点和静止坐标系 $O-xy$ 原点 O 重合，并且绕着通过 O 点并垂直于平板的直线(即 z 轴)以角速度 $\boldsymbol{\omega}$ 转动，令单位矢量 $\boldsymbol{i}'$、$\boldsymbol{j}'$分别固着在平板上的 x'轴及 y'轴上，并以同一角速度 $\boldsymbol{\omega}$ 和平板一同转动，$\boldsymbol{\omega}$ 矢量既然在 $z(z')$轴上，所以我们可以把它写为$\boldsymbol{\omega}=\omega\boldsymbol{k}'$。如果 P 为平板上运动着的一个质点，则 P 的位矢为

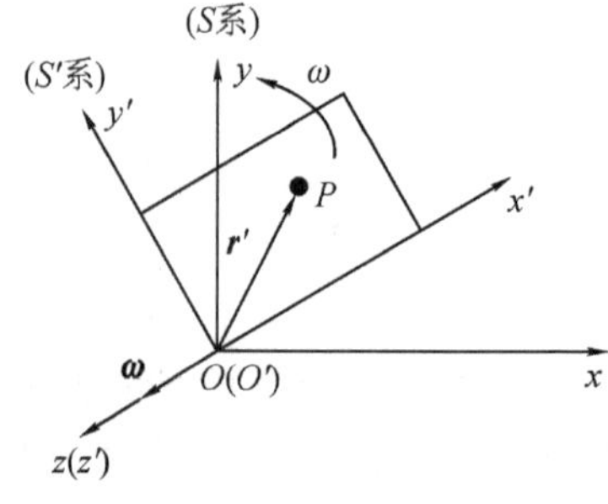

图 4－4

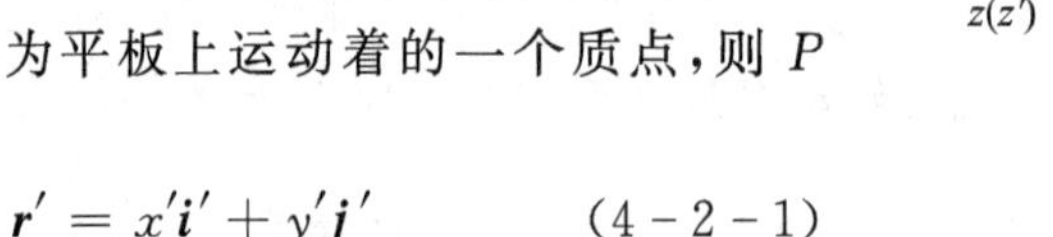

$$\boldsymbol{r}' = x'\boldsymbol{i}' + y'\boldsymbol{j}' \qquad (4-2-1)$$

1. P 点速度

前面讲了空间转动参照系，平面转动参照系只不过是空间转动参照系的特殊形式而已，质点 P 的速度公式

$$\boldsymbol{v} = \boldsymbol{v}_{O'} + \frac{\mathrm{d}^{*}\boldsymbol{r}'}{\mathrm{d}t} + \boldsymbol{\omega}\times\boldsymbol{r}' \qquad (4-2-2)$$

平动牵连速度 $\boldsymbol{v}_{O'}=0$，因为 S 系中坐标系原点 O 始终与 S'系中坐标原点 O'重合，因此动坐标系原点的速度为零。

相对速度 $\boldsymbol{v}'=\dfrac{\mathrm{d}^{*}\boldsymbol{r}'}{\mathrm{d}t}$，也称为相对位置矢量的相对微商，此时 $\boldsymbol{i}'$、$\boldsymbol{j}'$、$\boldsymbol{k}'$看成固定不变，认为活动坐标系的坐标方向不变，也就是在运动参照系 S'系中的观测者所观察到的质点速度。因为处在 S'系的观测者所看到单位矢量 $\boldsymbol{i}'$、$\boldsymbol{j}'$、$\boldsymbol{k}'$是不随时间发生变化的，则

$$\boldsymbol{v}' = \dot{x}'\boldsymbol{i}' + \dot{y}'\boldsymbol{j}' \qquad (4-2-3)$$

转动牵连速度

$$\boldsymbol{\omega}\times\boldsymbol{r}'=\omega\boldsymbol{k}'\times(x'\boldsymbol{i}'+y'\boldsymbol{j}')=\omega x'\boldsymbol{j}'-\omega y'\boldsymbol{i}' \tag{4-2-4}$$

将式(4-2-3)、(4-2-4)代入式(4-2-2),得

$$\boldsymbol{v}=\dot{x}'\boldsymbol{i}'+\dot{y}'\boldsymbol{j}'+\omega x'\boldsymbol{j}'-\omega y'\boldsymbol{i}'$$

整理为

$$\boldsymbol{v}=(\dot{x}'-\omega y')\boldsymbol{i}'+(\dot{y}'+\omega x')\boldsymbol{j}' \tag{4-2-5}$$

2. P 点加速度

质点 P 的加速度公式

$$\boldsymbol{a}=\boldsymbol{a}_{\mathrm{t}}+\boldsymbol{a}'+\boldsymbol{a}_{\mathrm{C}}$$

$$\begin{cases}\boldsymbol{a}_{\mathrm{t}}=\boldsymbol{a}_{O'}+\dfrac{\mathrm{d}\boldsymbol{\omega}}{\mathrm{d}t}\times\boldsymbol{r}'+\boldsymbol{\omega}\times(\boldsymbol{\omega}\times\boldsymbol{r}')\\ \boldsymbol{a}'=\dfrac{\mathrm{d}^*\boldsymbol{v}'}{\mathrm{d}t}\\ \boldsymbol{a}_{\mathrm{C}}=2\boldsymbol{\omega}\times\boldsymbol{v}'\end{cases}$$

平动牵连加速度

$$\boldsymbol{a}_{O'}=0$$

转动牵连加速度

$$\begin{cases}\dfrac{\mathrm{d}\boldsymbol{\omega}}{\mathrm{d}t}\times\boldsymbol{r}'=\dfrac{\mathrm{d}(\omega\boldsymbol{k}')}{\mathrm{d}t}\times\boldsymbol{r}'=\left(\dot{\omega}\boldsymbol{k}'+\omega\dfrac{\mathrm{d}\boldsymbol{k}'}{\mathrm{d}t}\right)\times\boldsymbol{r}'\\ \qquad=\dot{\omega}\boldsymbol{k}'\times(x'\boldsymbol{i}'+y'\boldsymbol{j}')=\dot{\omega}x'\boldsymbol{j}'-\dot{\omega}y'\boldsymbol{i}'\\ \boldsymbol{\omega}\times(\boldsymbol{\omega}\times\boldsymbol{r}')=\boldsymbol{\omega}(\boldsymbol{\omega}\cdot\boldsymbol{r}')-\omega^2\boldsymbol{r}'\\ \qquad=\omega\boldsymbol{k}'[\omega\boldsymbol{k}'\cdot(x'\boldsymbol{i}'+y'\boldsymbol{j}')]-\omega^2(x'\boldsymbol{i}'+y'\boldsymbol{j}')\\ \qquad=-\omega^2(x'\boldsymbol{i}'+y'\boldsymbol{j}')\\ \qquad=-\omega^2\boldsymbol{r}'\end{cases}$$

相对加速度

$$\boldsymbol{a}'=\frac{\mathrm{d}^*\boldsymbol{v}'}{\mathrm{d}t}=\ddot{x}'\boldsymbol{i}'+\ddot{y}'\boldsymbol{j}'$$

科氏加速度

$$\boldsymbol{a}_{\mathrm{C}}=2\boldsymbol{\omega}\times\boldsymbol{v}'=2\omega\boldsymbol{k}'\times(\dot{x}'\boldsymbol{i}'+\dot{y}'\boldsymbol{j}')=2\omega\dot{x}'\boldsymbol{j}'-2\omega\dot{y}'\boldsymbol{i}'$$

所以

$$\begin{aligned}\boldsymbol{a}&=\dot{\omega}x'\boldsymbol{j}'-\dot{\omega}y'\boldsymbol{i}'-\omega^2(x'\boldsymbol{i}'+y'\boldsymbol{j}')+(\ddot{x}'\boldsymbol{i}'+\ddot{y}'\boldsymbol{j}')+(2\omega\dot{x}'\boldsymbol{j}'-2\omega\dot{y}'\boldsymbol{i}')\\&=(\ddot{x}'-2\omega\dot{y}'-\omega^2x'-\dot{\omega}y')\boldsymbol{i}'+(\ddot{y}'+2\omega\dot{x}'-\omega^2y'+\dot{\omega}x')\boldsymbol{j}'\end{aligned} \tag{4-2-6}$$

例 4-1 水平圆盘绕铅直轴 O 以匀角速度 ω 转动,一质点沿一半径以匀速率 v_1 相对圆盘向边缘运动(见图 4-5),求质点的速度和加速度。

解 (1) 研究对象:质点。

(2) 建立两个参照系:选取地面为固定参照系,圆盘为运动参照系,固联在圆盘上坐标系为 $O'\text{-}x'y'z'$。

(3) 根据速度合成公式

$$\boldsymbol{v}=\boldsymbol{v}_{O'}+\boldsymbol{v}'+\boldsymbol{\omega}\times\boldsymbol{r}' \tag{1}$$

上式中 $\boldsymbol{v}_{O'}=0,\boldsymbol{v}'=v_1\boldsymbol{i}',\boldsymbol{\omega}=\omega\boldsymbol{k}',\boldsymbol{r}'=b\boldsymbol{i}'$ 。设在某一瞬时 t,质点运动到图 4-5 位置,它与盘心 O'的距离为 b,所以

$$\boldsymbol{v}=v_1\boldsymbol{i}'+\omega\boldsymbol{k}'\times b\boldsymbol{i}'=v_1\boldsymbol{i}'+b\omega\boldsymbol{j}' \tag{2}$$

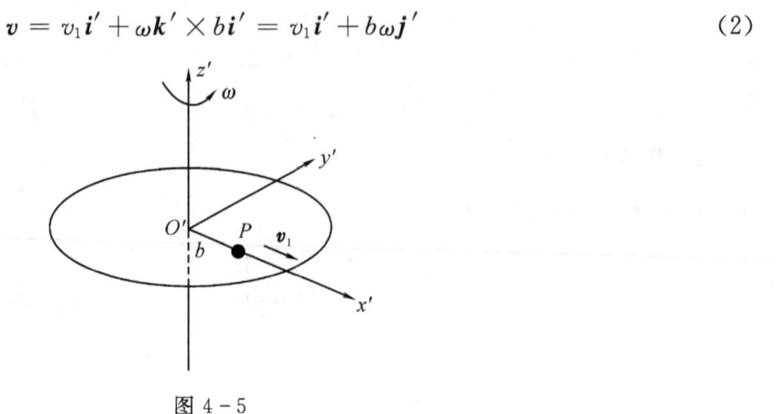

图 4-5

(4) 根据科氏定理求加速度

$$\boldsymbol{a}=\boldsymbol{a}_{\mathrm{t}}+\boldsymbol{a}'+\boldsymbol{a}_{\mathrm{C}}$$

其中

$$\boldsymbol{a}_{\mathrm{t}}=\boldsymbol{a}_{O'}+\frac{\mathrm{d}\boldsymbol{\omega}}{\mathrm{d}t}\times\boldsymbol{r}'+\boldsymbol{\omega}\times(\boldsymbol{\omega}\times\boldsymbol{r}')$$

上式中 $\boldsymbol{a}_{O'}=0$;$\boldsymbol{\omega}$ 大小方向都不变,则$\frac{\mathrm{d}\boldsymbol{\omega}}{\mathrm{d}t}=0$;

$$\boldsymbol{\omega}\times(\boldsymbol{\omega}\times\boldsymbol{r}')=\omega\boldsymbol{k}'\times(\omega\boldsymbol{k}'\times b\boldsymbol{i}')=\omega\boldsymbol{k}'\times b\omega\boldsymbol{j}'=-b\omega^2\boldsymbol{i}'$$

所以

$$\boldsymbol{a}_{\mathrm{t}}=-b\omega^2\boldsymbol{i}'$$

在动坐标系中,质点做匀速直线运动,可得

$$\boldsymbol{a}'=\frac{\mathrm{d}^*\boldsymbol{v}'}{\mathrm{d}t}=\frac{\mathrm{d}^*(v_1\boldsymbol{i}')}{\mathrm{d}t}=0$$

$$\boldsymbol{a}_{\mathrm{C}}=2\boldsymbol{\omega}\times\boldsymbol{v}'=2\omega\boldsymbol{k}'\times v_1\boldsymbol{i}'=2\omega v_1\boldsymbol{j}'$$

所以

$$\boldsymbol{a}=-b\omega^2\boldsymbol{i}'+2\omega v_1\boldsymbol{j}'$$

求加速度时,可以利用 $\boldsymbol{a}=\frac{\mathrm{d}\boldsymbol{v}}{\mathrm{d}t}$公式获得,这里注意 $\boldsymbol{i}'$、$\boldsymbol{j}'$都在随时间发生变化。

$$\boldsymbol{a}=\frac{\mathrm{d}\boldsymbol{v}}{\mathrm{d}t}=\dot{v}_1\boldsymbol{i}'+v_1\frac{\mathrm{d}\boldsymbol{i}'}{\mathrm{d}t}+\dot{b}\omega\boldsymbol{j}'+b\dot{\omega}\boldsymbol{j}'+b\omega\frac{\mathrm{d}\boldsymbol{j}'}{\mathrm{d}t}$$

$$\boldsymbol{a}=\dot{v}_1\boldsymbol{i}'+v_1(\boldsymbol{\omega}\times\boldsymbol{i}')+\dot{b}\omega\boldsymbol{j}'+b\dot{\omega}\boldsymbol{j}'+b\omega(\boldsymbol{\omega}\times\boldsymbol{j}')$$

$$\boldsymbol{a}=\dot{v}_1\boldsymbol{i}'+v_1\omega\boldsymbol{j}'+\dot{b}\omega\boldsymbol{j}'+b\dot{\omega}\boldsymbol{j}'-b\omega^2\boldsymbol{i}'$$

$$\boldsymbol{a}=(\dot{v}_1-b\omega^2)\boldsymbol{i}'+(v_1\omega+\dot{b}\omega+b\dot{\omega})\boldsymbol{j}'$$

由于

$$\dot{v}_1=0,\quad \dot{\omega}=0,\quad \dot{b}=v_1$$

所以

$$\boldsymbol{a}=-b\omega^2\boldsymbol{i}'+2v_1\omega\boldsymbol{j}'$$

4.3　非惯性系动力学

4.3.1　平面转动参照系中的动力学方程

转动参照系(不管是以匀角速还是变角速转动)是非惯性参照系,对这种参照系来讲,牛顿运动定律已经不成立了,因为 $\boldsymbol{a}'\neq\boldsymbol{a}$。我们知道,对非惯性系来讲,只要加上适当的惯性力,牛顿运动定律在形式上“仍然”可以成立。当然,惯性力的具体表达式跟参照系运动的方式有关,要研究的就是在转动参照系中惯性力应当具有何种形式。下面从比较简单的平面转动参照系讲起。

质点相对于惯性系的绝对加速度为

$$\boldsymbol{a}=\boldsymbol{a}'+\dot{\boldsymbol{\omega}}\times\boldsymbol{r}'-\omega^2\boldsymbol{r}'+2\boldsymbol{\omega}\times\boldsymbol{v}'$$

在惯性系中质点的运动服从牛顿运动定律,即

$$\boldsymbol{F}=m\boldsymbol{a}=m(\boldsymbol{a}'+\dot{\boldsymbol{\omega}}\times\boldsymbol{r}'-\omega^2\boldsymbol{r}'+2\boldsymbol{\omega}\times\boldsymbol{v}')\tag{4-3-1}$$

上式中 $\boldsymbol{F}$ 即为质点所受的合外力。

移项,得

$$m\boldsymbol{a}'=\boldsymbol{F}-m\dot{\boldsymbol{\omega}}\times\boldsymbol{r}'+m\omega^2\boldsymbol{r}'-2m\boldsymbol{\omega}\times\boldsymbol{v}'\tag{4-3-2}$$

可以看到,在平面转动参照系中,如果形式上也按牛顿第二定律处理力学问题,就必须把上式右边的后面三项也都看成是作用在质点上的外力,这三项也都叫作惯性力。也就是说,对于平面转动参照系而言,如果添上三种惯性力,$-m\dot{\boldsymbol{\omega}}\times\boldsymbol{r}'$,$m\omega^2\boldsymbol{r}'$,$-2m\boldsymbol{\omega}\times\boldsymbol{v}'$,则牛顿运动定律对平面转动参照系就“仍然”可以成立。

下面对这些惯性力逐项地讨论:

(1)惯性力 $-m\dot{\boldsymbol{\omega}}\times\boldsymbol{r}'$,是由非惯性系 S'系的变角速转动引起的,与非惯性系 S'系的角加速度有关。人站在平台上,若平台突然转动出现角加速度,人会感受到与平台转动相反的力,如图 4-6 所示。图中给出 S'系中质点的运动轨迹,它的切线方向即为相对速度 $\boldsymbol{v}'$的方向,且 $\dot{\boldsymbol{\omega}}$ 方向与 $\boldsymbol{\omega}$ 方向相同,皆垂直于面向外。如果非惯性系 S'系的转动是匀速的,即 $\boldsymbol{\omega}=$常矢量,则此项惯性力为零。

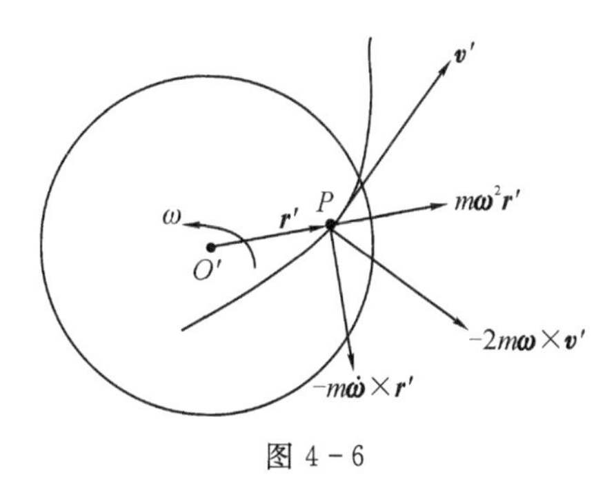

图 4-6

(2)惯性力 $m\omega^2\boldsymbol{r}'$,是由于非惯性系 S'系的转动所引起的,惯性力的量值和 ω 的平方及质点离开坐标轴原点 O 的距离 r 成正比,它的方向则自坐标原点 O'沿矢径向外,即沿着离开转轴的方向,称为惯性离心力。

(3)惯性力$-2m\boldsymbol{\omega}\times\boldsymbol{v}'$,叫作科里奥利力,是由于参照系$S'$系的转动及质点对此转动参照系又有相对运动所引起的。科里奥利力的量值和S'系转动的角速度ω及质点相对于S'系的速度$\boldsymbol{v}'$成正比,它的方向既与非惯性系的转动轴垂直,又与相对速度$\boldsymbol{v}'$垂直。它的方向垂直于$\boldsymbol{\omega}$及$\boldsymbol{v}'$所确定的平面,在平面转动参照系中,因为$\boldsymbol{\omega}$恒与$\boldsymbol{v}'$垂直,将$\boldsymbol{v}'$沿着S'系转动的反方向转一直角,即可得出科里奥利力的方向。

总之,在非惯性参照系中质点除受外力作用外,只要再添上惯性力的作用,就可以像惯性系中那样处理质点动力学问题。

例 4-2 在一光滑水平直管中,有一质量为m的小球,此管以恒定角速度ω绕通过管子一端的竖直轴转动(见图 4-7),如果起始时,球距转动轴的距离为a,球相对于管子的速度为零,求小球沿管的运动规律及管对小球的约束反作用力。

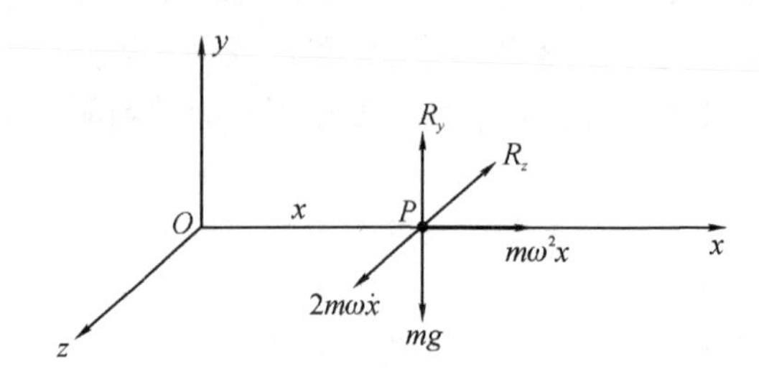

图 4-7

解 先用非惯性参照系来解这个问题,选取管的固定端为坐标原点,x轴沿管;y轴竖直向上,并垂直于管;z轴水平向前,亦与管垂直。

设小球在某一瞬时运到P点,它与原点O的距离为x,速度为$\dot{x}$,则惯性离心力的量值为$m\omega^2x$,方向沿管向右,科里奥利力的量值为$2m\omega\dot{x}$,在水平面内垂直于管壁向前。因$\dot{x}$的方向为P点相对于O点的速度方向,沿$+x$方向,即为$\boldsymbol{v}'$方向,将$\boldsymbol{v}'$矢量沿着S'系转动的反方向转一直角,即为科里奥利力的方向。

令管对小球反作用在z方向上的分力为R_z,竖直分力为R_y,至于主动力则为重力$m\boldsymbol{g}$,方向竖直向下。

根据

$$m\boldsymbol{a}' = \boldsymbol{F} - m\dot{\boldsymbol{\omega}}\times\boldsymbol{r}' + m\omega^2\boldsymbol{r}' - 2m\boldsymbol{\omega}\times\boldsymbol{v}'$$

将上式写成分量形式

$$\begin{cases} m\ddot{x} = m\omega^2 x & (1)\\ m\ddot{y} = 0 = R_y - mg & (2)\\ m\ddot{z} = 0 = 2m\omega\dot{x} - R_z & (3)\end{cases}$$

坐标系$O-xyz$随管一起转动,坐标系上的观测者看到小球沿y、z方向没有运动,则沿y、z方向的加速度也为零。

由式(1)的通解

$$m\frac{\mathrm{d}^2x}{\mathrm{d}t^2} = m\omega^2x \Rightarrow \frac{\mathrm{d}^2x}{\mathrm{d}t^2} - \omega^2x = 0$$

得其特征方程为$r^2-\omega^2=0$,所以$r=\pm\omega$,即$r_1=\omega$,$r_2=-\omega$,则其通解为

$$x = A\mathrm{e}^{\omega t} + B\mathrm{e}^{-\omega t} \tag{4}$$

$$\dot{x} = A\omega\mathrm{e}^{\omega t} - B\omega\mathrm{e}^{-\omega t} \tag{5}$$

将初始条件:$t=0$时,$x_0=a$,$\dot{x}_0=0$,代入式(4)、(5),得

$$\left.\begin{aligned} a &= A + B \\ 0 &= A\omega - B\omega \end{aligned}\right\} \Rightarrow A = B = \frac{a}{2}$$

所以小球沿管的运动规律为

$$x = \frac{a}{2}(e^{\omega t} + e^{-\omega t}) = a\cosh\omega t$$

由式(2)、(3)可得管对小球的竖直反作用力及水平作用力分别是

$$\begin{cases} R_y = mg \\ R_z = 2m\omega\dot{x} = 2m\omega\dfrac{a}{2}(\omega e^{\omega t} - \omega e^{-\omega t}) = 2ma\omega^2\dfrac{e^{\omega t} - e^{-\omega t}}{2} = 2ma\omega^2\sinh\omega t \end{cases}$$

下面改用惯性参照系来解同一问题。很显然,由于管在水平面内转动,故不宜用直角坐标系,而要改用极坐标系(见图 4-8)。如取管的起始位置为极轴,管子的一端 O(即转动轴通过的那一点)为极点,则在极坐标系下,当小球 P 运动到离极点 O 为 r 时,小球的运动微分方程为

$$\begin{cases} m(\ddot{r} - r\dot{\theta}^2) = F_r = 0 \\ m(r\ddot{\theta} + 2\dot{r}\dot{\theta}) = F_\theta \end{cases}$$

因 $\dot{\theta}=\omega=$常数,那么 $\ddot{\theta}=0$

$$\begin{cases} m(\ddot{r} - r\omega^2) = 0 \\ 2m\dot{r}\omega = F_\theta \end{cases} \tag{6}$$

这和式(1)、(3)两式完全一样,故无需再演算下去。

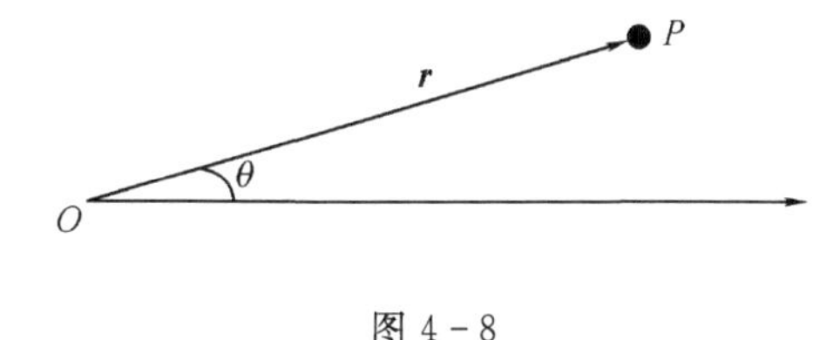

图 4-8

4.3.2　空间转动参照系中的动力学方程

空间转动参照系当然也是非惯性参照系(因为转动具有加速度),所以要加上适当的惯性力后,才能使牛顿运动定律"仍然"成立。

选取 S 系为固定参照系(惯性系),S'系为转动参照系。当 S'系的原点 O'与 S 系的原点 O 重合,并且 S'系绕 O 点以角速度 $\boldsymbol{\omega}$ 转动,且 $\boldsymbol{\omega}$ 不一定是恒矢量,则

$$\boldsymbol{a} = \boldsymbol{a}' + \boldsymbol{a}_t + \boldsymbol{a}_C$$

式中:$\boldsymbol{a}$ 是质点相对于 S 系的加速度,称为绝对加速度。

因为 S 系为惯性系,$\boldsymbol{F}=m\boldsymbol{a}$ 成立,则

$$\boldsymbol{F} = m\boldsymbol{a} = m\boldsymbol{a}' + m\boldsymbol{a}_t + m\boldsymbol{a}_C \tag{4-3-3}$$

移项,得

$$m\boldsymbol{a}' = \boldsymbol{F} - m\boldsymbol{a}_t - m\boldsymbol{a}_C$$

所以

$$m\boldsymbol{a}' = \boldsymbol{F} + (-m\boldsymbol{a}_t) + (-m\boldsymbol{a}_C) \tag{4-3-4}$$

上式 $\boldsymbol{a}'$是质点相对于 S'系的加速度，称为相对加速度。

令 $\boldsymbol{Q}_t = -m\boldsymbol{a}_t$ 为牵连惯性力，$\boldsymbol{Q}_C = -m\boldsymbol{a}_C$ 为科里奥利力

则

$$m\boldsymbol{a}' = \boldsymbol{F} + \boldsymbol{Q}_t + \boldsymbol{Q}_C \tag{4-3-5}$$

在非惯性系中，引入惯性力后，牛顿第二定律形式上成立。

4.3.3 相对平衡

如果质点固着在 S'系中不动，则 $\boldsymbol{v}'=0$，$\boldsymbol{a}'=0$，$\boldsymbol{a}_C=0$。根据 $\boldsymbol{a}=\boldsymbol{a}'+\boldsymbol{a}_t+\boldsymbol{a}_C$，可得 $\boldsymbol{a}=\boldsymbol{a}_t$。

空间转动参照系的动力学方程为

$$m\boldsymbol{a}' = \boldsymbol{F} + \boldsymbol{Q}_t + \boldsymbol{Q}_C$$

左式 $m\boldsymbol{a}'=0$，右式 $\boldsymbol{F}+\boldsymbol{Q}_t+\boldsymbol{Q}_C=\boldsymbol{F}+\boldsymbol{Q}_t$，因 $\boldsymbol{a}_C=0$，所以 $\boldsymbol{Q}_C=0$，则

$$\boldsymbol{F} + \boldsymbol{Q}_t = 0 \tag{4-3-6}$$

上式中 $\boldsymbol{F}$ 为作用在质点上所有真实的外力。

因此，质点相对于非惯性系 S'系静止，也就是质点在非惯性系中处于平衡，这种平衡叫作相对平衡。例如地球自转时，静止在地球表面的物体，处于相对平衡状态。式(4-3-6)也可表示为

$$\boldsymbol{F} + \boldsymbol{R} + \boldsymbol{Q}_t = 0$$

上式中 $\boldsymbol{F}$ 为主动力，$\boldsymbol{R}$ 为约束力。

当质点在非惯性系中处于平衡时，主动力、约束反作用力和由牵连运动而引起的惯性力的矢量和等于零。

例 4-3 一半顶角为 α 的圆锥，沿圆锥的母线开有一槽，圆锥绕铅直的对称轴线以匀角速度 $\boldsymbol{\omega}$ 转动，质量为 m 的质点自圆锥顶点从静止开始无摩擦地向下滑动，如图 4-9 所示，求出当质点与圆锥顶点的距离为 s 时，质点对槽作用的压力 $\boldsymbol{F}_N$。

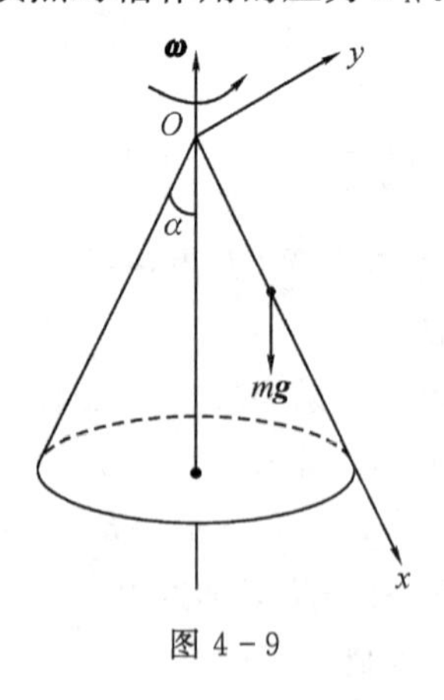

图 4-9

解 以圆锥为参照系，由于圆锥旋转，因此是非惯性系，现在就在这个非惯性参照系中进行求解。取坐标轴固着在圆锥上，则质点位置矢量为 $\boldsymbol{r}'=x\boldsymbol{i}$，速度矢量为 $\boldsymbol{v}'=\dot{x}\boldsymbol{i}$，角速度为 $\boldsymbol{\omega}=\omega(-\cos\alpha\boldsymbol{i}+\sin\alpha\boldsymbol{j})$，加速度为 $\boldsymbol{a}'=\ddot{x}\boldsymbol{i}$。

外力：

$$\boldsymbol{F} = m\boldsymbol{g} + F_{Ny}\boldsymbol{j} + F_{Nz}\boldsymbol{k}$$

$$\boldsymbol{F} = mg\cos\alpha\boldsymbol{i} - mg\sin\alpha\boldsymbol{j} + F_{Ny}\boldsymbol{j} + F_{Nz}\boldsymbol{k}$$

$$= mg\cos\alpha\boldsymbol{i} + (F_{Ny} - mg\sin\alpha)\boldsymbol{j} + F_{Nz}\boldsymbol{k}$$

其中，F_{Ny} 和 F_{Nz} 分别是圆锥上槽的侧壁和槽底对质点的作用力。

惯性力：

$$\boldsymbol{Q}_t + \boldsymbol{Q}_C = -m\boldsymbol{a}_t - m\boldsymbol{a}_C = -m[\dot{\boldsymbol{\omega}} \times \boldsymbol{r}' + \boldsymbol{\omega} \times (\boldsymbol{\omega} \times \boldsymbol{r}')] - 2m\boldsymbol{\omega} \times \boldsymbol{v}'$$

因为 $\boldsymbol{\omega}$＝常矢量，所以 $\dot{\boldsymbol{\omega}}=0$，则

$$\boldsymbol{Q}_t + \boldsymbol{Q}_C = -m\boldsymbol{\omega} \times (\boldsymbol{\omega} \times \boldsymbol{r}') - 2m\boldsymbol{\omega} \times \boldsymbol{v}'$$

其中

$$\boldsymbol{\omega} \times \boldsymbol{r}' = \omega(-\cos\alpha\boldsymbol{i} + \sin\alpha\boldsymbol{j}) \times x\boldsymbol{i} = -x\omega\sin\alpha\boldsymbol{k}$$

$$-m\boldsymbol{\omega} \times (\boldsymbol{\omega} \times \boldsymbol{r}') = -m\omega(-\cos\alpha\boldsymbol{i} + \sin\alpha\boldsymbol{j}) \times (-x\omega\sin\alpha)\boldsymbol{k} = m\omega^2 x\sin\alpha(\sin\alpha\boldsymbol{i} + \cos\alpha\boldsymbol{j})$$

$$-2m\boldsymbol{\omega} \times \boldsymbol{v}' = -2m\omega(-\cos\alpha\boldsymbol{i} + \sin\alpha\boldsymbol{j}) \times \dot{x}\boldsymbol{i} = 2m\omega\dot{x}\sin\alpha\boldsymbol{k}$$

惯性力

$$\boldsymbol{Q}_t + \boldsymbol{Q}_C = m\omega^2 x\sin\alpha(\sin\alpha\boldsymbol{i} + \cos\alpha\boldsymbol{j}) + 2m\omega\dot{x}\sin\alpha\boldsymbol{k}$$

根据非惯性系的动力学方程

$$m\boldsymbol{a}' = \boldsymbol{F} + \boldsymbol{Q}_t + \boldsymbol{Q}_C$$

$$m\ddot{x}\boldsymbol{i} = (mg\cos\alpha + m\omega^2 x\sin^2\alpha)\boldsymbol{i} + (F_{Ny} - mg\sin\alpha + m\omega^2 x\sin\alpha\cos\alpha)\boldsymbol{j} + (F_{Nz} + 2m\omega\dot{x}\sin\alpha)\boldsymbol{k}$$

它的分量方程为

$$\begin{cases} m\ddot{x} = mg\cos\alpha + m\omega^2 x\sin^2\alpha \\ 0 = F_{Ny} - mg\sin\alpha + m\omega^2 x\sin\alpha\cos\alpha \\ 0 = F_{Nz} + 2m\omega\dot{x}\sin\alpha \end{cases} \tag{1}$$

由式(1)中第一式，得

$$\ddot{x} = g\cos\alpha + \omega^2 x\sin^2\alpha$$

移项，得

$$\ddot{x} - \omega^2 x\sin^2\alpha = g\cos\alpha \tag{2}$$

与所给方程对应的齐次方程为

$$\ddot{x} - \omega^2 x\sin^2\alpha = 0$$

它的特征方程为

$$r^2 - \omega^2\sin^2\alpha = 0 \Rightarrow r = \pm\omega\sin\alpha$$

即

$$r_1 = \omega\sin\alpha, \quad r_2 = -\omega\sin\alpha$$

于是与所给方程对应的齐次方程的通解为

$$x = c_1 e^{t\omega\sin\alpha} + c_2 e^{-t\omega\sin\alpha}$$

由于 $\lambda=0$ 不是特征方程的根，所以应设 $x^*=b$，将其代入所给方程式(2)，得

$$-\omega^2\sin^2\alpha b = g\cos\alpha \Rightarrow b = -\frac{g\cos\alpha}{\omega^2\sin^2\alpha}$$

所以该方程的通解为

$$x = c_1 e^{t\omega\sin\alpha} + c_2 e^{-t\omega\sin\alpha} - \frac{g\cos\alpha}{\omega^2 \sin^2\alpha}$$

$$\dot{x} = c_1 \omega\sin\alpha e^{t\omega\sin\alpha} - c_2 \omega\sin\alpha e^{-t\omega\sin\alpha}$$

由初始条件:$t=0$ 时,$x=0$,$\dot{x}=0$,得

$$\left.\begin{aligned} 0 &= c_1 + c_2 - \frac{g\cos\alpha}{\omega^2 \sin^2\alpha} \\ 0 &= c_1\omega\sin\alpha - c_2\omega\sin\alpha \end{aligned}\right\} \Rightarrow c_1 = c_2 = \frac{g\cos\alpha}{2\omega^2 \sin^2\alpha}$$

$$\begin{aligned} x &= \frac{g\cos\alpha}{2\omega^2 \sin^2\alpha} e^{t\omega\sin\alpha} + \frac{g\cos\alpha}{2\omega^2 \sin^2\alpha} e^{-t\omega\sin\alpha} - \frac{g\cos\alpha}{\omega^2 \sin^2\alpha} \\ &= \frac{g\cos\alpha}{\omega^2 \sin^2\alpha}\left(\frac{e^{t\omega\sin\alpha} + e^{-t\omega\sin\alpha}}{2} - 1\right) \\ &= \frac{g\cos\alpha}{\omega^2 \sin^2\alpha}[\cosh(t\omega\sin\alpha) - 1] \end{aligned} \tag{3}$$

将式(1)中第一式两边分别积分一次

$$\ddot{x} = g\cos\alpha + \omega^2 x \sin^2\alpha$$

$$\frac{d\dot{x}}{dt} = g\cos\alpha + \omega^2 x \sin^2\alpha$$

$$\frac{d\dot{x}}{dx} \cdot \frac{dx}{dt} = g\cos\alpha + \omega^2 x \sin^2\alpha$$

$$\dot{x} d\dot{x} = (g\cos\alpha + \omega^2 x \sin^2\alpha) dx$$

由于

$$\frac{1}{2} d\dot{x}^2 = \dot{x} d\dot{x}$$

$$d\dot{x}^2 = 2(g\cos\alpha + \omega^2 x \sin^2\alpha) dx$$

$$\int d\dot{x}^2 = \int 2g\cos\alpha dx + \int 2\omega^2 \sin^2\alpha x\, dx$$

$$\dot{x}^2 = 2g\cos\alpha x + \omega^2 x^2 \sin^2\alpha + c$$

由利用初始条件:$t=0$ 时,$x=0$,$\dot{x}=0$,可得 $c=0$,于是

$$\dot{x} = \sqrt{(2g\cos\alpha + \omega^2 x \sin^2\alpha) x} \tag{4}$$

利用式(1)中第二式,并将式(4)代入式(1)中第三式,得

$$F_{Ny} = mg\sin\alpha - m\omega^2 x\sin\alpha\cos\alpha$$

$$F_{Nz} = -2m\omega\sin\alpha\sqrt{(2g\cos\alpha + \omega^2 x \sin^2\alpha) x}$$

结合牛顿第三定律可得出,当质点与圆锥顶点距离为 $x=s$ 时,质点对圆锥槽的作用力为

$$\begin{aligned} \boldsymbol{F}'_N &= -F_{Ny}\boldsymbol{j} - F_{Nz}\boldsymbol{k} \\ &= m\sin\alpha(\omega^2 x\cos\alpha - g)\boldsymbol{j} + 2m\omega\sin\alpha\sqrt{\omega^2 x^2 \sin^2\alpha + 2gx\cos\alpha}\,\boldsymbol{k} \end{aligned}$$

以上是在活动参照系中求解的,当然也可以在不随圆锥转动的固定惯性参考系中求解。在惯性系中求解时,如图 4-9 所示建立在圆锥上的坐标系则是旋转的活动坐标系。下面比较一下,在惯性系中求解与前面题解中采用的非惯性系求解有何异同。

请注意,下面是在固定的惯性参照系中求解问题,建立在圆锥上的活动坐标系只是作为数

学工具来应用。

质点的相对位置矢量：

$$\boldsymbol{r}' = x\boldsymbol{i}$$

角速度矢量：

$$\boldsymbol{\omega} = \omega(-\cos\alpha\boldsymbol{i} + \sin\alpha\boldsymbol{j})$$

速度矢量：

$$\boldsymbol{v} = \boldsymbol{v}' + \boldsymbol{\omega}\times\boldsymbol{r}' = \dot{x}\boldsymbol{i} + \omega(-\cos\alpha\boldsymbol{i} + \sin\alpha\boldsymbol{j})\times x\boldsymbol{i} = \dot{x}\boldsymbol{i} - \omega x\sin\alpha\boldsymbol{k}$$

加速度矢量：

$$\boldsymbol{a} = \boldsymbol{a}' + \boldsymbol{\omega}\times(\boldsymbol{\omega}\times\boldsymbol{r}') + 2\boldsymbol{\omega}\times\boldsymbol{v}'$$

代入已知量，得

$$\begin{aligned}\boldsymbol{a} &= \ddot{x}\boldsymbol{i} + (-\omega^2 x\sin\alpha\cos\alpha\boldsymbol{j} - \omega^2 x\sin^2\alpha\boldsymbol{i}) + (-2\omega\dot{x}\sin\alpha\boldsymbol{k})\\ &= (\ddot{x} - \omega^2 x\sin^2\alpha)\boldsymbol{i} - \omega^2 x\sin\alpha\cos\alpha\boldsymbol{j} - 2\omega\dot{x}\sin\alpha\boldsymbol{k}\end{aligned}$$

外力：

$$\boldsymbol{F} = m\boldsymbol{g} + F_{Ny}\boldsymbol{j} + F_{Nz}\boldsymbol{k} = mg\cos\alpha\boldsymbol{i} + (F_{Ny} - mg\sin\alpha)\boldsymbol{j} + F_{Nz}\boldsymbol{k}$$

惯性力则根本不存在，在惯性系中谈不上惯性力。

根据质点的运动微分方程 $m\boldsymbol{a}=\boldsymbol{F}$，其分量方程为

$$\begin{cases}m(\ddot{x} - \omega^2 x\sin^2\alpha) = mg\cos\alpha\\ -m\omega^2 x\sin\alpha\cos\alpha = F_{Ny} - mg\sin\alpha\\ -2m\omega\dot{x}\sin\alpha = F_{Nz}\end{cases} \tag{5}$$

与式(1)相比较，好像只是把与转动有关的项从等式右边搬到左边，别无差异。其实，建立这两组方程的观念是完全不同的。式(1)是在非惯性系中求解，存在惯性力，而这里的式(5)则是在惯性系中考查质点的运动，不存在惯性力，虽然求解过程中采用了活动坐标系。

4.4 地球自转所产生的影响

地球不仅有自转，同时还围绕太阳公转。若以太阳作为惯性参照系，地球则不是惯性参照系。所以在处理地球上所发生的许多力学问题时，常把地球作为很好的惯性系看待。这是由于地球自转的角速度及绕太阳公转的加速度都很小：其中地球自转的角速度约为 $\omega=7.3\times10^{-5}$ rad/s(24 小时转 2π)；角速度的改变率为 $|\dot{\boldsymbol{\omega}}|\doteq10^{-16}$ rad/s^2。虽然这些量比较小，但是，有些力学现象还是能觉察到地球自转的影响。

4.4.1 惯性离心力——重力随纬度的变化

物体的视重是指地面对它的支持力，也称为重量或重力。物体静止在地球表面上，物体的重力与地面对它的支持力大小相等，方向相反。下面对物体进行受力分析，如图 4-10 所示，静止在地球表面上的物体，是处于相对平衡状态，那么相对平衡的平衡方程为

$$\boldsymbol{F} + \boldsymbol{N} + \boldsymbol{Q}_t = 0 \tag{4-4-1}$$

式中：$\boldsymbol{F}$ 为万有引力(地球引力)，引力的作用线通过地球的球心，即指向地心的；$\boldsymbol{N}$ 为地面支持力；$\boldsymbol{Q}_t$ 为牵连惯性力，其表达式为

$$\boldsymbol{Q}_{t} = -m\boldsymbol{a}_{t} = -m[\dot{\boldsymbol{\omega}} \times \boldsymbol{r}' + \boldsymbol{\omega} \times (\boldsymbol{\omega} \times \boldsymbol{r}')]$$

地球绕地轴自转时,可以认为它的角速度是沿着地轴的一个恒矢量,$\boldsymbol{\omega}$=恒矢量,$\dot{\boldsymbol{\omega}}=0$,可得

$$\boldsymbol{Q}_{t} = -m\boldsymbol{a}_{t} = -m\boldsymbol{\omega} \times (\boldsymbol{\omega} \times \boldsymbol{r}') = m\omega^{2}\boldsymbol{R}$$

称为惯性离心力。

对式(4-4-1)移项,得

$$\boldsymbol{N} = -(\boldsymbol{F} + \boldsymbol{Q}_{t})$$

所以

$$m\boldsymbol{g} = -\boldsymbol{N} = \boldsymbol{F} + \boldsymbol{Q}_{t} \tag{4-4-2}$$

因此,视重(重力)是地球引力和惯性离心力的合力。

实际重力的方向与赤道平面的交角 φ 即为地面 P 点处的纬度,通常称 φ 为天文纬度,以区别地理纬度 λ,实际上它们之间的区别是很微小的,近似认为它们是重合的。

由式(4-4-2)的分量式求得

$$mg = F - m\omega^{2}r\cos^{2}\lambda \tag{4-4-3}$$

由于惯性离心力的作用,使重力常小于引力。重力随着纬度发生变化,在纬度越低的地方,重力越小。在赤道上时,重力达到最小。只有在两极时,重力和引力才相等。另外,除两极外重力的方向也不与引力的方向一致。引力的作用线通过地球的地心,而重力的作用线一般并不通过地球的地心。

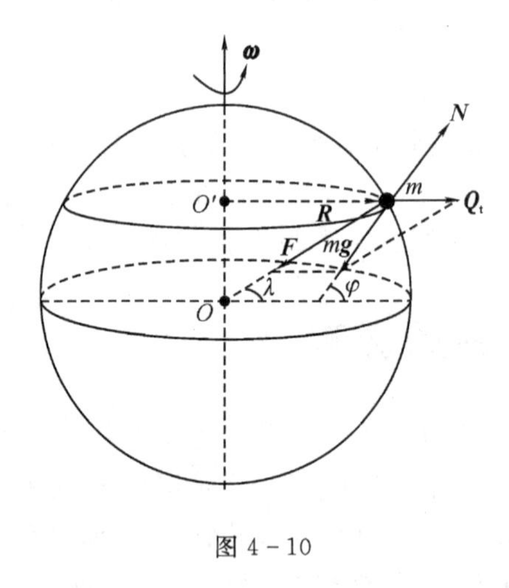

图 4-10

4.4.2 科里奥利力

1. 地球表面运动质点的动力学方程

一质点在北半球的某点 P 上以速度 $\boldsymbol{v}'$ 相对于地球运动,P 点的纬度为 λ,如图 4-11 所示。图中 SN 是地轴,地球自转的角速度 $\boldsymbol{\omega}$ 就沿着该轴。选取地球为参照系(非惯性系);建立固联在地球表面上的空间直角坐标系 $O-xyz$,Ox 切经线(圈)向南;Oy 切纬线(圈)向东;Oz 指向天空。

地球自转角速度为

$$\boldsymbol{\omega} = -\omega\cos\lambda\boldsymbol{i} + \omega\sin\lambda\boldsymbol{k}$$

质点的相对速度为

$$\boldsymbol{v}' = \dot{x}\boldsymbol{i} + \dot{y}\boldsymbol{j} + \dot{z}\boldsymbol{k}$$

由于惯性离心力的效应很小，可略去含有 ω^2 项的惯性离心力，这时重力可以代替引力，重力 $m\boldsymbol{g}$ 方向也是通过地心的，即

$$m\boldsymbol{g} = -mg\boldsymbol{k} \tag{4-4-4}$$

因此，研究质点相对于地球的运动时，可以只考虑科里奥利力的影响。

$$\begin{aligned}\boldsymbol{Q}_{\mathrm{C}} &= -2m\boldsymbol{\omega} \times \boldsymbol{v}' = -2m\begin{vmatrix} \boldsymbol{i} & \boldsymbol{j} & \boldsymbol{k} \\ -\omega\cos\lambda & 0 & \omega\sin\lambda \\ \dot{x} & \dot{y} & \dot{z} \end{vmatrix} \\ &= -2m[-\omega\dot{y}\sin\lambda\boldsymbol{i} + (\omega\dot{z}\cos\lambda + \dot{x}\omega\sin\lambda)\boldsymbol{j} - \omega\dot{y}\cos\lambda\boldsymbol{k}]\end{aligned} \tag{4-4-5}$$

其他力 $\boldsymbol{F} = F_x\boldsymbol{i} + F_y\boldsymbol{j} + F_z\boldsymbol{k}$，$\boldsymbol{F}$ 为除重力以外质点受到的其他外力。

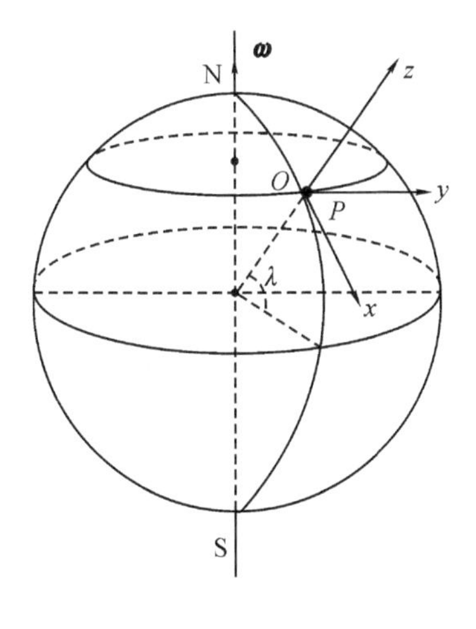

图 4 - 11

根据非惯性系的动力学方程

$$m\boldsymbol{a}' = \boldsymbol{F} + \boldsymbol{Q}_{\mathrm{t}} + \boldsymbol{Q}_{\mathrm{C}}$$

式中：$\boldsymbol{F}$ 为所有真实的力。由于 $\boldsymbol{Q}_{\mathrm{t}} = 0$，可得

$$m\boldsymbol{a}' = \boldsymbol{F} + m\boldsymbol{g} + \boldsymbol{Q}_{\mathrm{C}} \tag{4-4-6}$$

式中：$\boldsymbol{F}$ 为除重力以外质点受到的其他外力。

质点在 x、y、z 三个方向上的运动微分方程为

$$\begin{cases} m\ddot{x} = 2m\omega\dot{y}\sin\lambda + F_x \\ m\ddot{y} = -2m\omega(\dot{x}\sin\lambda + \dot{z}\cos\lambda) + F_y \\ m\ddot{z} = 2m\omega\dot{y}\cos\lambda - mg + F_z \end{cases} \tag{4-4-7}$$

利用上式，我们就可以定性地或定量地研究科里奥利力的影响，以及对一些力学现象做出解释。

2. 地球表面的力学现象

1)落体偏东

设在北半球纬度 λ 处，一个质量为 m 的物体从高度为 h 处自由释放，只受到重力和科里

奥利力，且除受重力外不受其他外力作用，即 $F_x=F_y=F_z=0$。初始条件为 $t=0$ 时，$x=y=0$，$z=h$，$\dot{x}=\dot{y}=\dot{z}=0$，则质点在 x、y、z 三个方向上的运动微分方程可表示为

$$\begin{cases} m\ddot{x}=2m\omega\dot{y}\sin\lambda \\ m\ddot{y}=-2m\omega(\dot{x}\sin\lambda+\dot{z}\cos\lambda) \\ m\ddot{z}=-mg+2m\omega\dot{y}\cos\lambda \end{cases} \tag{4-4-8}$$

式(4-4-8)化简，得

$$\begin{cases} \ddot{x}=2\omega\dot{y}\sin\lambda \\ \ddot{y}=-2\omega(\dot{x}\sin\lambda+\dot{z}\cos\lambda) \\ \ddot{z}=-g+2\omega\dot{y}\cos\lambda \end{cases} \tag{4-4-9}$$

对式(4-4-9)积分一次且考虑初始条件，得

$$\begin{cases} \dot{x}=2\omega y\sin\lambda \\ \dot{y}=-2\omega[x\sin\lambda+(z-h)\cos\lambda] \\ \dot{z}=-gt+2\omega y\cos\lambda \end{cases} \tag{4-4-10}$$

将式(4-4-10)代入式(4-4-9)，得

$$\begin{cases} \ddot{x}=-4\omega^2\sin\lambda[x\sin\lambda+(z-h)\cos\lambda] \\ \ddot{y}=2gt\omega\cos\lambda-4\omega^2 y \\ \ddot{z}=-g-4\omega^2\cos\lambda[x\sin\lambda+(z-h)\cos\lambda] \end{cases} \tag{4-4-11}$$

在式(4-4-11)中又出现 ω^2 项，但如质点自离地面 200 m 以上的高处自由下落，因 ω 的值很小，则 $\omega^2 h\approx\left(\frac{2\pi}{24\times3600}\right)^2\times200\approx10^{-6}$；而如果质点的运动速度在 1 m/s 的数量级时，科里奥利加速度 $2\omega v'$ 的数量级约为 $7.3\times10^{-5}\times2\approx10^{-4}$。两数值相差 100 倍左右，因此，在式(4-4-11)中再度略去 ω^2 项，这样，式(4-4-11)简化为

$$\begin{cases} \ddot{x}=0 \\ \ddot{y}=2gt\omega\cos\lambda \\ \ddot{z}=-g \end{cases} \tag{4-4-12}$$

对式(4-4-12)积分一次，并利用初始条件，得

$$\begin{cases} \dot{x}=0 \\ \dot{y}=gt^2\omega\cos\lambda \\ \dot{z}=-gt \end{cases} \tag{4-4-13}$$

对(4-4-13)再积分一次，并利用初始条件，得

$$\begin{cases} x=0 \\ y=\dfrac{1}{3}gt^3\omega\cos\lambda \\ z=-\dfrac{1}{2}gt^2+h \end{cases} \tag{4-4-14}$$

显然，式(4-4-14)为一组近似解，可以看出，在下落的过程中向东偏。

对式(4-4-14)质点运动方程消去时间参量 t，得轨道方程为

$$y^2=-\frac{8}{9}\frac{\omega^2}{g}\cos^2\lambda\,(z-h)^3 \tag{4-4-15}$$

这是位于东西竖直面内的半立方抛物线。如质点自高度为 h 的地方自由下落，则当它抵达地

面($z=0$)时，其偏东的数值为

$$y=\frac{1}{3}\sqrt{\frac{8h^3}{g}}\omega\cos\lambda \tag{4-4-16}$$

这个数值很小，例如以北京地区为例，北京处于北纬约 40°，即 $\lambda=40°$，当 $h=200$ m 时，约为 4.75×10^{-2} m，故难以觉察。由此式可以看出，在赤道处($\lambda=0$)偏东的数值最为明显；而在两极$\left(\lambda=\frac{\pi}{2}\right)$则为零，没有偏东现象出现。落体偏东现象是科里奥利惯性力的直接结果。

2)贸易风

在地球上，热带部分的空气，因热上升，并在高空向两极推进；而两极附近的空气，则因冷下降，并在地球附近向赤道附近推进，形成一种对流，彼此交易，故称为贸易风。但由于受到科里奥利力的作用，南北向的气流却发生了东西向的偏转，这可根据科里奥利力的公式得出(见图 4-12)。在北半球地面附近由北向南的气流，有朝西的偏向，成为东北贸易风；在南半球地面附近由南向北的气流，有朝西的偏向，成为东南贸易风(见图 4-13)；在北半球高空由南向北的气流，有朝东的偏向，成为西南贸易风；在南半球高空由北向南的气流，有朝东的偏向，成为西北贸易风。

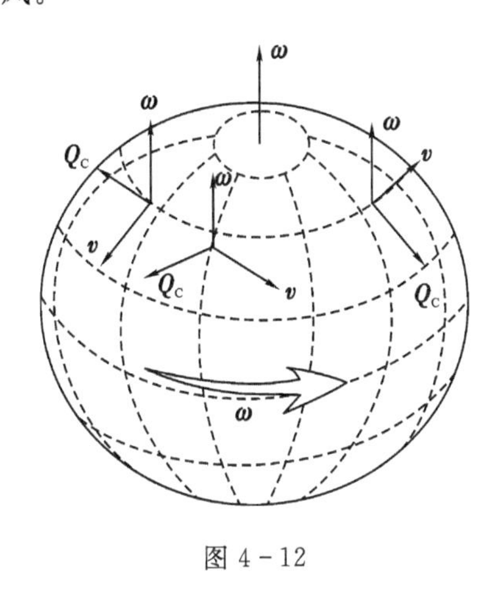

图 4-12

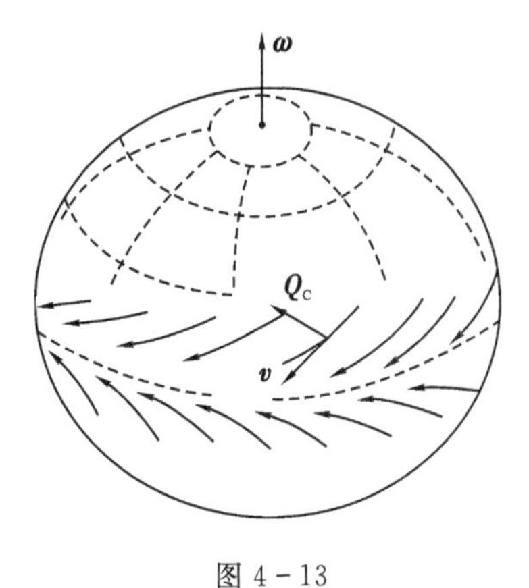

图 4-13

贸易风又称为信风。赤道地区的地表温度高，而两极寒冷，赤道附近的热空气上升至高空后向两极推进，然后高空气流越向高纬度，受到的科氏力就越大，气流便越向纬度线偏离。在纬度 30°附近，气流基本上顺着纬度线了，根本到不了极地。可是，从赤道方向不断有气流推来，在中纬度高空堆积，气体必然下沉，以致近地面层空气密度增大，形成高压区。这便是地理学和气象学中熟知的副热带高压区。大气又在近地面层自副热带高压区向赤道低压槽流动，形成大气环流。大气在向赤道流动的过程中，又受到科氏力的作用，在北半球形成东北信风，在南半球则形成东南信风。

3)轨道的磨损和河岸的冲刷

由科里奥利力公式 $\boldsymbol{Q}_C=-m\boldsymbol{a}_C=-2m\boldsymbol{\omega}\times\boldsymbol{v}'$ 可知，当物体在地面上运动时，在北半球上的科里奥利力的水平分量总是指向运动的右侧，在南半球的情况恰恰相反，科里奥利力的水平分量总是指向运动的左侧。在科里奥利力水平分量(地转偏向力)作用下，这种长年累月的作用，使得北半球河流右岸的冲刷甚于左岸，因而右岸比较陡峭(见图 4-14)。双轨单行铁路的情形也是这样。由于右轨所受到的压力大于左轨,因而磨损较甚。而南半球的情况与此相反,河流左岸冲刷较甚,而双线铁路的左轨磨损较甚。

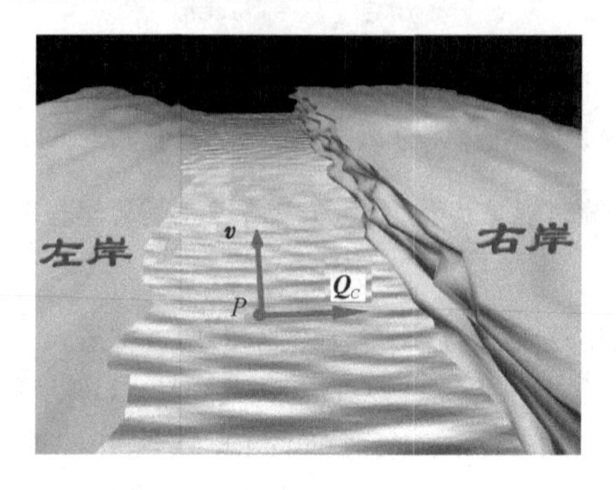

图 4-14

4.5 科里奥利力对抛体运动的影响

地球自转对物体运动的影响主要就是科里奥利力的影响,前面给出了自由落体运动的近似解,下面将推导不考虑空气阻力时物体自由下落和竖直上抛运动的精确解。

4.5.1 不考虑空气阻力情况下自由落体运动的精确解

设在北半球纬度 λ 处,一个质量为 m 的物体从高度为 h 处自由释放,初始条件为 $t=0$ 时,$x=y=0$, $z=h$, $\dot{x}=\dot{y}=\dot{z}=0$。下面来讨论落地点相对铅直线与地面的交点 P 的偏离。

选取地球(视为球体)为参考系,建立空间直角坐标系 $O-xyz$ 如图 4-11 所示,Ox 切经线(圈)向南;Oy 切纬线(圈)向东;Oz 垂直地面向上。

忽略空气阻力,则物体在自由下落过程中的动力学方程为

$$m\boldsymbol{a}' = \boldsymbol{F} + m\boldsymbol{g} + \boldsymbol{Q}_C$$

上式中 $\boldsymbol{F}$ 代表重力以外的所有真实的力,$\boldsymbol{Q}_C$ 为科里奥利力。

质点在 x、y、z 三个方向上的运动微分方程分别为

$$\begin{cases} m\ddot{x} = 2m\omega\dot{y}\sin\lambda + F_x \\ m\ddot{y} = -2m\omega(\dot{x}\sin\lambda + \dot{z}\cos\lambda) + F_y \\ m\ddot{z} = 2m\omega\dot{y}\cos\lambda - mg + F_z \end{cases} \tag{4-5-1}$$

由于物体除受重力外不受其他外力作用,即 $F_x=F_y=F_z=0$,所以质点的动力学方程可简化为

$$\begin{cases} \ddot{x} = 2\omega\dot{y}\sin\lambda \\ \ddot{y} = -2\omega(\dot{x}\sin\lambda + \dot{z}\cos\lambda) \\ \ddot{z} = -g + 2\omega\dot{y}\cos\lambda \end{cases} \tag{4-5-2}$$

式(4-5-2)中的第一式和第三式分别对时间积分一次,得

$$\begin{cases} \dot{x} = 2\omega y\sin\lambda \\ \dot{z} = 2\omega y\cos\lambda - gt \end{cases} \tag{4-5-3}$$

将上式代入式(4-5-2)中的第二式,可得

$$\ddot{y} = -4\omega^2 y + 2\omega g t\cos\lambda \tag{4-5-4}$$

这是受迫简谐运动微分方程,其通解为

$$y = A\cos 2\omega t + B\sin 2\omega t + \frac{g}{2\omega}t\cos\lambda \tag{4-5-5}$$

将上式对时间 t 微分一次,得

$$\dot{y} = -2\omega A\sin 2\omega t + 2\omega B\cos 2\omega t + \frac{g\cos\lambda}{2\omega} \tag{4-5-6}$$

由初始条件即可确定积分常数 A 和 B:

$$A = 0,\quad B = -\frac{g\cos\lambda}{4\omega^2}$$

所以得特解:

$$y = -\frac{g\cos\lambda}{4\omega^2}\sin 2\omega t + \frac{g}{2\omega}t\cos\lambda \tag{4-5-7}$$

再将上式代入式(4-5-3),对时间积分并应用初始条件,即可解得

$$\begin{cases} x = \left[\dfrac{g}{4\omega^2}(\cos 2\omega t - 1) + \dfrac{1}{2}gt^2\right]\sin\lambda\cos\lambda \\ z = \left(\dfrac{g}{4\omega^2}\cos 2\omega t + \dfrac{1}{2}gt^2\right)\cos^2\lambda + h - \dfrac{1}{2}gt^2 - \dfrac{g\cos^2\lambda}{4\omega^2} \end{cases} \tag{4-5-8}$$

式(4-5-7)、(4-5-8)即为在科里奥利力作用下忽略空气阻力时自由落体运动的精确解。

假设物体从北纬 45°、高度 $h=200$ m 处自由落下,通过计算机编程模拟可得其运动轨迹如图 4-15 所示。从图中可以看出,物体在北半球自由落体过程中,不仅要向东偏移,而且还要向南偏移,但向南偏移的量与向东偏移量相比要小很多。

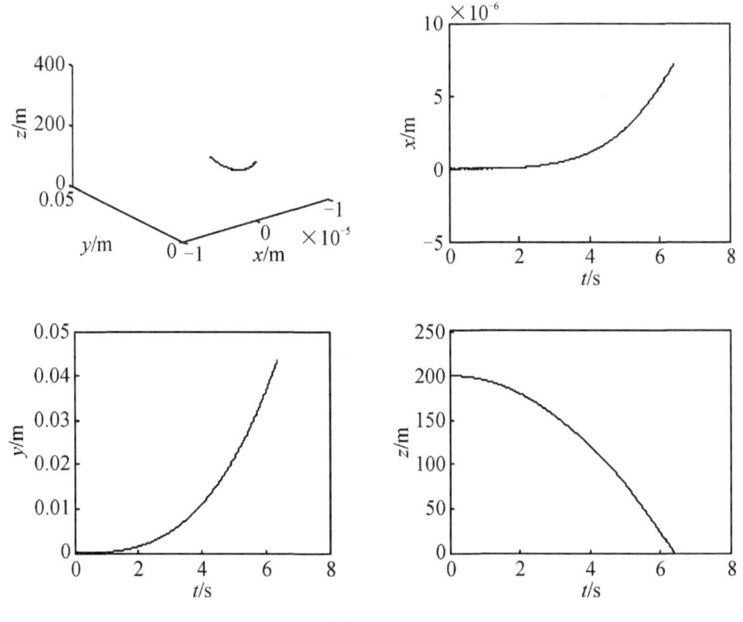

图 4-15

4.5.2 不考虑空气阻力情况下竖直上抛运动的精确解

设质量为 m 的物体以初速度 v 沿 z 轴方向竖直上抛。这里同样不考虑空气阻力($F_x=F_y=F_z=0$)来计算方程(4-5-2)的精确解,初始条件为:$t=0$ 时,$x=y=z=0,\dot{z}=v,\dot{x}=\dot{y}=0$。

将式(4-5-2)中关于 x 和关于 z 的方程分别对时间积分一次,得

$$\begin{cases}\dot{x}=2\omega y\sin\lambda \\ \dot{z}=-gt+2\omega y\cos\lambda+v\end{cases}\tag{4-5-9}$$

将上式代入式(4-5-2)中第二个方程,得

$$\ddot{y}=-4\omega^2 y+2\omega gt\cos\lambda-2\omega\cdot v\cos\lambda \tag{4-5-10}$$

对上式进行求解,并利用初始条件,得

$$y=\frac{v\cos\lambda}{2\omega}\cdot\cos2\omega t-\frac{g\cos\lambda}{4\omega^2}\cdot\sin2\omega t+\frac{g\cos\lambda}{2\omega}\cdot t-\frac{v\cos\lambda}{2\omega}\tag{4-5-11}$$

将式(4-5-11)代入式(4-5-9)中,可解得

$$\begin{cases}x=\dfrac{v\sin\lambda\cos\lambda}{2\omega}\cdot\sin2\omega t+\dfrac{g\cos\lambda\sin\lambda}{4\omega^2}\cdot(\cos2\omega t-1)+\dfrac{1}{2}g\cos\lambda\sin\lambda t^2-vt\cos\lambda\sin\lambda \\ z=\dfrac{v}{2\omega}\cos^2\lambda\sin2\omega t+\dfrac{g\cos^2\lambda}{4\omega^2}(\cos2\omega t-1)+\dfrac{1}{2}g(\cos^2\lambda)t^2-v(\cos^2\lambda)t+vt-\dfrac{1}{2}gt^2\end{cases}\tag{4-5-12}$$

式(4-5-11)和式(4-5-12)即为在科里奥利力作用下忽略空气阻力情况下竖直上抛运动的精确解。

假设物体从北纬 45°、以初速度 $v=40$ m/s 将物体竖直上抛,通过计算机编程模拟可得其运动轨迹如图 4-16 所示。从图中可以发现,在北半球竖直上抛过程中,物体在上升阶段做偏

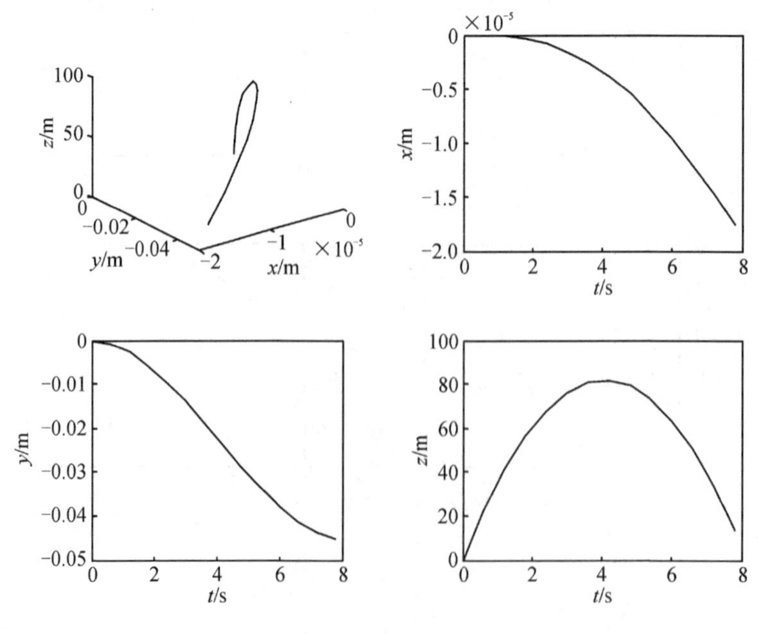

图 4-16

西运动，在下落阶段仍做偏西运动，因此竖直上抛物体的落地点是偏西的，同时物体还要向北偏移，因此落地点偏向西北方向，但是向北偏移量与向西偏移量相比非常之小。类似地，图 4－17是通过计算机编程模拟在南纬 45°、以初速度 $v=40$ m/s 将物体竖直上抛的运动轨迹。从图中可以看出，落地点是偏向西南方向的。

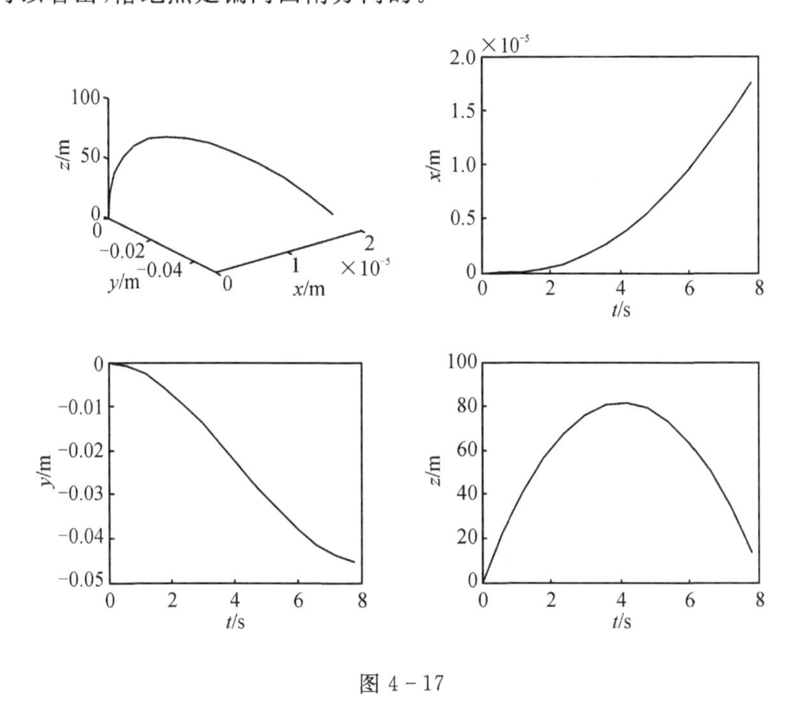

图 4－17

以上为在不考虑空气阻力情况下物体自由下落、竖直上抛运动的精确解，并在计算机编程的基础上对所得结果进行了深入分析。这些结果都更为客观、真实地反映了科里奥利力对物体运动的影响，更具有普适性。

4.6　考虑空气阻力和地球自转的远程抛射体的研究

对抛体运动现象的研究中，所建立的坐标系大多是固联在地球表面的空间直角坐标系，对于抛射距离近(或抛射时间短)的情况下，通常令地球表面空间直角坐标系坐标 $z=0$ 作为落地点来计算抛射体的飞行时间已经足够精确。但对于远程抛射体，例如远程火炮、电磁炮等在空中飞行时间较长，如果还通过令 $z=0$ 来计算飞行时间已经不妥了，必须考虑地球表面形状是曲面这一特点。下面首先在地球表面建立空间直角坐标系，推导出考虑空气阻力和科氏力情况下任意抛射角的抛射体的解析解，然后建立在地球表面所建立的空间直角坐标系与地心坐标系的转换关系式，以抛射体与地心的距离为地球半径 R 作为落地点的条件来计算飞行时间。其次，建立球面坐标系通过数值计算方法来处理远程抛射体问题。

4.6.1　斜抛运动的精确解

下面推导考虑空气阻力情况下斜抛运动的精确解。选取地球(视为球体)为参考系，以地

面上纬度为 λ 的一点 O 为原点建一固定坐标系 $O-xyz$，如图 4-11 所示，Ox 切经线(圈)向南；Oy 切纬线(圈)向东；Oz 垂直地面向上。设质量为 m 的物体以初速度 v_0 从 O 点沿任意方向抛出，为简化问题，认为所受空气阻力为 $\boldsymbol{f}=-mk\boldsymbol{v}$，故物体的运动方程为

$$\begin{cases} m\ddot{x} = 2m\omega\dot{y}\sin\lambda - mk\dot{x} \\ m\ddot{y} = -2m\omega(\dot{x}\sin\lambda + \dot{z}\cos\lambda) - mk\dot{y} \\ m\ddot{z} = 2m\omega\dot{y}\cos\lambda - mk\dot{z} - mg \end{cases} \tag{4-6-1}$$

初始条件为：$t=0$ 时，$x=y=z=0$，$\dot{x}=v_0\cos\alpha$，$\dot{y}=v_0\cos\beta$，$\dot{z}=v_0\cos\gamma$。

对式(4-6-1)积分一次，可得

$$\begin{cases} \dot{x} = 2\omega y\sin\lambda - kx + v_0\cos\alpha \\ \dot{y} = -2\omega(x\sin\lambda + z\cos\lambda) - ky + v_0\cos\beta \\ \dot{z} = 2\omega y\cos\lambda - kz - gt + v_0\cos\gamma \end{cases} \tag{4-6-2}$$

将式(4-6-2)中的第一、三式代入式(4-6-1)的第二式后再与式(4-6-2)的第二式联立消去$(x\sin\lambda+z\cos\lambda)$，可得

$$\ddot{y} + 2k\dot{y} + (k^2+4\omega^2)y = 2\omega gt\cos\lambda - 2\omega v_0\cos\alpha\sin\lambda - 2\omega v_0\cos\gamma\cos\lambda + kv_0\cos\beta \tag{4-6-3}$$

式(4-6-3)的通解为

$$y = \mathrm{e}^{-kt}(c_1\cos2\omega t + c_2\sin2\omega t) + \frac{2g\omega\cos\lambda}{k^2+4\omega^2}t + \left(q - \frac{4gk\omega\cos\lambda}{k^2+4\omega^2}\right) \tag{4-6-4}$$

这里式(4-6-4)中 $q=kv_0\cos\beta-2\omega v_0\cos\alpha\sin\lambda-2\omega v_0\cos\gamma\cos\lambda$。应用初始条件，可解得积分常数为

$$c_1 = \left(\frac{4gk\omega\cos\lambda}{k^2+4\omega^2} - q\right)/(k^2+4\omega^2) \tag{4-6-5}$$

$$c_2 = \frac{1}{2\omega}\left[v_0\cos\beta + k\left(\frac{4gk\omega\cos\lambda}{k^2+4\omega^2} - q\right)/(k^2+4\omega^2) - \frac{2g\omega\cos\lambda}{k^2+4\omega^2}\right] \tag{4-6-6}$$

将式(4-6-4)代入式(4-6-2)的第一、三式并求其通解，得

$$\begin{aligned} x = \Bigg[& c_1\sin\lambda\sin2\omega t - c_2\sin\lambda\cos2\omega t + \frac{4\omega^2 g\sin\lambda\cos\lambda}{k^2+4\omega^2}\left(\frac{1}{k}t\mathrm{e}^{kt} - \frac{1}{k^2}\mathrm{e}^{kt}\right) + \\ & \frac{2\omega\sin\lambda}{k(k^2+4\omega^2)}\cdot\left(q - \frac{4gk\omega\cos\lambda}{k^2+4\omega^2}\right)(\mathrm{e}^{kt}-1) + \frac{v_0}{k}\cos\alpha(\mathrm{e}^{kt}-1) + \\ & c_2\sin\lambda + \frac{1}{k^2}\cdot\frac{4\omega^2 g\sin\lambda\cos\lambda}{k^2+4\omega^2}\Bigg]\mathrm{e}^{-kt} \end{aligned} \tag{4-6-7}$$

$$\begin{aligned} z = \Bigg[& c_1\cos\lambda\sin2\omega t - c_2\cos\lambda\cos2\omega t + \frac{4\omega^2 g\cos^2\lambda}{k^2+4\omega^2}\left(\frac{1}{k}t\mathrm{e}^{kt} - \frac{1}{k^2}\mathrm{e}^{kt}\right) + \\ & \frac{2\omega\cos\lambda}{k(k^2+4\omega^2)}\left(q - \frac{4gk\omega\cos\lambda}{k^2+4\omega^2}\right)(\mathrm{e}^{-kt}-1) - g\left(\frac{1}{k}t\mathrm{e}^{kt} - \frac{1}{k^2}\mathrm{e}^{kt}\right) + \\ & \frac{v_0\cos\gamma}{k}(\mathrm{e}^{-kt}-1) + c_2\cos\lambda + \frac{4\omega^2 g\cos^2\lambda}{k^2+4\omega^2}\cdot\frac{1}{k^2} - \frac{g}{k^2}\Bigg]\mathrm{e}^{-kt} \end{aligned} \tag{4-6-8}$$

以上式(4-6-4)、(4-6-7)、(4-6-8)即为考虑在地球自转和空气阻力情况下斜抛运动的精确解。

4.6.2　地球表面上的空间转动参照系与地心坐标系之间的转换关系式

选取地心为原点建立地心坐标系 $O'-XYZ$，如图 4－18 所示。下面推导地球表面上的空间转动参照系 $O-xyz$ 与地心坐标系 $O'-XYZ$ 之间的转换关系式。

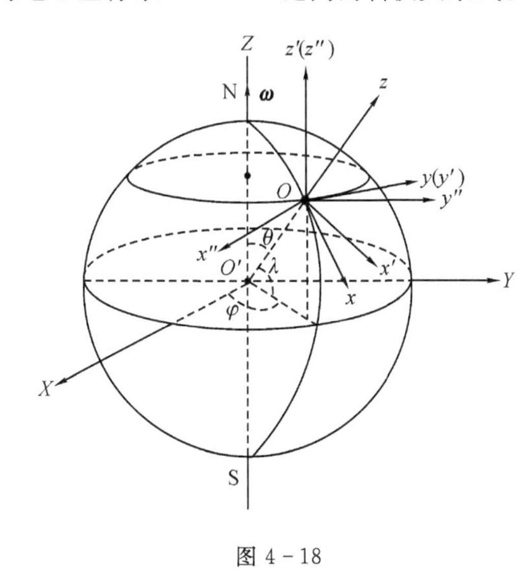

图 4－18

设点 A 在 $O-xyz$ 体系中的坐标值为(x,y,z)。

(1)第一次坐标变换，将 $O-xyz$ 体系绕坐标轴 Oy 转动 θ，变为 $O-x'y'z'$体系，则点 A 的坐标值为

$$\begin{cases} x' = x\cos\theta + z\cos\left(\dfrac{\pi}{2} - \theta\right) \\ y' = y \\ z' = z\cos\theta + x\cos\left(\dfrac{\pi}{2} + \theta\right) \end{cases} \tag{4-6-9}$$

(2)第二次坐标变换，将 $O-x'y'z'$体系绕 Oz'轴转动 φ 角，变为 $O-x''y''z''$体系，则坐标值为

$$\begin{cases} x'' = x'\cos\varphi + y'\cos\left(\dfrac{\pi}{2} + \varphi\right) \\ y'' = y'\cos\varphi + x'\cos\left(\dfrac{\pi}{2} - \varphi\right) \\ z'' = z' = z\cos\theta + x\cos\left(\dfrac{\pi}{2} + \theta\right) \end{cases} \tag{4-6-10}$$

(3)第三次坐标变换，将 $O-x''y''z''$体系平移，变为 $O'-XYZ$ 体系，则坐标值为

$$\begin{cases} X = R\cos\lambda\cos\varphi + x'' \\ Y = R\cos\lambda\sin\varphi + y'' \\ Z = R\sin\lambda + z'' \end{cases} \tag{4-6-11}$$

(4)点 A 在 $O'-XYZ$ 体系中的坐标为

$$\begin{cases} X = R\cos\lambda\cos\varphi + \left[x\cos\theta + z\cos\left(\dfrac{\pi}{2} - \theta\right)\right]\cos\varphi + y\cos\left(\dfrac{\pi}{2} + \varphi\right) \\ Y = R\cos\lambda\sin\varphi + y\cos\varphi + \left[x\cos\theta + z\cos\left(\dfrac{\pi}{2} - \theta\right)\right]\cos\left(\dfrac{\pi}{2} - \varphi\right) \\ Z = R\sin\lambda + z\cos\theta + x\cos\left(\dfrac{\pi}{2} + \theta\right) \end{cases} \tag{4-6-12}$$

假设物体从纬度 $\lambda=45°$、经度 $\varphi=45°$、高度 $h=0$ m 处，以初速度 $v_0=5.0$ km/s 发射，发射方向的方位角为 $\alpha=45°$、$\beta=90°$、$\gamma=45°$，阻力系数取 $k=0.001$ N·s/m，可得物体的运动情况如图 4-19、4-20、4-21、4-22 所示。若选择地球表面坐标系高度 $z=0$ 定义为落地条件，则物体空中飞行时间 $t=650.76$ s。若选择地心坐标系距地心距离为地球半径 R 定义为落地条件，则物体空中飞行时间 $t=737.52$ s。可见两种不同落地条件下的时间差别和位置差别是相当大的。从图 4-22 可见，若选择地球表面坐标系 $z=0$ 定义为落地条件，则物体在 $t=650.76$ s时实际并未落地。

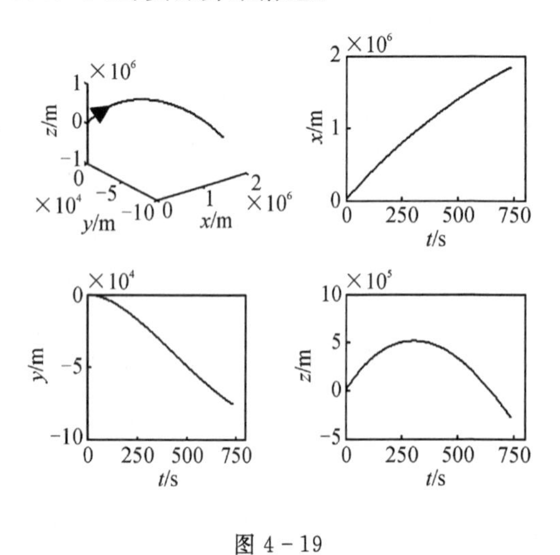

图 4-19

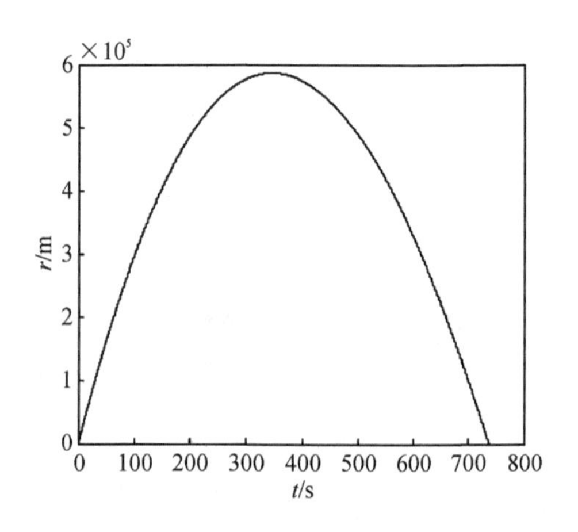

图 4-20

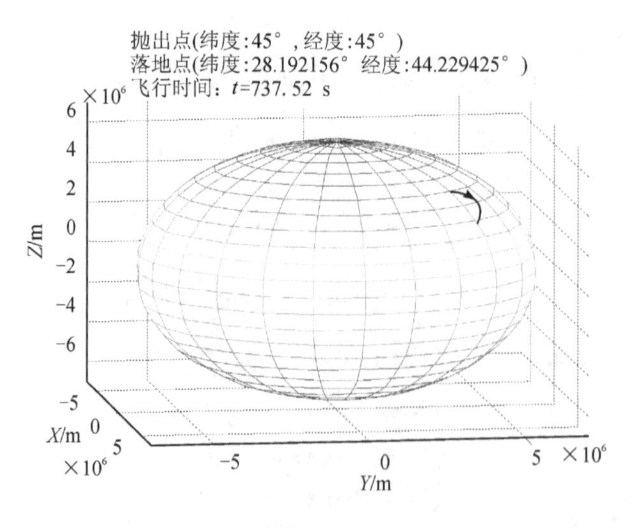

图 4-21

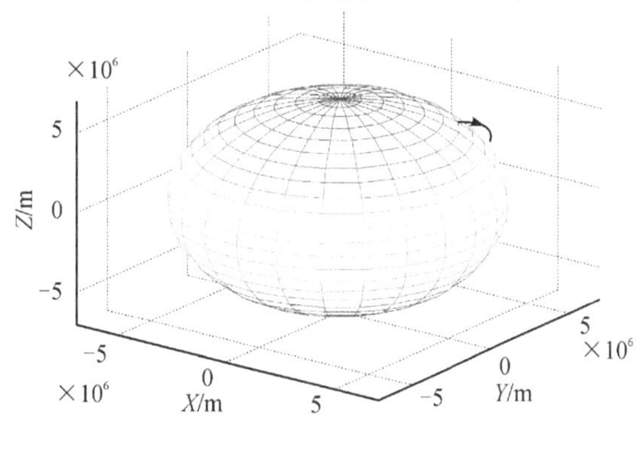

图 4－22

表 4－1、4－2、4－3 给出了物体从纬度 $\lambda=45°$、经度 $\varphi=45°$、高度 $h=0$ m 处，在不同阻力系数、不同发射速度下两种不同落地定义的落地时间和位置的对比。从表中可以看到，在发射速度一定的情况下，随着阻力系数增大，则物体在空中飞行时间会迅速减少，相应的射程也将急剧减小。在阻力系数一定的条件下，物体的速度越小，两种不同落地条件下的时间差别和位置也将减小；反之，物体的速度越大，两种不同落地条件下的时间差别和位置也将增大。若物体的速度很小，而且阻力系数很大，则两种不同落地条件下的时间和位置的差别也都很小。而且，从表 4－1 中可以看出，由于受到科里奥利力的作用，物体向西偏的距离还是很大的。例如发射速度为 $v=5.0$ km/s 时，两种不同落地定义的经度差别仅有 0.09572°，但所对应的纬线长度(即东西方向的距离)约为 10.6466 km。在表 4－2 和表 4－3 阻力系数较大的情况下，发现物体在空中飞行时因受到科里奥利力作用开始向西偏，然后又向东偏移。分析原因是物体上升阶段受到科里奥利力方向向西，使物体产生向西的加速度做加速运动，当物体上升到最高点时，此时达到向西的最大速度。在下落阶段，物体受到的科里奥利力方向向东，使物体产生向东的加速度，因此物体向西开始做减速运动。由于受到空气阻力，上升阶段的时间小于下落阶段的时间，若阻力系数 k 越大，则下落阶段时间比上升阶段的时间更多，这样会导致在下落阶

表 4－1　阻力系数 $k=0.001$ N·s/m 的情况

发射速度/(km/s)	地球表面坐标系高度 $z=0$ 定义为落地条件				抛射体距地心距离为地球半径 R 定义为落地条件		
	落地时间/s	纬度/(°)	经度/(°)	高度/m	落地时间/s	纬度/(°)	经度/(°)
5.0	650.76	31.30761	44.32515	220543.74	737.52	28.19216	44.22943
4.0	530.22	35.31279	44.58580	105401.34	578.16	33.77023	44.54336
3.0	405.42	38.95343	44.79043	39119.62	427.52	38.35289	44.77660
2.0	275.88	42.01178	44.92577	9128.28	283.12	41.86392	44.92324
1.0	140.98	44.17012	44.98900	683.87	142.0	44.15843	44.98889

表 4-2　阻力系数 $k=0.01\ \mathrm{N\cdot s/m}$ 的情况

发射速度/(km/s)	地球表面坐标系高度 $z=0$ 定义为落地条件				抛射体距地心距离为地球半径 R 定义为落地条件		
	落地时间/s	纬度/(°)	经度/(°)	高度/m	落地时间/s	纬度/(°)	经度/(°)
5.0	455.90	41.93546	44.94938	9593.56	466.20	41.85011	44.95008
4.0	379.88	42.56527	44.96042	5994.35	386.58	42.50985	44.96073
3.0	300.82	43.21462	44.97247	3184.58	304.68	43.18323	44.97253
2.0	216.18	43.88569	44.98499	1223.70	217.92	43.87237	44.98497
1.0	120.62	44.55630	44.99588	193.70	121.02	44.55384	44.99587

表 4-3　阻力系数 $k=0.1\ \mathrm{N\cdot s/m}$ 的情况

发射速度/(km/s)	地球表面坐标系高度 $z=0$ 定义为落地条件				抛射体距地心距离为地球半径 R 定义为落地条件		
	落地时间/s	纬度/(°)	经度/(°)	高度/m	落地时间/s	纬度/(°)	经度/(°)
5.0	370.76	44.68301	44.99953	98.89	371.76	44.682137	44.99953
4.0	298.60	44.74628	44.99962	64.21	299.26	44.745699	44.99962
3.0	226.46	44.80960	44.99971	35.41	226.82	44.809280	44.99971
2.0	154.30	44.87300	44.99980	16.41	154.46	44.872858	44.99980
1.0	82.12	44.93649	44.99990	5.03	82.18	44.936435	44.99990

段物体做减速运动至速度为零后向东做加速运动。图 4-23、4-24 分别是物体从纬度 $\lambda=45°$、经度 $\varphi=45°$、高度 $h=0$ m 处，以 $v=5.0$ km/s 速度发射，在不同阻力系数下的运动情况。可以看出，阻力系数较大的情形，则物体偏东运动时间与偏西运动时间相比会增加，相应地物体向东偏移量与偏西量相比也会增加。而且，若阻力系数越大，则随着时间的推移，物体的南北方向将迅速趋于一极限值，可认为物体将趋于铅直向下且以恒定速度运动。

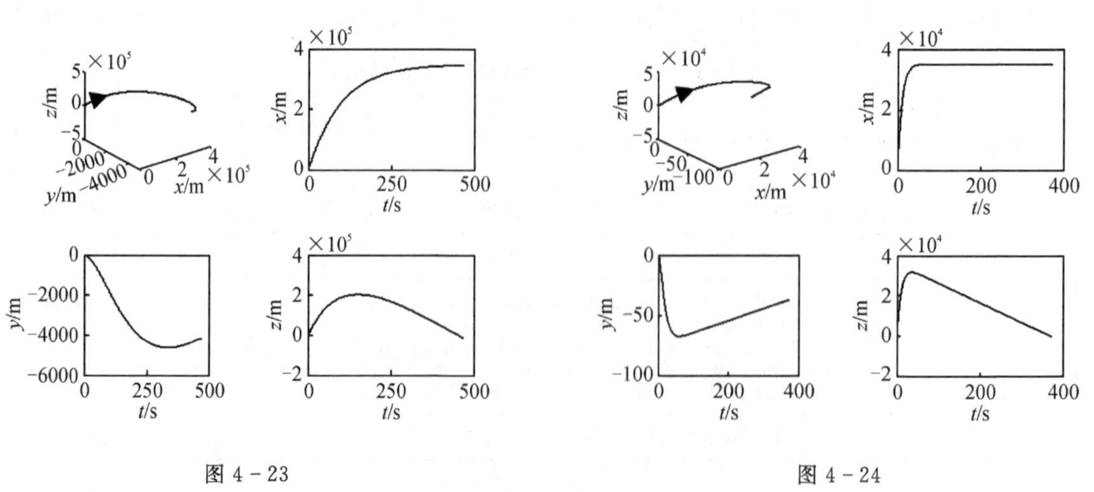

图 4-23　　　　图 4-24

4.6.3 抛体落地预测的数值计算方法

这里要解决从地球表面以任意角度、速度发射的物体的落点位置预测的问题。显然，采用球坐标系下的表示无疑是最合适的，如图 4-25 所示。球面坐标下物体位置、速度、加速度的表示式分别为

$$\boldsymbol{r} = r(t)\boldsymbol{e}_r \tag{4-6-13}$$

$$\boldsymbol{v} = \dot{r}\boldsymbol{e}_r + r\dot{\theta}\boldsymbol{e}_\theta + r\dot{\varphi}\sin\theta\boldsymbol{e}_\varphi = v_r\boldsymbol{e}_r + v_\theta\boldsymbol{e}_\theta + v_\varphi\boldsymbol{e}_\varphi \tag{4-6-14}$$

$$\begin{aligned}\boldsymbol{a} =& (\ddot{r} - r\dot{\theta}^2 - r\dot{\varphi}^2\sin^2\theta)\boldsymbol{e}_r + (r\ddot{\theta} + 2\dot{r}\dot{\theta} - r\dot{\varphi}^2\sin\theta\cos\theta)\boldsymbol{e}_\theta + \\ & (r\ddot{\varphi}\sin\theta + 2\dot{r}\dot{\varphi}\sin\theta + 2r\dot{\theta}\dot{\varphi}\cos\theta)\boldsymbol{e}_\varphi\end{aligned} \tag{4-6-15}$$

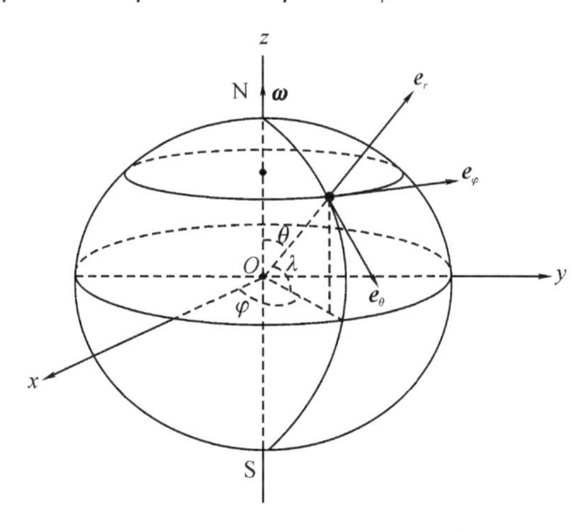

图 4-25

物体斜抛运动过程中的动力学方程为

$$m\boldsymbol{a}' = \boldsymbol{F} - mg\boldsymbol{e}_r - 2m\boldsymbol{\omega}\times\boldsymbol{v} \tag{4-6-16}$$

科里奥利力为

$$\begin{aligned}-2m\boldsymbol{\omega}\times\boldsymbol{v} =& -2m(\omega\cos\theta\boldsymbol{e}_r - \omega\sin\theta\boldsymbol{e}_\theta)\times(\dot{r}\boldsymbol{e}_r + r\dot{\theta}\boldsymbol{e}_\theta + r\dot{\varphi}\sin\theta\boldsymbol{e}_\varphi) \\ =& -2m[(\omega r\dot{\theta}\cos\theta + \omega\dot{r}\sin\theta)\boldsymbol{e}_\varphi - \omega r\dot{\varphi}\cos\theta\sin\theta\boldsymbol{e}_\theta - \omega r\dot{\varphi}\sin^2\theta\boldsymbol{e}_r]\end{aligned} \tag{4-6-17}$$

空气阻力为

$$\begin{aligned}\boldsymbol{F} =& -mb\boldsymbol{v}' = -mb(\dot{r}\boldsymbol{e}_r + r\dot{\theta}\boldsymbol{e}_\theta + r\dot{\varphi}\sin\theta\boldsymbol{e}_\varphi) \\ =& -mb\dot{r}\boldsymbol{e}_r - mbr\dot{\theta}\boldsymbol{e}_\theta - mbr\dot{\varphi}\sin\theta\boldsymbol{e}_\varphi\end{aligned} \tag{4-6-18}$$

$$\begin{aligned}\boldsymbol{F} - mg\boldsymbol{e}_r - 2m\boldsymbol{\omega}\times\boldsymbol{v}' =& (-mb\dot{r} - mg + 2m\omega r\dot{\varphi}\sin^2\theta)\boldsymbol{e}_r + (2m\omega r\dot{\varphi}\cos\theta\sin\theta - mbr\dot{\theta})\boldsymbol{e}_\theta + \\ & [-mbr\dot{\varphi}\sin\theta - 2m(\omega r\dot{\theta}\cos\theta + \omega\dot{r}\sin\theta)]\boldsymbol{e}_\varphi\end{aligned} \tag{4-6-19}$$

将式(4-6-14)、(4-6-15)、(4-6-19)代入式(4-6-16)，得

$$\begin{cases}m(\ddot{r}-r\dot{\theta}^2-r\dot{\varphi}^2\sin^2\theta)=-mb\dot{r}-mg+2m\omega r\dot{\varphi}\sin^2\theta\\ m(r\ddot{\theta}+2\dot{r}\dot{\theta}-r\dot{\varphi}^2\sin\theta\cos\theta)=2m\omega r\dot{\varphi}\cos\theta\sin\theta-mbr\dot{\theta}\\ m(r\ddot{\varphi}\sin\theta+2\dot{r}\dot{\varphi}\sin\theta+2r\dot{\theta}\dot{\varphi}\cos\theta)=-mbr\dot{\varphi}\sin\theta-2m(\omega r\dot{\theta}\cos\theta+\omega\dot{r}\sin\theta)\end{cases}\tag{4-6-20}$$

将式(4-6-20)化简，得

$$\begin{cases}\ddot{r}-r\dot{\theta}^2-r\dot{\varphi}^2\sin^2\theta=-b\dot{r}-g+2\omega r\dot{\varphi}\sin^2\theta\\ r\ddot{\theta}+2\dot{r}\dot{\theta}-r\dot{\varphi}^2\sin\theta\cos\theta=2\omega r\dot{\varphi}\cos\theta\sin\theta-br\dot{\theta}\\ r\ddot{\varphi}\sin\theta+2\dot{r}\dot{\varphi}\sin\theta+2r\dot{\theta}\dot{\varphi}\cos\theta=-br\dot{\varphi}\sin\theta-2(\omega r\dot{\theta}\cos\theta+\omega\dot{r}\sin\theta)\end{cases}\tag{4-6-21}$$

上述二阶微分方程组可采用“龙格-库塔”方法求解。该方法是求解常微分方程常用的数值计算方法之一。表4-4给出了物体从纬度$\lambda=45°$、经度$\varphi=45°$、高度$h=0$ m处，在不同阻力系数、不同速度下发射，且发射方向的方位角为$\alpha=45°$、$\beta=90°$、$\gamma=45°$下，采用“龙格-库塔”方法所得的数值计算结果。比较表4-4与表4-1、4-2、4-3按照抛射体距地心距离为地球半径R定义为落地条件所得的结果，发现两种方法所得的结果是比较接近的。图4-26、4-27分别为物体以初速度$v_0=5000$ m/s发射，在阻力系数分别取$k=0.001$ N·s/m和$k=0.1$ N·s/m时，所得到的空中运动位置随时间的变化关系曲线。

表4-4 采用“龙格-库塔”方法得到的数值计算结果

阻力系数/(N·s/m)	发射速度/(km/s)	落地时间/s	落地纬度/(°)	落地经度/(°)
0.001	5.0	722.01	30.456309	44.323825
	4.0	572.57	34.730184	44.579642
	3.0	426.04	38.668124	44.786660
	2.0	282.90	41.929148	44.924786
	1.0	141.99	44.162800	44.988948
0.01	5.0	465.72	41.978444	44.953108
	4.0	386.34	42.585520	44.962391
	3.0	304.58	43.220383	44.973260
	2.0	217.89	43.885025	44.985166
	1.0	121.03	44.555426	44.995885
0.1	5.0	371.76	44.683841	44.999535
	4.0	299.25	44.746792	44.999624
	3.0	226.82	44.809883	44.999713
	2.0	154.47	44.873115	44.999804
	1.0	82.17	44.936504	44.999896

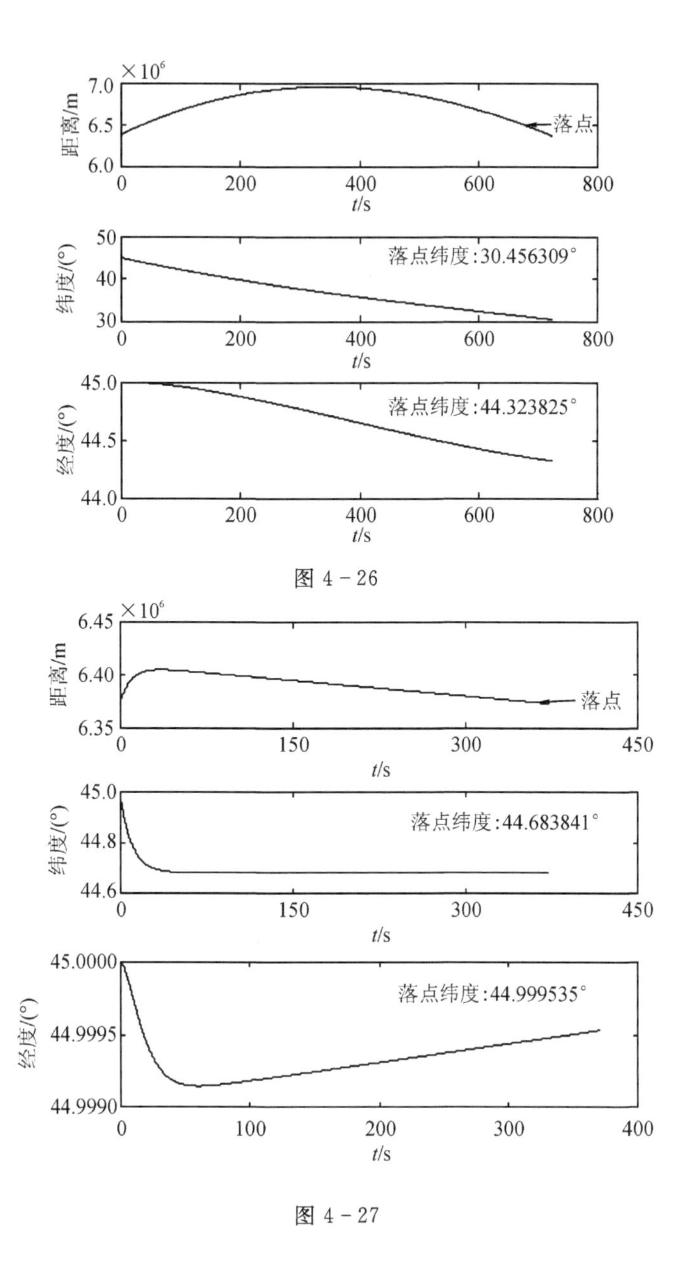

图 4-26

图 4-27

针对固联于地球表面的空间直角坐标系计算远程抛射体落地时间和位置的不足，可通过两种方法获得远程抛射体的落地时间和落地位置。一是通过在地球表面建立空间直角坐标系，计算出考虑空气阻力和地球自转情况下任意抛射角的抛射体的解析解，然后获得在地球表面所建立的空间直角坐标系与地心坐标系的转换关系式，以抛射体与地心的距离为地球半径 R 作为落地点的条件来计算落地时间和落地位置。二是采用球面坐标系表示抛射体的位置、速度及加速度，通过数值计算方法得到抛射体的落地信息。两种方法所得的结果比较接近，因此用两种方法来获得远程抛射体的落地信息都是可行的。

习题

1. 水平圆盘绕铅直轴 O 以匀角速度 ω 转动，一质点沿一半径以匀速率 v_1 相对圆盘向边缘运动。求质点的速度和加速度。

2. P 点离开圆锥顶点 O，以速度 v' 沿母线做匀速运动，此圆锥则以均角速 ω 绕其轴转动。求开始 t 时间后 P 点绝对加速度的量值(假定圆锥体的半顶角为 α)。

3. 在一光滑水平直管中有一质量为 m 的小球，此管以匀角速度 ω 绕通过其一端的竖直轴转动。如开始时，球距离转动轴的距离为 a，球相对于管的速率为零，而管的总长则为 $2a$。求：

(1)球刚要离开管口时的相对速度与绝对速度；

(2)小球从开始运动到离开管口所需的时间。

4. 在南半球自南向北发射炮弹，其落地点向哪个方向偏移？请解释原因。

5. 请解释北半球河流右岸的冲刷甚于左岸的原因。

6. 物体所受重力随纬度会发生变化，请说明原因。

7. 如在北纬 λ 处，以仰角 α 自地面向东方向发射一炮弹，炮弹发射速度为 v，忽略空气阻力但考虑地球自转(角速度为 ω)，试证明炮弹落地时的横向偏离为

$$d=\frac{4v^3}{g^2}\omega\sin\lambda\,\sin^2\alpha\cos\alpha$$

8. 北纬 45°处有一赛车，其质量为 10 t，沿正南方向以时速 400 km/h 行驶。求赛车所受的科里奥利力的大小和方向。

9. 北纬 45°处有一质点从 200 m 高处自由落下，求由于科里奥利力所引起的偏离。

10. 质点如以初速度 v_0 在北纬 λ 处从地面竖直上抛，达到 h 高度后，又落回地面。忽略空气阻力，考虑地球自转，求质点落至地面时相对抛出点的偏差，并通过物理图像说明结果的合理性。

第5章　分析力学

前面学习的力学理论都属于牛顿力学范围，虽然它提供了求解力学问题的有效方法，但也存在着一些不足和困难。首先，在表述方式上有时显得很复杂。例如在球坐标系或一般的曲线坐标下写出运动方程就较为麻烦。另外，对于质点组力学问题，用牛顿运动定律来求质点组的运动问题时，将遇到包含大量方程的微分方程组，尤其是在处理约束问题时，力学系统独立变量的数目减少了，但由于引进了未知的约束力和相应的约束关系，反而使方程数目增多，增加了求解的复杂性。18、19世纪，随着工业革命的迅速发展，人们提出了大量新的力学问题。这些问题主要是一些由互相约束的物体组成的系统的力学问题，这是牛顿力学所难以解决的。因此，人们迫切需要寻求另外的方法来处理这一问题。

1788年拉格朗日(Lagrange)的名著《分析力学》从虚位移原理出发，引进了广义坐标的概念，得出了力学上重要的动力学方程——拉格朗日方程，从而使力学的发展出现了一个新的转折，奠定了分析力学的基础。

1834年哈密顿(Hamilton)又丰富了拉格朗日原理，不但沿用广义坐标，而且引入了广义动量的概念，建立了另一套形式完整的力学系统方程，称为哈密顿正则方程。哈密顿正则方程在理论上有着更重要的意义，在理论物理各分支中得到了广泛的应用。1843年，他又运用变分法提出了另一个和牛顿定律及上述诸方程组等价的哈密顿原理，用来描写力学体系的运动，大大推动了分析力学的发展。

1894年赫兹(H. R. Hertz)首先将系统按约束类型分为完整系统和非完整系统两大类。此后，在分析力学的非完整系统这一分支中又取得了许多成果，得出一系列适用于非完整系统的动力学方程，至今仍在继续向前发展。

随着科学技术的日新月异，出现了众多新的学科。它们之中有许多都是以分析力学的基本原理和方法为基础的；这些学科的研究反过来又丰富了分析力学的内容，促进了分析力学朝着更加成熟的方向发展。

分析力学与理论力学一样都属于经典力学的范畴，但有很大的区别。

在研究方法上，理论力学主要采用几何法，而分析力学主要是采用分析法。在研究观点上，理论力学所注重的是力和加速度，而分析力学所注重的是具有更广泛意义的能量。

理论力学以牛顿定律为理论基础，而分析力学以普遍的力学变分原理(微分形式和积分形式)为基础，导出运动微分方程，并研究方程本身，以及它们的积分求解方法。

正是因为分析力学是以普遍的力学变分原理为基础建立系统的运动微分方程，所以它具有高度的统一性和普遍性。这就不仅便于解决受约束的非自由质点系问题，而且便于扩展到其他学科领域去。例如振动理论、回转仪理论、连续介质力学、非线性力学、自动控制、近代物理等，都广泛地应用分析力学的基本理论和研究方法。

5.1 约束和广义坐标

5.1.1 约束的概念

一群质点的集合,如果其中有相互作用,以致其中每一质点的运动,都和其他质点的位置和运动有关,则这种集合体叫作力学体系,或称为体系。也说成是由 n 个相互作用着的质点构成一个力学系统,简称为力学体系。显然,力学体系即为质点组。

若力学体系中任一质点的位置都被确定,则这个体系的位置状态就确定了。如果 n 为力学体系中质点的数目,则任一质点的位置需要用 3 个独立的坐标参量表示。现在要确切知道整个力学体系的位置,就应该知道体系中所有质点的坐标。这些坐标的数目,一共是 $3n$ 个。

事实上,在一个力学体系中,常常存在着一些限制各质点自由运动的条件,这些限制条件便是约束。因此,$3n$ 个坐标并不相互独立,而是有一些关系把它们联系着。如果 n 个质点所形成的力学体系中受有 k 个限制其位置的约束,那就有 k 个表示这种约束的方程,因此 $3n$ 个坐标中就只有 $3n-k$ 个是独立的。譬如一个质点原有 3 个独立的坐标,如果受有曲面 $f(x, y, z)=0$的约束,那么独立坐标的数目就减少为 2 个。因此已知 x、y 和 t 的关系,则 z 和 t 的关系,就可由上式求出。

例如质点限制在 $z=0$ 的平面(xy 平面)上运动,这便是一个约束;本来一自由质点的三个坐标 x、y、z 可以独立变化,但存在 $z=0$ 的一个约束条件,便只有 x、y 两个参量可以独立变化了。再如,两个质点保持距离 l 恒定,约束方程为

$$\sqrt{(x_1-x_2)^2+(y_1-y_2)^2+(z_1-z_2)^2}=l$$

因而两质点的 6 个坐标参量便只有 $6-1=5$ 个参量可以独立变化。

对于一个具有 n 个质点的力学体系,若存在 k 个约束(方程),那么在确定体系位置变化的 $3n$ 个坐标参量中,只有 $3n-k=s$ 个参量可以独立变化。也就是说,力学体系的自由度 $s=3n-k$。n 是质点组中的质点数,3 是一个自由质点的自由度,k 是约束方程总数。

5.1.2 约束的分类

按照约束情况的不同,力学体系的约束常常可以区分为以下几种类别。

1. 按限制物体位置或速度分类

1)几何约束

如果约束只是限制质点的几何位置,则称为几何约束。前面所举的一质点限于 $z=0$ 平面内运动和两质点用刚性杆相连的例子便都是几何约束。由于几何约束只是限制质点在空间的位置,因此,在几何约束的约束方程也只能表现为质点坐标的函数。仅出现质点的坐标变量,约束方程形式如下:

$$f(x, y, z)=0 \quad 或 \quad f(x, y, z, t)=0 \tag{5-1-1}$$

例如,如果一个质点被限制在半径为 R 的球面上运动,质点的位置由直角坐标(x, y, z)表示,则质点的约束方程为 $x^2+y^2+z^2-R^2=0$,显然是几何约束。还有一单摆装置,小球 M 用长为 l 的刚性杆铰联于球支座 O 上,小球只能在半径为 l 的球面上运动,其约束方程也为

$x^2+y^2+z^2-l^2=0$，当然也是几何约束。

2)运动约束

如果约束方程中还包含有速度变量，则称这种约束为运动约束(也称为微分约束)。运动约束除了限制质点的几何位置外，还要限制质点的运动速度。那么，在运动约束的约束方程中就应该表现为质点坐标和速度的函数。

约束方程为

$$f(x,\ y,\ z;\dot{x},\ \dot{y},\ \dot{z};t)=0 \tag{5-1-2}$$

运动约束也分为可积的运动约束和不可积的运动约束两类。若运动约束经过积分后可变为几何约束，这种约束称为可积的运动约束；运动约束不能通过积分变为几何约束，这种运动约束称为不可积的运动约束。例如半径为 r 的车轮沿直线轨道做纯滚动(见图 5-1)，车轮轮心 A 至轨道的距离始终不变，所以其几何约束方程为

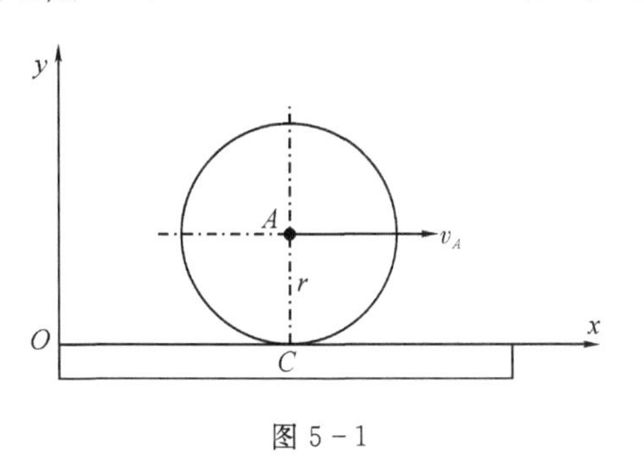

图 5-1

$$y_A=r$$

又因为车轮每一瞬时与轨道接触点 C 的速度均为零，其约束方程为

$$v_A-r\omega=0$$

或写成下面形式

$$\dot{x}_A-r\dot{\theta}=0$$

若将上式积分，可得

$$x_A-r\theta=C$$

由此可见，可积的运动约束方程，通过积分可以转化为几何约束，可积分的运动约束与几何约束实质上是等价的。因此，把几何约束和可积的运动约束统称为完整约束，倘若运动约束不能积分，就被称为不完整约束。凡只受有完整约束的力学体系叫作完整系，同时受有完整约束与不完整约束的力学体系，或只受有不完整约束的力学体系，都叫不完整系。

2. 按限制和时间的关系分类

1)稳定约束

如果限制力学系统位置的约束是不随时间变化的，这种约束称为稳定约束。在稳定约束的约束方程中不会明显地包含时间变量 t，即

$$f(x,\ y,\ z)=0 \tag{5-1-3}$$

例如一个质点被约束在一固定不动的球面上运动，设固定球面的半径为 R，那么质点在此球面上运动的约束方程为

$$f(x,\ y,\ z)=x^2+y^2+z^2-R^2=0$$

该约束方程中没有明显的时间变量出现，这个质点受到的约束便是稳定约束。像前面所讲的，一个质点受有曲面 $f(x,\ y,\ z)=0$ 的约束，只能在 $z=0$ 的平面上运动，这些约束都是稳定约束。例如，一质点和长为 l 的刚性杆相连时，如刚性杆的上端固定不动，选取此点为坐标原点，建立空间直角坐标系，则约束方程将是 $x^2+y^2+z^2-l^2=0$，显然是稳定约束。

2)不稳定约束

如果约束明显地随时间变化,即约束方程就将显含时间 t,这种约束是不稳定约束,约束方程为

$$f(x,\ y,\ z,\ t)=0 \tag{5-1-4}$$

例如质点被限制在一个不断膨胀或收缩着的气球面上运动,球面是不稳定的,这便是不稳定约束。设气球的半径为时间 t 的函数,即 $R=R_0\pm ut$,则它的约束方程为

$$f(x,\ y,\ z,\ t)=x^2+y^2+z^2-(R_0\pm ut)^2=0$$

式中 u 是球面半径的增长速率,该约束方程中明显地包含有时间变量 t,是时间 t 的显函数。

例如,当一质点和长为 l 的刚性杆相连时,如杆的上端沿水平直线以匀速 c 运动,选取初始状态时刚性杆上端所处位置为坐标原点,则约束方程是

$$f(x,\ y,\ z,\ t)=(x-ct)^2+y^2+z^2-l^2=0$$

这就是不稳定约束。

3. 可解约束和不可解约束

约束又可分为可解的与不可解的。质点始终不能脱离的约束,叫不可解约束。例如质点被约束在曲面 $f(x,\ y,\ z)=0$ 上,并且始终不能脱离那个曲面,那么这种约束就是不可解约束。如果质点虽然被约束在某一曲面上,但在某一方向可以脱离,那么这种约束就叫作可解约束。例如,在有下列约束时

$$f(x,\ y,\ z)\leqslant c$$

质点可以在曲面 $f(x,\ y,\ z)=c$ 上,也可以在 $f(x,\ y,\ z)<c$ 的方向离开这一曲面。因此,不可解约束以等式表示,而可解约束则同时以等式和不等式来表示。

例如,设一质点用一长为 l 的不可伸长的软绳连结在定点 O 上,做任意运动(见图 5-2),质点离开 O 点的距离虽不能大于 l,但有可能靠近 O 点,因而脱离了绳子的约束,像这样的约束便是可解约束。选取定点 O 为坐标原点,则约束方程是

$$x^2+y^2+z^2\leqslant l^2$$

但如果质点是用刚性杆和定点 O 相连(见图 5-3),则质点所受的约束是不可解约束,约束方程将是

$$x^2+y^2+z^2=l^2$$

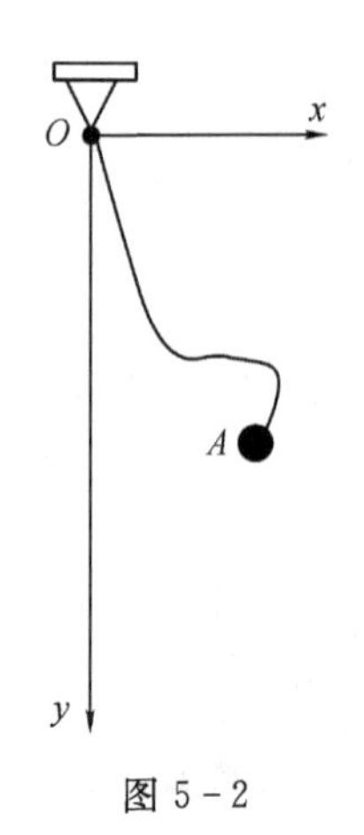

图 5-2

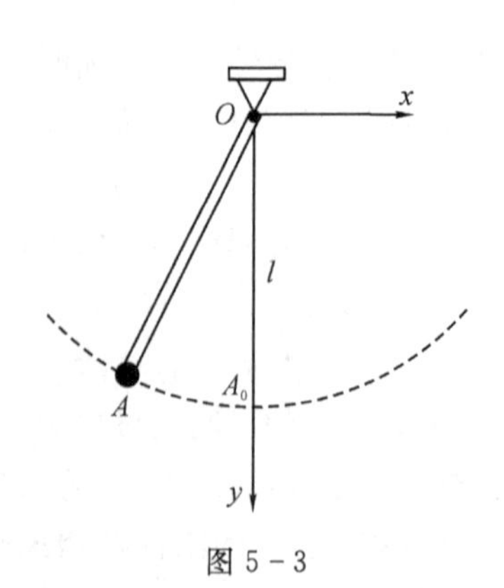

图 5-3

例如物体在一半径为 R 的圆球面上滚动，最后物体脱离圆球面，这种约束称为可解约束，约束方程为

$$x^2+y^2+z^2-R^2\geqslant 0$$

若是一小环套在一半径为 R 圆周上运动，则它始终不能从圆周上脱离，这种约束称为不可解约束，约束方程为

$$x^2+y^2-R^2=0$$

5.1.2　广义坐标

对于 n 个质点所形成的力学体系，如果有 k 个几何约束

$$f_\alpha(x,\ y,\ z,\ t)=0\quad(\alpha=1,\ 2,\ \cdots,\ k)$$

那么独立坐标就减少为 $3n-k$ 个，这些独立坐标，也就是力学体系的坐标。在力学体系只受几何约束的情形下，这些独立坐标的数目叫作力学体系的自由度。

既然只有 $3n-k$ 个坐标是独立的，如果令 $3n-k=s$，那么根据这 k 个约束方程，总可以把体系的 $3n$ 个不独立的坐标参量用 s 个独立坐标参量 $q_1,\ q_2,\ \cdots,\ q_s$ 和 t 表示出来，即

$$\begin{cases}x_i=x_i(q_1,\ q_2,\ \cdots,\ q_s,\ t)\\ y_i=y_i(q_1,\ q_2,\ \cdots,\ q_s,\ t)\quad(i=1,\ 2,\ \cdots,\ n,\ s<3n)\\ z_i=z_i(q_1,\ q_2,\ \cdots,\ q_s,\ t)\end{cases}\tag{5-1-5}$$

或

$$\boldsymbol{r}_i=\boldsymbol{r}_i(q_1,\ q_2,\ \cdots,\ q_s,\ t)\quad(i=1,\ 2,\ \cdots,\ n,\ s<3n)\tag{5-1-6}$$

式中 $q_1,\ q_2,\ \cdots,\ q_s$ 叫作拉格朗日广义坐标。广义坐标可以是坐标变量，也可能是角量或其他用来表述体系位置的其他独立坐标参量，这 s 个广义坐标就足以确定力学体系的位置。

例如单摆在平面内摆动时，摆锤受到长为 l 的摆长的约束，则对摆锤的约束方程为

$$f(x,\ y)=x^2+y^2-l^2=0$$

此式表明，x、y 中只有一个变量是独立的，即 $s=1$。若选取 θ 作为独立变量，将坐标变量 x、y 表示为独立变量 θ 的函数，有

$$\begin{cases}x=l\sin\theta\\ y=l\cos\theta\end{cases}$$

与自由度一致的独立坐标叫作广义坐标，即 θ 为广义坐标。

例如一单摆在空间摆动时，摆锤受到长为 l 的摆长的约束，则对摆锤的约束方程为

$$f(x,\ y,\ z)=x^2+y^2+z^2-l^2=0$$

此式表明，x、y、z 中只有两个变量是独立的。下面把坐标变量表示为独立变量的函数。例如，选取 x、y 作为独立变量，有

$$\begin{cases}x=x(x,\ y)=x\\ y=y(x,\ y)=y\\ z=z(x,\ y)=\pm\sqrt{l^2-x^2-y^2}\end{cases}$$

而且，从这个约束条件也可以引入新的独立参量 θ、φ（见图 5-4），摆锤的坐标参量可表示为

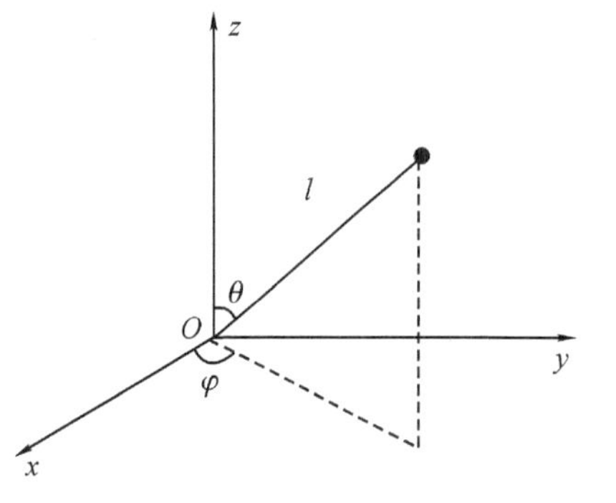

图 5-4

$$\begin{cases} x = x(\theta, \varphi) = l\sin\theta\cos\varphi \\ y = y(\theta, \varphi) = l\sin\theta\sin\varphi \\ z = z(\theta, \varphi) = l\cos\theta \end{cases}$$

无论选用独立坐标变量 x、y，还是采用独立坐标参量 θ、φ，都同样可用来表述单摆这个力学体系的位置。在分析力学中这两组独立参量具有同样的地位，都可以分别作为单摆的广义坐标。也就是说，广义坐标的选择不只一种，要视具体情况而适当选择。

5.2 虚功原理

为了从分析力学角度讨论力学系的运动问题，首先从力学系的静力学问题入手，虚功原理则是分析静力学的基础。

5.2.1 实位移和虚位移

大家很熟悉质点位移的概念，在牛顿力学中，质点从一个位置移动到另一位置总是随着时间的增加而发生的，这是质点真实发生的位移，称为实位移，通常用 $\mathrm{d}\boldsymbol{r}$ 表示，把牛顿力学中所说的位移称为实位移。

如果一个质点所受的主动力、约束条件一定，初始条件也给定，则其位矢随时间的变化规律被完全确定，例如为

$$\boldsymbol{r} = \boldsymbol{r}(t)$$

随着时间的推移，当 $t \to t + \mathrm{d}t$ 时，质点将有一定的位移 $\mathrm{d}\boldsymbol{r}$，则

$$\mathrm{d}\boldsymbol{r} = \boldsymbol{r}(t + \mathrm{d}t) - \boldsymbol{r}(t)$$

这是实位移，它是在时间过程中实际发生的位移。

虚位移则不然，它是约束条件允许的可能位移。在一定的约束条件下，质点有可能发生的位移，叫虚位移，通常用 $\delta\boldsymbol{r}$ 表示。下面看几个例子。

在图 5-5 情形下，一质点被约束在一光滑直线上（例如一算盘珠子的情形），它只能沿该直线左右移动，设有主动力 $\boldsymbol{F}_1$、$\boldsymbol{F}_2$ 作用于质点上，它有可能发生的位移只能是 δx，δx 可正可负，这就是它的虚位移。如果只有 $\boldsymbol{F}_1$ 的作用，质点将沿 x 轴正方向运动，这时的位移就是实位移。在此约束条件下，实位移是两种可能的虚位移的一种。

如图 5-6 所示，一质点被限制在一平面上运动。设 t 时刻质点处于平面上的 a 点，这时虚位移是指从 a 点出发沿平面上各个方向的位移，因为这些位移都是约束条件所允许的。而如果给质点一定的主动力和初始条件，使质点沿图上的轨道 c 运动，则在 a 点它的实位移是沿轨道切线方向的虚位移。在此情形下，实位移是许多可能的虚位移中的一个。

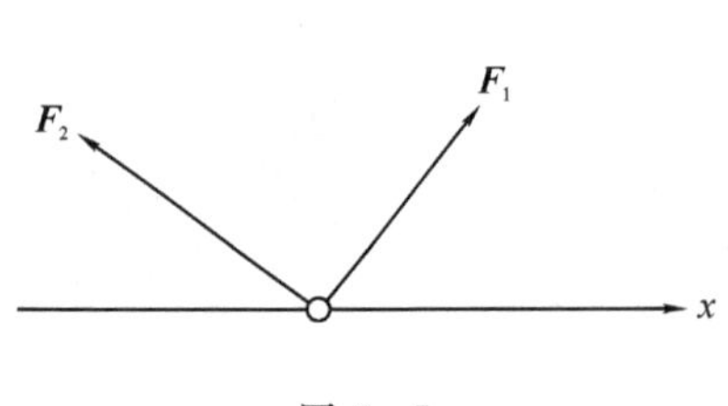

图 5-5

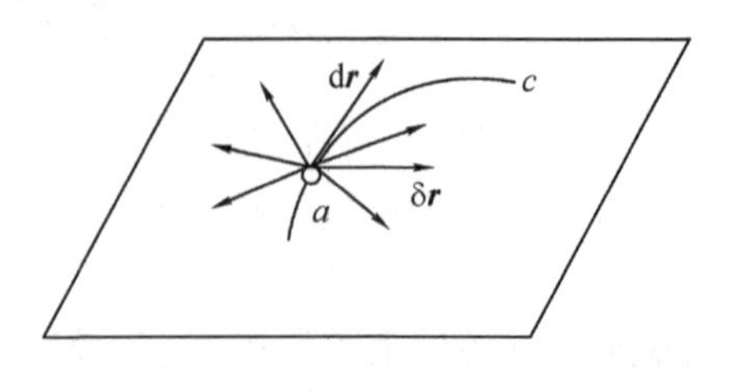

图 5-6

考虑一置于某一球面的顶点，且处在平衡状态的质点。大家都知道这个质点稍受干扰便会从球面顶端沿球面滑下。然而，在质点还没有发生滑动的时刻（瞬时）却不能确定质点将向哪个方向滑下，但必须按约束沿球面滑下。如果在这一瞬时设想质点在某一方向沿着球面发生位移；因为时间并未改变，这当然不是真实的位移，从而称为虚位移。只要满足约束条件——质点被限制在球面上，沿任何方向的位移都可设想为这一时刻的虚位移；任一时刻存在许多可能的虚位移。与此相比较，实位移是真实发生的位移，是由动力学规律确定的位移。

质点的虚位移是某一瞬时质点在约束许可的条件下，设想发生的微小位移。显然，虚位移与实位移是完全不同的概念。虚位移是在时间没有变化（$\mathrm{d}t=0$）时设想的位移，以符号 $\delta\boldsymbol{r}$ 表示，算符 δ 的运算规则是：作用在空间坐标上时和微分算符 d 的运算规则一样，作用在时间 t 上则为零，即 $\delta t=0$。因此 $\delta\boldsymbol{r}$ 有时也称为等式变分。实位移则是在 $\mathrm{d}t(\neq 0)$ 时间内发生的真实位移，尽管它们都必须满足约束条件。

因此，虚位移是假想的、符合约束的、无限小的、即时的位置变更。

这里假想的是指虚的；符合约束的是指不是任意假想，不能破坏约束关系的；无限小的是指 $\delta\boldsymbol{r}$ 趋于零的（$\delta\boldsymbol{r}\to 0$）；即时的是指不需要时间的。

一般来讲，在任一时刻 t，在约束所许可的情况下，质点的虚位移可以不止一个。例如，质点被约束在一曲面或一平面上时，那么只要不离开此曲面或平面，质点可以在各个方向发生虚位移。实位移则不同，它除受到约束的限制外，还要受运动规律的限制。当时间改变 $\mathrm{d}t$ 后，实位移一般只能有一个，因为质点的坐标（$x,\ y,\ z$）通常都是时间 t 的单值函数。在前面所述的例子中表明，在稳定约束下，实位移可以是所有可能的虚位移中的一个。但在不稳定约束下，实位移与虚位移并不一致。例如质点被限制在一个不断膨胀着的气球面上运动，则在某一时刻 t，虚位移 $\delta\boldsymbol{r}$ 将处于质点在该时刻所占据的 P 点的切平面，随着气球的膨胀，$\delta\boldsymbol{r}$ 仍在原来未膨胀的切平面内（见图 5-7），而实位移 $\mathrm{d}\boldsymbol{r}$ 由于气球膨胀，由实线位置移动到图中虚线所示的位置，所以并不在这个切平面内（见图 5-8）。

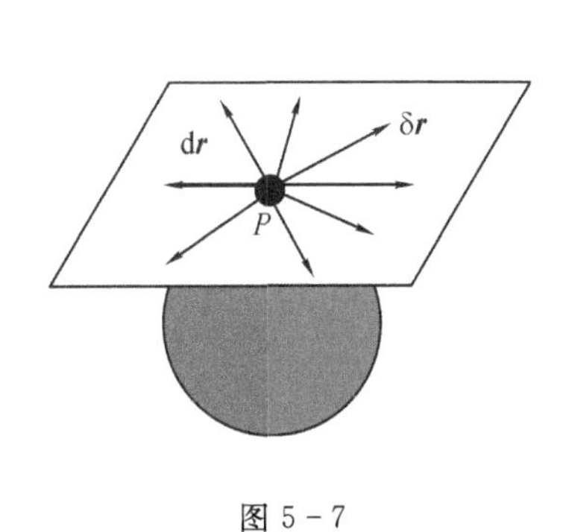

图 5-7

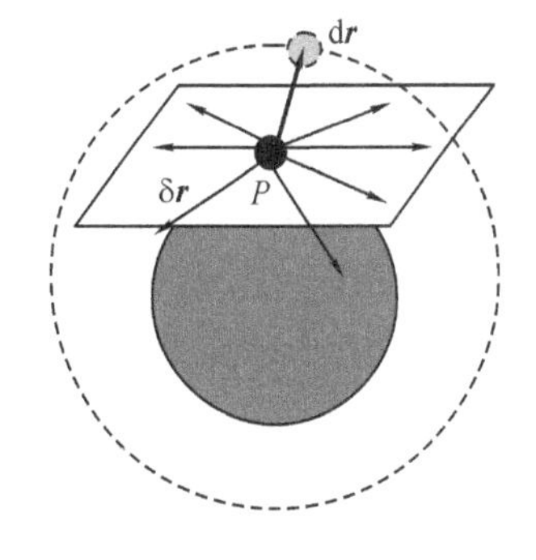

图 5-8

总之，质点在某时刻的虚位移，是 t 时刻约束所允许的可能的位移，它必须满足约束方程的要求，如果约束方程为

$$f(x,\ y,\ z,\ t)=0$$

则虚位移 $\delta\boldsymbol{r}$ 必须满足此方程，即

$$f(x+\delta x,\ y+\delta y,\ z+\delta z,\ t)=0$$

对于完整力学系，系统中各质点的位矢为

$$\boldsymbol{r}_i = \boldsymbol{r}_i(q_1,\ q_2,\ \cdots,\ q_s,\ t) \quad (i = 1,\ 2,\ \cdots,\ n,\ s < 3n)$$

让该质点在 t 时刻的约束条件下发生虚位移 $\delta\boldsymbol{r}_i$，由上式得

$$\delta\boldsymbol{r}_i = \sum_{\alpha=1}^{s} \frac{\partial \boldsymbol{r}_i}{\partial q_\alpha}\delta q_\alpha \tag{5-2-1}$$

其中$\frac{\partial \boldsymbol{r}_i}{\partial t}\delta t$没有出现在式(5-2-1)的右边，这是由于 $\delta\boldsymbol{r}_i$ 是在 t 时刻的约束条件允许的虚位移，时间是给定的，$\delta t=0$。为了对比，可以注意一下 $\mathrm{d}t$ 时间内的实位移为

$$\mathrm{d}\boldsymbol{r}_i = \sum_{\alpha=1}^{s} \frac{\partial \boldsymbol{r}_i}{\partial q_\alpha}\mathrm{d}q_\alpha + \frac{\partial \boldsymbol{r}_i}{\partial t}\mathrm{d}t \tag{5-2-2}$$

5.2.2 理想约束

1. 虚功

质点发生实位移时，作用在质点上的力将做功，这是力所做的真实功。如果想象质点做虚位移，那么作用在质点上的力(包括约束反力) $\boldsymbol{F}$ 在虚位移下所做的功称为虚功。作用在质点上的力 $\boldsymbol{F}$ 在任意虚位移 $\delta\boldsymbol{r}$ 中所做的功，用 δW 表示为

$$\delta W = \boldsymbol{F} \cdot \delta\boldsymbol{r} \tag{5-2-3}$$

2. 理想约束

所谓理想约束，是指在此约束条件下，诸约束力的虚功之和为零，即

$$\sum_{i=1}^{n}\boldsymbol{R}_i \cdot \delta\boldsymbol{r}_i = 0 \tag{5-2-4}$$

换句话说，若体系中约束力所做的虚功之和为零，就称体系处在理想约束条件下。

3. 常见的理想约束

有许多理想约束条件的例子，如光滑曲面、光滑曲线、光滑铰链等，受此类约束的质点，所受的约束力必与相应的虚位移垂直，这些约束明显地满足理想约束条件；不可伸长的杆(刚性杆)、不可伸长的柔绳也是理想约束，任何两质点间受有这样的约束时，分别作用在两质点上的约束力所做的虚功之和为零；力学体系中的固定点约束，显然也是理想约束。因为在固定点处质点的虚位移只可能为零；物体在固定曲面上纯滚动时，由于接触点处虚位移为零，作用在物体与固定面接触点处的摩擦力也满足理想约束的条件。由此可见，在力学体系中理想约束有着很广的范围。

5.2.3 虚功原理

设有 n 个质点组成的力学体系处于平衡状态，其中质点 i 的平衡方程为

$$\boldsymbol{F}_i + \boldsymbol{R}_i = 0$$

设作用在该质点上主动力的合力为 $\boldsymbol{F}_i$，约束反力的合力为 $\boldsymbol{R}_i$，由于在此体系中每一质点都必须处于平衡状态，故有

$$\boldsymbol{F}_i + \boldsymbol{R}_i = 0 \quad (i = 1,\ 2,\ 3,\ \cdots,\ n) \tag{5-2-5}$$

现在让每一质点在各自平衡位置发生一虚位移 $\delta\boldsymbol{r}_i$，由式(5-2-5)，得

$$\boldsymbol{F}_i \cdot \delta\boldsymbol{r}_i + \boldsymbol{R}_i \cdot \delta\boldsymbol{r}_i = 0 \quad (i = 1,\ 2,\ 3,\ \cdots,\ n) \tag{5-2-6}$$

将式(5-2-6)中各等式相加，得

$$\sum_{i=1}^{n}\boldsymbol{F}_i\cdot\delta\boldsymbol{r}_i+\sum_{i=1}^{n}\boldsymbol{R}_i\cdot\delta\boldsymbol{r}_i=0\quad(i=1,2,3,\cdots,n)\tag{5-2-7}$$

若力学体系处于理想约束条件下，则

$$\sum_{i=1}^{n}\boldsymbol{R}_i\cdot\delta\boldsymbol{r}_i=0$$

因此，如果这样的力学体系处于平衡状态，则其平衡条件是

$$\delta W=\sum_{i=1}^{n}\boldsymbol{F}_i\cdot\delta\boldsymbol{r}_i=0\tag{5-2-8}$$

这就是在静平衡条件基础上，借助虚位移和理想约束得到的结果。式(5-2-8)表示：在理想约束条件下，力学体系的平衡条件是作用在各质点上的主动力所做的虚功之和等于零。这一规律称为虚功原理，可表示为

$$\delta W=\sum_{i=1}^{n}(F_{ix}\delta x_i+F_{iy}\delta y_i+F_{iz}\delta z_i)=0\tag{5-2-9}$$

应用虚功原理求解理想约束条件下力学体系平衡问题时，由于约束力自动消去，只需求出主动力的虚功之和，这是一个很大的优点；但从另一方面来说，却无法求出约束力来，这又是一个缺点。

例 5-1　一平面曲柄压机，$AB=BC=a$，平衡时$\angle ABC=2\alpha$(见图 5-9)，求拉力 P 和 Q 的关系。不计摩擦(皆为刚性杆)。

解　(1)研究对象：力学体系(整个机构)。

(2)判别自由度。

对于平面问题：$s=2n-k$。

A 点固定，只考虑 B、C 点，则 $n=2$，$s=4-k$。

由于 AB 之间距离不变，BC 之间距离不变，及 M 做直线运动，可知 $k=3$，则 $s=1$。

(3)选取广义坐标：角 α。

建立一般坐标系 $A-xy$(坐标原点必须建立在固定点上)。

(4)运用虚功原理

$$\sum_{i=1}^{n}\boldsymbol{F}_i\cdot\delta\boldsymbol{r}_i=0$$

主动力为 $\boldsymbol{P}$、$\boldsymbol{Q}$。

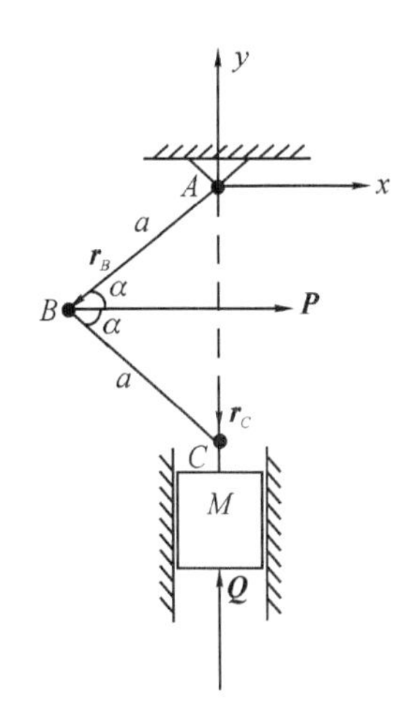

图 5-9

由于 A、B、C 三点铰链约束，以及 M 上下运动时墙对它的约束，皆为理想约束，所以约束力的虚功之和等于零，即

$$\delta W=\boldsymbol{P}\cdot\delta\boldsymbol{r}_B+\boldsymbol{Q}\cdot\delta\boldsymbol{r}_C=P\cdot\delta x_B+Q\cdot\delta y_C=0\tag{1}$$

写出 x_B、y_C 和 α 的关系

$$\begin{cases}x_B=-a\cos\alpha\\ y_C=-2a\sin\alpha\end{cases}\tag{2}$$

对式(2)求变分(变分与微分法则一样)

$$\begin{cases}\delta x_B = a\sin\alpha\delta\alpha \\ \delta y_C = -2a\cos\alpha\delta\alpha\end{cases} \tag{3}$$

将式(3)代入式(1),得

$$(Pa\sin\alpha - Q\cdot 2a\cos\alpha)\delta\alpha = 0$$

$\delta\alpha\to 0$,但不等于零。

所以

$$Pa\sin\alpha - Q\cdot 2a\cos\alpha = 0$$

$$\frac{P}{Q} = 2\cot\alpha$$

例 5-2 如图 5-10 所示,机构由长度均为 a 的无重刚性杆以光滑铰链连接,滑块 E 在铅直光滑导槽中运动。求平衡时力 $\boldsymbol{P}$ 和 $\boldsymbol{Q}$ 的关系。

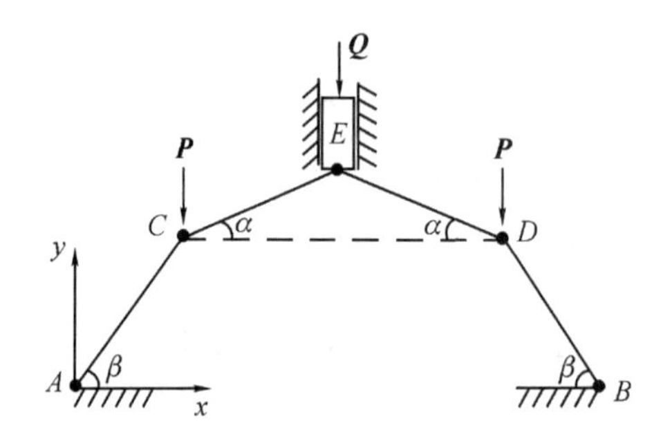

图 5-10

解 (1)研究对象:力学体系。

(2)自由度:$s=1$。

对于平面问题,$s=2n-k$,因为在一个平面内,一个独立质点有 2 个自由度。由于 A、B 两点固定,只考虑 C、D、E 三点即可,即 $n=3$。CE、ED、DB、AC 杆四个约束和 E 在铅直方向运动,可知 $k=5$。因此 $s=2n-k=1$。

(3)广义坐标:选取 β 作为广义坐标,建立坐标系 $A-xy$。

(4)运用虚功原理

$$\sum_{i=1}^{n}\boldsymbol{F}_i\cdot\delta\boldsymbol{r}_i = 0$$

主动力为 $\boldsymbol{P}$、$\boldsymbol{Q}$,则

$$\boldsymbol{P}\cdot\delta\boldsymbol{r}_C + \boldsymbol{P}\cdot\delta\boldsymbol{r}_D + \boldsymbol{Q}\cdot\delta\boldsymbol{r}_E = 0$$

$$-P\cdot\delta y_C - P\cdot\delta y_D - Q\cdot\delta y_E = 0 \tag{1}$$

注意力的方向,它与所选的坐标轴方向一致则为正,如 $\boldsymbol{P}$、$\boldsymbol{Q}$ 方向与坐标轴 y 方向相反,所以写成标量应为 $-P$、$-Q$。

(5)变换方程

$$\begin{cases}y_C = y_D = a\sin\beta \\ y_E = a(\sin\alpha + \sin\beta)\end{cases}$$

变分,得

$$\begin{cases}\delta y_C = \delta y_D = a\cos\beta\,\delta\beta \\ \delta y_E = a(\cos\alpha\,\delta\alpha + \cos\beta\,\delta\beta)\end{cases} \tag{2}$$

由于 α 不是广义坐标，则 $\delta\alpha$ 就不是广义坐标虚位移。

将式(2)代入式(1)，得

$$-Qa\cos\alpha\delta\alpha - (2Pa\cos\beta + Qa\cos\beta)\delta\beta = 0 \tag{3}$$

$\delta\alpha$ 与 $\delta\beta$ 不互相独立，因为广义坐标只有 β，而 α 不是广义坐标。

下面寻找 $\delta\alpha$ 与 $\delta\beta$ 的关系。由题意可知

$$2a(\cos\alpha + \cos\beta) = \overline{AB}(\text{常量})$$

上式求变分，得

$$\delta\alpha = -\frac{\sin\beta}{\sin\alpha}\delta\beta \tag{4}$$

将式(4)代入式(3)，得

$$\left(-2P\cos\beta - Q\cos\beta + Q\cos\alpha\frac{\sin\beta}{\sin\alpha}\right)\delta\beta = 0$$

由于 $\delta\beta \neq 0$，则上式前面系数必为零，即

$$-2P\cos\beta - Q\cos\beta + Q\cos\alpha\frac{\sin\beta}{\sin\alpha} = 0$$

得

$$P = \frac{Q}{2}(\cot\alpha\tan\beta - 1)$$

例 5-3　均匀杆 OA，重为 P_1，长为 l_1，能在竖直平面内绕固定铰链 O 转动。此杆的 A 端，用铰链连接另一重为 P_2，长为 l_2 的均匀杆 AB。在 AB 杆的 B 端加一水平力 $\boldsymbol{F}$，求平衡时此两杆与水平线所成的角度 α 及 β（见图 5-11）。

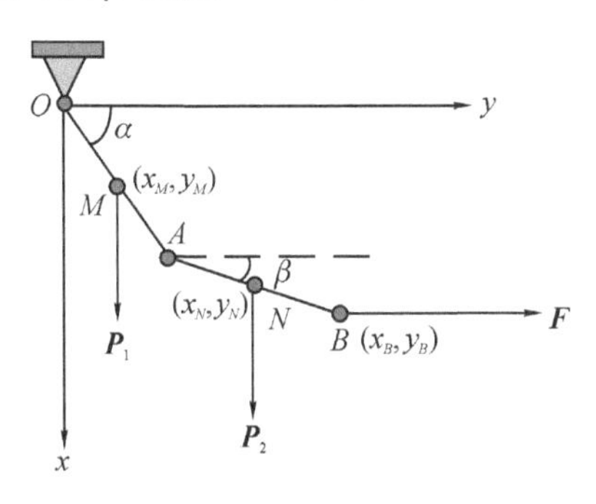

图 5-11

解　(1)研究对象：力学体系。

(2)自由度：$s=2$。

若能确定 A、B 两点的位置，本问题即告解决。因 O 点固定，只需考虑 A、B 两点即可。由于 OA 和 AB 杆都位于 xy 平面内，所以这是一平面问题。对于平面问题 $s=2n-k$，只考虑 A、B 两点，所以 $n=2$。

由于 OA 之间距离不变，AB 之间距离也不变，故存在两个约束，所以 $k=2$，则 $s=2n-k=$

2,即自由度为 2。

(3)选取广义坐标:α、β。

建立一般坐标系 $O-xy$。

(4)运用虚功原理

$$\sum_{i=1}^{n} \boldsymbol{F}_i \cdot \delta \boldsymbol{r}_i = 0$$

由于 OA 和 AB 皆是刚性杆,且用铰链约束,所以这是理想约束。

主动力为 $\boldsymbol{P}_1$、$\boldsymbol{P}_2$、$\boldsymbol{F}$,则

$$\sum_{i=1}^{n} \boldsymbol{F}_i \cdot \delta \boldsymbol{r}_i = \boldsymbol{P}_1 \cdot \delta \boldsymbol{r}_M + \boldsymbol{P}_2 \cdot \delta \boldsymbol{r}_N + \boldsymbol{F} \cdot \delta \boldsymbol{r}_B = P_1 \cdot \delta x_M + P_2 \cdot \delta x_N + F \cdot \delta y_B = 0 \quad (1)$$

$$\begin{cases} x_M = \dfrac{1}{2} l_1 \sin\alpha \\ x_N = l_1 \sin\alpha + \dfrac{1}{2} l_2 \sin\beta \\ y_B = l_1 \cos\alpha + l_2 \cos\beta \end{cases}$$

对上式求变分

$$\begin{cases} \delta x_M = \dfrac{1}{2} l_1 \cos\alpha\, \delta\alpha \\ \delta x_N = l_1 \cos\alpha\, \delta\alpha + \dfrac{1}{2} l_2 \cos\beta\, \delta\beta \\ \delta y_B = - l_1 \sin\alpha\, \delta\alpha - l_2 \sin\beta\, \delta\beta \end{cases}$$

代入式(1),得

$$\left(\frac{1}{2} P_1 l_1 \cos\alpha + P_2 l_1 \cos\alpha - F l_1 \sin\alpha\right)\delta\alpha + \left(\frac{1}{2} P_2 l_2 \cos\beta - F l_2 \sin\beta\right)\delta\beta = 0$$

因 $\delta\alpha$ 和 $\delta\beta$ 都是相互独立的,故得

$$\begin{cases} \dfrac{1}{2} P_1 l_1 \cos\alpha + P_2 l_1 \cos\alpha - F l_1 \sin\alpha = 0 \\ \dfrac{1}{2} P_2 l_2 \cos\beta - F l_2 \sin\beta = 0 \end{cases}$$

所以

$$\begin{cases} \tan\alpha = \dfrac{P_1 + 2P_2}{2F} \\ \tan\beta = \dfrac{P_2}{2F} \end{cases}$$

5.3 拉格朗日方程

在分析力学中,拉格朗日方程是处理力学系动力学问题的主要依据之一。拉格朗日方程的理论可以完全独立于牛顿力学,可以从一变分极值的基本原理得出,但为了使初学者便于掌握,这里还是从牛顿力学方程出发推导。现在从牛顿运动定律出发,求出用广义坐标表示的完整系统的动力学方程,它是分析力学中极为重要的方程组之一。从推导过程也可看出,它是在

达朗贝尔等前人的工作基础上发展起来的。

5.3.1　基本形式拉格朗日方程

1. 达朗贝尔-拉格朗日方程

对于包含有 n 个质点的力学体系，每一质点的运动都应服从牛顿定律，设质点 i 的加速度为 $\ddot{\boldsymbol{r}}_i$

$$m_i\ddot{\boldsymbol{r}}_i = \boldsymbol{F}_i + \boldsymbol{R}_i \quad (i = 1, 2, 3, \cdots, n) \tag{5-3-1}$$

式中：$\boldsymbol{F}_i$ 和 $\boldsymbol{R}_i$ 分别为作用于第 i 质点的主动力和约束力。

对式(5-3-1)做简单移项，可等价地写为

$$\boldsymbol{F}_i + \boldsymbol{R}_i - m_i\ddot{\boldsymbol{r}}_i = 0 \quad (i = 1, 2, 3, \cdots, n) \tag{5-3-2}$$

式(5-3-2)和式(5-3-1)在数学上虽然只是移项顺续的不同，但在物理意义上却很有意义。该方程的重要意义在于启示我们：如果把 $-m_i\ddot{\boldsymbol{r}}_i$ 也当作作用在质点上的力看待，那么任何瞬时作用在体系中第 i 个质点上的主动力 $\boldsymbol{F}_i$、约束力 $\boldsymbol{R}_i$ 和力($-m_i\ddot{\boldsymbol{r}}_i$)总是平衡的；上式是一个力学体系的平衡方程。质点的动力学方程可化为静力学方程，通常把这种平衡原则称为达朗贝尔原理。($-m_i\ddot{\boldsymbol{r}}_i$)称为达朗贝尔惯性力，也被称为逆效力。初看起来，逆效力就是我们熟悉的惯性力，其实是不同的。惯性力只是在非惯性参考系中才出现，而逆效力则是在惯性系中引入的；而式(5-3-1)是在惯性系中写出的。对于作用在各质点上的惯性力，与采用的非惯性参考系的加速度相关；逆效力则取决于质点各自的加速度。由于逆效力的形式与惯性力极其相似，所以有时称其为达朗贝尔惯性力。

既然通过达朗贝尔原理把动力学问题化为静力学问题，我们就可以仿照虚功原理那样来处理静力学问题了，若用虚位移 $\delta\boldsymbol{r}_i$ 标乘式(5-3-2)，并对 i 求和，得

$$\sum_{i=1}^{n}(\boldsymbol{F}_i - m_i\ddot{\boldsymbol{r}}_i)\cdot\delta\boldsymbol{r}_i + \sum_{i=1}^{n}\boldsymbol{R}_i\cdot\delta\boldsymbol{r}_i = 0$$

此式说明，体系中作用于各质点的所有力(包括主动力、约束力和达朗贝尔惯性力)的虚功之和等于零。

若为理想约束

$$\sum_{i=1}^{n}\boldsymbol{R}_i\cdot\delta\boldsymbol{r}_i = 0$$

则

$$\sum_{i=1}^{n}(\boldsymbol{F}_i - m_i\ddot{\boldsymbol{r}}_i)\cdot\delta\boldsymbol{r}_i = 0 \tag{5-3-3}$$

这就是达朗贝尔-拉格朗日方程，是由达朗贝尔原理与虚功原理的结合得出的。上式也可做下列变形

$$\sum_{i=1}^{n}m_i\ddot{\boldsymbol{r}}_i\cdot\delta\boldsymbol{r}_i = \sum_{i=1}^{n}\boldsymbol{F}_i\cdot\delta\boldsymbol{r}_i \tag{5-3-4}$$

由于存在约束关系，$\boldsymbol{r}_i$ 是牛顿力学中一般坐标的表示，不是广义坐标，所以对式(5-3-3)中 $\delta\boldsymbol{r}_i$ 前面所有的系数，不能得出都等于零。因此，可以利用式 $\boldsymbol{r}_i=\boldsymbol{r}_i(q_1, q_2, \cdots, q_s, t)$，把不独立的 $\boldsymbol{r}_i$ 等改用广义坐标 q_α 等来表示。由于体系中存在约束，式(5-3-3)中各质点坐标变量的变化相互不独立。下面将推导出达朗贝尔-拉格朗日方程的广义坐标表示形式(将一般坐

标形式转换成广义坐标形式)。

2. 广义力(虚功原理的广义坐标表述和广义力)

存在约束的力学系中,各质点的坐标参量之间存在约束关系,这些坐标参量不是相互独立的,用它们表述的虚功原理式 $\delta W = \sum_{i=1}^{n} \boldsymbol{F}_i \cdot \delta \boldsymbol{r}_i = 0$ 不能直接应用,实际上经常采用的方法是以力学系的独立参量——广义坐标来描述的虚功原理。

从质点坐标变量与广义坐标间的函数关系式 $\boldsymbol{r}_i = \boldsymbol{r}_i(q_1, q_2, \cdots, q_s, t)$,可以导出质点坐标变量的虚位移 $\delta \boldsymbol{r}_i$ 与广义坐标虚位移 δq_α 之间的关系。

变换关系

$$\boldsymbol{r}_i = \boldsymbol{r}_i(q_1, q_2, \cdots, q_s, t)$$

$$\delta \boldsymbol{r}_i = \frac{\partial \boldsymbol{r}_i}{\partial q_1}\delta q_1 + \frac{\partial \boldsymbol{r}_i}{\partial q_2}\delta q_2 + \cdots + \frac{\partial \boldsymbol{r}_i}{\partial q_s}\delta q_s + \frac{\partial \boldsymbol{r}_i}{\partial t}\delta t$$

$\delta t = 0$(等时变换)

$$\delta \boldsymbol{r}_i = \sum_{\alpha=1}^{s} \frac{\partial \boldsymbol{r}_i}{\partial q_\alpha}\delta q_\alpha \tag{5-3-5}$$

将式(5-3-5)代入式(5-3-4),得

$$\sum_{i=1}^{n} \boldsymbol{F}_i \cdot \delta \boldsymbol{r}_i = \sum_{i=1}^{n} \boldsymbol{F}_i \cdot \sum_{\alpha=1}^{s} \frac{\partial \boldsymbol{r}_i}{\partial q_\alpha}\delta q_\alpha = \sum_{\alpha=1}^{s} \left(\sum_{i=1}^{n} \boldsymbol{F}_i \cdot \frac{\partial \boldsymbol{r}_i}{\partial q_\alpha} \right) \delta q_\alpha$$

令 $Q_\alpha = \sum_{i=1}^{n} \boldsymbol{F}_i \cdot \frac{\partial \boldsymbol{r}_i}{\partial q_\alpha}$ $(\alpha = 1, 2, 3, \cdots, s)$,称 Q_α 为广义力。

$$\sum_{i=1}^{n} \boldsymbol{F}_i \cdot \delta \boldsymbol{r}_i = \sum_{\alpha=1}^{s} Q_\alpha \cdot \delta q_\alpha$$

用广义力表示虚功原理

$$\sum_{\alpha=1}^{s} Q_\alpha \cdot \delta q_\alpha = 0 \tag{5-3-6}$$

式(5-3-6)为虚功原理的广义坐标表述。

由于广义坐标皆为独立的,因此

$$Q_\alpha = 0 \quad (\alpha = 1, 2, 3, \cdots, s) \tag{5-3-7}$$

从虚功原理的广义坐标表述式可以看出,体系处于平衡时,各广义力的分量都应等于零,这是因为各广义坐标的变化(虚位移)是相互独立的,由线性代数理论可知,式(5-3-6)中各独立坐标的虚位移 δq_α 前面的系数应分别为零。式(5-3-7)中包含的 s 个关于广义坐标的方程,即体系的平衡方程。由此可以确定体系的平衡位置或解出未知的主动力。

虚功原理的广义坐标表述式表示,在理想约束条件下,力学体系的平衡条件是各广义力的分量都等于零。

3. 基本形式的拉格朗日方程

式(5-3-4)为达朗贝尔-拉格朗日方程的另一种形式,即

$$\sum_{i=1}^{n} m_i \ddot{\boldsymbol{r}}_i \cdot \delta \boldsymbol{r}_i = \sum_{i=1}^{n} \boldsymbol{F}_i \cdot \delta \boldsymbol{r}_i$$

上式中左式

$$\sum_{i=1}^{n} m_i \ddot{\boldsymbol{r}}_i \cdot \delta \boldsymbol{r}_i = \sum_{i=1}^{n} m_i \frac{\mathrm{d}\boldsymbol{v}_i}{\mathrm{d}t} \cdot \sum_{\alpha=1}^{s} \frac{\partial \boldsymbol{r}_i}{\partial q_\alpha} \delta q_\alpha = \sum_{\alpha=1}^{s} \left(\sum_{i=1}^{n} m_i \frac{\mathrm{d}\boldsymbol{v}_i}{\mathrm{d}t} \cdot \frac{\partial \boldsymbol{r}_i}{\partial q_\alpha} \right) \delta q_\alpha$$

令 $\sum_{i=1}^{n} m_i \frac{\mathrm{d}\boldsymbol{v}_i}{\mathrm{d}t} \cdot \frac{\partial \boldsymbol{r}_i}{\partial q_\alpha} = P_\alpha$，则

$$\sum_{i=1}^{n} m_i \ddot{\boldsymbol{r}}_i \cdot \delta \boldsymbol{r}_i = \sum_{\alpha=1}^{s} P_\alpha \delta q_\alpha$$

上式中右式

$$\sum_{i=1}^{n} \boldsymbol{F}_i \cdot \delta \boldsymbol{r}_i = \sum_{\alpha=1}^{s} Q_\alpha \cdot \delta q_\alpha$$

这样 $\sum_{\alpha=1}^{s} P_\alpha \delta q_\alpha = \sum_{\alpha=1}^{s} Q_\alpha \cdot \delta q_\alpha$，则

$$P_\alpha = Q_\alpha \tag{5-3-8}$$

由于

$$\frac{\mathrm{d}}{\mathrm{d}t}\left(\sum_{i=1}^{n} m_i \boldsymbol{v}_i \cdot \frac{\partial \boldsymbol{r}_i}{\partial q_\alpha} \right) = \sum_{i=1}^{n} m_i \frac{\mathrm{d}\boldsymbol{v}_i}{\mathrm{d}t} \cdot \frac{\partial \boldsymbol{r}_i}{\partial q_\alpha} + \sum_{i=1}^{n} m_i \boldsymbol{v}_i \cdot \frac{\mathrm{d}}{\mathrm{d}t}\left(\frac{\partial \boldsymbol{r}_i}{\partial q_\alpha} \right)$$

所以

$$P_\alpha = \frac{\mathrm{d}}{\mathrm{d}t}\left(\sum_{i=1}^{n} m_i \boldsymbol{v}_i \cdot \frac{\partial \boldsymbol{r}_i}{\partial q_\alpha} \right) - \sum_{i=1}^{n} m_i \boldsymbol{v}_i \cdot \frac{\mathrm{d}}{\mathrm{d}t}\left(\frac{\partial \boldsymbol{r}_i}{\partial q_\alpha} \right) \tag{5-3-9}$$

根据 $\boldsymbol{r}_i = \boldsymbol{r}_i(q_1, q_2, \cdots, q_s, t)$关系式，可得

$$\boldsymbol{v}_i = \dot{\boldsymbol{r}}_i = \frac{\partial \boldsymbol{r}_i}{\partial q_1} \cdot \dot{q}_1 + \frac{\partial \boldsymbol{r}_i}{\partial q_2} \cdot \dot{q}_2 + \cdots + \frac{\partial \boldsymbol{r}_i}{\partial q_s} \cdot \dot{q}_s + \frac{\partial \boldsymbol{r}_i}{\partial t} = \sum_{\alpha=1}^{s} \frac{\partial \boldsymbol{r}_i}{\partial q_\alpha} \cdot \dot{q}_\alpha + \frac{\partial \boldsymbol{r}_i}{\partial t} \tag{5-3-10}$$

上式中 $\dot{q}_\alpha$ 是广义坐标对时间 t 求导，称为广义速度；$\frac{\partial \boldsymbol{r}_i}{\partial t}$是广义坐标与时间 t 的函数，不含广义速度；由 $\boldsymbol{r}_i = \boldsymbol{r}_i(q_1, q_2, \cdots, q_s, t)$关系式中知 $\boldsymbol{r}_i$ 是 $q_1, q_2, \cdots, q_s$ 及 t 的函数，而$\frac{\partial \boldsymbol{r}_i}{\partial q_\alpha}(\alpha=1, 2, \cdots, s)$一般也仍然是 $q_1, q_2, \cdots, q_s$ 及 t 的函数。因此，$\dot{\boldsymbol{r}}_i$ 在一般情况下是 $q_1, q_2, \cdots, q_s; \dot{q}_1, \dot{q}_2, \cdots, \dot{q}_s$ 及 t 的函数。

同时，$\frac{\partial \boldsymbol{r}_i}{\partial t}$和$\frac{\partial \boldsymbol{r}_i}{\partial q_\alpha}(\alpha=1, 2, \cdots, s)$都不是 $\dot{q}_\alpha$ 的函数，且因 $\dot{q}_1, \dot{q}_2, \cdots, \dot{q}_s$ 也是互相独立的，可得

$$\frac{\partial \dot{\boldsymbol{r}}_i}{\partial \dot{q}_\alpha} = \frac{\partial}{\partial \dot{q}_\alpha}\left(\sum_{\beta=1}^{s} \frac{\partial \boldsymbol{r}_i}{\partial q_\beta} \cdot \dot{q}_\beta + \frac{\partial \boldsymbol{r}_i}{\partial t} \right) = \frac{\partial \boldsymbol{r}_i}{\partial q_\alpha} \tag{5-3-11}$$

注意：$\frac{\partial \dot{q}_\beta}{\partial \dot{q}_\alpha} = 0(\beta \neq \alpha$ 时)，因为 q_α 和 q_β 是独立变化的，则 $\dot{q}_\alpha$ 和 $\dot{q}_\beta$ 也是独立变化的。

$$\frac{\mathrm{d}}{\mathrm{d}t} \frac{\partial \boldsymbol{r}_i}{\partial q_\alpha} = \frac{\partial}{\partial q_\alpha} \frac{\mathrm{d}\boldsymbol{r}_i}{\mathrm{d}t} = \frac{\partial \boldsymbol{v}_i}{\partial q_\alpha} \tag{5-3-12}$$

将式(5-3-11)、(5-3-12)代入式(5-3-9)，得

$$P_\alpha = \frac{\mathrm{d}}{\mathrm{d}t}\left(\sum_{i=1}^{n} m_i \boldsymbol{v}_i \cdot \frac{\partial \boldsymbol{v}_i}{\partial \dot{q}_\alpha} \right) - \sum_{i=1}^{n} m_i \boldsymbol{v}_i \cdot \frac{\partial \boldsymbol{v}_i}{\partial q_\alpha}$$

由于

$$\sum_{i=1}^{n} \frac{1}{2}m_i \cdot \frac{\partial(\boldsymbol{v}_i \cdot \boldsymbol{v}_i)}{\partial \dot{q}_\alpha} = \sum_{i=1}^{n} m_i \boldsymbol{v}_i \cdot \frac{\partial \boldsymbol{v}_i}{\partial \dot{q}_\alpha}$$

所以

$$P_\alpha = \frac{\mathrm{d}}{\mathrm{d}t}\left[\sum_{i=1}^{n} \frac{1}{2}m_i \cdot \frac{\partial(\boldsymbol{v}_i \cdot \boldsymbol{v}_i)}{\partial \dot{q}_\alpha}\right] - \sum_{i=1}^{n} \frac{1}{2}m_i \frac{\partial(\boldsymbol{v}_i \cdot \boldsymbol{v}_i)}{\partial q_\alpha}$$

则

$$P_\alpha = \frac{\mathrm{d}}{\mathrm{d}t}\frac{\partial}{\partial \dot{q}_\alpha}\left(\sum_{i=1}^{n} \frac{1}{2}m_i v_i^{\,2}\right) - \frac{\partial}{\partial q_\alpha}\left(\sum_{i=1}^{n} \frac{1}{2}m_i v_i^2\right) \tag{5-3-13}$$

式中：$\sum_{i=1}^{n} \frac{1}{2}m_i v_i^2$ 恰为体系动能，即 $T = \sum_{i=1}^{n} \frac{1}{2}m_i v_i^2$。

式(5－3－13)可表示为

$$P_\alpha = \frac{\mathrm{d}}{\mathrm{d}t}\frac{\partial T}{\partial \dot{q}_\alpha} - \frac{\partial T}{\partial q_\alpha} = Q_\alpha \quad (\alpha = 1,\ 2,\ \cdots,\ s)$$

得

$$\frac{\mathrm{d}}{\mathrm{d}t}\frac{\partial T}{\partial \dot{q}_\alpha} - \frac{\partial T}{\partial q_\alpha} = Q_\alpha \quad (\alpha = 1,\ 2,\ \cdots,\ s) \tag{5-3-14}$$

这就是基本形式的拉格朗日方程。

以上公式中每一个方程都是二阶常微分方程，方程数目与体系的自由度 s 相等。此组方程的好处是，只要知道一力学体系用广义坐标 $q_1,\ q_2,\ \cdots,\ q_s$ 所表示出的动能 T，及作用在此力学体系上的力 $Q_1,\ Q_2,\ \cdots,\ Q_s$(也是用 q_α 及 t 表出的)，就可写出这力学体系的动力学方程。从方程形式看，它能适用于各种曲线坐标系(各种形式的广义坐标)。这里约束力已不再出现，从而避免了牛顿力学中对体系约束越多，求解的方程数目反而越多的现象。只要能将力学系的动能写成为广义坐标、广义速度和时间的函数 $T(q,\ \dot{q},\ t)$，就可列出拉格朗日方程组。

5.3.2 保守系的拉格朗日方程

对保守力系来讲，基本形式的拉格朗日方程，还能再加以简化，根据前面讲述，保守力系中必存在势能 V，它是坐标的函数，且

$$\boldsymbol{F} = -\nabla V = -\left(\frac{\partial V}{\partial x}\boldsymbol{i} + \frac{\partial V}{\partial y}\boldsymbol{j} + \frac{\partial V}{\partial z}\boldsymbol{k}\right)$$

其中，$F_x = -\frac{\partial V}{\partial x}$，$F_y = -\frac{\partial V}{\partial y}$，$F_z = -\frac{\partial V}{\partial z}$。

对整个体系来讲，势能函数应与体系中各质点的坐标变量有关，当然也可表示为广义坐标的函数，即

$$V = V(\boldsymbol{r}_1,\ \boldsymbol{r}_2,\ \cdots,\ \boldsymbol{r}_n) = V(q_1,\ q_2,\ \cdots,\ q_s,\ t)$$

$$\begin{aligned} Q_\alpha &= \sum_{i=1}^{n} \boldsymbol{F}_i \cdot \frac{\partial \boldsymbol{r}_i}{\partial q_\alpha} = \sum_{i=1}^{n}\left(F_{ix}\frac{\partial x_i}{\partial q_\alpha} + F_{iy}\frac{\partial y_i}{\partial q_\alpha} + F_{iz}\frac{\partial z_i}{\partial q_\alpha}\right) \\ &= \sum_{i=1}^{n}\left(-\frac{\partial V}{\partial x_i}\cdot\frac{\partial x_i}{\partial q_\alpha} - \frac{\partial V}{\partial y_i}\cdot\frac{\partial y_i}{\partial q_\alpha} - \frac{\partial V}{\partial z_i}\cdot\frac{\partial z_i}{\partial q_\alpha}\right) = -\frac{\partial V}{\partial q_\alpha} \end{aligned} \tag{5-3-15}$$

代入基本形式的拉格朗日方程中去，得

$$\frac{\mathrm{d}}{\mathrm{d}t}\frac{\partial T}{\partial \dot{q}_\alpha}-\frac{\partial T}{\partial q_\alpha}=-\frac{\partial V}{\partial q_\alpha}$$

移项，得

$$\frac{\mathrm{d}}{\mathrm{d}t}\frac{\partial T}{\partial \dot{q}_\alpha}-\frac{\partial}{\partial q_\alpha}(T-V)=0 \tag{5-3-16}$$

势能函数 V 只是广义坐标和时间的函数，而与广义速度 $\dot{q}_\alpha$ 无关，因而 V 对任一广义速度分量 $\dot{q}_\alpha$ 的偏导数恒等于零，所以式(5-3-16)又可写为

$$\frac{\mathrm{d}}{\mathrm{d}t}\frac{\partial (T-V)}{\partial \dot{q}_\alpha}-\frac{\partial}{\partial q_\alpha}(T-V)=0 \quad (\alpha=1,2,\cdots,s) \tag{5-3-17}$$

令 $T-V=L(q_\alpha,\dot{q}_\alpha,t)$，体系的动能和势能之差 $T-V$ 可用一个新的函数表示，这个函数称为拉格朗日函数，简称拉氏函数，用 L 表示，即

$$L(q_\alpha,\dot{q}_\alpha,t)=T(q_\alpha,\dot{q}_\alpha,t)-V(q_\alpha,t)$$

拉格朗日函数在分析力学中有着非常重要的地位。如果作用在力学体系上的主动力全是保守力，则这个力学系称为保守力学系。对于保守力学系，拉格朗日方程为

$$\frac{\mathrm{d}}{\mathrm{d}t}\left(\frac{\partial L}{\partial \dot{q}_\alpha}\right)-\frac{\partial L}{\partial q_\alpha}=0 \quad (\alpha=1,2,\cdots,s) \tag{5-3-18}$$

这就是保守系的拉格朗日方程。它是分析力学中处理保守系统力学问题的基本方程。

例 5-4　用保守系的拉格朗日方程求单摆的运动规律(见图 5-12)。

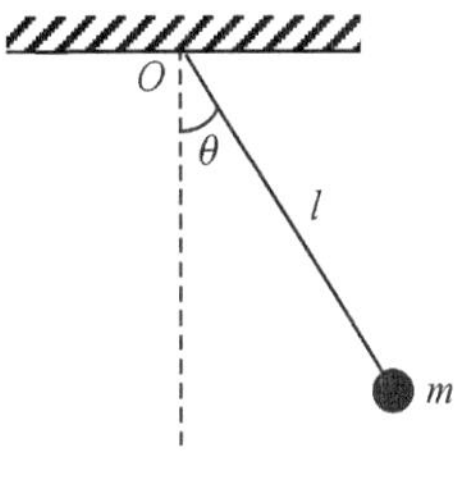

图 5-12

解　(1)研究对象：力学体系。

(2)判别自由度：$s=1$；确定一个广义坐标：角度 θ。

(3)写出 L 函数。

①力系动能为

$$T=\frac{1}{2}mv^2=\frac{1}{2}m(\dot{\theta}l)^2=\frac{1}{2}ml^2\dot{\theta}^2$$

②力系势能为

选取悬点 O 为零势点

$$V=-mgl\cos\theta$$

则拉氏函数

$$L=T-V=\frac{1}{2}ml^2\dot{\theta}^2+mgl\cos\theta$$

(4)运用 L 方程

$$\dot{q}_\alpha\to\dot{\theta},\quad q_\alpha\to\theta$$

$$\frac{\partial L}{\partial\dot{\theta}}=ml^2\dot{\theta},\quad \frac{\mathrm{d}}{\mathrm{d}t}\frac{\partial L}{\partial\dot{\theta}}=ml^2\ddot{\theta}$$

$$\frac{\partial L}{\partial\theta}=-mgl\sin\theta$$

代入 L 方程

$$\frac{\mathrm{d}}{\mathrm{d}t}\left(\frac{\partial L}{\partial \dot{q}_\alpha}\right)-\frac{\partial L}{\partial q_\alpha}=0$$

得

$$ml^2\ddot{\theta}+mgl\sin\theta=0$$

化简，得

$$\ddot{\theta}+\frac{g}{l}\sin\theta=0$$

求解上面方程，得

$$\theta=\theta_0\cos(\omega t+\alpha)\text{，}\quad \text{其中 }\omega=\sqrt{\frac{g}{l}}$$

例 5-5 用保守系的拉格朗日方程求平方反比引力作用下质点的运动(见图 5-13)。

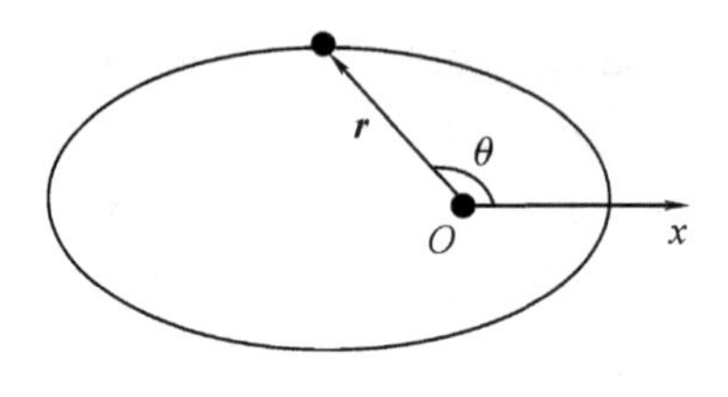

图 5-13

解 (1)研究对象：力学体系。

(2)判别自由度：$s=2$；建立平面坐标系，选取$(r,\ \theta)$为广义坐标。

(3)写出 L 函数。

①力系动能为

$$T=\frac{1}{2}mv^2=\frac{1}{2}m(\dot{r}^2+r^2\dot{\theta}^2)$$

②力系势能为

$$V=\int\boldsymbol{F}\cdot\mathrm{d}\boldsymbol{r}=\int_r^{\infty}-\frac{k^2m}{r^2}\cdot\mathrm{d}r=-\frac{k^2m}{r}$$

③拉氏函数

$$L=T-V=\frac{1}{2}m(\dot{r}^2+r^2\dot{\theta}^2)+\frac{k^2m}{r}$$

(4)运用 L 方程。

选取 r 为广义坐标，则$\dot{r}$为广义速度，即 $q_1\rightarrow r,\dot{q}_1\rightarrow\dot{r}$。

可分别得

$$\frac{\partial L}{\partial\dot{r}}=m\dot{r},\quad \frac{\mathrm{d}}{\mathrm{d}t}\frac{\partial L}{\partial\dot{r}}=m\ddot{r},\quad \frac{\partial L}{\partial r}=mr\dot{\theta}^2-\frac{k^2m}{r^2}$$

选取 θ 为广义坐标，则 $\dot{\theta}$ 为广义速度，即 $q_2\rightarrow\theta,\dot{q}_2\rightarrow\dot{\theta}$。

可分别得

$$\frac{\partial L}{\partial\dot{\theta}}=mr^2\dot{\theta},\quad \frac{\mathrm{d}}{\mathrm{d}t}\frac{\partial L}{\partial\dot{\theta}}=\frac{\mathrm{d}}{\mathrm{d}t}(mr^2\dot{\theta}),\quad \frac{\partial L}{\partial\theta}=0$$

将上述结果代入 L 方程，得

$$m\ddot{r}-mr\dot{\theta}^2+\frac{k^2m}{r^2}=0\tag{1}$$

$$\frac{\mathrm{d}}{\mathrm{d}t}(mr^2\dot{\theta})=0\tag{2}$$

由式(2)可得 $mr^2\dot{\theta}=$常量，平方反比引力作用下质点运动的角动量守恒。

例 5-6　半径为 r 的光滑铅重半圆钢丝圈上，穿着两个重量分别为 P 和 Q 的小环 A 和 B，此二环用长为 $2l$ 的不可伸长的轻质柔绳连接(见图 5-14)。求系统的平衡位置($r>l$)。

解　(1)研究对象：力学体系。

(2)判别自由度：$s=1$；选取 α 为广义坐标。

(3)运用虚功原理

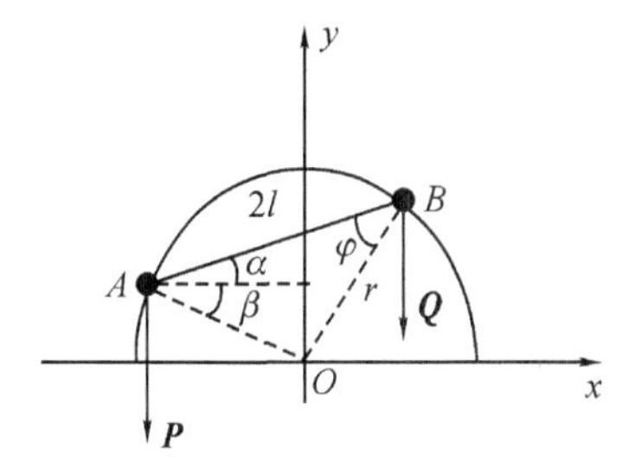

图 5-14

$$\sum_{i=1}^{n}\boldsymbol{F}_i\cdot\delta\boldsymbol{r}_i=0$$

$$\boldsymbol{P}\cdot\delta\boldsymbol{r}_A+\boldsymbol{Q}\cdot\delta\boldsymbol{r}_B=0$$

$$-P\delta y_A-Q\delta y_B=0 \tag{1}$$

其中 $\begin{cases}y_A=r\sin\beta=r\sin(\varphi-\alpha)\\ y_B=r\sin(\varphi-\alpha)+2l\sin\alpha\end{cases}$，注意 φ 不随 α 改变而变化。

$$\begin{cases}\delta y_A=-r\cos(\varphi-\alpha)\delta\alpha\\ \delta y_B=[-r\cos(\varphi-\alpha)+2l\cos\alpha]\delta\alpha\end{cases} \tag{2}$$

将式(2)代入式(1)，得

$$[Pr\cos(\varphi-\alpha)+Qr\cos(\varphi-\alpha)-2Ql\cos\alpha]\delta\alpha=0$$

$$Pr\cos(\varphi-\alpha)+Qr\cos(\varphi-\alpha)-2Ql\cos\alpha=0$$

得

$$\tan\alpha=\frac{(Q-P)l}{(Q+P)\sqrt{r^2-l^2}}$$

例 5-7　质量为 M、倾角为 α 的三角劈放在光滑的水平地面上，一质量为 m、半径为 r 的均质圆盘，沿斜面直立向下无滑动地滚动(见图 5-15)。求三角劈的加速度。

解　纯滚动是理想约束，主动力只有重力。

(1)研究对象：力学体系。

(2)判别自由度。

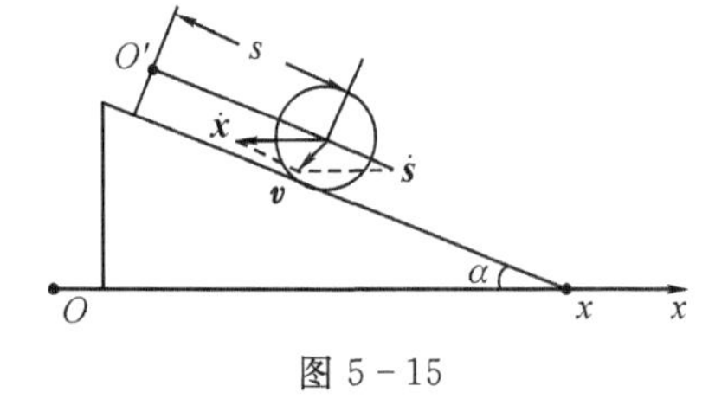

图 5-15

由于圆盘做纯滚动，下滑的位置 $s=r\theta$，所以 s 确定，θ 也必确定，只选其中任意一个为广义坐标，这里选 s；另外，x 为三角形尖端的坐标。由此可见，该力学体系只有两个独立变量，这里取 x 和 s 作为广义坐标，s 确定了，圆盘在斜面上的位置也就确定了；x 确定了，则斜劈的位置也就确定了。这两个参量已能完全确定体系的位置。

(3)写出力学体系的 L 函数。

①力系动能为

$$T=\frac{1}{2}M\dot{x}^2+\left(\frac{1}{2}mv^2+\frac{1}{2}I\omega^2\right)$$

其中

$$v^2=\dot{x}^2+\dot{s}^2-2\dot{x}\dot{s}\cos\alpha$$

$$\omega = \frac{\dot{s}}{r}$$

所以

$$T = \frac{1}{2}(M+m)\dot{x}^2 + \frac{3}{4}m\dot{s}^2 - m\dot{x}\dot{s}\cos\alpha$$

② 选取三角劈顶端为势能零点，则力系的势能为

$$V = -mgs \cdot \sin\alpha - Mgh$$

由于三角劈的势能始终不变，所以可以不写，则

$$L = T - V$$

(4)运用 L 方程。

选取 x 为广义坐标，即 $q_1 \to x$。

可分别得

$$\frac{\partial L}{\partial \dot{x}} = (M+m)\dot{x} - m\dot{s}\cos\alpha, \quad \frac{\partial L}{\partial x} = 0, \quad \frac{\mathrm{d}}{\mathrm{d}t}\frac{\partial L}{\partial \dot{x}} = (M+m)\ddot{x} - m\ddot{s}\cos\alpha$$

所以

$$(M+m)\ddot{x} - m\ddot{s}\cos\alpha = 0 \tag{1}$$

选取 s 为广义坐标，即 $q_2 \to s$。

可分别得

$$\frac{\partial L}{\partial \dot{s}} = \frac{3}{2}m\dot{s} - m\dot{x}\cos\alpha, \quad \frac{\mathrm{d}}{\mathrm{d}t}\left(\frac{\partial L}{\partial \dot{s}}\right) = \frac{3}{2}m\ddot{s} - m\ddot{x}\cos\alpha, \quad \frac{\partial L}{\partial s} = mg\sin\alpha$$

所以

$$\frac{3}{2}m\ddot{s} - m\ddot{x}\cos\alpha - mg\sin\alpha = 0 \tag{2}$$

联立式(1)、式(2)，得

$$\ddot{x} = \frac{mg\sin 2\alpha}{3M + m + 2m\sin^2\alpha}$$

5.4 守恒定律

拉氏方程在某些条件下可以导出动量守恒或动量矩守恒，这在分析力学中叫作循环积分；也可以给出能量守恒，这叫能量积分。下面从拉氏方程出发导出这些守恒定律，并说明它们成立的条件。

5.4.1 循环积分

若广义坐标 q_α 在 L 函数中不出现，则

$$\frac{\partial L}{\partial q_\alpha} = 0$$

将此式代入 L 方程，得

$$\frac{\mathrm{d}}{\mathrm{d}t}\left(\frac{\partial L}{\partial \dot{q}_\alpha}\right) = 0$$

所以

$$\frac{\partial L}{\partial \dot{q}_\alpha} = 常数$$

令 $p_\alpha=\frac{\partial L}{\partial \dot{q}_\alpha}$，称为广义动量，即 L 函数对广义速度的偏导数为力学系的广义动量，这里广义动量 p_α 保持不变。这可能是动量守恒或动量矩守恒，要看相应的广义坐标是线位移或角位移而定。

在分析力学中，通常称在力学体系的 L 函数中不出现的广义坐标为该力学系的循环坐标，与每一循环坐标相应的第一积分，称为与该循环坐标相应的循环积分或广义动量积分。上式表明，与循环坐标对应的广义动量是体系的运动守恒量。

例如，若一质点在重力场中运动，其 L 函数可表示为

$$L = T - V = \frac{1}{2}m(\dot{x}^2 + \dot{y}^2 + \dot{z}^2) - mgz$$

坐标 x 和 y 不出现在 L 中，它们就是循环坐标，相应的广义动量为常数，即

$$p_x = \frac{\partial L}{\partial \dot{x}} = m\dot{x} = c_1, \quad p_y = \frac{\partial L}{\partial \dot{y}} = m\dot{y} = c_2$$

它们就是循环积分，表示质点的分动量 p_x 和 p_y 守恒。

再如，开普勒问题

$$L = \frac{1}{2}m(\dot{r}^2 + r^2\dot{\theta}^2) - V(r)$$

矢径 r 与极角 θ 就是有心力问题在极坐标系中的两个广义坐标，L 函数中不显含 θ，则广义坐标 θ 为循环坐标。相应的广义动量为常数，即

$$p_\theta = \frac{\partial L}{\partial \dot{\theta}} = mr^2\dot{\theta} = 常数$$

它就是循环积分，表示质点对力心的动量矩($mr^2\dot{\theta}$)守恒。

L 函数不含某一广义坐标 q_i，并不意味着不包含广义速度 $\dot{q}_i$，例如有心力的 L 函数中不包含 θ，但却含 $\dot{\theta}$，而且，不包含某一广义坐标 q_i 时，对应的广义动量$\frac{\partial L}{\partial \dot{q}_i}$为常数，但广义速度 $\dot{q}_i$ 一般并不为常数。仍以有心力为例，L 函数中不含 θ，故 $mr^2\dot{\theta}$ 为常数，但 $\dot{\theta}$ 并不为常数。显然，力学体系的循环坐标越多，得到的循环积分就越多，对力学问题的求解就越有利。循环坐标的多少，与广义坐标如何选取有着密切的关系。

5.4.2　能量积分

在什么条件下系统的机械能将保持不变？或者说，在什么条件下系统将有能量积分存在？

对于一个完整保守力学系，如果约束是稳定的，则系统的机械能保持不变，即

$$T + V = 常数$$

这个机械能守恒的表示式，叫作能量积分。下面从拉氏方程出发证明此结果。

因

$$\frac{\mathrm{d}}{\mathrm{d}t}\frac{\partial T}{\partial \dot{q}_\alpha} - \frac{\partial T}{\partial q_\alpha} = -\frac{\partial V}{\partial q_\alpha}$$

用 $\dot{q}_\alpha$ 乘上式两边，然后对 α 求和，得

$$\sum_{\alpha}\frac{\mathrm{d}}{\mathrm{d}t}\left(\frac{\partial T}{\partial \dot{q}_{\alpha}}\right)\dot{q}_{\alpha}-\sum_{\alpha}\frac{\partial T}{\partial q_{\alpha}}\dot{q}_{\alpha}=-\sum_{\alpha}\frac{\partial V}{\partial q_{\alpha}}\dot{q}_{\alpha}$$

利用微商公式 $u\frac{\mathrm{d}v}{\mathrm{d}t}=\frac{\mathrm{d}}{\mathrm{d}t}(uv)-v\frac{\mathrm{d}u}{\mathrm{d}t}$，并考虑到$\frac{\partial V}{\partial t}=0$，上式可改写成

$$\sum_{\alpha}\frac{\mathrm{d}}{\mathrm{d}t}\left(\frac{\partial T}{\partial \dot{q}_{\alpha}}\dot{q}_{\alpha}\right)-\sum_{\alpha}\left(\frac{\partial T}{\partial \dot{q}_{\alpha}}\ddot{q}_{\alpha}+\frac{\partial T}{\partial q_{\alpha}}\dot{q}_{\alpha}\right)=-\frac{\mathrm{d}V}{\mathrm{d}t} \tag{5-4-1}$$

由于约束是稳定的，动能表示式不显含时间，即 $T=T(q,\dot{q})$，因此

$$\frac{\mathrm{d}T}{\mathrm{d}t}=\sum_{\alpha}\left(\frac{\partial T}{\partial q_{\alpha}}\dot{q}_{\alpha}+\frac{\partial T}{\partial \dot{q}_{\alpha}}\ddot{q}_{\alpha}\right) \tag{5-4-2}$$

且有

$$\sum_{\alpha}\frac{\partial T}{\partial \dot{q}_{\alpha}}\dot{q}_{\alpha}=2T \tag{5-4-3}$$

将式(5-4-2)、(5-4-3)代入式(5-4-1)，得到

$$\frac{\mathrm{d}}{\mathrm{d}t}(2T)-\frac{\mathrm{d}T}{\mathrm{d}t}=-\frac{\mathrm{d}V}{\mathrm{d}t},\quad \frac{\mathrm{d}}{\mathrm{d}t}(T+V)=0$$

$$T+V=\text{常数}$$

证明式(5-4-3)成立，过程如下。

系统的动能为

$$T=\sum_{i=1}^{n}\frac{1}{2}m_i\,|\dot{\boldsymbol{r}}_i|^2=\sum_{i=1}^{n}\frac{1}{2}m_i\dot{\boldsymbol{r}}_i\cdot\dot{\boldsymbol{r}}_i$$

系统动能是广义坐标 q_{α}，广义速度 $\dot{q}_{\alpha}$ 和时间 t 的函数，即

$$T=T(q,\dot{q},t)$$

这样，它对 q_{α}、$\dot{q}_{\alpha}$ 的偏导数分别为

$$\frac{\partial T}{\partial q_{\alpha}}=\sum_{i=1}^{n}m_i\dot{\boldsymbol{r}}_i\cdot\frac{\partial \dot{\boldsymbol{r}}_i}{\partial q_{\alpha}}$$

$$\frac{\partial T}{\partial \dot{q}_{\alpha}}=\sum_{i=1}^{n}m_i\dot{\boldsymbol{r}}_i\cdot\frac{\partial \dot{\boldsymbol{r}}_i}{\partial \dot{q}_{\alpha}} \tag{5-4-4}$$

由于

$$\frac{\partial \dot{\boldsymbol{r}}_i}{\partial \dot{q}_{\alpha}}=\frac{\partial \boldsymbol{r}_i}{\partial q_{\alpha}} \tag{5-4-5}$$

得

$$\frac{\partial T}{\partial \dot{q}_{\alpha}}=\sum_{i=1}^{n}m_i\dot{\boldsymbol{r}}_i\cdot\frac{\partial \dot{\boldsymbol{r}}_i}{\partial \dot{q}_{\alpha}}=\sum_{i=1}^{n}m_i\dot{\boldsymbol{r}}_i\cdot\frac{\partial \boldsymbol{r}_i}{\partial q_{\alpha}}$$

用 $\dot{q}_{\alpha}$ 乘上式两边，然后对 α 求和，得

$$\begin{aligned}\sum_{\alpha}\frac{\partial T}{\partial \dot{q}_{\alpha}}\cdot\dot{q}_{\alpha}&=\sum_{\alpha}\sum_{i}m_i\dot{\boldsymbol{r}}_i\cdot\frac{\partial \boldsymbol{r}_i}{\partial q_{\alpha}}\dot{q}_{\alpha}\\&=\sum_{i}m_i\dot{\boldsymbol{r}}_i\cdot\left(\sum_{\alpha}\frac{\partial \boldsymbol{r}_i}{\partial q_{\alpha}}\dot{q}_{\alpha}\right)\end{aligned} \tag{5-4-6}$$

由于约束是稳定的，变换方程不显含时间：

$$\boldsymbol{r}_i=\boldsymbol{r}_i(q_1,q_2,\cdots,q_s)$$

$$\dot{\boldsymbol{r}}_i = \sum_{\alpha} \frac{\partial \boldsymbol{r}_i}{\partial q_\alpha} \dot{q}_\alpha \tag{5-4-7}$$

将式(5-4-7)代入式(5-4-6),得到

$$\sum_{\alpha} \frac{\partial T}{\partial \dot{q}_\alpha} \dot{q}_\alpha = \sum_{i} m_i \dot{\boldsymbol{r}}_i \cdot \dot{\boldsymbol{r}}_i = 2T$$

这就是所要证明的结果。

说明,即使主动力都是保守力,拉格朗日方程也并不一定给出能量积分,除非约束是稳定的,因此在不稳定约束的情形下,约束反力可以做功,而在拉格朗日方程中并不含有约束反力。满足以下3个条件,必有能量积分:

①几何的理想约束;

②$\boldsymbol{r}$ 中不显含时间 t,即一般坐标与广义坐标关系式中 $\boldsymbol{r}=\boldsymbol{r}(q_1, q_2, \cdots, q_s)$ 不显含时间 t;

③势能函数中不显含时间 t,即 L 函数中不显含时间 t。

5.5 哈密顿函数

根据前面所述我们认识到,牛顿运动定律和拉格朗日方程是力学基本原理的两种不同形式的表述。现在再介绍另外两种表述方式——哈密顿方程和哈密顿原理。它们对力学的发展起了重要作用,对统计物理和量子力学也有重要影响和应用。

前面的论述可知,拉格朗日函数 $L=L(q_1, q_2, \cdots, q_s; \dot{q}_1, \dot{q}_2, \cdots, \dot{q}_s; t)$ 在表示力学系的运动方面有着重要的地位,可以认为它是表征力学系运动的一个特征函数。拉格朗日函数是广义坐标、广义速度的函数;也可能是时间的显函数,例如不稳定约束或随时间变化的势场情形。拉氏函数的函数表示式表明,力学系在任一瞬时的运动状态是由广义坐标和广义速度来确定的。从这个意义上来讲,广义坐标和广义速度都是确定力学系(运动)状态的变量。以前还曾指出,用动量代替速度来描述运动状态更具有物理意义。因此通常用广义坐标和广义动量作为确定力学系的状态变量。

为了用广义动量来代替广义速度,先要寻求广义速度与广义动量之间的关系。根据广义动量的定义式,可得

$$p_\alpha = p_\alpha(q_1, q_2, \cdots, q_s; \dot{q}_1, \dot{q}_2, \cdots, \dot{q}_s; t) \tag{5-5-1}$$

即可得到 s 个广义动量与广义坐标、广义速度的关系式。反过来也可以从这 s 个关系式解出广义速度与广义坐标、广义动量之间的关系:

$$\begin{aligned} \dot{q}_\alpha &= \dot{q}_\alpha(q_1, q_2, \cdots, q_s; p_1, p_2, \cdots, p_s; t) \\ &= \dot{q}_\alpha(q, p; t) \quad (\alpha = 1, 2, \cdots, s) \end{aligned} \tag{5-5-2}$$

下面寻找以广义坐标和广义动量为变量的力学系特征函数。

5.5.1 哈密顿函数定义

前面所述,对于具有 s 个自由度的完整保守力学系统,存在一拉格朗日函数 L

$$L = T - V = L(q, \dot{q}, t)$$

它满足拉氏方程

$$\frac{\mathrm{d}}{\mathrm{d}t}\left(\frac{\partial L}{\partial \dot{q}_\alpha}\right)-\frac{\partial L}{\partial q_\alpha}=0 \quad (\alpha=1,\ 2,\ \cdots,\ s)$$

由此可得到系统的运动微分方程。所以,拉格朗日函数是系统的一个特征函数。

为了寻求另一种形式的动力学方程——哈密顿方程,就要引进系统的另一种形式的特征函数,即哈密顿函数,它的定义是

$$H=\sum_{\alpha=1}^{s}p_\alpha\dot{q}_\alpha-L \tag{5-5-3}$$

式中:L 为拉氏函数;$\dot{q}_\alpha$ 为广义速度;p_α 为广义动量。

广义动量定义式为

$$p_\alpha=\frac{\partial L}{\partial \dot{q}_\alpha} \quad (\alpha=1,\ 2,\ \cdots,\ s)$$

此式右边是 q_α、$\dot{q}_\alpha$ 和 t 的函数。由它可解得 $\dot{q}_\alpha$,把 $\dot{q}_\alpha$ 表示成 q_α、p_α 和 t 的函数,即

$$\dot{q}_\alpha=\dot{q}_\alpha(q,\ p;t)$$

将上式代入式(5-5-3),消去 $\dot{q}_\alpha$,可得

$$H=H(q,\ p,\ t) \tag{5-5-4}$$

这样,哈密顿函数 H 是以广义坐标 $q_1, q_2, \cdots, q_s$,广义动量 $p_1, p_2, \cdots, p_s$ 和时间 t 为独立变量,广义速度 $\dot{q}_\alpha$ 不再出现于 H 中,这一点是和拉氏函数 L 很不相同的。

例 5-8 求一维谐振子的哈密顿函数。

解 选 x 为广义坐标,一维谐振子的动能和势能分别为

$$T=\frac{1}{2}m\dot{x}^2,\quad V=\frac{1}{2}kx^2=\frac{1}{2}m\omega^2x^2 \tag{1}$$

式中:k 为弹性系数;m 为振子质量;ω 为谐振动的圆频率。

谐振子的 L 函数为

$$L=T-V=\frac{1}{2}m\dot{x}^2-\frac{1}{2}m\omega^2x^2$$

由此得广义动量为

$$p=\frac{\partial L}{\partial \dot{x}}=m\dot{x} \tag{2}$$

根据式(5-5-3)谐振子的哈密顿函数为

$$H=p\dot{x}-\left(\frac{1}{2}m\dot{x}^2-\frac{1}{2}m\omega^2x^2\right)$$

将式(2)代入上式消去广义速度 $\dot{x}$ 可得

$$H=\frac{1}{2m}p^2+\frac{1}{2}m\omega^2x^2 \tag{3}$$

这就是一维谐振子的哈密顿函数,它是广义坐标 x 和广义动量 p 的函数。

例 5-9 质点在中心力场中运动,求其哈密顿函数。

解 质点在中心力作用下的运动为平面运动,可选平面极坐标 r、θ 为广义坐标,这样质点的动能和势能为

$$T=\frac{1}{2}m(\dot{r}^2+r^2\dot{\theta}^2),\quad V=V(r) \tag{1}$$

L 函数为

$$L = \frac{1}{2}m(\dot{r}^2 + r^2\dot{\theta}^2) - V(r)$$

广义动量为

$$p_r = \frac{\partial L}{\partial \dot{r}} = m\dot{r}, \quad p_\theta = \frac{\partial L}{\partial \dot{\theta}} = mr^2\dot{\theta} \tag{2}$$

根据式(5-5-3),质点的哈密顿函数为

$$H = p_r\dot{r} + p_\theta\dot{\theta} - \left[\frac{1}{2}m(\dot{r}^2 + r^2\dot{\theta}^2) - V(r)\right]$$

为了消去 H 中的广义速度$\dot{r}$ 和 $\dot{\theta}$,利用式(2)解出

$$\dot{r} = \frac{p_r}{m}, \quad \dot{\theta} = \frac{p_\theta}{mr^2} \tag{3}$$

代入 H 的表达式可得

$$H(r,\ \theta; p_r,\ p_\theta) = \frac{1}{2m}{p_r}^2 + \frac{1}{2mr^2}{p_\theta}^2 + V(r) \tag{4}$$

这就是在中心力场中运动的质点的哈密顿函数,它是广义坐标 r、θ 和广义动量 p_r、p_θ 的函数,广义速度不再出现于 H 中。

5.5.2 哈密顿函数与总能量

不难看出,在以上例题的条件下,系统的哈密顿函数等于它的动能加势能,即

$$H = T + V \tag{5-5-5}$$

现在要问,此结果普遍成立吗?如果约束稳定,则完整保守力学系统的哈密顿函数就等于动能加势能。证明如下:

$$H = \sum_{\alpha=1}^{s} p_\alpha \dot{q}_\alpha - L$$

$$p_\alpha = \frac{\partial L}{\partial \dot{q}_\alpha} = \frac{\partial T}{\partial \dot{q}_\alpha}, \quad L = T - V$$

$$H = \sum_{\alpha=1}^{s} \frac{\partial T}{\partial \dot{q}_\alpha}\dot{q}_\alpha - (T - V) \tag{5-5-6}$$

而对受稳定约束的完整保守力学系统,有

$$\sum_{\alpha=1}^{s} \frac{\partial T}{\partial \dot{q}_\alpha}\dot{q}_\alpha = 2T$$

代入式(5-5-6)即得

$$H = 2T - (T - V) = T + V$$

在以上两例中,质点不受约束,所受主动力为保守力,自然可认为满足 $H=T+V$ 的条件。对于一些常用的哈密顿函数,多数也属于这种情形。

5.5.3 哈密顿函数举例

下面列举一些常用的哈密顿函数,多数只给出结果,不做推导。

(1) 若质点在势能为 $V=V(x,\ y,\ z)$的力场中运动,则其哈密顿函数为

$$H = \frac{1}{2m}(p_x^2 + p_y^2 + p_z^2) + V(x,\ y,\ z) \tag{5-5-7}$$

式中：m 为质点的质量；p_x、p_y、p_z 分别为质点沿直角坐标 x、y、z 方向的动量。

(2) 若质点在势能为 $V=V(r, \theta, z)$ 的力场中运动，则其哈密顿函数为

$$H=\frac{p_r^2}{2m}+\frac{p_\theta^2}{2mr^2}+\frac{p_z^2}{2m}+V(r, \theta, z) \tag{5-5-8}$$

式中：p_r、p_θ、p_z 分别为质点沿柱坐标 r、θ、z 方向的广义动量。

(3) 若质点在势能为 $V=V(r, \theta, \varphi)$ 的力场中运动，则其哈密顿函数为

$$H=\frac{p_r^2}{2m}+\frac{p_\theta^2}{2mr^2}+\frac{p_\varphi^2}{2mr^2\sin^2\theta}+V(r, \theta, \varphi) \tag{5-5-9}$$

式中：p_r、p_θ、p_φ 分别为质点沿球坐标 r、θ、φ 方向的广义动量。

(4) 若带电粒子在电磁场中运动，则其哈密顿函数为

$$H=\frac{1}{2m}(\boldsymbol{p}-e\boldsymbol{A})^2+eV \tag{5-5-10}$$

式中：e 为粒子的电量；V 和 $\boldsymbol{A}$ 为电磁场的标量势和矢量势；$\boldsymbol{p}$ 为粒子的广义动量，$\boldsymbol{p}=m\boldsymbol{v}+e\boldsymbol{A}$，$\boldsymbol{v}$ 为粒子的速度。

(5) 在无外力作用时双原子分子的哈密顿函数为

$$H=\frac{1}{2M}(p_x^2+p_y^2+p_z^2)+\frac{1}{2I}\left(p_\theta{}^2+\frac{1}{\sin^2\theta}p_\varphi^2\right)+\left[\frac{1}{2\mu}p_r^2+V(r)\right] \tag{5-5-11}$$

式中第一项是质心的动能，其中 M 是分子的质量，等于两原子的质量之和，即 $M=m_1+m_2$；第二项是分子绕质心的转动能量，其中 $I=\mu r^2$ 是转动惯量，$\mu=\dfrac{m_1m_2}{m_1+m_2}$是折合质量，$r$ 是两原子之间的距离；第三项是两原子相对运动的能量，$\dfrac{1}{2\mu}p_r^2$ 是相对运动的动能，$V(r)$是分子内两原子的相互作用势能。

双原子分子的哈密顿函数推导如下：

视双原子分子为两质点系统。设质点 1 的质量为 m_1，坐标为(x_1, y_1, z_1)，质点 2 的质量为 m_2，坐标为(x_2, y_2, z_2)，两质点间的相互作用势能为 $V(r)$，则双原子分子的拉氏函数为

$$L=T-V(r)$$

$$L=\frac{m_1}{2}(\dot{x}_1^2+\dot{y}_1^2+\dot{z}_1^2)+\frac{m_2}{2}(\dot{x}_2^2+\dot{y}_2^2+\dot{z}_2^2)-V(r) \tag{5-5-12}$$

分子的质心坐标为

$$\begin{cases} x=\dfrac{m_1x_1+m_2x_2}{m_1+m_2} \\ y=\dfrac{m_1y_1+m_2y_2}{m_1+m_2} \\ z=\dfrac{m_1z_1+m_2z_2}{m_1+m_2} \end{cases} \tag{5-5-13}$$

为了将双原子分子的运动分解为质心运动和相对运动，引入运动参照系 $O'-x'y'z'$，在它上面安置一球坐标 $O'-r\theta\varphi$，把原点放在质点 1 上，如图 5-16 所示，于是有

$$\begin{cases} x_2-x_1=r\sin\theta\cos\varphi \\ y_2-y_1=r\sin\theta\sin\varphi \\ z_2-z_1=r\cos\theta \end{cases} \tag{5-5-14}$$

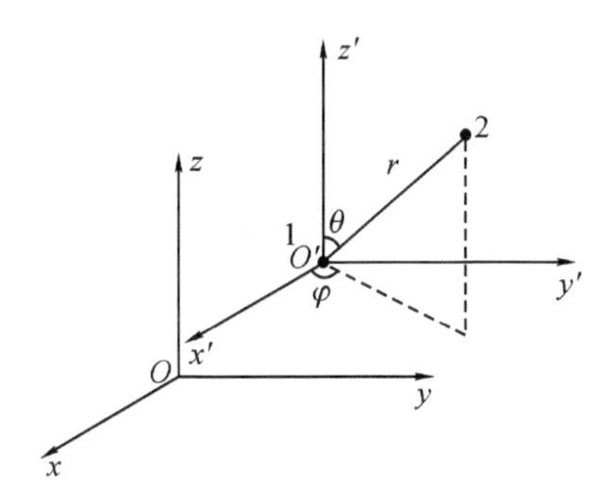

图 5 - 16

由式(5 - 5 - 13)和(5 - 5 - 14)求解可得

$$\begin{cases} x_1 = x - \dfrac{m_2}{m_1 + m_2} r\sin\theta\cos\varphi \\ y_1 = y - \dfrac{m_2}{m_1 + m_2} r\sin\theta\sin\varphi \\ z_1 = z - \dfrac{m_2}{m_1 + m_2} r\cos\theta \\ x_2 = x + \dfrac{m_1}{m_1 + m_2} r\sin\theta\cos\varphi \\ y_2 = y + \dfrac{m_1}{m_1 + m_2} r\sin\theta\sin\varphi \\ z_2 = z + \dfrac{m_1}{m_1 + m_2} r\cos\theta \end{cases} \tag{5-5-15}$$

将式(5 - 5 - 15)代入式(5 - 5 - 12)，经适当运算可求得拉氏函数为

$$L = \frac{1}{2} M(\dot{x}^2 + \dot{y}^2 + \dot{z}^2) + \frac{1}{2}\mu(\dot{r}^2 + r^2\dot{\theta}^2 + r^2 \sin^2\theta\dot{\varphi}^2) - V(r) \tag{5-5-16}$$

式中：M 是双原子分子的总质量，$M = m_1 + m_2$；μ 是折合质量，$\mu = \dfrac{m_1 m_2}{m_1 + m_2}$。此式说明：双原子分子的运动确实可以分解为质心运动和相对运动两部分。

与广义坐标 x、y、z(质心运动)和 r、θ、φ(相对运动)分别相对应的广义动量为

$$\begin{cases} p_x = \dfrac{\partial L}{\partial \dot{x}} = M\dot{x} \\ p_y = \dfrac{\partial L}{\partial \dot{y}} = M\dot{y} \\ p_z = \dfrac{\partial L}{\partial \dot{z}} = M\dot{z} \\ p_r = \dfrac{\partial L}{\partial \dot{r}} = \mu \dot{r} \\ p_\theta = \dfrac{\partial L}{\partial \dot{\theta}} = \mu r^2 \dot{\theta} \\ p_\varphi = \dfrac{\partial L}{\partial \dot{\varphi}} = \mu r^2 \sin^2\theta \dot{\varphi} \end{cases} \tag{5-5-17}$$

双原子分子的哈密顿函数为

$$H=\sum_{\alpha=1}^{s}p_{\alpha}\dot{q}_{\alpha}-L$$

$$H=p_x\dot{x}+p_y\dot{y}+p_z\dot{z}+p_r\dot{r}+p_\theta\dot{\theta}+p_\varphi\dot{\varphi}-\frac{1}{2}M(\dot{x}^2+\dot{y}^2+\dot{z}^2)-$$

$$\frac{1}{2}\mu(\dot{r}^2+r^2\dot{\theta}^2+r^2\sin^2\theta\dot{\varphi}^2)+V(r) \tag{5-5-18}$$

应用式(5－5－17)消去式(5－5－18)中的广义速度 $\dot{x}$、$\dot{y}$、$\dot{z}$ 和$\dot{r}$、$\dot{\theta}$、$\dot{\varphi}$，即可求得 H 的表示式为

$$H=\frac{1}{2M}(p_x^2+p_y^2+p_z^2)+\frac{1}{2\mu r^2}\left(p_\theta^2+\frac{1}{\sin^2\theta}p_\varphi^2\right)+\frac{1}{2\mu}p_r^2+V(r)$$

注意到 $I=\mu r^2$，可见所得结果与式(5－5－11)完全相同。

5.6 哈密顿正则方程

下面在拉格朗日方程基础上，引入哈密顿函数，推导出哈密顿方程，并讨论与之有关的问题。

5.6.1 哈密顿正则方程

为了导出哈密顿方程，先对哈密顿函数式求变分：

$$H=\sum_{\alpha=1}^{s}\frac{\partial T}{\partial\dot{q}_\alpha}\dot{q}_\alpha-L$$

$$\delta H=\sum_{\alpha=1}^{s}\left(p_\alpha\delta\dot{q}_\alpha+\dot{q}_\alpha\delta p_\alpha-\frac{\partial L}{\partial\dot{q}_\alpha}\delta\dot{q}_\alpha-\frac{\partial L}{\partial q_\alpha}\delta q_\alpha\right) \tag{5-6-1}$$

由拉氏方程和广义动量定义式

$$\frac{\mathrm{d}}{\mathrm{d}t}\left(\frac{\partial L}{\partial\dot{q}_\alpha}\right)-\frac{\partial L}{\partial q_\alpha}=0\quad(\alpha=1,2,\cdots,s)$$

$$p_\alpha=\frac{\partial L}{\partial\dot{q}_\alpha}$$

得

$$\frac{\partial L}{\partial q_\alpha}=\frac{\mathrm{d}}{\mathrm{d}t}\left(\frac{\partial L}{\partial\dot{q}_\alpha}\right)=\dot{p}_\alpha \tag{5-6-2}$$

将广义动量定义式和式(5－6－2)代入式(5－6－1)可得

$$\delta H=\sum_{\alpha=1}^{s}(\dot{q}_\alpha\delta p_\alpha-\dot{p}_\alpha\delta q_\alpha) \tag{5-6-3}$$

另一方面，我们知道哈密顿函数是 q、p 和 t 的函数，对式(5－5－4)取变分可得

$$\delta H=\sum_{\alpha=1}^{s}\left(\frac{\partial H}{\partial p_\alpha}\delta p_\alpha+\frac{\partial H}{\partial q_\alpha}\delta q_\alpha\right) \tag{5-6-4}$$

由式(5－6－3)、(5－6－4)得

$$\sum_{\alpha=1}^{s}\left[\left(\frac{\partial H}{\partial p_\alpha}-\dot{q}_\alpha\right)\delta p_\alpha+\left(\dot{p}_\alpha+\frac{\partial H}{\partial q_\alpha}\right)\delta q_\alpha\right]=0$$

考虑到 q_α，p_α 都是独立变量，于是得到

$$\begin{cases} \dot{q}_\alpha = \dfrac{\partial H}{\partial p_\alpha} \\ \dot{p}_\alpha = -\dfrac{\partial H}{\partial q_\alpha} \end{cases} \quad (\alpha = 1,\ 2,\ \cdots,\ s) \tag{5-6-5}$$

方程式(5-6-5)通常叫作哈密顿正则方程，简称正则方程。哈密顿正则方程是包含有 $2s$ 个一阶常微分方程的方程组，它的形式简单而对称，故称为正则方程。结合初始条件，对这 $2s$ 个方程求解，即可得到 s 个广义坐标和 s 个广义动量作为时间 t 的函数：

$$\begin{cases} q_\alpha = q_\alpha(t) \\ p_\alpha = p_\alpha(t) \end{cases} \quad (\alpha = 1,\ 2,\ \cdots,\ s)$$

从而完全确定了力学系的运动状态。由此可见，正则方程即是力学系的运动方程。哈密顿函数和拉格朗日函数一样，都是可以用来确定力学系运动的重要特征函数。只是拉格朗日函数是以广义坐标和广义速度为状态变量的，而哈密顿函数则以广义坐标和广义动量为状态变量。广义坐标和广义动量 q_α、p_α($\alpha=1,\ 2,\ \cdots,\ s$)称为力学系的正则变量。由这 $2s$ 个独立的正则变量支撑的 $2s$ 维抽象空间，构成力学系的相空间。任一瞬时力学系的广义坐标和广义动量确定了相空间中的一个点，称为相点，它标志着力学系的运动状态。

拉氏方程是广义坐标 q_α 的二阶微分方程组，共有 $2s$ 个方程。在哈密顿正则方程中，微分方程由二阶降为一阶，而方程式的数目增加了一倍。哈密顿正则方程在理论上有着更重要的意义。

例 5-10　应用哈密顿方程求一维谐振子的运动微分方程。

解　由前面例题已知，一维谐振子的哈密顿函数为

$$H = \frac{1}{2m}p^2 + \frac{1}{2}m\omega^2 x^2$$

将上式代入哈密顿正则方程，可得

$$\dot{x} = \frac{\partial H}{\partial p} = \frac{p}{m}$$

$$\dot{p} = -\frac{\partial H}{\partial x} = -m\omega^2 x$$

由此可得

$$m\ddot{x} = -m\omega^2 x$$

这就是早已熟悉的一维谐振子的运动方程。

例 5-11　质点在中心力场中运动，应用哈密顿正则方程求其运动微分方程。

解　在中心力场中运动的质点的哈密顿函数为

$$H(r,\ \theta;p_r,\ p_\theta) = \frac{1}{2m}p_r^2 + \frac{1}{2mr^2}p_\theta^2 + V(r) \tag{1}$$

代入哈密顿正则方程，得

$$\dot{r} = \frac{\partial H}{\partial p_r} = \frac{p_r}{m} \tag{2}$$

$$\dot{p}_r = -\frac{\partial H}{\partial r} = \frac{p_\theta^2}{mr^3} - \frac{\mathrm{d}V}{\mathrm{d}r} \tag{3}$$

$$\dot{\theta} = \frac{\partial H}{\partial p_\theta} = \frac{p_\theta}{mr^2} \tag{4}$$

$$\dot{p}_\theta = -\frac{\partial H}{\partial \theta} = 0 \tag{5}$$

将式(2)、(4)代入式(3)，式(4)代入式(5)，可得

$$\begin{cases} m(\ddot{r} - r\dot{\theta}^2) = -\dfrac{\mathrm{d}V}{\mathrm{d}r} = F(r) \\ \dfrac{\mathrm{d}}{\mathrm{d}t}(mr^2\dot{\theta}) = 0 \end{cases} \tag{6}$$

这就是质点的运动微分方程，和用拉氏方程得到的结果完全相同。

以上例题说明，用哈密顿正则方程能够得到力学系统的运动微分方程。在这方面，它和拉氏方程是等价的。事实上，由拉氏方程可推导出哈密顿方程，反之，也可以由后者推导出前者，这里就不做这种推导了。在哈密顿正则方程求解力学系统的运动微分方程中，哈密顿函数是关键，它和拉氏函数一样，是系统的特征函数。

哈密顿正则方程似乎表明，只要给定了力学系的哈密顿函数 H，$2s$ 个正则方程的积分便确定了力学系的运动轨迹，这是所谓经典力学的确定论。然而，并不是任何力学系的哈密顿函数都是可积分的。对于那些不可积分的力学系来说，就可能出现随机的混沌行为。

对于较简单的力学系的力学问题，采用正则方程求解可能会比用牛顿力学方法或拉格朗日方程要复杂些。但正则方程形式对称简洁，更具有形式上的普适性，适用于对力学系做纯理论的推导，在理论物理中有着重要的地位。哈密顿函数和正则方程也更适宜于推广应用到其他学科，近代物理的创始学科——量子力学，其创建和发展也与它有着密切的关系。

5.6.2 能量积分和循环积分

与拉氏函数类似，哈密顿方程在某些条件下也可以给出能量积分和循环积分。

先看在什么条件下哈密顿函数将保持不变。因

$$H = H(q,\ p,\ t)$$

$$\frac{\mathrm{d}H}{\mathrm{d}t} = \sum_{\alpha=1}^{s}\left(\frac{\partial H}{\partial q_\alpha}\dot{q}_\alpha + \frac{\partial H}{\partial p_\alpha}\dot{p}_\alpha\right) + \frac{\partial H}{\partial t}$$

将哈密顿正则方程代入上式可得

$$\frac{\mathrm{d}H}{\mathrm{d}t} = \sum_{\alpha=1}^{s}\left(\frac{\partial H}{\partial q_\alpha}\cdot\frac{\partial H}{\partial p_\alpha} - \frac{\partial H}{\partial p_\alpha}\cdot\frac{\partial H}{\partial q_\alpha}\right) + \frac{\partial H}{\partial t} = \frac{\partial H}{\partial t} \tag{5-6-6}$$

由此可知，若 H 不显含时间 t，$\frac{\partial H}{\partial t}=0$，则

$$\frac{\mathrm{d}H}{\mathrm{d}t} = \frac{\partial H}{\partial t} = 0,\quad H(q,\ p) = \text{const} \tag{5-6-7}$$

此式给出了哈密顿正则方程的一个积分，称为广义能量积分。在约束稳定条件下

$$H = T + V = \text{const} \tag{5-6-8}$$

因此，在稳定约束情形下，力学系的总机械能是守恒的，称为能量积分。

对于不稳定约束情形，便不能得到机械能积分，力学系的总机械能不守恒，这是容易理解的，因为不稳定约束的约束力对力学系做了功（这时实际上已不是理想约束了），力学系的机械能必然要改变。

如果力学系的广义坐标有一些在哈密顿函数中不出现，即可得到相应的广义动量积分。例如，若广义坐标 q_i 不在哈密顿函数中出现，$\frac{\partial H}{\partial q_i}=0$，将此式代入哈密顿正则方程可得

$$\dot{p}_i=-\frac{\partial H}{\partial q_i}=0$$

即得到相应的广义动量积分：

$$p_i=\text{const} \tag{5-6-9}$$

广义动量 p_i 不随时间变化。这可能是动量守恒或动量矩守恒，与拉氏方程给出的结果相同。人们把不出现在哈密顿函数中的广义坐标称为循环坐标，相应的式(5-6-9)给出的哈密顿正则方程的一个积分，叫作循环积分。例如在例5-11(质点在中心力场中运动)中，广义坐标 θ 不出现在哈密顿函数中，则 θ 为循环坐标，其共轭动量 p_θ 守恒，即

$$p_\theta=mr^2\dot{\theta}=\text{const} \tag{5-6-10}$$

它是一循环积分，它表示质点对力心的动量矩守恒。

若广义动量 p_i 不在 H 中出现，则

$$\dot{q}_i=\frac{\partial H}{\partial p_i}=0,\quad q_i=\text{const} \tag{5-6-11}$$

这也是哈密顿正则方程的一个循环积分。由此可见，由哈密顿正则方程有可能得到比拉氏方程更多的循环积分，这是哈密顿正则方程的优点之一。

5.7 哈密顿原理

哈密顿在1843年，又运用变分法提出了另一个和牛顿定律及上述诸方程组(拉格朗日方程与哈密顿正则方程)等价的哈密顿原理，用来描述力学体系的运动。

5.7.1 位形空间

在三维空间内，质点的位置由3个独立变量(x, y, z)确定，质点在各个时刻的位置由运动学方程

$$\begin{cases}x=x(t)\\y=y(t)\\z=z(t)\end{cases} \tag{5-7-1}$$

给出，所以上式也表示质点在三维空间内运动时所描绘的曲线，常常称之为轨道曲线，简称轨迹(见图5-17)，三维空间即为真实空间。

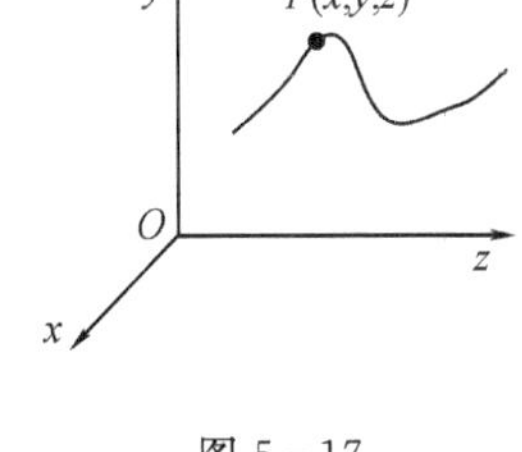

图5-17

当由 n 个质点形成的力学体系受 k 个几何约束时，这个力学体系的自由度是 $s=3n-k$ 个。若该体系的运动微分方程的解为

$$q_1=q_1(t),\quad q_2=q_2(t),\ \cdots,\ q_s=q_s(t) \tag{5-7-2}$$

时，给时间 t 一个值，则有 s 个广义坐标的一组值与其对应，这就确定了体系在 s 维空间内的一个代表点的位置。因在事实上是确定了体系中每一质点在实际的三维空间的位置，即确定了体系的位置和形状，所以，把这样用 s 个广义坐标所描述的空间

叫位形空间(s 维空间),在位形空间中确定的点叫位形点。

式(5-7-2)表示整个体系位形随时间的改变,也表示了体系运动时其代表点在位形空间内所描出的一条曲线,叫位形轨道线,简称位轨,不是力学体系的轨迹,而是表示力学体系所经历的力学过程。显然,采用这种抽象的几何方法对分析体系的运动有很大的启发和帮助。但应该注意,s 维空间与实际的三维空间是两回事。

例如,自由刚体有 6 个自由度,$s=6$,描述平动需要质心坐标(x_C, y_C, z_C);描述转动需要已知欧拉角(θ, φ, ψ),这是一个六维空间。此为数学空间,不是真实空间,在位形空间中的确定点叫作位形点。每一个位形点对应一组广义坐标,每一组确定的广义坐标对应一个确定的位形点,也对应于力学体系的一个运动状态。

5.7.2 变分法的初步概念

由于哈密顿原理的表述和应用都涉及变分法,因此简单介绍一些变分法的初步概念。

研究力学中的“最速降落线”问题曾经导致变分法概念。下面就用这一例子,对变分法做一简短介绍。

一质点在铅直面内(重力场),从 A 点到 B 点沿一条什么样的光滑曲线运动所需时间最短?也就是要确定一条曲线,它连接不在同一铅垂线上的两个给定点 A 和 B,当质点沿着这条曲线由 A 滑到 B 时,所需要的时间最短(见图 5-18)。

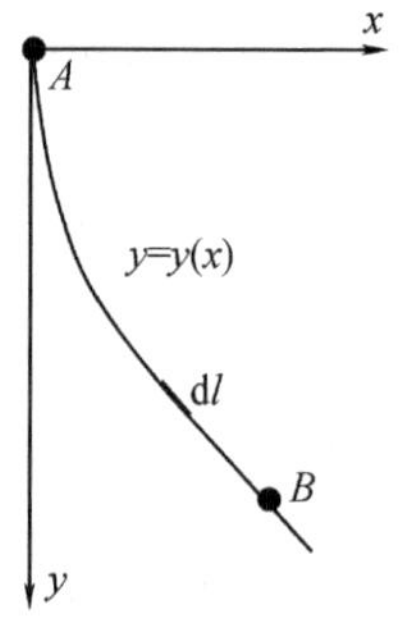

质量为 m 的质点,在重力作用下,沿光滑曲线从 A 自由下滑到 B 的过程中,机械能守恒,则

$$\frac{1}{2}mv^2 - mgy = 0 \tag{5-7-3}$$

从而

$$v = \sqrt{2gy}$$

$$\mathrm{d}l = v\mathrm{d}t$$

$$\mathrm{d}t = \frac{\mathrm{d}l}{v} = \frac{\sqrt{1+y'(x)^2}}{\sqrt{2gy(x)}}\mathrm{d}x \tag{5-7-4}$$

图 5-18

质点由 A 滑到 B 所需时间为

$$t = \int_A^B \frac{\sqrt{1+y'(x)^2}}{\sqrt{2gy(x)}}\mathrm{d}x = t[y(x)] \tag{5-7-5}$$

显然,曲线 $y(x)$不同,降落时间 t 就不同,t 是函数 $y(x)$的函数,$t=t[y(x)]$。值得注意的是,函数 $t[y(x)]$的变化是由于函数 $y(x)$选取不同形式而引起的,不是由自变量 x 的变化而产生的。因此,$t[y(x)]$并非复合函数,而是一种新的函数,即泛函,它的值由函数 $y(x)$的选取而确定。这样,上面的问题归结为:选取什么样的函数 $y(x)$可使泛函 $t[y(x)]$取极小值?这就是个变分法的问题。

再例如平面上两点间的弧长最短的问题。人们都知道两点间的连线以直线段为最短,然而如何用数学证明呢?可以采用变分极值的方法。

设平面上两点 P_1、P_2,它们的坐标分别是(x_1, y_1)和(x_2, y_2),连结这两点的曲线有无限

多种可能。设某一曲线为 $y=y(x)$（见图 5-19），则它的长度为

$$s=s[y(x)]=\int_{P_1}^{P_2}\mathrm{d}s=\int_{P_1}^{P_2}\sqrt{1+\left(\frac{\mathrm{d}y}{\mathrm{d}x}\right)^2}\mathrm{d}x=\int_{P_1}^{P_2}\sqrt{1+y'(x)^2}\mathrm{d}x \quad (5-7-6)$$

其中弧长 s 显然与所选取的函数 $y(x)$ 密切相关，选取不同函数的曲线，其弧长 s 也不同。因此，弧长 s 是函数 $y(x)$ 的函数，以函数为变量的函数叫作泛函。

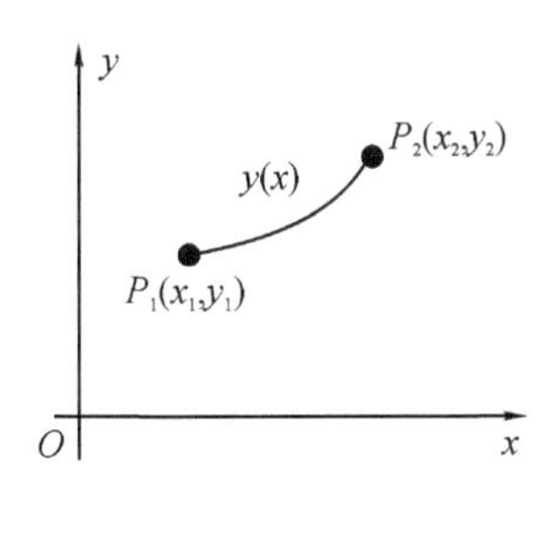

图 5-19

这里弧长 s 就是函数 $y(x)$ 的泛函，记作 $s[y(x)]$。求 P_1、P_2 两点间哪一条弧长最短，实际上就是要求出泛函 $s[y(x)]$ 的极值。

泛函是指一个量，它的值不仅依赖于自变量，而且依赖于一个或几个函数，称这个量叫作泛函。泛函与复合函数不同，对泛函 $s[y(x)]$ 来讲，x 不变时，但 $y(x)$ 变化。对复合函数 $\begin{cases}x=\sin\theta\\ \theta=\omega t\end{cases}$，这里 t 不变时，x 也不变化。可以把这类问题写成普遍形式。设 F 是 x、$y(x)$、$y'=\frac{\mathrm{d}y}{\mathrm{d}x}$ 的函数，即 $F=F(x, y, y')$，$y(x)$ 是通过两个定点 $A(x_1, y_1)$ 和 $B(x_2, y_2)$ 的曲线。对于一个 $y(x)$，可做一积分

$$s=\int_{x_1}^{x_2}F(x, y, y')\mathrm{d}x \quad (5-7-7)$$

s 显然是函数 $y(x)$ 的泛函。对于不同的 $y(x)$，泛函 s 取不同值。使泛函取极值的曲线 $y(x)$，称为极值曲线，而通过 A、B 的其他曲线叫作可能曲线（见图 5-20）。

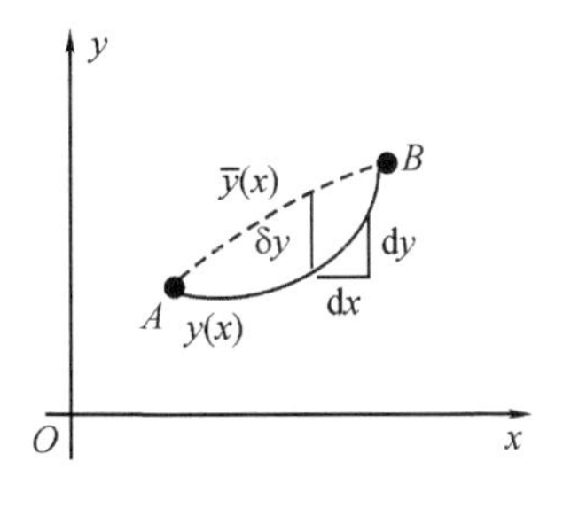

图 5-20

设 $y=y(x)$ 为极值曲线，其邻近曲线 $\bar{y}(x)$ 就是可能曲线，可表示为

$$\bar{y}(x)=y(x)+\varepsilon\eta(x) \quad (5-7-8)$$

其中 $\eta(x)$ 为 x 的任意连续可微函数，ε 为微小量。不同的 $\eta(x)$ 给出不同的可能曲线，它们都必须通过 A 和 B 两点，要求

$$\eta(x)\big|_{x_1}=0,\quad \eta(x)\big|_{x_2}=0 \tag{5-7-9}$$

图中实线表示极值曲线 $y(x)$，虚线表示一条可能曲线 $\bar{y}(x)$。利用此图还可以帮助我们理解变分与微分的区别，函数 $y=y(x)$ 的微分是 $\mathrm{d}y=y'(x)\mathrm{d}x$，它是由自变量 x 的改变引起的；而函数的变分则不然，它是在 x 保持不变时，由函数 $y(x)$ 选取不同形式而引起的，如图 5-20 中 δy 所示。

现在来说明 $F=F(x,\ y,\ y')$ 这个函数的变分公式。这就是要说明，在自变量 x 保持不变的条件下，当函数 y 有一变分 δy 时，F 的变分 δF 如何。

当函数 $y(x)$ 按照式(5-7-8)变为某个可能函数 $\bar{y}(x)$ 时，F 的改变量为

$$\Delta F=\bar{F}-F=F(x,\ y+\varepsilon\eta,\ y'+\varepsilon\eta')-F(x,\ y,\ y')$$

将 $\bar{F}$ 按泰勒级数展开：

$$F(x,\ y+\varepsilon\eta,\ y'+\varepsilon\eta')=F(x,\ y,\ y')+\frac{\partial F}{\partial y}\varepsilon\eta+\frac{\partial F}{\partial y'}\varepsilon\eta'+O(\varepsilon^2)$$

此式代入 ΔF 的表达式可得

$$\Delta F=\left(\frac{\partial F}{\partial y}\varepsilon\eta+\frac{\partial F}{\partial y'}\varepsilon\eta'\right)+O(\varepsilon^2) \tag{5-7-10}$$

式中第二项 $O(\varepsilon^2)$ 为 ε^2 以上的高阶小量，第一项是函数改变量 ΔF 的主要部分，它是由变分 δy 引起的，叫 F 的变分 δF，表示为

$$\delta F=\frac{\partial F}{\partial y}\varepsilon\eta+\frac{\partial F}{\partial y'}\varepsilon\eta' \tag{5-7-11}$$

由式(5-7-8)可知

$$\begin{cases}\varepsilon\eta(x)=\bar{y}(x)-y(x)=\delta y\\ \varepsilon\eta'(x)=\bar{y}'(x)-y'(x)=\delta y'\end{cases} \tag{5-7-12}$$

代入式(5-7-11)得

$$\delta F=\frac{\partial F}{\partial y}\delta y+\frac{\partial F}{\partial y'}\delta y' \tag{5-7-13}$$

这就是函数 $F=F(x,\ y,\ y')$ 的变分公式。

由式(5-7-12)还可得到

$$\delta\left(\frac{\mathrm{d}y}{\mathrm{d}x}\right)=\varepsilon\eta'(x)=\frac{\mathrm{d}}{\mathrm{d}x}(\varepsilon\eta)=\frac{\mathrm{d}}{\mathrm{d}x}(\delta y)$$

即

$$\delta\left(\frac{\mathrm{d}y}{\mathrm{d}x}\right)=\frac{\mathrm{d}}{\mathrm{d}x}(\delta y) \tag{5-7-14}$$

这说明，对函数 $y(x)$ 求微商和求变分，这两种运算的先后次序可以交换。

明确了变分的初步概念后，就可用它来表示上面提到的极值曲线应满足的条件。极值曲线 $y(x)$ 是使泛函 s 取极值的曲线，在此曲线附近泛函变分应当为零，即

$$\delta s=\delta\int_{x_1}^{x_2}F(x,\ y,\ y')\mathrm{d}x=0 \tag{5-7-15}$$

这就是求极值曲线的基本公式。

为了以后的计算，下面给出变分运算的几个公式。

设 X、Y 是广义坐标 q、广义速度 $\dot{q}$ 和时间 t 的函数。存在下列变分的基本运算公式：

$$\delta X=\sum_{\alpha=1}^{s}\left(\frac{\partial X}{\partial q_\alpha}\delta q_\alpha+\frac{\partial X}{\partial \dot{q}_\alpha}\delta \dot{q}_\alpha\right)$$

$$\delta(X+Y)=\delta X+\delta Y$$

$$\delta(XY)=X\delta Y+Y\delta X$$

$$\delta\left(\frac{X}{Y}\right)=\frac{Y\delta X-X\delta Y}{Y^2}$$

$$\delta(\mathrm{d}q_\alpha)=\mathrm{d}(\delta q_\alpha)$$

$$\delta\left(\frac{\mathrm{d}q_\alpha}{\mathrm{d}t}\right)\overset{\delta t=0}{=}\frac{\mathrm{d}}{\mathrm{d}t}(\delta q_\alpha)\quad 或\quad \delta(\dot{q}_\alpha)\overset{\delta t=0}{=}\frac{\mathrm{d}}{\mathrm{d}t}(\delta q_\alpha)$$

即变分与对时间求导数两种运算可以对调次序。

$$\delta\int_{t_1}^{t_2}X\mathrm{d}t=\int_{t_1}^{t_2}\delta X\mathrm{d}t$$

在以上变分中都保持时间 t 不变，$\delta t=0$，这种变分叫等时变分。上式也表明了等时变分和对时间的定积分这两种运算的运算顺序是可以对调的。

5.7.3　哈密顿原理

1. 费马原理

在数学上建立变分法之前很久，就有人用这种思想来表述物质运动规律。大约在公元 2 世纪，古希腊学者希洛(Hero)就认为：光线从 A 点经平面镜反射到 B 点，光所取的是路程最短的路线。1657 年，法国数学家费马对此问题做了进一步研究，发表了光学极短时间原理，认为光线在任何媒质中由 A 点到 B 点所取的路线，是使所需时间为最短的路线。经后人修正的费马原理为：在媒质中从 A 点到 B 点的许多可能路径中，光线所取的真实路径是使光程为极值的路径，即

$$\delta\int_{A}^{B}n\mathrm{d}l=0\tag{5-7-16}$$

式中：$\mathrm{d}l$ 为路径元；n 为该路径元上媒质的折射率；$n\mathrm{d}l$ 为光通过 $\mathrm{d}l$ 的光程。

哈密顿原理具有和费马原理类似的形式，可简述为：力学系统在从 A 到 B 的许多可能运动中，真实运动是使作用量 S 取极值的运动，即

$$\delta S=\delta\int_{t_1}^{t_2}L(q,\ \dot{q},\ t)\mathrm{d}t=0\tag{5-7-17}$$

2. 哈密顿原理

1)真实运动与可能运动

设完整力学系统由 n 个质点组成，受 k 个约束，自由度为 $s=3n-k$，系统的位形由 s 个广义坐标 q_1，q_2，…，q_s 确定。用这 s 个广义坐标构成一个 s 维空间，称为位形空间。力学系统在 t 时刻的位形 $q_1(t)$，$q_2(t)$，…，$q_s(t)$在位形空间中占据一个点，叫位形点。显然，位形点与系统的位形一一对应。设在 t_1 时刻，s 个广义坐标 $q_1(t_1)$，$q_2(t_1)$，…，$q_s(t_1)$确定位形点 A；在 t_2 时刻，$q_1(t_2)$，$q_2(t_2)$，…，$q_s(t_2)$确定位形点 B。在由 t_1 到 t_2 的时间内，力学系统的位形随时间变化，位形点在位形空间描绘出一条由 A 到 B 的曲线，如图 5-21 中实线所示。这是力学系统在运动规律支配下的运动，即所谓真实运动，或叫真实路径。但是，系统由 A 到 B 还有许多约束允许的虚运动(虚位移)，即所谓可能运动，或叫可能路径。例如除 t_1 和 t_2 以外的每

一瞬时，给质点系以虚位移 δq_α，则可能得到无穷多条与真实路径无限靠近的轨迹，这些可能运动的轨迹即为可能路径。图中的虚线表示一条可能路径。

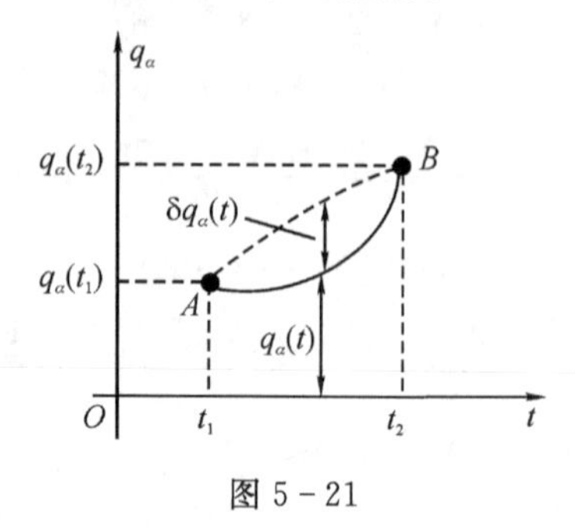

图 5-21

可能路径 $\bar{q}(t)$ 与真实路径 $q(t)$ 之间的关系为

$$\bar{q}_\alpha(t) = q_\alpha(t) + \delta q_\alpha(t) \tag{5-7-18}$$

即，从真实路径 $q_\alpha(t)$ 出发，在每一时刻做虚位移 $\delta q_\alpha(t)$ 就得到可能路径 $\bar{q}_\alpha(t)$。可能路径是约束允许的路径。此外，可能路径的起点与终点必须与真实路径的相同，即

$$\delta q_\alpha(t)\big|_{t_1} = \delta q_\alpha(t)\big|_{t_2} = 0 \tag{5-7-19}$$

在体系的位形空间中，由 A 点通向 B 点有多种可能的路径(轨道)，但体系运动的真实轨道只是其中的一条。如何从众多的可能轨道中挑选出体系运动的真实轨道？哈密顿原理提供了确定体系运动真实轨道的方法。

2)哈密顿原理

应用变分法表述原理，常常需要寻找一个合适的物理量作为泛函。费马原理中取光程为泛函，哈密顿原理则取作用量 S 为泛函。

$$S = \int_{t_1}^{t_2} L(q,\ \dot{q},\ t)\mathrm{d}t \tag{5-7-20}$$

其中 $L(q,\ \dot{q},\ t)$ 是系统的拉氏函数。

与哈密顿正则方程类似，哈密顿原理也可以从拉氏方程中导出，下面做一简单的推导。

对保守力系，拉格朗日方程为

$$\frac{\mathrm{d}}{\mathrm{d}t}\left(\frac{\partial L}{\partial \dot{q}_\alpha}\right) - \frac{\partial L}{\partial q_\alpha} = 0 \quad (\alpha = 1,\ 2,\ \cdots,\ s)$$

这就是保守系的拉格朗日方程。它是分析力学中处理保守系统力学问题的基本方程。

将上式各项乘以 δq_α 并对 α 求和，得

$$\sum_{\alpha=1}^{s}\left[\frac{\mathrm{d}}{\mathrm{d}t}\left(\frac{\partial L}{\partial \dot{q}_\alpha}\right)\delta q_\alpha - \frac{\partial L}{\partial q_\alpha}\delta q_\alpha\right] = 0$$

然后沿着 S 维位形空间一条曲线从 A 到 B，对时间 t 积分，则得

$$\int_{t_1}^{t_2}\sum_{\alpha=1}^{s}\left[\frac{\mathrm{d}}{\mathrm{d}t}\left(\frac{\partial L}{\partial \dot{q}_\alpha}\right)\delta q_\alpha - \frac{\partial L}{\partial q_\alpha}\delta q_\alpha\right]\mathrm{d}t = 0 \tag{5-7-21}$$

由于

$$\frac{\mathrm{d}}{\mathrm{d}t}\left(\frac{\partial L}{\partial \dot{q}_\alpha}\right)\delta q_\alpha = \frac{\mathrm{d}}{\mathrm{d}t}\left(\frac{\partial L}{\partial \dot{q}_\alpha}\delta q_\alpha\right) - \frac{\partial L}{\partial \dot{q}_\alpha}\frac{\mathrm{d}}{\mathrm{d}t}(\delta q_\alpha)$$

而且 $\delta\dot{q}_\alpha = \frac{\mathrm{d}}{\mathrm{d}t}(\delta q)$，则

$$\frac{\mathrm{d}}{\mathrm{d}t}\left(\frac{\partial L}{\partial \dot{q}_\alpha}\right)\delta q_\alpha = \frac{\mathrm{d}}{\mathrm{d}t}\left(\frac{\partial L}{\partial \dot{q}_\alpha}\delta q_\alpha\right) - \frac{\partial L}{\partial \dot{q}_\alpha}\delta \dot{q}_\alpha \tag{5-7-22}$$

将式(5-7-22)代入式(5-7-21),得

$$\int_{t_1}^{t_2}\sum_{\alpha=1}^{s}\left[\frac{\mathrm{d}}{\mathrm{d}t}\left(\frac{\partial L}{\partial \dot{q}_\alpha}\delta q_\alpha\right) - \frac{\partial L}{\partial \dot{q}_\alpha}\delta \dot{q}_\alpha - \frac{\partial L}{\partial q_\alpha}\delta q_\alpha\right]\mathrm{d}t = 0$$

$$\sum_{\alpha=1}^{s}\frac{\partial L}{\partial \dot{q}_\alpha}\delta q_\alpha\Big|_{t_1}^{t_2} - \int_{t_1}^{t_2}\sum_{\alpha=1}^{s}\left(\frac{\partial L}{\partial \dot{q}_\alpha}\delta \dot{q}_\alpha + \frac{\partial L}{\partial q_\alpha}\delta q_\alpha\right)\mathrm{d}t = 0$$

由于

$$\delta q_\alpha\big|_{t=t_1} = \delta q_\alpha\big|_{t=t_2} = 0 \quad (\alpha = 1, 2, \cdots, s)$$

故上式为

$$\int_{t_1}^{t_2}\sum_{\alpha=1}^{s}\left(\frac{\partial L}{\partial \dot{q}_\alpha}\delta \dot{q}_\alpha + \frac{\partial L}{\partial q_\alpha}\delta q_\alpha\right)\mathrm{d}t = 0$$

$$L = L(\dot{q}_1, \dot{q}_2, \cdots, \dot{q}_s, q_1, q_2, \cdots, q_s, t)$$

故上式可进一步简化为

$$\int_{t_1}^{t_2}\delta L\mathrm{d}t = 0$$

因变分是等时的,利用交换性质式

$$\delta\int_{t_1}^{t_2}X\mathrm{d}t = \int_{t_1}^{t_2}\delta X\mathrm{d}t$$

得

$$\delta\int_{t_1}^{t_2}L\mathrm{d}t = 0 \tag{5-7-23}$$

定义 $S=\int_{t_1}^{t_2}L\mathrm{d}t$,其中 $L=L(q, \dot{q}, t)$是系统的 L 函数。积分量 S 称为体系的哈密顿作用量,简称作用量或主函数,它显然与位形空间中由 A 到 B 的轨道密切相关,是关于 $q(t)$的泛函。

沿不同的路径,广义坐标 $q(t)$则不同,那么积分结果 S 也不相同,积分与路径有关。因由 A 到 B 轨道上的每一点都对应有一个 L 函数,则作用量 S 构成 L 函数的泛函。

对应不同的路径,作用量 S 不同。我们的任务就是从诸多的作用量中找出对应于真实路径的作用量。

完整保守力学系统,在 t_1 到 t_2 时间间隔内,对于不同的可能运动作用量 S 取不同值,真实运动是使作用量 S 取极值的运动,即

$$\begin{cases}\delta S = \overline{S} - S = 0\\ \delta S = \delta\int_{t_1}^{t_1}L(q, \dot{q}, t)\mathrm{d}t = 0\end{cases} \tag{5-7-24}$$

这就是哈密顿原理,它用 $\delta S=0$ 把真实运动与可能运动区别开,从而挑选出真实运动来。

哈密顿原理表述为:保守的、完整的力学体系在相同时间内,由某一初位形转移到另一已知位形的一切可能运动中,真实运动的哈密顿作用量为极值。即对真实运动来说,力学体系作用量的变分等于零。换句话说,力学体系从时刻 t_1 到时刻 t_2 的一切可能运动中,使作用量 S 取极值的运动便是实际发生的运动。

哈密顿原理是力学基本原理。它和牛顿运动定律、拉格朗日方程、哈密顿正则方程是彼此

等价的。从它也可以导出拉氏方程和哈密顿正则方程。从哈密顿原理出发推导拉氏方程，这一点是很重要的。它使我们能够以哈密顿原理而不是牛顿运动定律作为基本假设来建立保守体系的力学，说明分析力学独立于牛顿力学。

例 5-12 试由哈密顿原理导出拉氏方程。

解 对有 S 个自由度的力学体系的哈密顿原理写为

$$\delta\int_{t_1}^{t_2} L(\dot{q}_1,\dot{q}_2,\cdots,\dot{q}_s,q_1,q_2,\cdots,q_s,t)\mathrm{d}t=0$$

根据等时变分与对时间积分两种运算的可调换性质，得

$$\int_{t_1}^{t_2}\delta L(\dot{q}_1,\dot{q}_2,\cdots,\dot{q}_s,q_1,q_2,\cdots,q_s,t)\mathrm{d}t=0$$

又根据变分性质，得

$$\int_{t_1}^{t_2}\left(\sum_{\alpha=1}^{s}\frac{\partial L}{\partial\dot{q}_\alpha}\delta\dot{q}_\alpha+\sum_{\alpha=1}^{s}\frac{\partial L}{\partial q_\alpha}\delta q_\alpha\right)\mathrm{d}t=0$$

$$\begin{aligned}\int_{t_1}^{t_2}\frac{\partial L}{\partial\dot{q}_\alpha}\delta\dot{q}_\alpha\mathrm{d}t&=\int_{t_1}^{t_2}\frac{\partial L}{\partial\dot{q}_\alpha}\frac{\mathrm{d}}{\mathrm{d}t}(\delta q_\alpha)\mathrm{d}t\\&=\frac{\partial L}{\partial\dot{q}_\alpha}\delta q_\alpha\Big|_{t_1}^{t_2}-\int_{t_1}^{t_2}\frac{\mathrm{d}}{\mathrm{d}t}\left(\frac{\partial L}{\partial\dot{q}_\alpha}\right)\delta q_\alpha\mathrm{d}t\end{aligned}$$

因为$\delta q_\alpha\big|_{t=t_1}=\delta q_\alpha\big|_{t=t_2}=0$，所以

$$\int_{t_1}^{t_2}\sum_{\alpha=1}^{s}\frac{\partial L}{\partial q_\alpha}\delta q_\alpha\mathrm{d}t-\int_{t_1}^{t_2}\sum_{\alpha=1}^{s}\frac{\mathrm{d}}{\mathrm{d}t}\left(\frac{\partial L}{\partial\dot{q}_\alpha}\right)\delta q_\alpha\mathrm{d}t=0$$

$$\int_{t_1}^{t_2}\sum_{\alpha=1}^{s}\left[\frac{\partial L}{\partial q_\alpha}-\frac{\mathrm{d}}{\mathrm{d}t}\left(\frac{\partial L}{\partial\dot{q}_\alpha}\right)\right]\delta q_\alpha\mathrm{d}t=0$$

由于各广义坐标的变分 δq_α 可以是时间 t 的任意函数，并且是相互独立的，所以要上式成立，只有被积函数中各独立变分 δq_α 前面的系数等于零，由此得到微分方程组

$$\frac{\partial L}{\partial q_\alpha}-\frac{\mathrm{d}}{\mathrm{d}t}\left(\frac{\partial L}{\partial\dot{q}_\alpha}\right)=0\quad(\alpha=1,2,\cdots,s)$$

这就是欧拉方程，也正是我们熟悉的拉格朗日方程组。通过哈密顿原理变分得到的欧拉方程就是拉格朗日方程，这表明哈密顿原理确实是力学的基本原理。

哈密顿原理是和牛顿运动定律等价的原理，并且常广泛地被人们用来推导其他原理、定律和方程。

用哈密顿原理解题的步骤大致可归纳为：

(1)选取广义坐标。在分析题意的基础上，确定所给力学体系的自由度，适当选取广义坐标。

(2)构成作用量 S。写出广义坐标、广义速度及时间的拉格朗日函数 $L=L(q,\dot{q},t)$，构成哈密顿作用量 $S=\int_{t_1}^{t_2}L\mathrm{d}t$。

(3)用哈密顿原理求解出真实路径的作用量 S。代入哈密顿原理的表达式，进行变分运算 $\delta S=0$(作用量的变分等于零)。

例 5-13 试用哈密顿原理求复摆做小摆动时的运动微分方程。

解 如图 5-22 所示，复摆在铅直线附近摆动，θ 为摆动角。选 θ 为广义坐标，复摆的动能和势能为

$$T = \frac{1}{2} I\dot{\theta}^2$$

$$V = - mgl\cos\theta$$

式中:I 为复摆对通过 O 点的水平轴的转动惯量;mg 为复摆的重量;l 为复摆重心到悬点 O 的距离。

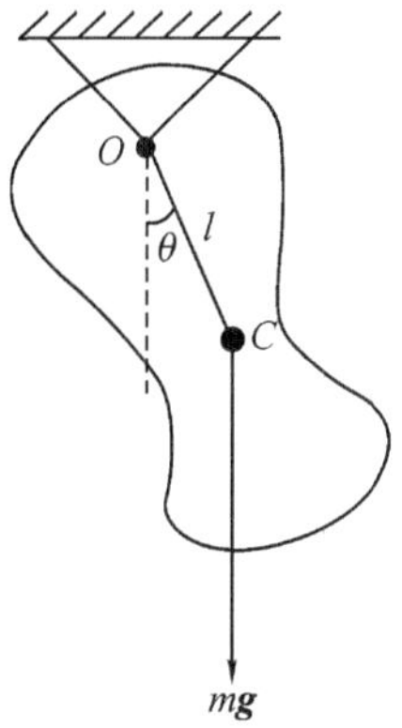

图 5－22

复摆的 L 函数为

$$L = T - V = \frac{1}{2} I\dot{\theta}^2 + mgl\cos\theta \tag{1}$$

将 L 代入哈密顿原理式可得

$$\begin{aligned}\delta S &= \delta\int_{t_1}^{t_2} L\mathrm{d}t = \int_{t_1}^{t_2} \delta L\mathrm{d}t = \int_{t_1}^{t_2} \delta\left(\frac{1}{2} I\dot{\theta}^2 + mgl\cos\theta\right)\mathrm{d}t \\ &= \int_{t_1}^{t_2} (I\dot{\theta}\delta\dot{\theta} - mgl\sin\theta\delta\theta)\mathrm{d}t = 0 \end{aligned}\tag{2}$$

对积分中的第一项可做如下计算

$$\dot{\theta}\delta\dot{\theta} = \dot{\theta}\frac{\mathrm{d}}{\mathrm{d}t}(\delta\theta) = \frac{\mathrm{d}}{\mathrm{d}t}(\dot{\theta}\delta\theta) - \ddot{\theta}\delta\theta$$

代入式(2)可得

$$\begin{aligned}\delta S &= \int_{t_1}^{t_2}\left[I\frac{\mathrm{d}}{\mathrm{d}t}(\dot{\theta}\delta\theta) - (I\ddot{\theta} + mgl\sin\theta)\delta\theta\right]\mathrm{d}t \\ &= I\dot{\theta}\delta\theta\Big|_{t_1}^{t_2} - \int_{t_1}^{t_2}(I\ddot{\theta} + mgl\sin\theta)\delta\theta\mathrm{d}t = 0\end{aligned}\tag{3}$$

而根据式(5－7－19),得

$$\delta\theta\big|_{t_1} = \delta\theta\big|_{t_2} = 0$$

代入式(3)得

$$\int_{t_1}^{t_2}(I\ddot{\theta} + mgl\sin\theta)\delta\theta\mathrm{d}t = 0 \tag{4}$$

此式成立的条件是

$$I\ddot{\theta} + mgl\sin\theta = 0$$

当复摆在铅直线附近做小摆动时,$\sin\theta\approx\theta$,上式可近似为

$$\ddot{\theta} + \frac{mgl}{I}\theta = 0 \tag{5}$$

这就是复摆做小摆动时的运动微分方程。由此例看到,从哈密顿原理确实能导出力学系统的运动微分方程。在这方面,它和拉氏方程、哈密顿方程是等价的,虽然看上去它显得很抽象。

例 5－14　用哈密顿原理求解开普勒问题。

解　(1)研究对象:力学体系,如图 5－23 所示。

(2)判别自由度 $s=2$;选取广义坐标 r,θ。

(3)写出 L 函数

$$L = T - V = \frac{1}{2}m(\dot{r}^2 + r^2\dot{\theta}^2) + \frac{\alpha m}{r} \tag{1}$$

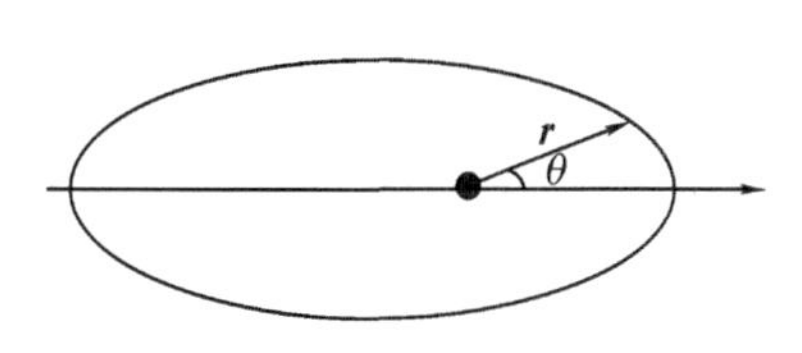

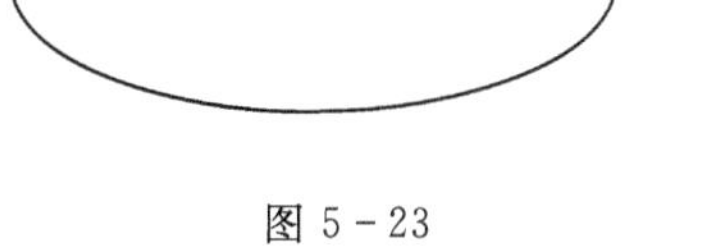

图 5－23

(4)运用哈密顿原理

$$\delta S=0$$

$$\begin{aligned}\delta S&=\delta\int_{t_1}^{t_1}\left[\frac{1}{2}m(\dot{r}^2+r^2\dot{\theta}^2)+\frac{\alpha m}{r}\right]\mathrm{d}t\\&=\int_{t_1}^{t_1}\left[m(\dot{r}\delta\dot{r}+r\dot{\theta}^2\delta r+r^2\dot{\theta}\delta\dot{\theta})-\frac{\alpha m}{r^2}\delta r\right]\mathrm{d}t\end{aligned}\tag{2}$$

计算$\int_{t_1}^{t_2}m\dot{r}\delta\dot{r}\mathrm{d}t$：

$$\begin{aligned}\frac{\mathrm{d}}{\mathrm{d}t}(m\dot{r}\delta r)&=m\ddot{r}\delta r+m\dot{r}\frac{\mathrm{d}}{\mathrm{d}t}(\delta r)\\&=m\ddot{r}\delta r+m\dot{r}\delta\dot{r}\end{aligned}$$

$$m\dot{r}\delta\dot{r}=\frac{\mathrm{d}}{\mathrm{d}t}(m\dot{r}\delta r)-m\ddot{r}\delta r$$

$$\begin{aligned}\int_{t_1}^{t_2}m\dot{r}\delta\dot{r}\mathrm{d}t&=\int_{t_1}^{t_2}\frac{\mathrm{d}}{\mathrm{d}t}(m\dot{r}\delta r)\mathrm{d}t-\int_{t_1}^{t_2}m\ddot{r}\delta r\mathrm{d}t\\&=m\dot{r}\delta r\Big|_{t_1}^{t_2}-\int_{t_1}^{t_2}m\ddot{r}\delta r\mathrm{d}t\end{aligned}\tag{3}$$

由于$\delta r|_{t_1}=\delta r|_{t_2}=0$

$$\int_{t_1}^{t_2}m\dot{r}\delta\dot{r}\mathrm{d}t=-\int_{t_1}^{t_2}m\ddot{r}\delta r\mathrm{d}t$$

计算$\int_{t_1}^{t_2}mr^2\dot{\theta}\delta\dot{\theta}\mathrm{d}t$：

$$\begin{aligned}\frac{\mathrm{d}}{\mathrm{d}t}(mr^2\dot{\theta}\delta\theta)&=mr^2\ddot{\theta}\delta\theta+mr^2\dot{\theta}\frac{\mathrm{d}}{\mathrm{d}t}(\delta\theta)\\&=mr^2\ddot{\theta}\delta\theta+mr^2\dot{\theta}\delta\dot{\theta}\end{aligned}$$

$$mr^2\dot{\theta}\delta\dot{\theta}=\frac{\mathrm{d}}{\mathrm{d}t}(mr^2\dot{\theta}\delta\theta)-mr^2\ddot{\theta}\delta\theta$$

$$\begin{aligned}\int_{t_1}^{t_2}mr^2\dot{\theta}\delta\dot{\theta}\mathrm{d}t&=\int_{t_1}^{t_2}\frac{\mathrm{d}}{\mathrm{d}t}(mr^2\dot{\theta}\delta\theta)\mathrm{d}t-\int_{t_1}^{t_2}mr^2\ddot{\theta}\delta\theta\mathrm{d}t\\&=mr^2\dot{\theta}\delta\theta\Big|_{t_1}^{t_2}-\int_{t_1}^{t_2}mr^2\ddot{\theta}\delta\theta\mathrm{d}t\end{aligned}\tag{4}$$

由于 $\delta\theta|_{t_1}=\delta\theta|_{t_2}=0$，所以

$$\int_{t_1}^{t_2}mr^2\dot{\theta}\delta\dot{\theta}\mathrm{d}t=-\int_{t_1}^{t_2}mr^2\ddot{\theta}\delta\theta\mathrm{d}t=-\int_{t_1}^{t_2}\frac{\mathrm{d}}{\mathrm{d}t}(mr^2\dot{\theta})\delta\theta$$

$$\delta S=\int_{t_1}^{t_1}\left[\left(-m\ddot{r}+mr\dot{\theta}^2-\frac{\alpha m}{r^2}\right)\delta r-\frac{\mathrm{d}}{\mathrm{d}t}(mr^2\dot{\theta})\delta\theta\right]\mathrm{d}t=0\tag{5}$$

由于 $\delta r\neq0$，$\delta\theta\neq0$，所以有

$$\begin{cases}-m(\ddot{r}-r\dot{\theta}^2)-\dfrac{\alpha m}{r^2}=0\\\dfrac{\mathrm{d}}{\mathrm{d}t}(mr^2\dot{\theta})=0\end{cases}\tag{6}$$

习题

1. 请写出实位移和虚位移的区别。

2. 若质点被限制在固定不动的球面上运动，请指出这种约束是稳定约束还是不稳定约束，并说明原因。

3. 若质点被限制在一个不断膨胀或收缩着的气球面上运动，请指出这种约束是稳定约束还是不稳定约束，并说明原因。

4. 请写出在理想约束情形下虚功原理的广义坐标表述式。

5. 如下图所示，半径为 r 的光滑铅重半圆钢丝圈上，穿着两个重量分别为 P 和 Q 的小环 A 和 B，此两环用长为 $2l$ 的不可伸长的轻质柔绳连接。求系统的平衡位置。($r>l$)

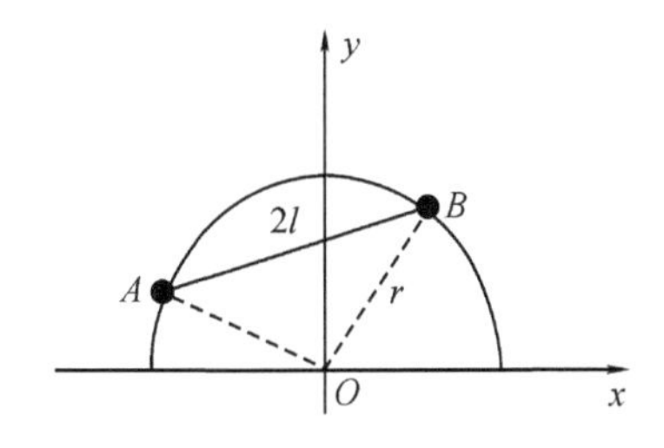

第 5 题图

6. 写出单摆的拉格朗日函数，由此导出其运动微分方程，并在角位移很小的条件下解出此方程。

7. 试用哈密顿原理求复摆做微振动时的周期。

8. 如下图所示，质点 P_1，其质量为 m_1，用长为 l_1 的绳子系在固定点 O 上。在质点 P_1 上，用长为 l_2 的绳系另一质点 P_2，其质量为 m_2，以绳与竖直线所成的角度 θ_1 与 θ_2 为广义坐标，求此系统在竖直平面内做微振动的运动方程。如 $m_1=m_2=m$，$l_1=l_2=l$，试再求出此系统的振动周期。

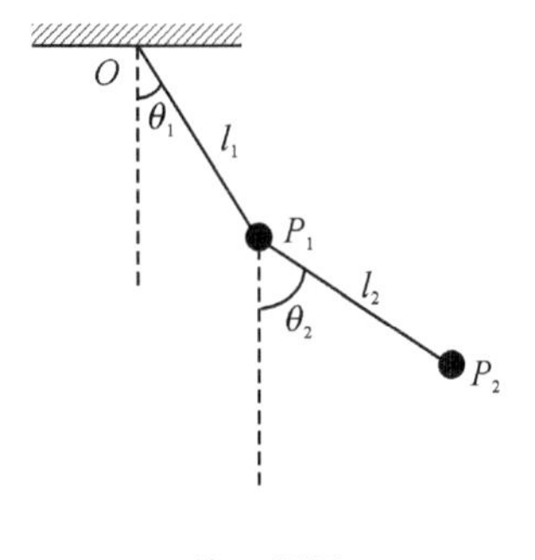

第 8 题图

习题答案

第1章

1. (1)$\Delta \boldsymbol{r}=\boldsymbol{r}(2)-\boldsymbol{r}(1)=14\boldsymbol{i}-3\boldsymbol{j}$

   (2)$\boldsymbol{v}(2)=24\boldsymbol{i}-4\boldsymbol{j}$，$\boldsymbol{a}(2)=24\boldsymbol{i}-2\boldsymbol{j}$

   (3)$x=2\,(2-y)^{\frac{3}{2}}$

2. (1)$x^2+y^2=R^2$

   (2)$\boldsymbol{v}=\dfrac{\mathrm{d}\boldsymbol{r}}{\mathrm{d}t}=-R\omega\sin\omega t\boldsymbol{i}+R\omega\cos\omega t\boldsymbol{j}$

   $\boldsymbol{a}=\dfrac{\mathrm{d}\boldsymbol{v}}{\mathrm{d}t}=-R\omega^2\cos\omega t\boldsymbol{i}-R\omega^2\sin\omega t\boldsymbol{j}$

3. $t=4$ s时，$\boldsymbol{v}=\boldsymbol{i}+2\boldsymbol{j}$，$\boldsymbol{a}=\dfrac{1}{2}\boldsymbol{j}$

4. $\boldsymbol{v}=2bt\boldsymbol{i}+bct^2\boldsymbol{j}$

5. $\boldsymbol{v}=v_r\,\boldsymbol{i}+v_\theta\,\boldsymbol{j}=\dot{r}\,\boldsymbol{i}+r\dot{\theta}\boldsymbol{j}=c\mathrm{e}^{\alpha}\boldsymbol{i}+ra\boldsymbol{j}$

   $\boldsymbol{a}=a_r\,\boldsymbol{i}+a_\theta\,\boldsymbol{j}=(\ddot{r}-r\dot{\theta}^2)\boldsymbol{i}+(r\,\ddot{\theta}+2\,\dot{r}\dot{\theta})\boldsymbol{j}=(c^2\mathrm{e}^{\alpha}-a^2\mathrm{e}^{\alpha})\boldsymbol{i}+2ac\mathrm{e}^{\alpha}\boldsymbol{j}$

6. $\boldsymbol{v}=v_r\boldsymbol{i}+v_\theta\,\boldsymbol{j}=\dot{r}\,\boldsymbol{i}+r\dot{\theta}\boldsymbol{j}=c\mathrm{e}^{\alpha}\boldsymbol{i}+2bt\mathrm{e}^{\alpha}\boldsymbol{j}$

   $\boldsymbol{a}=a_r\boldsymbol{i}+a_\theta\,\boldsymbol{j}=(\ddot{r}-r\dot{\theta}^2)\boldsymbol{i}+(r\,\ddot{\theta}+2\,\dot{r}\dot{\theta})\boldsymbol{j}=(c^2\mathrm{e}^{\alpha}-4b^2t^2\mathrm{e}^{\alpha})\boldsymbol{i}+(2b\mathrm{e}^{\alpha}+4bct\mathrm{e}^{\alpha})\boldsymbol{j}$

7. $\boldsymbol{v}=v\left(-\sin\dfrac{\theta}{2}\boldsymbol{e}_r+\cos\dfrac{\theta}{2}\boldsymbol{e}_\theta\right)$，$\boldsymbol{a}=\dfrac{3v^2}{4k}\left(-\boldsymbol{e}_r+\tan\dfrac{\theta}{2}\boldsymbol{e}_\theta\right)$

8. $v=\dfrac{r\omega}{b}\sqrt{r(2a-r)}$，式中$b$为椭圆的半短轴。

9. $\boldsymbol{v}'=-2\boldsymbol{i}+4\boldsymbol{j}$，$\boldsymbol{v}'$为小船相对运动参照系河水的速度，即为相对速度。

10. $\boldsymbol{v}=\boldsymbol{v}_0+\boldsymbol{v}'=3\boldsymbol{i}+2\boldsymbol{j}$，$\boldsymbol{v}$为地面上的人所看到的旗的速度，即为绝对速度。

11. $v=v_0+\dfrac{F_0}{m}t-\dfrac{k}{2m}t^2$，$x=x_0+v_0t+\dfrac{F_0}{2m}t^2-\dfrac{k}{6m}t^3$

12. $\dfrac{1}{v}=\dfrac{1}{v_0}-\dfrac{t}{r}\cot\alpha$

13. $\boldsymbol{v}_1=\dfrac{\boldsymbol{v}_0}{\sqrt{1+k^2\boldsymbol{v}_0^2}}$

15. $v_0=\sqrt{2ga}$，$R_n=2mg$

17. $v=u\mathrm{e}^{-k\pi}$

20. 一定为零；因为$\boldsymbol{M}=\boldsymbol{r}\times\boldsymbol{F}=0$。

21. 是，$V=5bx^4y^2-6abxyz^3$。

22. $v_1 \approx 8.15\times10^3$ m/s；$v_2 \approx 6.34\times10^3$ m/s；$T=\frac{2\pi a^{\frac{3}{2}}}{\sqrt{GM}}\approx 114$ min

25. (1)$F=-\frac{2mh^2}{r^3}$；

(2)$F=-\frac{mh^2}{r^3}\left(1+\frac{2a^2}{r^2}\right)$；

(3)$F=-\frac{mh^2}{b^4}(1-\mathrm{e}^2)r$

第2章

1. (1)$F=1800$ N；

(2)$v_A=6$ m/s，$v_B=21.9$ m/s

2. 刚体是一种特殊的质点系，刚体内任意两个质点之间距离保持不变，因此，质点间没有发生相对位移，所以不做功。

3. 为零。内力都是成对出现的，每一对内力都是一对作用力和反作用力关系，互相抵消，因此所有内力的矢量和为零。

4. 一定为零。由于内力是成对出现的，既然每一对内力在 O 点所产生的力矩矢量和为零，那么质点组中所有内力对 O 点所产生的力矩矢量和也为零。

5. 质点组的总动能可以分解为质点组随质心运动的动能和质点组相对于质心运动的动能两部分，这个关系式称为柯尼希定理。

$T=\frac{1}{2}Mv_C^2+T'$

6. $x_C=\frac{2}{3}a\frac{\sin\theta}{\theta}$；对于半圆片的质心，即将 $\theta=\frac{\pi}{2}$ 代入，得 $x_C=\frac{2}{3}a\frac{\sin\theta}{\theta}=\frac{4}{3}\frac{a}{\pi}$。

7. $z_C=\frac{3}{4}\frac{(a+b)^2}{(2a+b)}$（离球心）

8. $y_C=\frac{2}{\pi}R$，即质心在 y 轴上距离圆心 $\frac{2}{\pi}R$ 处。

9. $v=\frac{\sqrt{3gl}}{2}$

10. 增加了 $\frac{P}{(W+P)g}uv_0\sin\alpha$。

11. $J=\frac{1}{2}ma^2\omega$

12. $\frac{v}{g}\sqrt{2E\left(\frac{1}{m_1}+\frac{1}{m_2}\right)}$

13. 不一定，例如火箭是用逐渐把燃烧过的废气向外喷出的办法来增加火箭本身的速度。喷气式飞机也是同样道理。

14. $v=\frac{g}{4\lambda}\left[a+\lambda t-\frac{a^4}{(a+\lambda t)^3}\right]$，式中 λ 为在单位时间内雨滴半径的增量，a 为 $t=0$ 时雨滴的半径。

15. $g/4$

第3章

1. 刚体在做定点转动的运动情形下自由度为3。确定瞬时轴线方位需要2个自由度，刚体绕轴线转动需要1个自由度。
2. 自由度为3，因为该运动可分解为某一平面内任意一点的平动（两个独立变量）及绕通过此点且垂直于固定平面的固定轴的转动（一个独立变量）。
3. 欧拉角分别是进动角、章动角及自转角。其中，进动角和章动角是用来确定转动轴在空间的取向和自转角是用来确定刚体绕该轴线所转过的角度。
4. $\arctan\dfrac{41}{24}$
5. $T=\left(\dfrac{3}{4}Q+\dfrac{1}{2}P\right)\cot\alpha$
6. $\boldsymbol{J}=\dfrac{1}{3}ml^2\omega\sin\theta\boldsymbol{j}$
7. $I=\dfrac{1}{18}ml^2$
8. $I=\dfrac{1}{12}ma^2$
9. 刚体对定点的动量矩

$$\boldsymbol{J}_O=(I_O)\cdot\boldsymbol{\omega}=\begin{pmatrix}I_1&0&0\\0&I_2&0\\0&0&I_3\end{pmatrix}\begin{pmatrix}\omega_x\\\omega_y\\\omega_z\end{pmatrix}=I_1\omega_x\boldsymbol{i}+I_2\omega_y\boldsymbol{j}+I_3\omega_z\boldsymbol{k}$$

刚体对定点 O 的转动动能为 $T=\dfrac{1}{2}(I_1\omega_x^2+I_2\omega_y^2+I_3\omega_z^2)$。

10. $t=\dfrac{3a\omega_0}{8\mu g}$
11. $t=\dfrac{4}{3}\dfrac{m}{Ka^2b\omega_0}$
12. $t=\dfrac{I}{k}\ln2$；$n=\dfrac{\theta}{2\pi}=\dfrac{I\omega_0}{4\pi k}$
13. (1)质心在转轴上；(2)转轴为惯量主轴。
14. (1)$I_{xx}=\dfrac{2m_1m_2}{2m_1+m_2}h^2$，$I_{yy}=\dfrac{m_1}{2}a^2$，$I_{zz}=I_{xx}+I_{yy}$；

(2)$\begin{vmatrix}I_{xx}&0&0\\0&I_{yy}&0\\0&0&I_{zz}\end{vmatrix}$

15. (1)$I=\dfrac{mR^2}{4}\begin{vmatrix}1&0&0\\0&1&0\\0&0&2\end{vmatrix}$；

(2)$I_n=\dfrac{mR^2}{4}(1+\cos^2\theta)$

第 4 章

1. $\boldsymbol{v}=v_1\boldsymbol{i}'+b\omega\boldsymbol{j}'$，$\boldsymbol{a}=-b\omega^2\boldsymbol{i}'+2v_1\omega\boldsymbol{j}'$
2. $a=\omega v'\sin\alpha\sqrt{\omega^2t^2+4}$
3. $v'=\sqrt{3}a\omega$，$v=\sqrt{7}a\omega$，$t=\dfrac{1}{\omega}\text{In}(2+\sqrt{3})$
4. 其落地点向西偏移；根据科里奥利力公式 $\boldsymbol{Q}_{\text{C}}=-2m\boldsymbol{\omega}\times\boldsymbol{v}'$，就可判断出。
5. 由式 $\boldsymbol{F}=-2m\boldsymbol{\omega}\times\boldsymbol{v}'$，因为当物体在地面上运动时，在北半球上科里奥利力的水平分量总是指向运动的右侧，这种长年累月的作用，使得北半球河流右岸冲刷甚于左岸，因而比较陡峭。
6. 视重(重力)是地球引力和惯性离心力的合力，即 $mg=F-m\omega^2r\cos^2\lambda$，由于惯性离心力的作用，使重力常小于引力。重力随着纬度发生变化，在纬度越低的地方，重力越小。在赤道上时，重力达到最小。只有在两极的地方，重力和引力才相等。
8. 约 115 N，向西。
9. 约 4.3×10^{-2} m。
10. 偏差 $y=-\dfrac{4}{3}\sqrt{\dfrac{8h^3}{g}}\omega\cos\lambda$，向西偏。

第 5 章

1. 实位移就是牛顿力学中的真实位移；虚位移是假想的、符合约束的、无限小的、即时的位移变更。
2. 稳定约束；如果约束明显地随时间变化，即约束方程就将显含时间 t，这种约束是不稳定约束，约束方程为 $f(x,y,z,t)=0$。但质点被限制在一个固定球面上运动，球面是稳定的，这便是稳定约束。
3. 不稳定约束；设气球的半径为时间 t 的函数，即 $R=R_0\pm ut$，则它的约束方程为
   $f(x,y,z,t)=x^2+y^2+z^2-(R_0\pm ut)^2=0$
   式中，u 是球面半径的增长速率，该约束方程中明显地包含有时间变量 t，是时间 t 的显函数。
4. 用广义力表示虚功原理为 $\sum\limits_{\alpha=1}^{s}Q_\alpha\cdot\delta q_\alpha=0$。由于广义坐标皆为独立的，因此 $Q_\alpha=0(\alpha=1,2,3,\cdots,s)$。
5. $\tan\alpha=\dfrac{(Q-P)l}{(Q+P)\sqrt{r^2-l^2}}$
6. $\ddot{\theta}+\omega^2\sin\theta=0$，$\omega=\sqrt{g/l}$；$\theta=\theta_0\cos(\omega t+\varepsilon)$
7. $\tau=2\pi\sqrt{\dfrac{I_0}{mgl}}$，式中 m 是复摆的质量，I_0 是复摆绕悬点 O 振动时的转动惯量，l 为复摆重心 G 与悬点 O 之间的距离，g 为重力加速度。
8. $\tau_1=2\pi\sqrt{\dfrac{l}{g(2+\sqrt{2})}}$，　$\tau_2=2\pi\sqrt{\dfrac{l}{g(2-\sqrt{2})}}$

参考文献

[1] 周衍柏.理论力学教程[M].3版.北京:高等教育出版社,2009.
[2] 陈世民.理论力学简明教程[M].北京:高等教育出版社,2002.
[3] 潘武明.力学:计算机辅助教程[M].北京:科学出版社,2004.
[4] 王振发.分析力学[M].北京:科学出版社,2002.
[5] 许崇桂.理论物理简明教程[M].北京:高等教育出版社,1989.